·四川大学精品立项教材·

电子封装材料与技术
——芯片制作、互连及封装

Electronic Packaging Materials And Technology
——Chip Fabrication, Interconnection And Packaging

曾广根 谭 峰 朱 喆 张静全 编著

四川大学出版社

项目策划：蒋　玙
责任编辑：蒋　玙
责任校对：肖忠琴
封面设计：墨创文化
责任印制：王　炜

图书在版编目（CIP）数据

电子封装材料与技术 ： 芯片制作、互连及封装 / 曾广根等编著． — 成都 ： 四川大学出版社， 2020.12
ISBN 978-7-5690-3997-9

Ⅰ．①电…　Ⅱ．①曾…　Ⅲ．①电子技术－封装工艺－电子材料　Ⅳ．①TN04

中国版本图书馆 CIP 数据核字（2020）第 242027 号

书名　电子封装材料与技术——芯片制作、互连及封装
DIANZI FENGZHUANG CAILIAO YU JISHU——XINPIAN ZHIZUO、HULIAN JI FENGZHUANG

编　　著	曾广根　谭　峰　朱　喆　张静全
出　　版	四川大学出版社
地　　址	成都市一环路南一段 24 号（610065）
发　　行	四川大学出版社
书　　号	ISBN 978-7-5690-3997-9
印前制作	四川胜翔数码印务设计有限公司
印　　刷	成都金龙印务有限责任公司
成品尺寸	185mm×260mm
印　　张	16.5
字　　数	399 千字
版　　次	2020 年 12 月第 1 版
印　　次	2020 年 12 月第 1 次印刷
定　　价	48.00 元

◆ 读者邮购本书，请与本社发行科联系。
电话：(028)85408408/(028)85401670/
(028)86408023　邮政编码：610065
◆ 本社图书如有印装质量问题，请寄回出版社调换。
◆ 网址：http://press.scu.edu.cn

四川大学出版社
微信公众号

前　言

成书之际，恰逢国务院印发《新时期促进集成电路产业和软件产业高质量发展的若干政策》，同时集成电路也将从电子科学与技术学科中独立出来，作为一级学科列入新增交叉学科门类中。在科学与工程领域，集成电路行业将迎来前所未有的发展机遇。经过数十年的积累，我国包括电子封装在内的集成电路产业得到了长足发展，2019 年我国集成电路产量超过 2 千亿块，同比增长 7.2%，已成长为全球最大的集成电路市场。但是，集成电路进口超过 4 千亿块，同比增长 6.6%，芯片进口花费的外汇远超石油进口。

集成电路技术是先进材料、电子信息与智能制造等技术深度融合的战略性产业，同时也是制约我国由传统制造和低端制造向智能制造与先进制造转变升级的“卡脖子”技术之一，包括设计、制造、封装测试等行业，而这些都涉及材料领域的科学与工程问题，特别是一些关键功能材料，其性能决定了集成电路的应用等级。因此，为了促进产业的良性可持续发展，无论是基础材料的研究还是集成封装制造技术的开发，都需要进行自主创新并大力推动科技进步，加快关键核心技术攻关，提质增效打造未来发展新优势，而培养具有专业技术知识的科学与工程人才则是重中之重。

本书编写小组长期从事与电子封装相关的材料、器件、电路及测试的研究工作，深感与封装相关的分散性专业书籍众多，而具有交叉融合性的专门书籍较少；侧重系统工程应用的长篇幅书籍较多，而引领初学者迅速入门且适用性广的书籍偏少。因此，结合教学科研与生产应用的经验及需求，组织编写了本书。

本书以封装的材料体系为主线，系统介绍了基板、芯片、框架、引线、焊接、粘结、密封等系列应用材料的物理和化学特点，在此基础上，介绍了封装的基础知识、芯片制作工艺、引线框架制作、引线键合、钎焊工艺、芯片贴装、塑封工艺、常见器件与系统级封装、先进封装技术以及封装的可靠性分析等内容。每一部分都结合了材料专业的知识特点以及芯片封装制作的工程实践内容，体现了“立足材料科学，面向工程应用，融合基础知识，突出前沿技术”的原则及特点。

本书由四川大学曾广根副教授主编，电子科技大学谭峰副研究员、中国电子科技集团公司第四十三研究所朱喆工程师、四川大学张静全教授参编。其中，第 1 章、第 2 章由曾广根和张静全合编；第 3 章、第 4 章由曾广根编写；第 5 章、第 6 章、第 8 章由谭峰编写，研究生吴伟、仝宇尘、张杰等进行校对；第 7 章由朱喆编写。研究生周彪、杨秀涛、张骏淋等对全书进行分章校对。本书在编写过程中，得到了四川大学材料科学与工程学院、电子科技大学自动化工程学院以及作者所在行业的相关老师、朋友及学生的大力支持。在编写本书的过程中，作者参考和引用了多名学者和专家的著作与研究成果，以及某些网站或论坛的资料，在此表示深深的敬意和感谢。

由于编写时间仓促，加之编者水平有限，书中难免有遗漏、不妥或错误之处，恳请广大读者批评指正！

编　者

2020 年 10 月于成都

目　录

第1章　电子封装概论

随着具有高容量、高性能、高速度等特点的半导体集成电路的发展，电子设备呈现出便携化、数字化、大容量、多功能的特点，而电子设备朝轻、薄、小巧等方面的发展，又进一步推动了集成电路的飞速发展。相较于集各种高技术于一身的集成电路，作为组装或装配而使用的封装技术，最开始并不为大家关注。“封装”一词用于电子元件的时间并不长，但封装工艺却贯穿了整个电子行业的发展。1879 年，美国发明家托马斯·阿尔瓦·爱迪生（Thomas Alva Edison，1847—1931 年）发明了碳丝白炽灯，图 1－1展示的组成结构已经具备封装的特点。1904 年，世界上第一只电子管由英国物理学家弗莱明（John Ambrose Fleming，1849—1945 年）研制成功，如图 1－2 所示，1947 年，第一只晶体管在美国问世。自此，无线电电子学得到了蓬勃的发展，由此带动一个全新的工程技术领域（集成电路）兴盛起来，也促进了电子封装的发展，其涉及的材料科学与工程技术问题越发受到关注，并在一定程度上超越了集成电路本身。电子封装涉及大规模集成电路（芯片）技术、电子元器件及电子封装工程技术、电子显示技术以及相关的计算机、通信、网络和信息处理等技术，并与设计、制造一起，构成了集成电路行业三个相对独立的产业。按照产业链的分布，集成电路行业分为 IDM 模式和垂直分工模式。IDM 模式包含设计、制作和封装测试的所有工艺流程，比如 Intel 和三星等少数公司。垂直分工模式目前比较常见，包括专门进行设计的 Fabless 公司以及专门进行晶圆代工的 Foundry 公司，另外还包括专门做封装测试的企业。

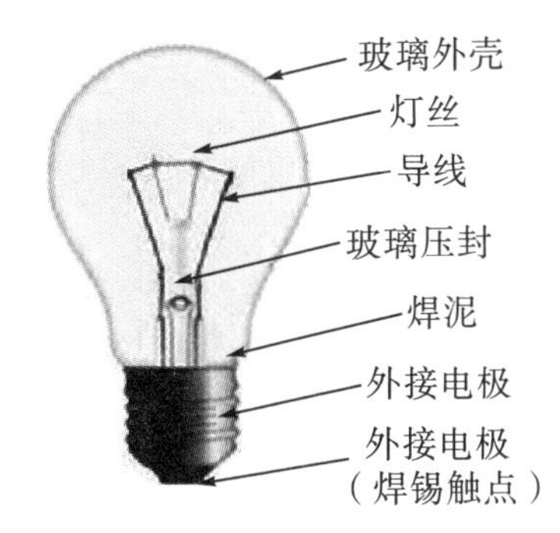

图 1－1　爱迪生及其发明的白炽灯

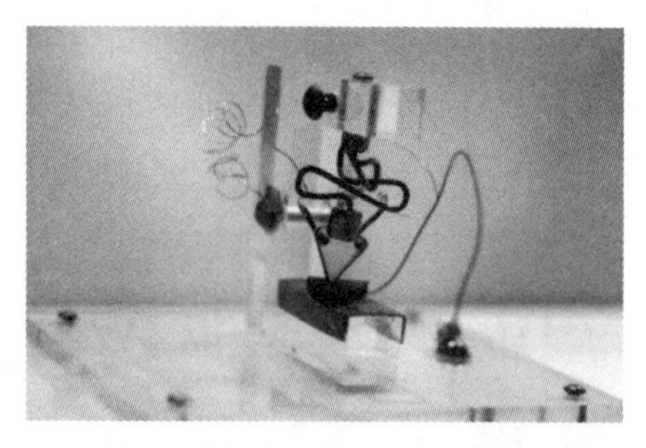

图 1-2　电子管、第一只晶体管及其发明者威廉·肖克利

1.1　发展历程

电子产品的发展历史可以看作逐渐小型化的历史。推动电子产品朝小型化发展的主要动力是元器件和集成电路 IC 的微型化。目前，人们已深刻认识到，无论是分立元件还是 IC，封装技术已成为限制其性能提高的主要因素。1947 年发明的第一只半导体晶体管，开启了电子封装的历史。电子封装主要经历了以下五个发展阶段：

（1）20 世纪 40—60 年代出现不同的封装体。由于早期的晶体管是合金结构，并安装在塑料封装体里面，对于器件而言，没有过多的保护功能。随着一些特殊客户（如军方）对于高可靠性、高稳定性应用器件的急切需求，为了防止一些高湿和高化学腐蚀气氛等外部环境对晶体管电学性能的损坏和机械连接部位的侵蚀，出现了有一定气密性要求的金属外壳（Transistor Outline，TO）封装体，如图 1-3 所示。作为早期晶体管的主流封装形式，这类封装包含镀金的金属基座，基座一般有 2~4 个引脚，外配 1 个金属盖，将芯片装载在基座上后，通过惰性气体（如氮气或氩气）环境进行电阻加热密封。有时为了满足特殊要求，还采用真空的方式进行密闭焊接，这样就可以避免湿气和其他污染源进入封装体，提高器件的使用寿命与可靠性。

图 1-3　典型的金属外壳封装体

（2）20 世纪 70 年代为通孔插装器件时代。这一阶段，主流的封装形式为通孔器件和插入式器件，包括双列直插式封装（Dual Inline Package，DIP）和针栅阵列封装（Pin Grid Array，PGA）。随着集成电路的发展，单一的封装体出现越来越多的输入/输出（I/O）引脚，简单地增加引脚数量的 TO 封装已经不能满足当时电路的发展要求，一些新形式的封装快速发展起来，比如双列直插式封装，如图 1−4 所示。双列直插式封装作为一种最简单的通孔插装器件，一直被绝大多数中小规模集成电路采用，长期主导电子封装市场。这种简单的封装引脚数一般不超过 100 个，成两排对称分布。芯片放置在由厚为 0.1mm 的铜薄板冷轧形成的引线框架上，经塑料铸模密封而成。

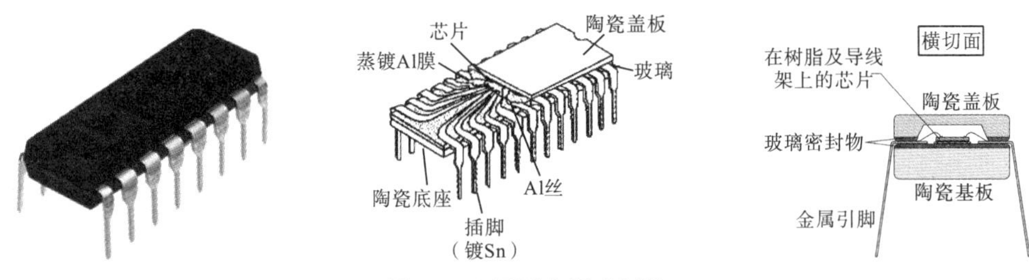

图 1−4　双列直插式封装

这类器件的电气和机械连接通过机械接触和波峰焊接来实现。由于插装时要求具备高对准度，受到当时的工作条件所限，其封装速率始终难以提高。

（3）20 世纪 80 年代出现了表面贴装技术（Surface Mount Technology，SMT）。这是为了迎合高密度电路板需求而出现的新封装形式，这类封装体有一个共同特点：引脚不用穿过电路板，而是直接在一个平面上装载，可以实现双面布线。早期出现的 SMD 封装体类似于 DIP 的变形，由飞利浦公司开发，称为小外形封装（Small Outline Package，SOP），如图 1−5 所示。SOP 的应用范围很广，其派生出的封装形式丰富多样，包括 J 形引脚小外形封装（Small Outline J-lead Package，SOJP）、薄小外形封装（Thin Small Outline Package，TSOP）、甚小外形封装（Very Small Outline Package，VSOP）、缩小型 SOP（Shrink Small-outline Package，SSOP）、薄的缩小型 SOP（Thin Shrink Small-outline Package，TSSOP）、小外形晶体管（Small Outline Transistor，SOT）及小外形集成电路（Small Outline Integrated Circuit，SOIC）等。

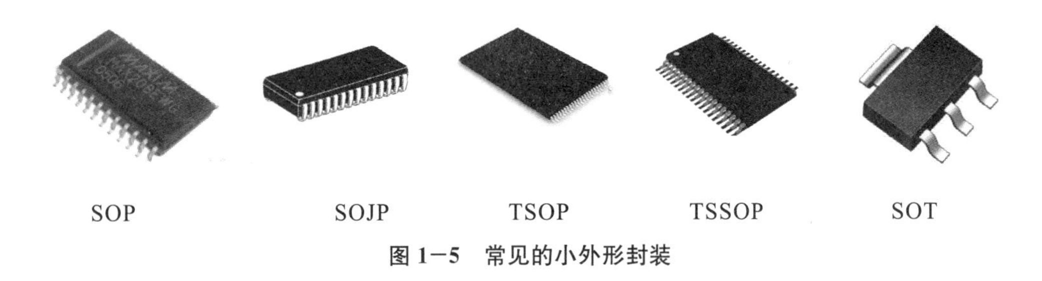

图 1−5　常见的小外形封装

在同一时期，出现了以四边扁平封装（Quad Flat Package，QFP）和带引线的塑料芯片载体（Plastic Leaded Chip Carrier，PLCC）为代表的四面封装（Quad Packs），如图 1−6 所示。QFP 技术使得芯片的引脚数量大幅提升，可以达到 300 个以上，引脚之间的距离很小，有 1.0mm、0.8mm、0.65mm、0.5mm、0.4mm 及 0.3mm 等多种规格，引线也很细，一般大规模或超大规模集成电路采用这种封装形式。QFP 可以根据封装体厚度进行区分，有 QFP（厚度为 2.0～3.6mm）、LQFP（厚度为 1.4mm）和 TQFP（厚度为 1.0mm）三种。由于引线间距减小，引脚容易弯曲，为了防止引脚变形，已经对四边扁平封装进行了改进。

(a) 四边扁平封装

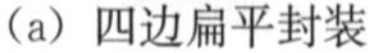

(b) 带引线的塑料芯片载体

图 1−6　四面封装

与传统的插装形式不同，表面贴装集成电路的制造是将一些精细的引线贴合在电路板（Printed Circuit Board，PCB）上，其电气特性得到了大幅提升，且生产的自动化程度与 20 世纪 70 年代相比也有了很大改进。此外，它还具有布线密度高、I/O 引线节距小、制作成本低和适于表面安装的优点。20 世纪 80 年代，被誉为“电子组装技术革命”的表面贴装技术改变了电子产品的组装方式。SMT 已经成为一种日益流行的印制电路板元件贴装技术，其产品具有接触面积大、组装密度高、体积小、质量轻、可靠性高等优点，既吸收了混合 IC 的先进微组装工艺，又以价格低廉的 PCB 代替了常规混合 IC 的多层陶瓷基板，许多混合 IC 市场已被 SMT 占领。

(4) 20 世纪 90 年代成为具有“高密度封装”特点的球栅阵列封装（Ball Grid Array，BGA）和芯片尺寸封装（Chip Size Package，CSP）时代。在这一时期，集成电路规模飞速发展，引线间距不断减小，IC 工作频率超过 100MHz，传统引线带来的串扰现象（Cross Talk）日益严重，封装达到技术所能支撑的极限。在这种情势下，BGA 的出现在很大程度上解决了遇到的问题，它以呈面阵列的焊球凸点为 I/O 引脚，大大提高了封装的密度。图 1−7 为球栅阵列封装和芯片尺寸封装的外形图。BGA 封装由 IC 倒装芯片封装技术演变而来，也可以称为可控塌陷芯片互连（Controlled Collapse Chip Connection，C4）技术，由美国 IBM 公司开发并大量使用。BGA 封装技术可以分为：①塑料 BGA（Plastic BGA），基板一般是由 2～4 层有机材料构成的多层板，在 Intel 系列商用 CPU 中，Pentium Ⅱ～Ⅳ处理器均采用这种封装形式；②陶瓷 BGA（Ceramic BGA），基板为陶瓷，芯片与基板间的电气连接通常采用倒装芯片（Flip Chip，FC）的安装方式，在 Intel 系列的 CPU 中，Pentium Ⅰ～Ⅱ、Pentium Pro 处理器均采用过这种封装形式；③带状 BGA（Tape BGA），基板为带状软质的 1～2 层 PCB 电路板；④刚性多层 BGA；⑤带低陷的 PBGA（Carity Down PBGA），基板中央有方型低陷的芯片区（又称空腔区）；⑥金属 MBGA。BGA 基板下焊球的布置可以是统一的全矩阵（在底部平面上）交错阵列或者以多行排列在周边。无论焊球如何布置，其布线密度相比传统封装体均有很大提高，而且封装体所占 PCB 的面积更小。

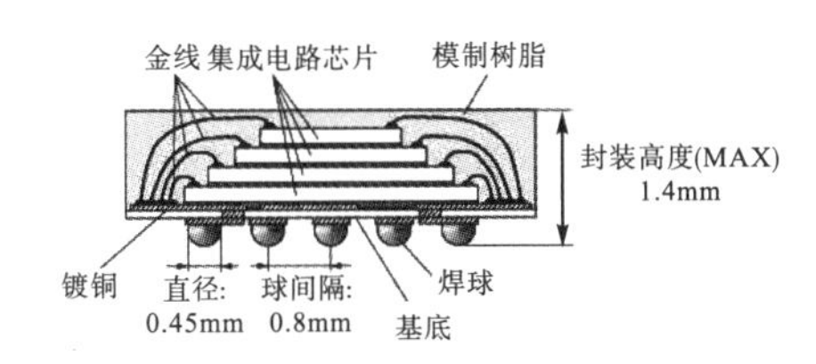

图 1－7　球栅阵列封装和芯片尺寸封装

20 世纪 90 年代，在高密度、单芯片封装的基础上，将高集成度、高性能、高可靠性的通用集成电路芯片和专用集成电路芯片（ASIC）置于高密度多层互连基板上，用表面贴装技术组装成多种多样的电子组件、子系统或系统，由此产生了多芯片组件（MCM）。多芯片组件将多块未封装的裸芯片通过多层介质、高密度布线进行互连和封装，元器件布置远比印制电路板紧凑，工艺难度比较小，成本适中。这种芯片装载方式使得芯片与芯片靠得很近，可以降低在互连和布线中所产生的信号延迟、串扰噪声、电感/电容耦合等问题。MCM 是现今较有发展前途的系统实现方式，是微电子学领域的一项重大变革技术，对现代化的计算机、自动化、通信等领域将产生重大影响。表 1－1 列出了半导体的发展历程。

表 1－1　半导体的发展历程

年份	事件	年份	事件
1947	美国贝尔实验室第一只晶体管问世	1987	代工厂台湾积体电路制造股份有限公司成立
1958	德州仪器与仙童半导体公司独自研制出第一块 IC	1988	16MB DRAM 问世，进入超大规模 IC 阶段
1960	激光问世	1989	蓝光 LED 出现
1963	仙童半导体公司推出 CMOS	1993	Intel 奔腾处理器问世
1965	摩尔定律提出	1996	12 英寸硅晶圆出现
1967	美国应用材料公司成立	2000	中芯国际集成电路制造有限公司成立
1968	Intel 成立，分子外延技术诞生	2002	Intel 建立 12 英寸生产线
1971	Intel 推出第一片微处理器 4004	2005	Intel 双核处理器诞生
1973	商用 BiCMOS 出现，互联网出现，摩托罗拉发明民用手机	2007	Android 系统推出，平面手机用户剧增；Intel 45nm 处理器出现
1977	Apple Ⅱ 个人电脑问世	2015	IBM 推出 7nm 制程样品
1979	5 英寸硅晶圆出现	2015	Apple 推出采用 SiP（System in Package）封装的 Apple Watch
1980	IBM PC X 问世	2018	ASML 推出用于 7nm/5nm 工艺的光刻机 Twinscan NXT：2000i DUV

（5）目前，集成电路的特征线宽已经进入量子效应产生的尺寸，电子产品的进一步小型化必须依赖封装技术的进步，各种先进封装技术陆续被研发出来。SiP 三维封装技术在信息处理、自动化以及航空航天等多个领域已经开始广泛应用。特别是 5G 时代的

来临，SiP 将进入前所未有的暴发期。随着个人终端存储器容量增大，封装体内部芯片层数越来越多，各组成单元功能更加多样化，集成电路企业已不可能独自完成所有的封装过程。一个可行的做法是，工厂先将各自生产的单元（如逻辑电路与存储器）单独分开封装，然后由专门的厂家将各个完整的封装体叠层起来总装（PoP），因此，发展出封装叠层 SiP 技术。封装体小型化的发展，使得电极数目大量增加，导致焊料凸点及间距越来越小，增加了微球焊点的制作难度与短路的风险。通过开发树脂型凸点，能够有效地打破焊点间距的瓶颈，为信号高速传输提供可靠的途径。在与封装相关的材料开发方面，通过将陶瓷材料与聚合物材料复合，可以获得兼具二者优异性能的聚合物基复合材料，以满足封装所需的高导热、低膨胀系数和低介电常数要求。另外，为了降低焊接时对封装内部结构的热冲击，还开发出用于低温焊接的低熔点材料。

1.2 相关术语

1.2.1 封装的定义

微电子意义上的封装概念，来自早期真空电子管年代，通过将元器件安装在基座上构成相应的电路，称为组装或装配。晶体管的出现，使得组装或装配有了新的含义，与之对应的电子行业的历史也发生了改变。如前所述，一方面，半导体元件性能大幅度提高，功能与规格日益多样化，为了实现通用规格基座的连接，需要重新设计元器件的电气连接部分；另一方面，半导体材料本身的精细与耐环境弱的特点，需要将电气功能的核心部分进行有效的保护，满足耐冲击与绝缘等要求。这时，现代的封装概念开始出现，并随着 IC 技术的发展逐渐形成广为接受的定义。现代微电子封装是指利用膜技术及微细加工技术，将芯片及其他要素在框架或基板上布置、粘贴固定及连接，然后引出连线端子并通过可塑性绝缘介质灌封固定，最终完成构成整体立体结构的工艺。从更广的意义上讲，是指将封装体与基板连接固定，装配成完整的系统或电子设备，并确定整个系统综合性能的工程。因此，封装应该是狭义的封装与广义的实装及基板技术的集合，覆盖了物理、化学、化工、机械、电气与自动化、机械学、材料科学与工程等各门学科，所涉及的材料包括金属、陶瓷、玻璃、高分子等。因此，微电子封装是一门知识深度交叉整合的科学与工程技术，综合产品的电气特性、热传导特性、可靠性、材料与工艺技术的应用以及成本价格等因素，以达到最佳设计目的，属于复杂的系统工程，覆盖了从芯片到器件或系统的整个工艺过程。

1.2.2 封装的等级与层次

半导体器件的制作过程分为前工程和后工程，二者以硅圆片切分为芯片为界。前工程是指从整个硅圆片着手，通过多次镀膜、氧化、扩散、制版与光刻等工序，开发出芯片的电子功能，制作出各种半导体元件的芯片。后工程是指将前工程的硅圆片切分为一个个芯片，然后进行装贴、固定、键合、密封以及测试检查等工序，实现元器件的可靠性，制作出各类封装体，以便与外电路连接。封装的等级划分覆盖了半导体器件及系统制作的全过程，具体如下：

（1）零级封装，指半导体芯片内部的互连接，主要指芯片制造，属于前工程的工艺范畴。

（2）一级封装，指密闭封装，将芯片密封，封装成微电子集成电路块，包括芯片与封装体不同部件之间的互连接，其形式可以是陶瓷、金属、聚合物封装。一级封装也包含多芯片和晶圆级混合集成电路的装配，以及大规模混合型封装、多器件一体封装等。

（3）二级封装，指印制电路板的封装与装配，包括板上封装块与器件的互连接，如阻抗控制、连线精度与低介电常数材料应用。

（4）三级封装，指各种插件接口、主板及组件之间的互连接。

（5）四级封装，指微电子系统布线与互连接，包括一个机壳内各个主板之间的互连接。

由于微电子芯片和多芯片封装及主板的封装与装配是微电子器件封装的核心范围，各种封装材料的特性与组合以及封装技术将在这方面体现。本书讲述的内容主要围绕一级封装和二级封装展开。

从单个微电子芯片到整机集成，除有不同等级的划分外，还涵盖了封装的各个层次。以手机为例，构成整个系统的电子封装包括五个层次，如图 1-8 所示。

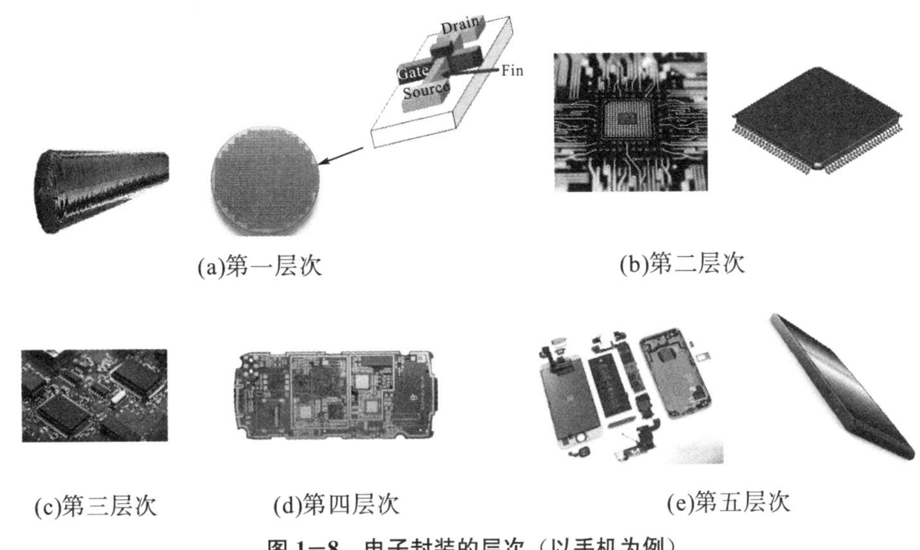

(a)第一层次　(b)第二层次

(c)第三层次　(d)第四层次　(e)第五层次

图 1-8　电子封装的层次（以手机为例）

（1）第一层次。

半导体芯片内部的互连接，主要指芯片制造。芯片由专门的半导体厂提供，可以是标准系列芯片，也可以是根据用户需要提供的专用芯片。芯片制造是复杂的工艺集成，有人将其形象地比喻为用乐高盖房子。在制造过程中，科学的设计是先决条件。在芯片生产流程中，由专业芯片设计公司进行规划、设计，从而提供不同规格、功能的芯片给下游厂商进行选择、制作。全球主要的半导体设计公司有 Intel（英特尔）、Qualcomm（高通）、Broadcom（博通）、NVIDIA（英伟达）、Marvell（美满）、Xilinx（赛灵思）、

Altera、台湾联发科技股份有限公司（以下简称“联发科”）、海思半导体有限公司（以下简称“海思”）、展讯通信有限公司（以下简称“展讯”）、中兴微电子技术有限公司（以下简称“中兴微电子”）、华大半导体有限公司（以下简称“华大”）、大唐半导体科技有限公司（以下简称“大唐”）、智芯半导体有限公司（以下简称“智芯”）、超威半导体公司（以下简称“超威”）、联咏科技股份有限公司（以下简称“联咏科技”）、瑞昱半导体（以下简称“瑞昱”）、敦泰电子股份有限公司（以下简称“敦泰”）、士兰微电子股份有限公司（以下简称“士兰”）、中星电子股份有限公司（以下简称“中星”）、格科微电子（以下简称“格科”）等。芯片制作的基础材料是晶圆。晶圆是具有特殊结构的单晶材料，通过提纯得到高纯的多晶粒，然后将其融化，形成液态硅，以单晶的种子（如硅）接触熔融的硅液体，一边旋转一边缓慢地向上拉起，凝固成排列整齐的单晶硅棒。硅棒的尺寸可以通过控制工艺进行修改，再通过切割工艺形成硅圆片，抛光后得到芯片制造所需的硅晶圆。接着进行晶圆流片，经过多次镀膜、氧化、扩散以及光刻等工艺，实现所需要的电学功能，做成各种半导体元件。以上步骤称为半导体器件制作的前工程。这一部分的主要制作工厂有格罗方德半导体股份有限公司（以下简称“格罗方德”）、三星电子、MagnaChip（美格纳）、IBM、富士通株式会社（以下简称“富士通”）、Intel（英特尔）、海力士、台湾积体电路制造股份有限公司（以下简称“台积电”）、联华电子股份有限公司（以下简称“联电”）、中芯国际集成电路制造有限公司（以下简称“中芯国际”）、力晶半导体股份有限公司（以下简称“力晶”）、华虹半导体有限公司（以下简称“华虹”）、深圳市德茂电子有限公司（以下简称“德茂”）、武汉新芯集成电路制造有限公司（以下简称“武汉新芯”）、华微电子股份有限公司（以下简称“华微”）、华力微电子有限公司（以下简称“华力”）、力芯微电子股份有限公司（以下简称“力芯”）等。目前，三星电子与台积电已进行 7nm FinFET 的量产。图 1−8（a）为第一层次的封装，右图为单个晶体管的放大图，为了解决线宽缩小带来的漏电现象，已经引入 FinFET 的概念。FinFET（Fin Field-Effect Transistor）称为鳍式场效应晶体管，是一种新的互补式金氧半导体（CMOS）晶体管。

（2）第二层次。

电路芯片与封装基板或引脚架之间的粘贴固定、电路连线与封装保护的工艺，使之成为易于取放输送，并可与下一层次组装进行连接的模块元件，其材质可以是陶瓷、金属、聚合物等，包括单芯片封装和多芯片组封装两类。第二层次的封装是本书主要讲述的内容。

（3）第三层次。

将数个第二层次完成的封装与其他电子元器件组成一个电路板的装配工艺。

（4）第四层次。

将数个第三层次完成的封装体组装成的电路板装配在一个主电路板上，使之成为一个部件或子系统的工艺，也称为单元组装。

（5）第五层次。

将数个单元系统组装成一个完整电子产品的工艺。

另外，也可将电子封装的联结分为两级：面向电子器件级的封装（一级封装）和面向面板级的封装（二级封装）。一级封装正向高密度、轻量化、窄间距、多功能、适用于表面安装的方向发展，各类球栅阵列（BGA）、芯片尺寸封装（CSP）、多芯片叠式封装、多芯片单一封装、微电子机械系统（MEMS）封装、光电集成封装等前沿新颖的封装形式层出不穷。二级封装也已由以通孔插装为主变为以表面贴装为主，并向基板类型的多样化、焊料无铅化、灌封材料与基板材料无卤素化等绿色封装推进。

1.2.3 封装的功能

半导体芯片作为独立的单元，必须与其他单元或功能模块通过引线或电极进行连接，才能实现其设计的电性能。随着人们逐渐重视封装在微电子行业中的作用，对其认识也由简单的连接和组装过渡到认为其是微电子行业三个独立产业之一，即设计、制造和封装。随着电子设备朝着轻、薄、短、小方向发展，集成电路芯片的性能飞速提高，表现出封装引脚越来越多，布线间距越来越小，封装厚度越来越薄，在基板上所占面积比例越来越大，大量高/低介电常数、高热导材料广泛应用等特点。尤其是芯片上加载的能量急剧增加，单个芯片每秒产生的热量高达 10J 以上。如何及时将芯片产生的热量散去以确保电子元件正常工作，是现代封装工艺必须解决的一个非常重要的工程问题，对封装所扮演的角色有了更高的要求。封装体在实际使用时，除温度因素外，还会遭遇各种环境因素，比如湿度、腐蚀气体、电磁辐射、强振动等，所以需要对芯片进行恰当的保护，以实现器件的正常使用。因此，封装体除应具备一些基本功能外，还应根据实际使用情况进行特殊设计。一般而言，封装应具有以下五个基本功能：

（1）提供电信号输入/输出通道。

这是封装最基本的功能，也是最低要求。信号的 I/O 是多层次的，一方面是实现芯片电功能，包括电源电压的分配和导通，也包括外部与内部不同单元之间的绝缘，并将芯片与封装内部的引线或焊盘进行键合或焊接；另一方面，封装外壳能够与外接电源及电信号连接，同时为其他模块的连接提供接口。在封装的这项功能中，主要是尽可能减小电信号的延迟，降低各种寄生效应并抑制噪声，在布线时应尽可能使信号与芯片的互连路径以及通过封装的 I/O 接口引出的路径达到最短。随着器件和模块高性能、小型化、高功率以及高频率的发展，为确保封装体的电气功能，相应的封装材料与技术也获得了长足发展。

（2）提供机械支撑。

未经封装的芯片是非常脆弱的，属于易损器件，需要外界提供机械支撑，以确保芯片在储存、运输、工作及后期维护时，避免机械冲击、震动以及热应力造成的损坏。封装的这项功能，主要是指封装可为连接部件提供牢固可靠的机械支撑，保护芯片及其连接单元，并实现芯片的微细引线端子间距调整到基板较大尺寸间距（尺寸调整配合），满足实装连接的需要，并能适应各种工作环境和条件的变化。

（3）提供散热通道。

如前所述，对于高密度、大信号的封装体，必须考虑芯片的散热问题，在封装设计时，提供各种散热的通道和方式。封装的这项功能是指各种封装都要考虑元器件、部件长期工作时如何将聚集的热量散出的问题，缓解在使用过程中各部件热膨胀系数不匹配产生的应力。对于不同的工作功率，散热设计是有区别的，比如，当工作功率为 2～3W 以上时，需要在封装上增设散热片或热沉，以增加其散热冷却能力；当工作功率为 5～10W 以上时，必须采用强制冷却手段；当工作功率为 50～100W 以上时，达到空冷技术的极限。

（4）规格通用及界面标准化。

随着材料、结构及功能更加复杂多样，关于 I/O 端子节距、封装外形尺寸、封装基板与灌封材料等与 PCB 实装板界面的标准化装载越来越重要。封装的这项功能是指封装体内部结构和组成可以千变万化，但是其外形尺寸与形状、引线数量与间距、引脚长度与形状都应有标准的规格，通过规格通用的封装满足不同生产线、模块与设备的通用性，有利于流水线作业。

（5）环境隔离。

环境隔离有两个层次：一是机械隔离，即封装外壳只提供芯片机械保护功能，避免封装体受到外力冲击而使芯片破损；二是气密性隔离，对于可靠性要求非常高的器件，必须采用气密性封装的方式，确保芯片在使用过程中不受外界环境的物理损坏与化学腐蚀。气密性封装可以采用密封时在封装腔内灌入保护气体，或者采用真空低压进行密封。

1.2.4 封装的分类

封装的发展极为迅速，形成了种类繁多、结构多样、功能齐全的大家族。封装的分类方法有很多，比如，可以按照芯片装载的方式、基板的类型、封装的方式、封装体的外形结构与尺寸以及实装的方式等进行分类。目前，一级封装（面向电子器件级的封装）正在向高密度、轻量化、窄间距、多功能、适用于表面安装的方向发展。各类球栅阵列（BGA）、芯片尺寸封装（CSP）、多芯片叠式封装、多芯片单一封装、微电子机械系统（MEMS）封装、光电集成封装等前沿新颖的封装形式层出不穷。

（1）按照封装中组合电路芯片的数目，微电子机械系统封装可分为单芯片封装（SCP）与多芯片封装（MCP）。需要指出的是，MCP 指层次较低的多芯片封装，而 MCM 指层次较高的多芯片封装。

（2）按照密封的材料，封装可分为以高分子材料（即塑料）和以陶瓷为主。

（3）按照器件与电路板的互连方式，封装可分为引脚插入型（PTH）和表面贴装型（SMT）。PTH 器件的引脚为细针状或薄板状金属，以便插入底座或电路板的导孔中进行焊接固定。SMT 器件先粘贴于电路板上再以焊接固定，它具有海鸥翅型、钩型、直柄型的金属引脚，或电极凸块引脚（也称为无引脚化器件）。

（4）依据引脚分布形态，封装元器件有单边引脚、双边引脚、四边引脚与底部引脚。常见的单边引脚元器件有单列直插式封装（SIP）与交叉引脚式封装（ZIP）；双边引脚元器件有双列直插式封装（DIP）、小外形封装（SOP）等；四边引脚元器件有四边扁平封装（QFP）；底部引脚元器件有金属外壳型（TO）封装与针栅阵列（PGA）封装。

（5）按照封装的几何维度，可以分为以下六类：

①点（零维）：通过焊点的键合实现电气导通，如引线连接的键合点、倒装片的接点、回流焊的键合点等。

②线（一维）：通过金丝或布线实现电气连接，如键合引线、带载引线、电极布线、电源线、接地线、信号线等。

③面（二维）：通过封接实现面与面的紧密接触，以保证固定、密封、传热等，如导电浆料所起的作用。

④体（三维）：通过封装，将可塑性绝缘介质经模注、灌封、压入等工艺，使芯片、中介板（或基板）、电极引线等封为一体，构成三维封装体，起到密封、传热、应力缓和及保护等作用。狭义的封装即指此过程。

⑤块（多维）：指带有电极引线端子的封装体。块与基板的连接即为实装。实装方式有针脚插入型（如DIP）、平面阵列针脚插入型（如PGA）、表面贴装型（如QFP）、平面阵列表面贴装型（如BGA）等。

⑥板（三维）：指实装有半导体集成电路元件，以及L、C、R等分立组件，变压器和其他部件的基板。由基板通过插入、机械固定等方式安装成为系统或整机。

（6）按照芯片有电极面，相对于装载基板是朝上还是朝下，可以分为正装片与倒装片。

（7）按照基板材料种类，可以分为有机基板与无机基板两类；按照基板的结构，又可以分为单层基板、双层基板、多层基板以及复合基板等，也可分为刚性基板与柔性基板。

由于产品小型化以及功能提升的需求和工艺技术的进步，封装的形式和内部结构也有许多不同的变化。表1－2给出了常见的封装形式。

表1－2 常见的封装形式

外形	名称			引脚间距及布置	装配方式
	中文	英文	缩写		
	金属外壳型	Transistor Outline	TO	针对晶体管的封装，引脚较少	通孔插入技术（Through Hole Technology，THT）
	单列直插式封装	Single Inline Package	SIP	单排单方向引脚，2.54mm	
	双列直插式封装	Dual Inline Package	DIP	两排引脚，2.54mm	
	针栅阵列	Pin Grid Array	PGA	整列引脚，2.54mm	

续表2－1

外形	名称			引脚间距及布置	装配方式
	中文	英文	缩写		
	小外形封装	Small Outline Package	SOP	两边方向 1.27mm	表面贴装技术(Surface Mount Technology，SMT)
	玻璃扁平封装	Flat Package of Glass	FPG	2 个或 4 个方向引脚，1.27mm、0.762mm	
	四边扁平封装	Quad Flat Package	QFP	四个方向引脚，1.0mm、0.8mm、0.65mm 等	
	小外形 J 引线封装	Small Outline J-lead Package	SOJP	2 个方向引脚，成 J 形弯曲，1.27mm	
	无引线芯片载体	Leadless Chip Carrier	LCC	2 个或 4 个方向，引线可以为 J 形弯曲，1.27mm、1.016mm、0.762mm	
	球栅阵列	Ball Grid Array	BGA	焊球，间距 1.0mm、0.8mm	
	芯片尺寸封装	Chip Size Package	CSP	焊球，间距 1.0mm、0.8mm、0.65mm、0.5mm，封装面积与芯片面积之比小于 1.2	
	带载封装	Tape Carrier Package	TCP	细节距 0.1～0.08mm	载带自动键合

典型的封装形式简单介绍如下：

(1) 金属外壳型（TO），属于早期晶体管外形的封装规格，如 TO-92、TO-92L、TO-220、TO-252 等都是插入式封装设计，如图 1－9 所示。近年来，表面贴装市场需求量增大，TO 封装也发展为表面贴装式封装，如 TO-252 和 TO-263。

图 1−9　常见的插装式封装（Through Hole Technology，THT）

（2）单列直插式封装（SIP），此类封装体并无固定的外形，就芯片的排列方式而言，SIP 可为多芯片（Multi-Chip Module，MCM）的平面式 2D 封装，也可再利用 3D 封装的结构以有效缩减封装面积；其内部连接技术可以是单纯的引线键合（Wire Bonding），也可以使用倒装方式（Flip Chip）进行连接，同时二者可以混用。SIP 的引脚从封装的一个侧面引出，排列成一条直线。通常，它们是通孔式的，管脚插入印制电路板的金属孔内，当装配到印刷基板上时，封装呈侧立状。引脚中心距通常为 2.54mm，引脚数为 2～23 个，多数为定制产品，该类产品造价低廉且安装方便，广泛用于民品。如图 1−9 所示。

（3）双列直插式封装（DIP），属于插装式封装，盛于 20 世纪 70 年代，是芯片最早的封装方法。DIP 的结构形式多种多样，包括多层陶瓷双列直插式封装（DIP）、单层陶瓷双列直插式封装（DIP）、引线框架式封装（DIP）等。基本结构是引线针脚分布于两侧，且直线平行布置，通过插入电路板（PCB 或 PWB）实现电气连接和机械固定。应用范围包括标准逻辑（IC）、存储器（LSI）、微机电路等。引脚中心距通常为 2.54mm，引脚数为 6～64 个，封装宽度通常为 15.2mm。DIP 的芯片从芯片插座上插拔时应特别小心，以免损坏管脚，这也导致电路板上的孔径及其间距较大，很难实现高密度布线。DIP 具有以下特点：①适合在电路板上穿孔焊接，操作方便。②芯片面积与封装面积的比值较大，体积较大。以采用 40 根 I/O 引脚的 DIP 为例，芯片面积∶封装面积 $=(3\times3):(15.24\times50)=1:85$，远小于 1（衡量先进封装技术的重要指标是芯片面积与封装面积之比，比值越接近 1 越好）。双列直插式封装的引脚布置方式可以随着使用环境发生一定的变形，从而形成收缩双列直插式封装（Shrink DIP，S-DIP）和窄形双列直插式封装（Skinny DIP，SK-DIP）等。S-DIP 引脚中心距为 1.778mm；而 SK-DIP 在宽度方向的引脚中心距为一般 DIP 的一半，其外形宽度大幅下降。

（4）针栅阵列式（PGA）封装，为了满足布线密度更高的要求，在 DIP 的基础上逐渐发展出在基板背面布置引线阵列的技术，所有针脚在整个平面呈方阵形排布，每个针脚间距不变，根据引脚数目的多少，可以围成 2～5 圈，针脚数按近似平方的关系提高，可以达到数百个。该形式的封装采用导热性良好的陶瓷基板，可适应高速度、大功耗器件的要求。但价格高，常用于较为特殊的领域。PGA 封装具有以下特点：①插拔操作更方便，可靠性高。比如，为使 CPU 能够更方便地安装和拆卸，出现一种名为零插拔力的插座

(Zero Insertion Force Socket，ZIF）的 CPU 插座，专门用来满足采用 PGA 封装的 CPU 在安装和拆卸上的要求。只需要把这种插座上的扳手轻轻抬起，CPU 就可以很容易地放置在基座中。然后将扳手压回原处，利用插座本身的特殊结构生成的挤压力，使 CPU 的引脚与插座牢牢地接触。而拆卸 CPU 芯片只需将插座的扳手轻轻抬起，则压力解除，CPU 芯片即可轻松取出。②可适应更高的频率。

（5）四边扁平封装（QFP)。随着集成电路的封装形式不断发展，尤其是高密度布线的要求不断提高，封装体在电路板上布线的方式也发生变化，从通孔插入式向表面贴装式演变，四边扁平封装以及球栅阵列封装是集成电路发展史上具有里程碑意义的封装形式。四边扁平封装是从小外形封装（SOP）演变而来，呈现四边，具有翼形短引线，如图 1－10 所示。QFP 引脚很细且间距很小，多为 1.00mm、0.80mm、0.65mm、0.50mm、0.40mm、0.30mm 等。目前，在 SMT 中用得最多的封装是小外形集成电路 (Small Outline Integrated Circuit，SOIC）封装和 QFP。当引脚数少时，SOIC 封装使用较多；当引脚数较多时，如大于 64 根引线时，则以 QFP 为主。早期 QFP 的引线比较柔软，引脚平伸在外较长，容易发生变形弯曲，极难保持共面，且占据的面积也较大，难以实现大的比面积。目前已经将引脚弯曲，且外伸部分较短，这样使引脚强度大增，不易变形，大大方便了装运和使用，占据的面积也较小。QFP 具有以下特点：①适用于 SMT 在 PCB 上安装布线；②适合高频应用场景；③操作方便，可靠性高。

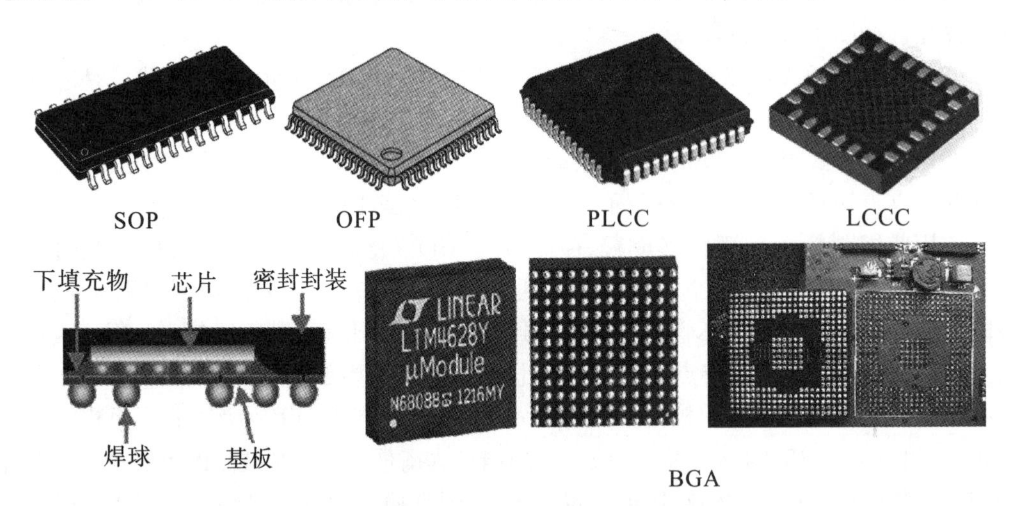

图 1－10　常见的表面贴装技术（Surface Mount Technology，SMT）

随着 QFP 的继续发展，其引线出现了变形，如变化为 J 形或丁字形。如果选用塑料作基板，则称为带引线的塑料芯片载体（Plastic Leaded Chip Carrier，PLCC）封装，该形式的封装体一般含有 32 根引线，引脚从封装体的四个侧面引出，呈丁字形，外形尺寸比 DIP 小得多，适合用 SMT 进行安装布线。

随后又出现了采用无引线陶瓷载体（Leadless Ceramic Chip Carrier，LCCC）封装。LCCC 是在陶瓷基板的四个侧面预设焊盘作电极，而无引脚的表面贴装型封装，电极数目为 18～156 个，间距 1.27mm，主要用于高速、高频集成电路封装等特殊用途。

（6）球栅阵列（BGA）封装，它是在 PGA 和 QFP 的基础上发展而来的。球栅阵列封装基于PGA的阵列布置技术，将插入的针脚改换成键合用的微球。同时，基于QFP的SMT工艺，采用回流焊技术实现焊接。BGA封装所占实装面积小，对端子间距的要求不苛刻，便于实现高密度封装，具有优良的电学性能和机械性能。随着硅芯片集成度不断提高，I/O端子数剧烈增加，散热要求更加严格，尤其是当芯片或电路工作频率超过100MHz时，传统封装方式可能会产生所谓的串扰现象，并且当封装体端子数大于208个时，传统的封装方式难以满足要求。BGA封装一出现便成为CPU、主板上南/北桥芯片等高密度、高性能、多引脚封装的最佳选择。BGA封装的形式多种多样，一般来说，其外形结构多为方形或矩形，根据基板下端焊球的排布方式，可分为周边型BGA封装、交错型BGA封装和全阵列型BGA封装；根据其基板的不同，又分为塑料球栅阵列（Plastic BGA，PBGA）封装、陶瓷球栅阵列（Ceramic BGA，CBGA）封装、载带球栅阵列（Table BGA，TBGA）封装以及其他以复合结构或材料为基板的球栅阵列封装。

①塑料球栅阵列（PBGA）封装。

PBGA封装采用BT树脂/玻璃层压板作为基板，以塑料（环氧模塑混合物）作为密封材料，焊球为共晶焊料（63Sn37Pb）或准共晶焊料（62Sn36Pb2Ag）（现已采用无铅焊料）。

PBGA封装的优点如下：

a. 与印刷线路板的热匹配性好。PBGA结构中的BT树脂/玻璃层压板的热膨胀系数（CTE）与PCB的CTE相当，均约为$20\times10^{-6}K^{-1}$，热匹配性好。

b. 在回流焊过程中，可利用基板焊球的自对准作用，提高焊接可靠性。

c. 成本低。

d. 电性能良好。

PBGA封装的缺点是：对湿气敏感，不适用于有气密性要求和高可靠性要求的器件封装。

②陶瓷球栅阵列（CBGA）封装。

在BGA封装系列中，CBGA封装历史最久，采用多层陶瓷作基板，通过焊接金属盖板在基板上进行密封。基板下凸点焊球材料为高温共晶焊料（10Sn90Pb），球和封装体的连接采用低温共晶焊料（63Sn37Pb）。焊球节距为1.5mm、1.27mm、1.0mm。

CBGA封装的优点如下：

a. 气密性好，抗湿气性能高，因而封装组件的长期可靠性高。

b. 与PBGA器件相比，电绝缘特性更好，封装密度更高，且散热性更优。

CBGA封装的缺点如下：

a. 由于陶瓷基板的CTE（约$5\times10^{-6}K^{-1}$）和PCB的CTE（约$17\times10^{-6}K^{-1}$）相差较大，因此热匹配性差，容易产生应力失效，常见为焊点疲劳。为了提高焊点的抗疲劳性，缓解由于热失配引起的陶瓷载体和PCB之间的剪切应力，而采用直径为0.5mm、高度为1.25～2.2mm的焊料柱替代CBGA中的焊料球，形成陶瓷柱栅阵列（Ceramic Column Grid Array，CCGA），如图1－11所示。

CCGA　　　　TBGA

图 1-11　陶瓷柱栅阵列与载带球栅阵列封装

b. 与 PBGA 器件相比，封装成本高。

c. 封装体边缘处的焊球对准难度增加。

③载带球栅阵列（TBGA）封装。

TBGA 封装是一种有腔体结构，其芯片与基板互连的方式有两种：倒装焊键合和引线键合。倒装焊键合结构采用芯片倒装键合在多层布线柔性载带上，用作电路 I/O 端的周边阵列焊料球布置在柔性载带下面，所用的封盖板既可以加固封装体，确保柔性载带下面的焊料球具有较好的共面性，又可以进行很好的散热。

TBGA 封装的优点如下：

a. 封装体的柔性载带与 PCB 的热膨胀系数比较匹配。

b. 在回流焊过程中可利用自对准作用实现可靠焊接。

c. 最经济的 BGA 封装。

d. 散热性能优于 PBGA 结构。

TBGA 封装的缺点如下：

a. 对湿气敏感。

b. 不同材料的多级组合对可靠性产生不利的影响。

总体而言，采用球栅阵列（BGA）封装具有以下特点：

①I/O 端子数增多。在引线数相同的情况下，采用 BGA 封装形式可以使封装体尺寸减小 30%以上，节约组装的空间。例如，CBGA-49、BGA-320（节距为 1.27mm）与 PLCC-44（节距为 1.27mm）相比，封装体尺寸减少了 84%。而当封装体面积相同时，其 I/O 端子数量大幅增加，实现了高密度、高性能的要求。

②虽然 I/O 端子数增多，但是每个端子之间的距离远大于 QFP 引线距离，提高了成品率，降低了成本。

③BGA 封装采用可控塌陷芯片互连技术使阵列排布的金属焊球与基板连接，具有接触面大、散热路径短的特点，即使 BGA 的功率增加，依然具有良好的电热性能。

④采用焊球的方式连接，缩短了信号传输的路径，减少了导线自身的寄生电感、电阻，能够降低信号传输延迟，工作频率大大提高。

⑤自对准技术组装进行共面焊接，可靠性大大提高。

（7）芯片尺寸封装（Chip Size Package，CSP）。CSP 是在 BGA 封装的基础上发展起来的，被业界称为单芯片的最高形式。CSP 和 BGA 封装很容易区分：球间距小于 1mm 的为 CSP，球间距大于或等于 1mm 的为 BGA 封装。CSP 大幅减小了封装外形尺寸，做到裸芯片尺寸有多大，封装尺寸就有多大，即封装后的 IC 尺寸边长不大于芯片的1.2倍，IC面积不超过晶粒面积的1.4倍，如图1－12所示。该技术于1996年公开提出，由于具有高质量保证、芯片有效保护、互换性良好及实装简便等特点，受到各大封装企业的追捧，目前仍处于迅速发展中。应该指出的是，CSP并不是一种新的封装类型，其结构也并非一成不变，但均具有下列几个共同特征：

图1－12　常见的CSP

①芯片面积与封装面积的比值接近1，目前形成了端子间距小于0.8mm、外形尺寸为4～21mm的超小型封装体。

②满足芯片I/O端子不断增加的需要，发展出各种不同的封装外形及内部连接方式，如球栅阵列、无引脚栅形阵列（Leadless Grid Array，LGA）、无引脚小外形封装（Small Out-line Nonleaded Package，SONP）等。另外，也形成了其他封装形式，例如，传统引线框架式（Lead Frame Type），代表厂商有富士通、日立、Rohm、高士达（Goldstar）等；柔性内插板式（Flexible Interposer Type），其中最有名的是Tessera公司的micro BGA、CTS的sim-BGA，其他代表厂商包括通用电气（GE）和NEC；刚质内插板式（Rigid Interposer Type），代表厂商有摩托罗拉、索尼、东芝、松下等；晶圆尺寸式封装（Wafer Level Package），是将整片晶圆切割为单一的芯片，是未来封装技术的主流，已投入研发的厂商包括FCT、Aptos、卡西欧、EPIC、富士通、三菱电子等。

③连接方式的改变缩短了信号的延迟，降低了各种寄生效应。

④具有新结构的极限CSP不断出现。

目前，世界上已有几十家公司可以提供CSP产品，品种多达上百种。尽管在设计、材料和应用上有所不同，但可将CSP分为四类：

①基于定制引线框架的CSP，又称为芯片上引线（LOC），主要用于芯片连接扩展和系统封装，以保证封装在PCB上所占用的面积不变。主要代表产品有南茂科技的SOC（Substrate On Chip）、Micro BGA和四边无引线扁平（QFN）封装、Hitachi Cable的芯片上引线的芯片尺寸封装（LOC-CSP）。

②带柔性中间支撑层的CSP，如3M的增强型扰性芯片尺寸封装、Hitachi的用于存储器件的芯片尺寸封装、NEC的窄节距焊球阵列（FPBGA）封装、Sharp的芯片尺寸封装、Tessera的微焊球阵列（μBGA）封装、TI Japan的带柔性基板的存储器芯片尺寸封装（MCSP）。

③刚性基板CSP，如IBM的陶瓷小型焊球阵列（Mini-BGA）封装、倒装芯片--塑料焊球阵列（FC-PBGA）封装、NEC的三维存储器模块（3DM）CSP、SONY的变换

焊盘阵列（TGA）封装。

④圆片级再分布 CSP，如倒装芯片技术的 Ultra CSP，富士通的 Super CSP（SCSP）、WL-CSP 等。

（8）其他层次的封装（图 1－13）。

随着封装技术的发展，新的封装类型不断出现，并带来各层次封装的变化。比如，为减少封装的工艺流程，降低封装体的体积，将芯片直接搭载在基板上（Chip On X-substrate，COX），X 可以为印制电路板（B）、陶瓷基板（C）、玻璃基板（G）、硅片（S）等。为解决单一芯片集成度低和功能不够完善的问题，把多个高集成度、高性能、高可靠性的芯片，在高密度多层互连基板上用表面贴装技术封装成各种电子模块系统，形成多芯片组件（MCM），可以分为 MCM-C（陶瓷基板）、MCM-L（多层印制电路板）、MCM-D（基于薄膜沉积光刻技术）。电子封装体中多层基板预植入电阻、电容及电感元件，使得封装体兼具集成电路功能，比如，基于硅晶圆片级的集成（Wafer Scale Integration，WSI）以及将多种元件（如存储器、专用集成电路等）混载在同一芯片上的芯片系统（System on a Chip，SoC）封装。另外，还出现了适应高密度堆叠芯片互连的新技术：硅通孔（Through Silicon Via，TSV）技术。该技术能够使芯片纵向堆叠密度最大，芯片之间的互连通道最短，外形尺寸最小，且大大改善芯片计算速度和低功耗的性能，成为目前电子封装技术中最引人注目的一种技术，如图 1－13 所示。TSV 成为继引线键合（Wire Bonding）、载带自动键合（TAB）和倒装芯片（FC）之后的第 4 代封装技术。

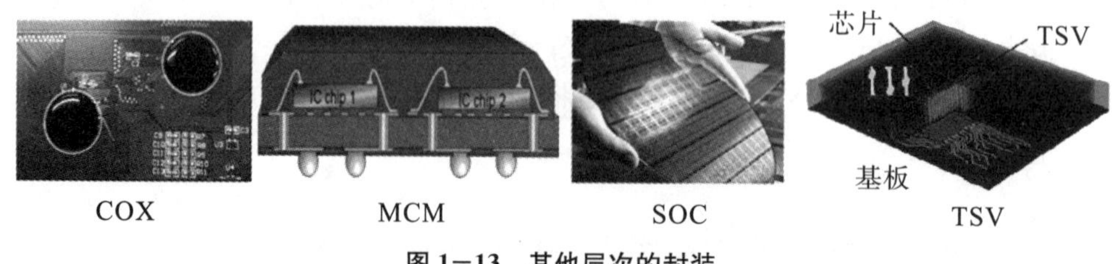

图 1－13　其他层次的封装

目前，电子封装的发展经过了三次技术革命，从双列直插式封装到四边扁平封装、球栅阵列封装，再到表面贴装和芯片上做系统的封装。倒装片积层多层基板以及带载球栅阵列封装的广泛发展，适应了多输入/输出端子、大芯片尺寸、超薄及高功率、高频率的要求。作为系统基本单元的各种封装体都获得广泛的发展，在同一个系统，甚至同一块基板上，各种形式、结构、材料的封装体分布其中，各自扮演不同的角色。比如，端子距离持续降低的芯片尺寸封装、多芯片集成模块系统以及将半导体器件制作技术与高密度封装技术结合而成的晶圆水平封装。进一步满足面向终端用户需求的系统越来越智能化、小型化，其处理的信息量增加，可靠性与稳定性持续提高。虽然高密度的封装体应用越来越多，但是早期出现的 TO 封装体也没有退出，依然在很多领域发挥作用。图 1－14 为电子封装种类及参数演变过程。

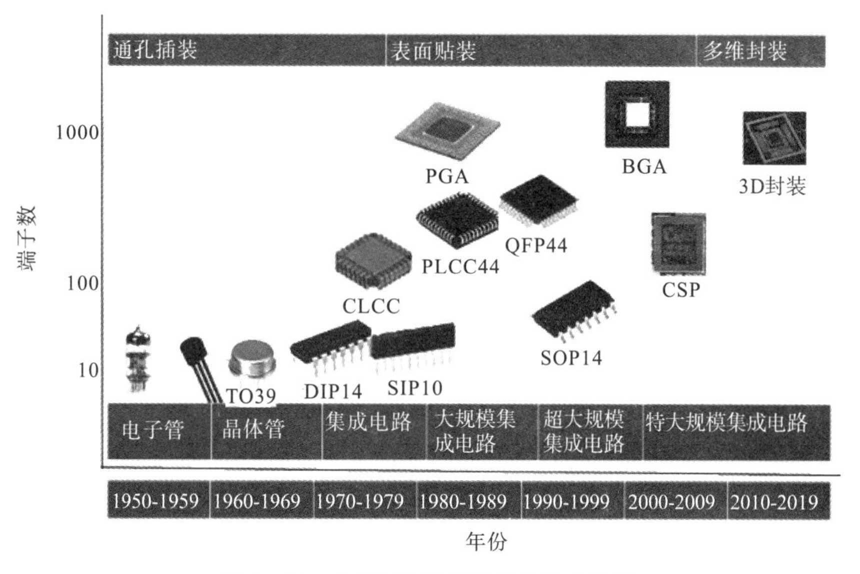

图1−14 电子封装种类及参数演变过程

1.2.5 封装中的材料科学与工程问题

目前的电子系统往往由若干个小系统构成，而小系统又由不同的模块、组件装配而成，由很多层次的工序组成，不同制作工序也在不断改进发展。比如，芯片表面的布线密度和材料构成、表面钝化工艺、电极凸点的制作与键合的结合等。可以说，电子封装涵盖了材料与结构的各种科学问题。从工艺来讲，涉及薄/厚膜技术、基板技术、微细连接技术、封接及封装技术等四大基础技术，以及由此派生出的各种工艺问题。

（1）设计、评价、可靠性技术，包括各类基础理论、系统设计软件、数学模型分析等，涉及膜特性、电气特性、热特性、结构特性及可靠性等方面的分析、评价与检测。比如，在芯片高频率的工作环境下，确保信号高速传输；在器件大功率工作状态下，确保高效、准确地冷却；在电子设备小型化时，确保各个集成单元高密度化的配置与封装；在复杂的工作系统中，确保封装体免于电磁波干扰等。

（2）封装技术（薄/厚膜技术、连接及封装技术等），包括基础理论、成膜装置、结构合成以及整体加工等。

（3）基板及搭载的元器件（各种原材料及元器件工艺等），包括不同薄/厚膜形成的装置、各种成套或定制的设备与生产线。

（4）实装技术（微细连接技术、成型、组装等），该部分以封装综合设计及各类工艺设备为依托。从材料上来讲，涉及各种类型的材料，包括金属、陶瓷、玻璃、高分子材料等，如焊丝框架、焊剂焊料、金属超细粉、玻璃超细粉、陶瓷粉料、表面活性剂、有机粘结剂、有机溶剂、金属浆料、导电填料、感旋光性树脂、热硬化树脂、聚酞亚胺薄膜、感旋光性浆料等，涉及的材料特性包括介电常数、热膨胀系数、电阻、热导率等。随着IC技术的发展，封装面临的技术包括信号的高速传递设计、高效率的散热技术、高密度封装形式以及防电磁波干扰等，相应的工程体系包括制膜工程、基板与布线工程、微细连接工程等。图 1－15 为电子封装所涉及的设计、材料与技术。

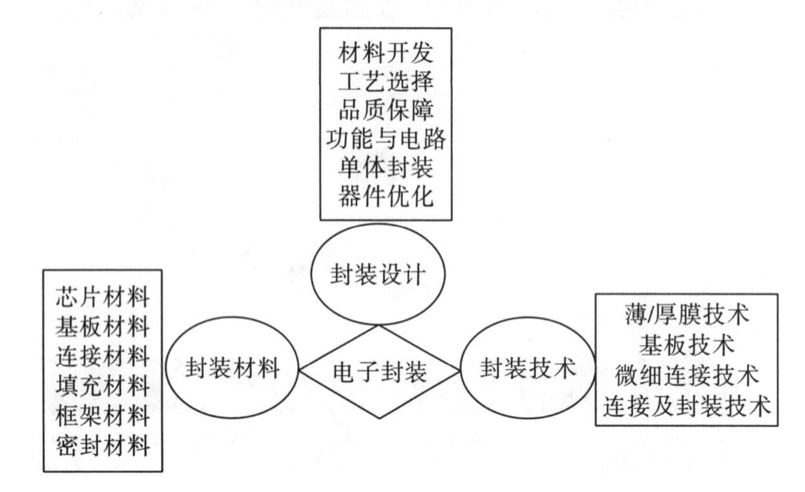

图 1－15　电子封装所涉及的设计、材料与技术

本书将从封装体各结构单元所涉及的材料物化性能出发，系统介绍相关的材料体系及性能，关于封装体可靠性测试依据的标准主要有 IEC、MIL、JEDEC、GJB、GB、IPC、UL 等。

1.2.6　封装的技术要求

随着微电子产业的迅速发展，封装技术也不断地进步，主要的发展及相应的技术要求如下。

1. 小型化

微电子封装技术朝着超小型化的方向发展，出现了与芯片尺寸大小相同的超小型化封装形式，即晶圆级封装技术（WLP）。而低成本、高质量、短交货期、外形尺寸符合国际标准都是小型化的必需条件。

2. 适应高发热

由于微电子封装的热阻会因为尺寸的缩小而增大，电子器件的使用环境复杂多变，因此必须解决封装的散热问题。尤其是在高温条件下，首先必须保证封装单元长期工作的稳定性和可靠性。

3. 高密集度

由于元器件的集成度越来越高，要求微电子封装的端子数越来越多，端子间距越来越小。对应的微机械加工技术的开发和精细布线的微系统制作越来越重要。

4. 适应多引脚

外引线越来越多既是微电子封装的一大特点，又是难点。因为引脚间距不可能无限小，回流焊时，小间距处焊料难以稳定供给，故障率很高。而多引脚封装是今后的主流，所以在微电子封装的技术要求上应尽量适应多引脚的发展趋势。

1.2.7 封装的发展技术

进入 21 世纪后，微电子封装概念已从传统的面向器件转为面向系统，即在封装的信号传递、支持载体、热传导、芯片保护等传统功能的基础上进一步扩展，利用薄/厚膜工艺以及嵌入工艺对系统的信号传输电路和大部分有源、无源元件进行集成，并与芯片的高密度封装和元器件外贴工艺相结合，从而实现对系统的封装集成，达到最高密度和最优化布局的封装。BGA 封装技术因其性能和价格优势以最快增长速度成为封装的主流技术并继续向前发展。CSP 技术有很好的前景，随着其成本的逐步降低，将被广泛用于快速存储器、逻辑电路和 ASIC 等器件的封装。FCT 将作为一种基本的主流封装技术渗透于各种不同的封装形式中；随着便携式电子设备市场的迅速扩张，适用于高速、高性能的 MCM 的发展速度相当惊人。三维封装是最具发展前景的封装技术，随着其工艺的进一步成熟，将成为应用最广泛的封装技术。综上所述，从器件的发展水平来看，封装技术的发展趋势为：①单芯片向多芯片发展；②平面型封装向立体封装发展；③独立芯片封装向系统集成封装发展。

从目前封装技术的发展情况来看，行业的努力方向是使系统向小型化、高性能、高可靠性和低成本发展。从技术发展观点来看，未来微电子封装发展的关键技术主要有带载封装（TCP）、球栅阵列（BGA）封装、倒装芯片技术（FCT）、芯片尺寸封装（CSP）、多芯片模式（MCM）和三维（3D）封装。

1. 带载封装

带载封装，是在形成连接布线的带状绝缘带上搭载 LSI 裸芯片，并与引线键合连接的封装。与 QFP 相比，TCP 的引线间距可以做得更窄，外形可以做得更薄，因此，TCP 是比 QFP 更薄的高密度封装，它在 PCB 上占据的面积很小，可以用于高 I/O 端子数的 ASIC 和微处理器。

2. 球栅阵列封装

球栅阵列封装，是表面安装型封装的一种，在印制电路板的背面，呈二维阵列布置球形焊盘。在印制电路板的正面搭载 LSE 芯片，用模注和浇注树脂封接，可超过 200 针，属于多针的 LSI 用封装。封装体的大小比 QFP 小，且不用担心引线变形。

3. 倒装芯片技术（FCT）

倒装芯片技术，是将芯片有源区面对基板，通过芯片上呈阵列排列的焊料凸点来实现芯片与衬底的互连。FCT 的优点是外形尺寸缩小、综合电性能提高、I/O 密度增加、散热性良好、改善疲劳寿命、可靠性增加、裸芯片的可测试性提升等。

4. 芯片尺寸封装

芯片尺寸封装，主要有适用于储存器的少引脚 CSP 和适用于 ASCI 的多引脚 CSP，比如芯片上引线（LOC）、微型球栅阵列（MBA）和面阵列（LGA）等形式。CSP 的主要优点是容易老化实验和测试，易于一次回流焊接等安装，操作简便。

5. 多芯片模式

多芯片模式，是指多个半导体裸芯片安装在同一块布线基板上。按基板材料不同，分为 MCM-L、MCM-C、MCM-D 三类。

（1）MCM-L 是指用玻璃、环氧树脂制作多层印制电路板的模式。布线密度高而价格较低，主要用于 30MHz 以下的产品，但可靠性较差，耐环境性有待提高。

（2）MCM-C 通过厚膜技术形成多层布线陶瓷，并以此作为基板。布线密度比 MCM-L 高，主要用于 30～50MHz 的高可靠性产品。

（3）MCM-D 通过薄膜技术形成多层布线陶瓷或者直接采用 Si、Al 作为基板，然后通过光刻方式得到电路图形，布线密度最高，价格也高。

MCM 封装是 20 世纪 80 年代中后期首先在美国兴起和发展起来的高密度微组装技术，是高级 HIC（混合集成电路）的典型产品，它将多个裸芯片进行高密度的安装，构成具有多功能、高性能的电子部件、整机、子系统乃至系统所需功能的一种新型微电子组件。图 1-16 为 MCM 封装实物。

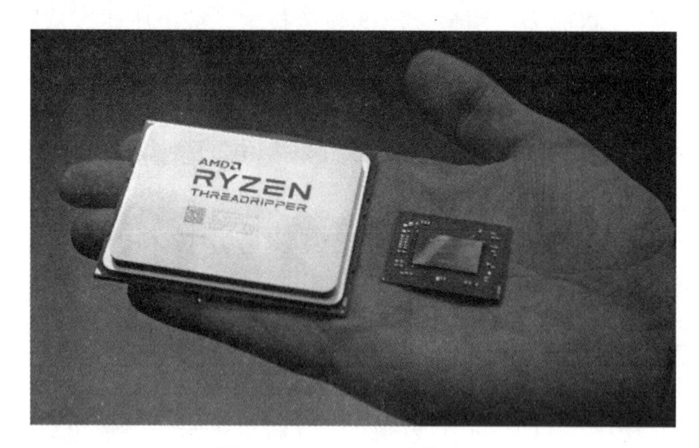

图 1-16　MCM 封装实物

图 1-17 为多层基板 MCM 封装。多层互连基板是 MCM 的基础和重要支撑，可起到为裸芯片和外贴元器件提供安装平台、实现 MCM 内部元器件之间的互连、为 MCM 提供散热通路等关键作用。互连基板直接影响着电路组件的体积、重量、可靠性和电性能。

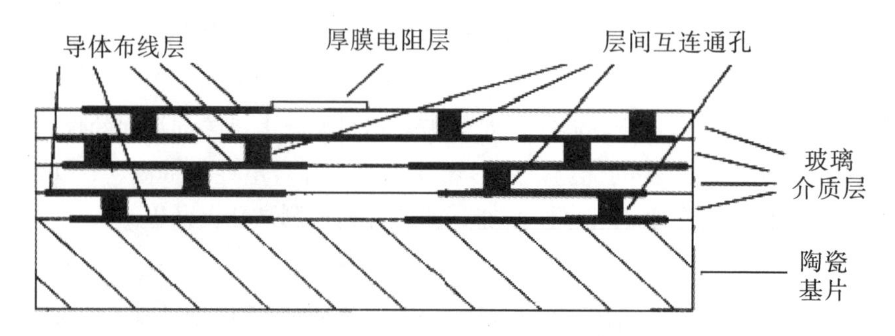

图 1-17　多层基板 MCM 封装

MCM 封装的主要特点如下：

（1）模块之间与模块内部的信息传输延时大大减小。

（2）有效减少了封装的大小。

（3）大大提高了系统的可靠性。

6. 三维封装

三维封装可实现向空间纵深方向发展的微电子组装的高密度化。它不仅使组装密度更高，而且使其功能更多、传输速度更高、功耗更低、性能及可靠性更好等。

3D 封装技术也称为叠层芯片封装（Stacked Die Package）技术，是指在不改变封装体外形尺寸的前提下，在同一个封装体内，垂直方向叠放两个以上芯片的封装技术。

3D 封装主要有两类：埋置型 3D 封装和叠层型 3D 封装。

埋置型 3D 封装是将元器件预埋置在基板多层布线内或直接制作在基板内部，如图 1−18 所示。

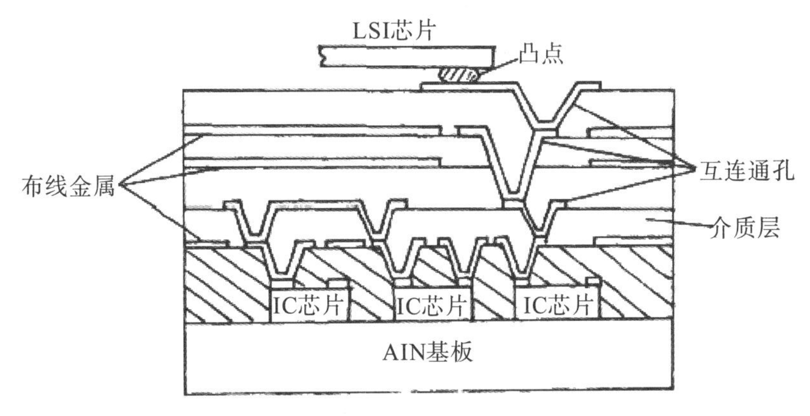

图 1−18　埋置型 3D 封装

叠层型 3D 封装是将 LSI、VLSI、2D-bMCM 或已封装的器件，利用无间隙叠装互连技术封装而成。这类 3D 封装形式目前应用最为广泛，其工艺技术中应用了许多成熟的组装互连技术，如引线键合（WB）技术、倒装芯片（Flip Chip）技术等。

图 1−19 为应用引线键合技术和 C4 技术制造的叠层型 3D 封装，芯片间通过金属引线相连。该产品采用 PBGA 封装，共有四层芯片：第一、三层芯片（Die1、Die3）是 FLASH；第二层芯片（Die2）是隔离片，上面没有电路；第四层芯片（Die4）是 SPAM。第一、四层芯片黏合剂（DA1、DA4）是银浆料；第二、三层芯片黏合剂（DA2、DA3）是粘贴膜。

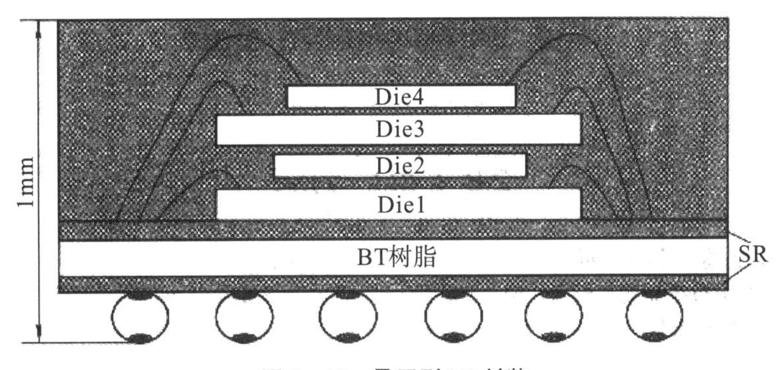

图 1−19　叠层型 3D 封装

图 1－19 中的阴影处为密封剂。衬底由三层印制电路板构成，中间层是双马来酰亚胺三嗪（Bismaleimide Triazine，BT）树脂；上、下层是 SR（Solder Resist）层，SR 层中还包含铜金属化布线，采用金线键合。

图 1－20 为 3D 封装实物图。

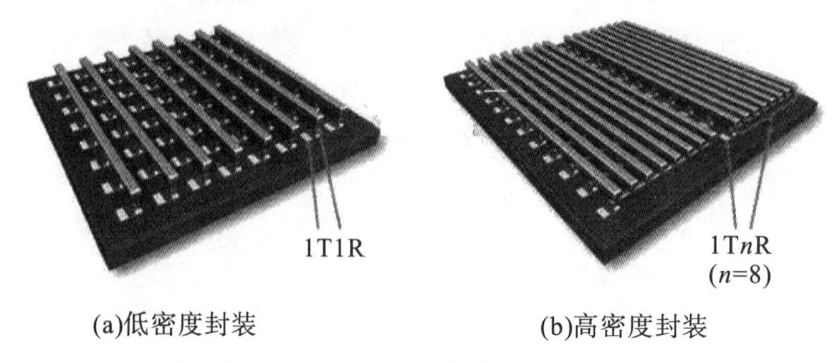

(a)低密度封装 (b)高密度封装

图 1－20 3D 封装实物图

随着工作频率的不断提高，3D 微波集成模块变得越来越重要。图 1－21 为采用 3D 技术加工的微波集成模块。低噪音放大器（LNA）等有源器件和相关元件利用键合技术连在薄膜基板上，无源器件（带通滤波器等）嵌在多芯片模中，封盖能够密闭并屏蔽射频信号。微波集成模块的目标频率为 29.5～300GHz，频带平坦度为 0.5dB。

图 1－21 3D 微波集成模块

1.3 行业现状

1.3.1 行业状况

经过 60 多年的发展，集成电路产业伴随着电子终端设备的小型化、智能化、多功能化的发展，其技术水平、产品结构、产业规模等都取得了举世瞩目的成就。就集成电路的基础封装而言，从问世到现在，为了应对不同的客户需求，在大功率、多引线、高频、光电转换等应用场景，已经出现了几十种不同外形尺寸、不同引线结构、不同引线间距、不同连接方式的电路。虽然新的封装类型层出不穷，但也没有出现绝对的替代，目前及未来较长一段时间内都将呈现各种封装体并存发展的格局：①通孔直插式封装工艺成熟、操作简单、功能较单一，虽然市场需求呈缓慢下降的趋势，但在今后几年内仍有巨大的市场空间；②表面贴装工艺中，两边或四边引线封装技术（如SOP、PLCC、QFP、QFN、DFN等）发展成熟，由于其引脚密度增加且可实现较多功能，应用非常普遍，目前拥有三类中最大的市场容量，未来几年总体规模将保持稳定。而阵列封装技术（如WLCSP、BGA、LGA、CSP等）的技术含量较高、集成度更高，现阶段产品利润高，产品市场处于快速增长阶段，但基数仍然相对较小；③先进的高密度封装技术（如3D堆叠、TSV等）仍处于应用研发阶段，由于该类技术在提高封装密度方面表现优异，因此实用化后将迎来巨大的市场空间。

随着硅基半导体技术日趋成熟并不断逼近物理极限，多年来遵循"摩尔定律"快速发展的半导体产业的发展步伐正在放缓。与此同时，在应用市场，长期推动全球半导体市场增长的PC及消费类电子产品需求，正在逐步让位于移动智能终端。随着全球半导体产业同时迈入"后摩尔时代"与"后PC时代"这一"两后时代"，世界半导体产业发展呈现出"新常态"。一是产业规模由快速增长并伴随大幅波动，转为低速平稳增长。受世界主要经济体发展现状的影响，全球半导体产业已经步入低速平稳发展期。受新冠肺炎疫情的影响，半导体行业在发展机遇与挑战下，呈现出更多的不确定性。二是产业结构调整加速，IC设计业与晶圆代工业异军突起。随着5G商用服务的加快，半导体行业获得新的增长动力。自2001年以来，全球IC设计业保持年均近20%的增长速度。IC设计业的快速发展带动了晶圆代工业的同步发展，以台积电为例，其销售收入由2001年的39.8亿美元迅速扩大到2014年的250.88亿美元，10余年间保持了年均15.2%的高增长速度。5G技术全面带动分立元器件的新需求和新技术发展。三是产业整合进程加快，贸易摩擦不确定性因素增加，寡头垄断特征日益显著。2019年，日本与韩国之间实施半导体材料的出口管制，英飞凌斥资101亿美元收购赛普拉斯，成为汽车电子市场强大的芯片供应商；同年，苹果公司收购英特尔大部分智能手机调制解调器业务，松下公司将旗下半导体相关工厂及设施出售给台湾新唐科技股份有限公司。

1.3.2　国内行业现状

1956年，伴随着电子封装的起步，我国第一只晶体管诞生。至今，半导体封装与测试业是中国半导体产业的重要组成部分，其销售额在全行业中一直占50%左右的份额。从某种意义上讲，我国半导体产业是从封装开始起家的，这是一条"多快好省"的发展道路。国内微电子封装测试产业可以细分为以下三个阶段：

(1) 1995年之前，国内的封装测试绝大部分是依附本土组件制造商（如上海先进、上海贝岭、无锡华晶及首钢NEC等）及部分由合资方式或其他方式合作的外商［如深圳赛意法微电子、韩国现代电子（现已被金朋并购）］，投资范围主要以PDIP、PQFP、TSOP为主。

(2) 从1995年起，国内出现了第一家专业封装代工厂，即上海阿法泰克。之后，由于获得国家政策对发展IC产业的支持，英特尔、超威、三星电子和摩托罗拉等国际大厂整合组件制造商扩大投资，纷纷以1亿美元以上的投资规模进驻国内。

（3）2000年之后，中芯国际、宏力、和舰及台积电等晶圆代工厂陆续成立，新产能的开出和继续扩产，对于后段封装测试产能的需求更为迫切，使得专业封装测试厂为争夺订单陆续进驻晶圆厂周围，例如，威宇科技、华虹、NEC提供BGA/CSP及其他高级封装的服务，中芯国际与金朋建立互不排除联盟。

晶圆制造开始向高端技术推进，对于封装工艺的要求也开始转向高端产品，这将带动国内封装产业在质量上的进一步提升。

与全球半导体产业大起大落、步履趋缓不同，我国集成电路产业规模扩张和产业结构调整都取得了显著成绩。一是产业规模迅速扩大，未来规划还将加速发展。2000年，我国集成电路产业规模为186.2亿元，仅占全球半导体产业的1%；2018年，我国集成电路产业规模达到6531亿元，同比增长20.7%，其中IC设计业2519亿元，芯片制造业1818亿元，封装测试业达到2194亿元。2019年，我国集成电路产量达到2018亿块，同比增长7.2%，进口集成电路超过4450亿块，同比增长6.6%。二是“三业”（IC设计业、芯片制造业、封装测试业）格局不断优化，但芯片制造业发展还有待提速。就“三业”发展速度来看，2000年以后，IC设计业发展速度保持领先，年均增长达到40%左右；封装测试业增长较为平稳；而芯片制造业投资寥寥无几，与国际整体水平相比差距较大。从“三业”格局的变化来看，2001年，封装测试业占国内集成电路产业近80%的份额；2015年，IC设计业、芯片制造业及封装测试业占国内集成电路产业的比例分别为35%、27%、38%。国内集成电路产业“三业”并举、同步发展的格局已初步确立。2018年，华大九天推出GPU-Turbo异构仿真系统Empyrean ALPS-GT，实现国产EDA（Electronics Design Automation）突破。三是本土企业实力不断增强，但仍需进一步做大、做强。2014年，海思、中芯国际、新潮科技等本土龙头企业已经分别进入IC设计业、芯片制造业以及封装测试业的国际第一梯队。但是，2014年国内十大集成电路企业中，外资企业仍占据了一半席位。本土集成电路企业无论是在规模、技术水平还是人才队伍上，都与国际领先企业存在较大差距。2018年，华为发布7nm手机芯片麒麟和AI昇腾、鲲鹏芯片时，中芯国际刚迈入14nm制程。目前国内企业在集成电路制造上取得了较大的进步。紫光集团在存储芯片上取得突破，中微半导体自主研制的5nm等离子体刻蚀机通过台积电的验证，上海新昇300mm大硅片通过上海华力微电子的验证。2015年5月19日，国务院印发《中国制造2025》，要求推进信息化与工业化深度融合。电子行业是构成我国工业化和信息化的基础，将在核心基础零部件（元器件）、基础工艺、关键基础材料和产业技术基础四个方面实现技术提升、产需结合及进口替代。到2020年，中国集成电路市场规模将超过1万亿元，但产业自给率仍不足30%。2014年6月，《国家集成电路产业发展推进纲要》正式发布，随后集成电路产业投资基金正式落地。2018年，国家集成电路产业投资基金（简称“大基金”）一期已完成投资；2019年，大基金二期成立，规模超过2000亿元。在当前保护主义抬头、世界经济低迷、全球市场萎缩的外部环境下，高端产品的进口购买风险逐渐增大。因此，无论是基础的材料研究还是集成封装制造，都需要培养具有专业技术知识的工程人员开展自主研究，大力推动科技创新，加快关键核心技术攻关，提质增效，打造未来发展新优势。令人振奋的是，2020年8月4日，我国出台《新时期促进集成电路产业和软件产业高质量发展的若干政策》，针对财税优惠、支持投融资、保护知识产权等八个方面提出了37条政策措施。例如，28nm制程以下且经营期在15年以上的集成电路企业，10年免征企业所得税；大力支持符合条件的企业上市融资；等等。同时，集成电路将从电子科学与技术学科中独立出来作为一级学科，列入新增交叉学科门类中。集成电路行业将迎来前所未有的科学研究与工程技术领域的发展。

基于改革开放后国家政策持续引导及系统性的规划，目前已经初步形成了六大基地，包括长江三角洲、珠江三角洲、京津环渤海湾、振兴东北老工业区、关中（西安）—天水经济带以及中西部——武汉、成都、重庆等新型工业化产业示范基地。全球排名前二十的半导体公司纷纷将封装测试基地转移到中国，如飞思卡尔、英特尔、英飞凌等。中国台湾地区的一些著名专业封装企业也向内地加速转移，投资80亿元的日月光集团金桥项目，于2011年9月21日落户上海浦东新区张江高科技园区。同时，以江苏长电科技等为代表的一批内资封装测试企业凭借自身技术优势和国家重大科技专项的支持迅速崛起，封装规模不断扩大，企业逐步接近甚至部分超越了国际先进水平。江苏长电科技建立了中国第一条12英寸级集成电路封装生产线和第一条SiP系统级集成电路封装生产线，并收购了新加坡的研发机构，以3.42亿美元的收入跃升全球第8位，跻身全球十强。南通华达在海外建立研发中心，天水华天收购昆山西钛微电子，加强新型封装技术的开发，进一步实现新型封装产品的产业化。奇梦达苏州工厂售予中新苏州工业园区创业投资有限公司，改名智瑞达科技（苏州）有限公司，专注于标准型DRAM封装测试业务。风华高新科技出资1.28亿元收购粤晶半导体，使公司半导体封装测试业务规模提升至43亿只/年，成为半导体封装测试的重要骨干企业之一。但是，国内企业在高密度封装工艺方面仍处于研发阶段，尚未实现量产。

目前我国集成电路封装市场中，DIP、SOP、QFP、QFN/DFN等传统封装产品仍为市场主体，占总产量的70%以上；BGA、CSP、WLCSP、FC、TSV、3D堆叠等先进封装产品占总产量的20%。主要市场参与者包括大量中小企业、部分技术领先的国内企业和合资企业，市场竞争激烈。

下面简单介绍目前国内主要的封装企业情况（排名不分先后），产品范围包括集成电路封装、半导体分立器件封装、封装外壳、封装塑料、引线框架、引线与封装模具、封装专用设备、封装科研开发等。国内常见的封装企业如图1—22所示。

图1—22　国内常见的封装企业

（1）飞思卡尔半导体（中国）有限公司。

飞思卡尔半导体（Freescale Semiconductor，原摩托罗拉半导体部，以下简称“飞思卡尔”），拥有50年的微电子领域经验，在全球半导体公司中排名第九，飞思卡尔提供的各种产品覆盖集成电路产业的所有领域，包括集成电路研发、软件开发、集成电路设计和集成电路制造等，长期致力于为汽车电子、消费电子、工业电子、网络和无线市场提供广泛的半导体产品。其总部位于美国得克萨斯州奥斯汀市，并在全球25个国家和地区建立了设计、制造或销售部门。1992年飞思卡尔开始在天津开展业务，涉及封装和测试领域，从事与半导体有关的软件开发与高级集成电路研发和设计，以及在中国出售半导体产品，在北京、苏州和天津共有3个研发中心，北京、上海和深圳共有3个销售办事处。飞思卡尔的主要封装产品包括8位微控制器、16位微控制器、32位微控制器与处理器、Power Architecture™/Power QUICC™、高性能网络处理器、高性能多媒体处理器、高性能工业控制处理器、模拟和混合信号、ASIC、手机平台、CodeWarrior™开发工具、数字信号处理器与控制器、电源管理、RF射频功率放大器、高性能线性功率放大器GPA、音视频家电射频多媒体处理器、传感器。2015年，飞思卡尔与恩智浦（NXP）半导体合并。

（2）奇梦达公司。

2006年，英飞凌科技公司（Infineon Technologies）拆分，成立奇梦达公司（Qimonda AG），其是全球第二大DRAM公司，是300mm晶圆工业的领导者和个人电脑及服务器产品市场最大的供应商之一。英飞凌科技公司总部位于德国慕尼黑，是德国最大的半导体产品制造商，国际半导体产业的领导者，其前身是西门子集团的半导体部门，于1999年独立，2000年上市，其中文名为亿恒科技有限公司，2002年后更名为英飞凌科技公司，专门为某些特定领域设计、研发、生产和销售半导体产品及提供完整的系统解决方案。奇梦达公司产品广泛地应用在有线和无线通信领域、汽车及工业电子、计算机安全以及芯片卡市场。产品套件由内存和逻辑产品构成，包含数字、混合信号及模拟IC（集成电路）、分立半导体器件以及系统解决方案。2009年，中国海潮集团收购了奇梦达中国的研发中心。之后，奇梦达苏州工厂也售予中新苏州工业园区创业投资有限公司，更名为智瑞达科技（苏州）有限公司，专注于标准型DRAM封装测试业务。

（3）威讯联合半导体（北京）有限公司。

威讯联合半导体有限公司是一家设计、开发及生产“射频”集成电路产品的美国独资企业，在封装测试企业排名前三。产品主要用于无线通信的射频集成电路放大装置和信号处理传输设备，同时还生产用于无线基础设施、有线电视调制解调器、个人通信系统及双向数据寻呼机的元件，并致力于开拓地方无线局域网及蓝牙无线技术产品的市场。

（4）深圳赛意法微电子有限公司。

深圳赛意法微电子有限公司是大型中外合资企业，目前中国最大的半导体封装测试生产公司，主要从事半导体器件及集成电路的封装和测试。其母公司意法半导体（ST，由意大利的SGS微电子公司和法国Thomson半导体公司合并而成）是欧洲最大的半导体公司。

（5）江苏新潮科技集团有限公司。

江苏新潮科技集团有限公司主要从事集成电路的封装测试，半导体芯片、智能仪表的开发、生产、销售，并对高科技行业、服务业进行投资，连续多年荣获“中国电子百强企业”。旗下江苏长电科技股份有限公司是中国半导体封装生产基地、集成电路封装测试龙头企业，为国家重点高新技术企业、高密度集成电路封装技术国家工程实验室依托单位及集成电路封装测试产业链技术创新战略联盟的理事长单位。公司于 2003 年成为国内首家半导体封装测试上市公司，建立了中国第一条 12 英寸级集成电路封装生产线和第一条 SiP 系统级集成电路封装生产线，收购了星科金朋有限公司，产品包括半导体分立器件、引线框架封装（涉及 TO、SOD、SOT、FBP、QFN、QFP、SIP、SOP、DIP、PDFN、PQFN 及 MIS 等系列）、基板封装（包括 MSD、SIM、USB、LGA、BGA 等系列），以及封装材料 SQFN 和 MIS 等。

（6）上海松下半导体有限公司。

上海松下半导体有限公司以松下集团全球经营体系和半导体先进技术为依托，是主要从事大规模和超大规模集成电路封装测试的企业。其 QFP 形式的封装测试技术，不仅在国内外同类产品中领先，而且性价比高，成为世界半导体封装业的重要基地之一。产品主要用于电脑、家用电器（平板电视、DVD 播放机、蓝光播放机以及洗衣机等）和汽车影音系统半导体集成电路，产品类别多达 1000 多种。

（7）英特尔产品（成都）有限公司。

英特尔产品（成都）有限公司（以下简称“英特尔成都”）是英特尔在全球最大的封装生产基地，并已建设成为英特尔全球晶圆预处理三大工厂之一，位于成都高新综合保税区，主要从事英特尔半导体产品的封装测试，产品涵盖英特尔最先进的多核微处理器。英特尔全球一半的移动设备微处理器来自英特尔成都。

（8）南通富士通微电子股份有限公司。

南通富士通微电子股份有限公司是由南通华达微电子有限公司和富士通（中国）有限公司等共同投资兴办的，由中方控股的中外合资股份制企业，是目前国内规模最大，技术水平最高，产品品种最多，专业提供从芯片测试（PT）到组装（Assembly）、成品测试（Final Test）的一条龙服务（Backend Turn-key）的骨干企业。公司设有技术中心，采用 JEDEC 国际标准，不断开发紧跟 IC 前道芯片设计和制造潮流的后道封装测试技术和工艺。公司现有 DIP、SOP、SOT、SIP、QFP、BCC、LCC、TO、PGA 等系列封装外形，并拥有 MCM（MCP）、MEMS 等高端 IC 封装技术。公司每年自主开发上百种测试软件，应用于快闪存储器、汽车电子、电脑周边、射频器件等领域的 IC 测试。公司掌握的钯、纯锡、锡铋等无铅化电镀工艺，8 英寸、150μm 以下芯片的减薄、划片等工艺，以及计算机辅助多头测试技术居国际领先水平。公司正在积极与国内外主要晶圆制造商合作开发 12 英寸芯片的封装工艺。

（9）星科金朋有限公司。

星科金朋有限公司是世界排名前列的半导体封装测试公司，客户群包括数家晶圆代工厂、全球知名 IDM 大厂与遍布全球各地的集成电路设计公司。产品种类涵盖通信、电脑、电源供应器与数据型消费性产品等。2015年被长电科技收购。

（10）乐山无线电股份有限公司。

乐山无线电股份有限公司及其合资企业是中国最大的分立半导体器件制造基地，中国电子信息百强企业，产品包括二极管、三极管、桥式整流器以及集成电路。其前身为乐山无线电厂，创建于1970年，是包含多个合资企业的股份制集团，并努力向集成电路半导体方向发展的电子企业。乐山—菲尼克斯半导体有限公司，是乐山无线电股份有限公司与全球著名电子企业安森美半导体（原摩托罗拉半导体元件部门）在中国的合资企业，主要从事先进的金属氧化物半导体MOS器件的生产。

（11）天水华天科技股份有限公司。

天水华天科技股份有限公司（以下简称“天水华天”）主要从事半导体集成电路封装测试业务，产品有12个系列共200多个品种，集成电路年封装能力达到100亿块，自主研发出BGA、FCBGA/FCCSP、FCQFN/FCDFN、U/VQFN、AAQFN、MCM（MCP）、SiP、TSV等多项集成电路先进封装技术和产品。2014年，天水华天科技股份有限公司完成FCI 100%股权的交割，进一步提高了晶圆级集成电路封装及FC集成电路封装的技术水平。

（12）南通华达微电子集团有限公司。

南通华达微电子集团有限公司主要从事半导体器件的封装、测试和销售，具有国际先进水平的半导体分立器件和集成电路封装测试生产线，生产规模25亿只，主要产品有TO-92、TO-92S、TO-94、TO-126、TO-126B、TO-220、TO-220 2L、TO-220 5L、TO-220F、TO-220C、TO-220MF、TO-220HF、TO-263、TO-247等，并可为客户开发新的封装形式。

（13）广东风华高新科技股份有限公司。

广东风华高新科技股份有限公司（以下简称“风华高科”）专业从事高端新型元器件、电子材料、电子专用设备等电子信息基础产品的生产开发，产品包括电容、电阻、电感、晶体管器件、集成电路、传感元件以及其他电子器件，为通信类、消费类、计算机类、汽车电子类、照明电器类等提供配套供货。风华高科已收购粤晶半导体，成为半导体封装测试的重要骨干企业之一。

（14）日月光集团。

日月光集团是全球最大的半导体制造服务公司之一，长期为全球客户提供最佳的服务与最先进的技术。自1984年设立至今，为半导体客户提供完整的封装及测试服务，产品包括：材料类，基板设计、制造；测试类，前段测试、晶圆针测、成品测试；封装类，封装及模组设计、IC封装、多晶片封装、微型及混合型模组、记忆体封装；系统服务类，模组及主机板设计、产品及系统设计、系统整合、管理；等等。

（15）罗姆半导体（中国）有限公司。

罗姆半导体（中国）有限公司是著名的半导体研发、生产企业，是罗姆株式会社投资的全资子公司，位于天津经济技术开发区的微电子工业区。公司设有七个制造部，主要采用罗姆自主开发的具有世界领先水平的技术来生产广泛应用于手机、数字照相机、数字摄像机、DVD、PC、多功能打印机及各种音响设备的片式二极管、片式发光二极管、传感器、半导体激光器、液晶显示器等半导体元器件。

（16）飞利浦半导体（广东）有限公司。

飞利浦半导体（广东）有限公司主要做半导体器件的封装，2006 年飞利浦将其半导体部门分出成立恩智浦半导体。

（17）KEC 半导体有限公司。

KEC 半导体有限公司是韩资企业，主要生产三极管、二极管、稳压及运算放大等半导体器件，从晶圆到成品都是独立生产，包括独立研制的自用设备。在无锡设有半导体公司。

（18）三星电子（苏州）半导体有限公司。

三星电子（苏州）半导体有限公司是韩国三星电子株式会社于 1994 年 12 月在苏州工业园区独资兴办的半导体组装和测试工厂，主导产品为 SOP、DIP、QFP、TR 等。

（19）瑞萨半导体（北京）有限公司。

瑞萨半导体（北京）有限公司（简称 RSB）是瑞萨电子株式会社旗下的全资子公司，主要从事半导体产品 MCU、MSIG、SCR-LM、SRAM 的制造。

（20）其他企业。

封装测试行业中还有一些企业出货量大，销售收入排名全球前十，如安靠封装测试（上海）有限公司、矽品科技（苏州）有限公司、江苏长电科技股份有限公司、力成科技股份有限公司、京元电子股份有限公司、南茂科技股份有限公司、欣邦股份有限公司等。晶圆代工模式出现以后，整个半导体产业被分成制造、设计与封装测试三个环节，每个环节的企业各司其职，相互合作。原来的晶圆代工厂，如中芯国际、台积电等，只专心于芯片制造，与封装测试环节有合作却不会独立发展后道技术。但随着超越摩尔定律（More than Mooer）的半导体制造行业的发展，其工艺水平开始接近物理极限，芯片的速度越来越快，功耗越来越高，为实现更高集成度的集成电路制作，新型的封装（如多芯片堆叠立体化封装）越来越流行。而对于这种芯片堆叠技术，晶圆代工厂比封装测试工厂更有优势，这导致台积电与中芯国际等开始把业务延伸到封装测试领域。除前述所列举的公司外，中国航空集团有限公司、中国电子科技集团有限公司等下属的多家研究所也在进行基于元件或系统的封装。随着事业单位的改制，越来越多的研究机构或其相关部门独立出来，加入包括封装在内的集成电路制造行业当中。

1.3.3　我国封装行业发展策略

随着封装产品的多样化和高端封装产品的需求增加，国内封装企业在新技术的开发和生产上大量投入，取得了许多新进展，逐渐从 DIP、QFP 等中低端封装领域向 SOP、BGA 等高端封装形式延伸，特别是立体堆叠式（3D）封装技术，已应用于产品生产。比如，长电科技 MIS 封装工艺使金线消耗量显著降低；中国科学院微电子所与深南电路股份有限公司联合开发出国内首款完全国产化的基于 LGA 封装的高密度 CMMB 模块，达到商业化应用水平。在大部分传统半导体企业退出封装测试领域之际，国内企业还必须加快速度发展新型的先进电子封装技术，如表面活化室温连接（SAB）技术、FC 技术、无铅焊接技术、芯片直接焊（DCA）技术、系统级芯片（SOC）技术、芯片尺寸封装（CSP）技术、球栅阵列（BGA）技术、单级集成模块（SLIM）技术、圆片级封装（WLP）技术、三维（3D）封装技术、微电子机械系统（MEMS）封装技术和系统级封装（SiP）技术等。

在产业化发展的同时，封装工业正在与科研院所紧密合作，越来越多的人才经过基础培训进入封装行业，也有一线技术专家进入实验室进行联合开发。目前，面向封装的实验机构主要分布在美国、日本、韩国、新加坡以及欧洲各国，在中国台湾地区也有分布。比如，美国国家标准与技术研究院（National Institute of Standards and Technology，NIST）、美国国防部高级研究计划局（Defense Advanced Research Projects Agency，DARPA）、美国半导体制造技术战略联盟（Semiconductor Manufacturing Technology，SEMATECH）、科罗拉多大学、佐治亚理工学院等。这些机构与电气和电子工程师协会（Institute of Electrical and Electronics Engineers，IEEE）、国际微电子与封装协会（International Microelectronics and Packaging Society，IMAPS）、全国电子设备制造联合体（美国）（National Electronics Manufacturing Initiative，NEMI）等专业组织有密切联系。欧洲方面，主要是英国、法国、德国等，如柏林工业大学—德国国立封装研究所从事封装技术相关领域开发，并进行检测评价；法国国立封装研究所进行电子封装材料的研究。亚洲方面，如台湾工业技术研究院、新加坡国立研究院、东京大学封装工程研究室等。

国内关于封装的研发机构主要是中国电子科技集团公司下属的相关研究所。为适应电子封装材料与技术的发展，国内高校也越来越重视微电子封装人才的培养。有些学校是直接设立电子封装专业，有些是在微电子制造专业开设电子封装方向，也有结合学校特色设立微连接技术［包括表面贴装（SMT）］、可靠性以及电子材料（如无铅焊料）等专业，还有一些综合性大学并未专门设立封装类专业，但是适用于封装的设计、材料、机械、自动化等方面的专业人员也满足了封装行业对人才的要求。

“十四五”规划已经开始广泛征集包括微电子封装在内的集成电路发展意见，这必然会对集成电路的发展形成长期的利好。目前中国是全球最大的IC市场，但是关键技术与世界领先水平尚有较大的差距，电子封装的发展既有机遇，又面临挑战，在封装设计、材料、可靠性与失效分析等领域都将大有作为。国内集成电路产业应结合新时期国际产业特点与自身发展现状，规划新思路、实施新举措，在发展模式、创新策略以及扶持举措等方面，实现如下转变：一是发展模式由“引进来”向“走出去”转变，二是创新策略由“直道追赶”向“弯道超越”“并道超越”转变，三是国家战略政策的支持；四是培养本土各层次的半导体产业人才。

【课后作业】

1. 简述封装的主要功能。
2. 列举封装的层次划分。
3. 列举常见的几种封装类型。
4. 结合课本，通过查阅文献综述封装的前沿技术。

第2章　基板材料与技术

基板包括封装体内部基板以及承载封装体的外部基板，作为高密度封装发展的要求，目前的基板或多或少都会涉及布线要求。本章将以印制电路板为例，介绍封装中常用的基板材料及制作工艺。基板在封装体中的作用是多样的，可为芯片提供电连接、保护、支撑、散热、组装等功能，也可以实现多引脚化，缩小封装产品体积、改善电性能及散热性、超高密度或多芯片模块化等设计要求。传统意义上的基板材料主要分为陶瓷（玻璃）基板、金属基板和有机树脂基板。随着柔性电子技术特别是可穿戴电子技术的兴起与迅速发展，引起了基板材料的重新分类，即刚性与柔性。基板材料与技术涉及材料物理与化学、微电子、物理、化工与制造科学与工程等专业知识，包含各种交叉应用学科技术。基板的性能、质量、加工性、制造成本、制造水平等，在很大程度上取决于基板材料的物化特性。自1943年用酚醛树脂基材制作的覆铜箔板开始进入实用化以来，基板材料的发展非常迅速。伴随着集成电路的兴起，在半导体材料与器件制备、微电子安装、印制电路板以及集成电子整机产品等高新技术与工程革新发展的驱动下，各种基板材料与技术历经逾半世纪的发展，目前全世界年产量已达2.9亿平方米。随着具有金属化通孔的多层板发展、BT树脂工业化发展，以高/低 T_g 的新型基板材料以及感光树脂作绝缘层的积层法多层板等新技术出现，高密度互连的多层板技术逐渐走向发展成熟期。到20世纪末，一些不含卤素的绿色阻燃新型基板迅速兴起，走向市场。具有高密度、轻薄化、大功率特点的系统级封装技术的发展对电子封装基板提出了更高、更全面的要求，致使传统基板材料已不能满足元器件及半导体芯片装载的要求。随着基板材料体系的应用拓宽与发展，相应的基板制作技术也不断进步，封装基板与高密度封装的发展一直同步进行，主要体现在以下四个方面：

（1）无论封装基板材料及制作技术如何发展，基板作为封装的一部分，其基本作用和功能没有改变。

（2）基板搭载的元器件形式由插入型发展为表面贴装型，基板上电路图形的要求越来越精细，引线间距越来越小，以适应元器件体积变小、端子数增多、节距变窄的需求。

（3）为迎合电路本身向高频、高速方向进展，基板的材质及结构、基板上电路的布置方式、引线的长短和间距持续发生变化。

（4）对基板材料与结构设计的共性要求为：基板中电路的设计标准比芯片的电路设计标准大两个数量级；降低布线电阻及寄生电感、电容对电信号的影响；为保持IC芯片原本的性能，不引起信号传输性能劣化，需要认真选择基板材料，精心设计布线图形。相应的具体要求就是要减小信号传输延迟时间，特性阻抗 Z_0 要匹配，尽量降低 L、C、R 等的寄生效应，降低噪声，电路图形的设计应考虑防止信号反射噪声等。

目前，基板材料与技术的发展方向大致有以下五个方面：

（1）实现精细化的布线图形。

（2）大量采用小孔径的层间互连孔。

（3）多层布线以实现布线最短，共用同功能的线路。

（4）研究低介电常数的基板材料。

（5）精心设计特性阻抗匹配以及实现防止噪声的图形布置。

研究和开发高性能基板材料引起了科学家和工业界的广泛关注，并投入大量精力，尤其体现在介电常数、热膨胀系数以及热导率对基板性能的影响方面。基板有很多分类方式，从材料体系划分，包括有机类基板、无机类基板、复合类基板；从结构划分，包括刚性基板与挠性（柔性）基板；从基板层数划分，包括单面板、双面板以及多层板（包括积层板）等。本章从构成基板的关键材料出发，主要介绍陶瓷基板、有机基板、复合基板、挠性（柔性）基板以及印制电路板。典型的封装用基板如图 2-1 所示。

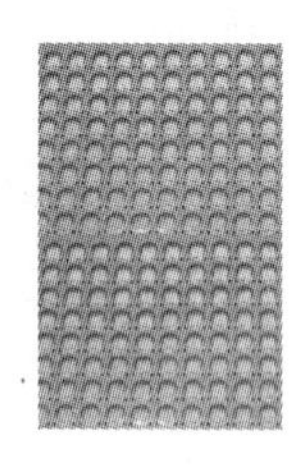

图 2-1　典型的封装用基板

2.1　陶瓷基板

2.1.1　物理化学特性

陶瓷基板是指铜箔等金属在高温下直接键合到陶瓷或玻璃基片表面（单面或双面）上的特殊工艺板。陶瓷作为基板的主体材料具有以下特点：

（1）机械性质。

有足够高的机械强度，除搭载元件外，还能作为支持部件使用；加工性好，尺寸精度高，容易实现多层化；表面光滑，无翘曲、弯曲、微裂纹等。

（2）电学性质。

绝缘电阻及绝缘击穿电压高，介电常数低，介电损耗小，在高温高湿环境下性能稳定，可靠性高。

（3）热学性质。

热导率高，热膨胀系数与相关材料匹配（特别是与芯片的热膨胀系数匹配较好），耐热性优良。

（4）其他性质。

化学稳定性好，容易金属化，电路图形与其附着力强，无吸湿性，耐油、耐化学药品；射线放出量小，所采用的物质毒性小、无公害；在使用温度范围内晶体结构不变化，原材料丰富，技术成熟，制造容易，价格低。

采用具有以上特点的主体材料制成的陶瓷基板具有优良的电绝缘性能、高导热特性、优异的软钎焊性和高附着强度等，并可像 PCB 一样能刻蚀出各种图形，具有很大的载流能力。因此，陶瓷基板已成为大功率电器中电子电路结构布置技术和互连技术的基础材料，成为高密度、高可靠应用的首选材料。表 2-1 为常见基板的性能。

表 2-1　常见基板的性能①

类别	电阻率/Ω·cm	热膨胀系数/ $\times10^{-6}K^{-1}$	热导率/ $W\cdot m^{-1}\cdot K^{-1}$	介电常数
铜	1.7×10^{-6}	约 17.0	约 400	—
金	2.3×10^{-6}	约 14.2	约 317	—
银	1.7×10^{-6}	约 19.1	418	—
铝	2.8×10^{-6}	约 23.0	205	—
硅	—	约 2.8	84	12.1
锗	—	6.1	60	16.0
石英	$>10^{14}$	0.5	2	4.4
金刚石	$>10^{15}$	约 1.2	2000	5.7
环氧树脂	$10^{13}\sim10^{15}$	60.0~80.0	0.13~0.26	4.5~6.0
聚酰亚胺	$10^{14}\sim10^{15}$	40.0~50.0	约 0.3	2.8
硅树脂	$10^{13}\sim10^{15}$	300.0~800.0	0.15~0.31	3.5~5.0
63%Pb+37%Sn 焊锡	17.6×10^{-6}	约 24.0	约 50	—
FR4②	—	约 13.0	约 0.3	约 4.5
Al_2O_3	$>10^{14}$	约 6.8	约 31	9.0~10.0
莫来石	$>10^{14}$	4.0	4.19	6.6
AlN	$>10^{14}$	4.4~4.6	100~270	8.5~8.9
SiC	$>10^{13}$	3.7	270	45.0
堇青石	$>10^{14}$	2.0	2	5.3~5.7
LTCC	$>10^{11}$	4.0~6.0	3~8	4.2~7.9
BeO	$>10^{14}$	8.0	约 250	约 6.5

注：①由于体材组分和生产厂家有区别，本表只给出常温下一定范围的性能；
②FR4 为玻璃纤维环氧树脂覆铜板的简称。

陶瓷（Al_2O_3、AlN、SiC）基板已广泛用于大功率电力半导体模块，智能功率组件，汽车电子、航天航空、军用电子组件，以及包括照明在内的一些专门领域。相比于有机类基板，陶瓷基板具有以下显著优势：

（1）陶瓷基板的热膨胀系数接近硅芯片，可简化功能模块的生产工艺，省工、节材、降低成本。

（2）热阻低，10mm×10mm 陶瓷基板，厚度为 0.63mm 的热阻为 0.31K/W，厚度为 0.38mm 的热阻为 0.19K/W，厚度为 0.25mm 的热阻为 0.14K/W。优良的导热性使芯片的封装非常紧凑，从而使功率密度大大提高，改善系统和装置的可靠性。

（3）载流量大，100A 电流连续通过宽 1mm、厚 0.3mm 的铜体，温度上升约 17℃；100A 电流连续通过宽 2mm、厚 0.3mm 的铜体，温度上升仅 5℃左右。在相同载流量下，厚 0.3mm 的铜箔线宽仅为普通印制电路板的 10%。

（4）绝缘耐压高，保障人身安全和设备的防护能力。

（5）超薄型（0.25mm）陶瓷基板可替代 BeO，无毒性。

（6）可以实现新的封装和组装方法，减少焊层，降低热阻，减少空洞，提高成品率；产品高度集成，体积缩小，满足不同封装形式的要求。

2.1.2 成型工艺

本节以氧化铝陶瓷为例介绍典型的陶瓷制作工艺，如图 2—2 所示。

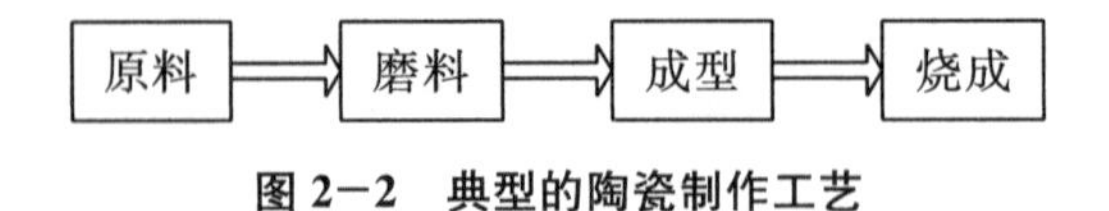

图 2—2 典型的陶瓷制作工艺

1. 磨料

成品氧化铝具有较大的粒径分布，在成型前需要将其按照不同的产品要求与不同成型工艺制备成粉体材料。粉体粒径一般控制在 1μm 以下，如果是制造高纯氧化铝陶瓷，除了应确保氧化铝纯度在 99.99%以上，还需要超细粉碎颗粒并使其粒径分布均匀。对于后期烧结工艺，Al_2O_3粉体的颗粒越细，活化程度越高，粉体越容易烧结，相应的烧结温度也就越低。因此，制备超细、无团聚、分散均匀且具有良好烧结活性的粉体已经成为降低 Al_2O_3陶瓷烧结温度的重要方法之一。目前，制备超细 Al_2O_3粉体的方法主要有固相法、液相法和气相法等。固相法包括机械粉碎法、化学热分解法和燃烧法等，其原理是采用几种单一成分的原料，经过配料、混合和煅烧得到组成一定的多组分化合物。气相法包括物理气相沉积法（Physical Vapor Deposition，PVD）和化学气相沉积法（Chemical Vapor Deposition，CVD）等，原理是利用各种方式将物料变成气态，然后发生一系列的物理或化学变化，最后在冷却过程中凝聚而形成超细粉体。液相法种类众多，包括水热法、熔融法、沉淀法、溶胶—凝胶法和溶液蒸发法等，原理是把铝盐配制成一定浓度的溶液，再选择一种合适的沉淀剂或用蒸发、升华、水解等操作将金属离子均匀沉淀或结晶出来，最后将沉淀或结晶物加热分解或者脱水，从而制得超细 Al_2O_3粉体。在实际磨料中，球磨是广泛采用的一种获得细粉的方法。图 2—3 给出了典型的磨料装置——球磨机及其工作原理。球磨机一般由圆柱形筒体、中心轴承、外接传动大齿圈（也有用传输带）以及取放样盖子等组成。筒体内装有不等直径的钢球或其他材质的耐磨小球（如氧化锆）作为磨料介质，其装入量为整个筒体有效容积的 25%～50%。磨料的过程就是球磨机筒体在外力作用下定向转动，筒体内小球受到两种力的作用：一是旋转时自切线方向施于小球的作用力；二是与小球直径相对称一面而与上述作用力相反的力，这个作用力的产生是由小球本身重力而向下滑动所引起的。在这两种作用力下，小球会构成一对力偶，由于小球是被挤压在相邻小球与筒体之间，所以力偶会使小球之间存在大小不等的摩擦力，能够有效地对初料进行挤压和摩擦，从而将初料磨碎。同时，小球随筒体轴心做公转运动而被带到一定高度，由于重力，沿着一定的轨道下落，装在筒体内的初料在小球的猛烈撞击下开裂，产生更小的颗粒。如此周而复始，初料在长时间的摩擦力、冲击力和挤压力作用下，被球磨成细小的颗粒。为提高球磨效率，常增加充填率和转速率，并选用椭圆形的小球，提高破碎能力，并减少过粉碎现象，增强物料的粒度均匀性。为了获得适用的粉料，球磨后常用一定目数的筛子过筛选料。

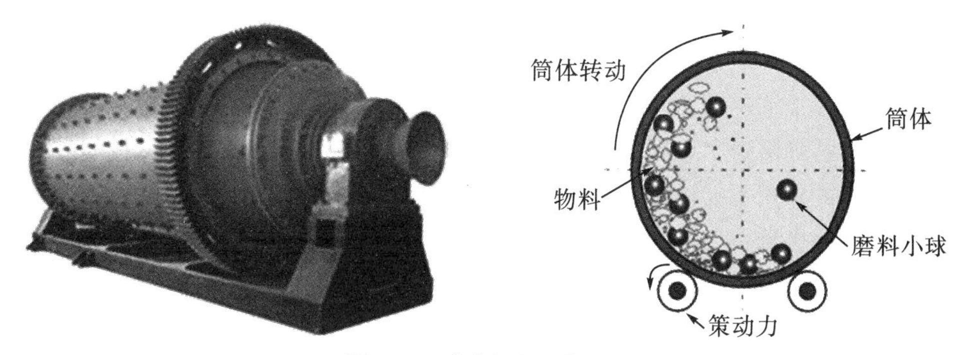

图 2-3　球磨机及工作原理

2. 成型

氧化铝陶瓷制品的成型方法有干压成型、注浆成型、挤压成型、冷等静压成型、注射成型、流延成型、热压成型与热等静压成型等多种方法。近几年来国内外又开发出压滤成型、直接凝固注模成型、凝胶注成型、离心注浆成型与固体自由成型等成型技术方法。不同的产品形状、尺寸、复杂造型与精度的产品需要不同的成型方法，下面介绍几种常见的成型技术。

(1) 干压成型 (Dry Pressing)。

首先通过加入一定量的表面活性剂改变粉体表面性质，包括改变粉体颗粒形状与表面吸附性能，从而减少超细粉的团聚效应，使之均匀分布；加入润滑剂减少颗粒之间及颗粒与模具表面的摩擦；加入黏合剂增强粉料的粘结强度。然后将粉体进行上述预处理，再装入模具，用压机或专用干压成型机以一定压力和压制方式使粉料成为致密坯体。常规干压方法包括单向加压、双向加压（双向同时加压、双向分别加压）、四向加压等。可以通过振动压制改进干压成型。根据成型温度，等静压成型分为常温等静压（或冷等静压，CIP）成型和高温等静压（或热等静压，HIP）成型。

影响干压成型的因素包括：①粉体的性质，如粒度及粒度分布、形状、含水率等。

②添加剂特性及使用效果。好的添加剂可以提高粉体的流动性、填充密度和分布的均匀程度，从而提高坯体的成型性能。③压力、加压方式、加压速度和保压时间。一般地说，压力越大，坯体密度越大，双向加压性能优于单向加压，同时加压速度、保压时间、卸压速度等都对坯体性能有较大影响。干压成型的优点是生产效率高、人工少、废品率低、生产周期短、制品密度大且强度高、适合大批量工业化生产。缺点是成型产品的形状有较大限制、模具造价高、坯体强度低、坯体内部致密性不一致、组织结构的均匀性相对较差等。在陶瓷生产领域以干压方法制造的产品主要有瓷片、耐磨瓷衬瓷片、密封环等。干压过程中，粉体颗粒均匀分布对模具充填非常重要。充填量准确与否对制造的氧化铝陶瓷零件尺寸精度控制影响很大。粉体颗粒尺寸为 60～200 目时，自由流动性好，可获得最好的压力成型效果。

（2）注浆成型（Slip Casting）。

基于多孔石膏模具能够吸收水分的物理特性，将陶瓷粉料配成具有流动性的泥浆（通常加水），然后注入多孔模具（主要为石膏模）内，水分在被模具（石膏）吸入后便形成具有一定厚度的均匀泥层，脱水干燥过程中同时形成具有一定强度的坯体。注浆成型是一种古老和传统的陶瓷成型方法，应用极为广泛。凡是形状复杂、不规则、片薄、体积大且尺寸要求不严格的产品都可以采用注浆成型，包括一般日用陶瓷品及相当一部分工业陶瓷、特种陶瓷产品等。其完成过程可分为三个阶段：①泥浆注入模具后，在石膏模毛细管力的作用下吸收泥浆中的水，靠近模壁的泥浆中的水分首先被吸收，然后泥浆中的颗粒开始靠近，形成最初的薄泥层。②水分进一步被吸收，其扩散动力为水分的压力差和浓度差，薄泥层逐渐变厚，泥层内部水分向外部扩散，当泥层厚度达到注件厚度时，就形成雏坯。③石膏模继续吸收水分，雏坯开始收缩，表面的水分开始蒸发，待雏坯干燥形成具有一定强度的生坯后，脱模即完成注浆成型。注浆成型是氧化铝陶瓷使用最早的成型方法。由于采用石膏模，因此成本低且易于成型大尺寸、外形复杂的部件。图 2-4 为注浆成型的典型流程。氧化铝陶瓷浆料中还需加入有机添加剂以使颗粒表面形成双电层以确保浆料稳定悬浮不沉淀。此外还需加入乙烯醇、甲基纤维素等粘结剂和聚丙烯胺、阿拉伯树胶等分散剂，以利于注浆成型操作。

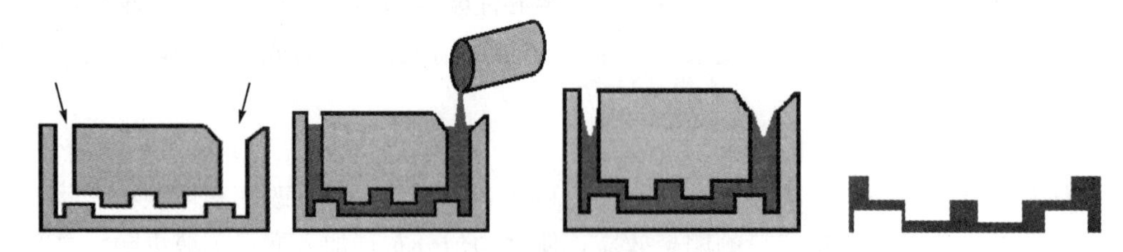

图 2-4　注浆成型的典型流程

注浆成型具有以下特点：适用性强，不需复杂的机械设备，简单的石膏模就可成型；能制出任意复杂外形和大型薄壁注件；成型技术容易掌握，生产成本低；坯体结构均匀。但是由于注件需要流动性，烧成时容易收缩变形，对模具的损耗大，加上劳动强度大、操作工序多、生产效率低，且石膏模占用场地面积大，因此，注浆成型的方法不适合连续自动化生产。目前改进的注浆成型方法包括压力注浆成型、真空注浆成型及离心注浆成型等。

（3）可塑成型（Plastic Molding）。

可塑成型是根据物料加水（15%～25%）预制后具有可塑性这一特点，再采用外力作用使其发生可塑变形而制作胚体的一种成型方法。大规模生产常采用机械成型，可以分为旋压成型和滚压成型两类。①旋压成型：用安装在刀架上的型刀（样板刀）对混合物料进行挤压，使物料均匀分布在旋转的模型内表面上，从而得到所需要的形状的一种方法。旋压成型的泥料含水率一般为 24%～26%，比手工成型含水率低。生产中应特别注意图形的大小与成型机械主轴转速的关系。②滚压成型：对制品又滚又压的一种成型方法。操作时，把盛放物料的模型和滚压头分别绕轴以一定的速度同方向旋转，滚压头在旋转的同时逐渐靠近模型，对物料进行滚压，从而获得一定形状的制品。滚压成型机如图 2-5 所示。

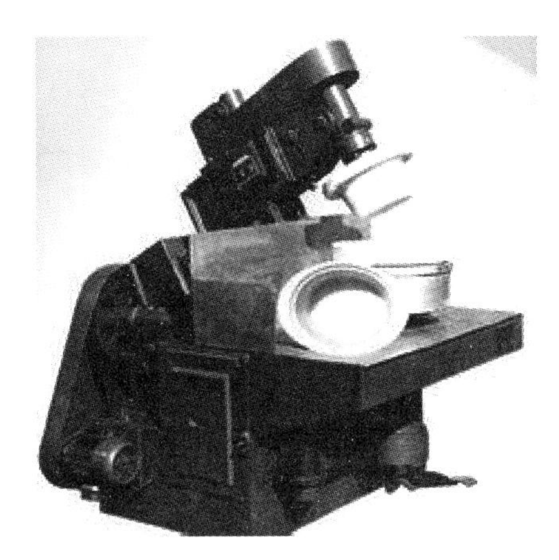

图 2-5　滚压成型机

3. 烧成

烧成是将陶瓷坯体放在窑炉中进行加热处理，使其发生一系列的物理化学变化，获得预期的物质组成和显微结构，从而形成固体材料并达到相应性能要求的技术方法。烧成中伴有烧结的过程。烧结即在一定气氛中，在低于坯料主要成分的熔点温度下加热，将坯体内颗粒间空洞、少量气体（水分）及杂质有机物排除，使颗粒之间相互生长结合，获得具有一定机械强度和使用性能的材料或产品的过程。

烧成使用的加热装置常常是电炉。烧成是陶瓷基板制作工艺中最重要的工序之一，烧成时的气氛、温度、时间、压力等工艺条件与成品的质量关系密切，同时坯料的化学组成和矿物组成以及坯料的物理状态（粒度大小、混合与接触情况等）对坯体烧成时的物理化学变化有重要的影响。无论采用何种烧成设备，陶瓷烧成均需经历如图 2-6 所示的阶段。

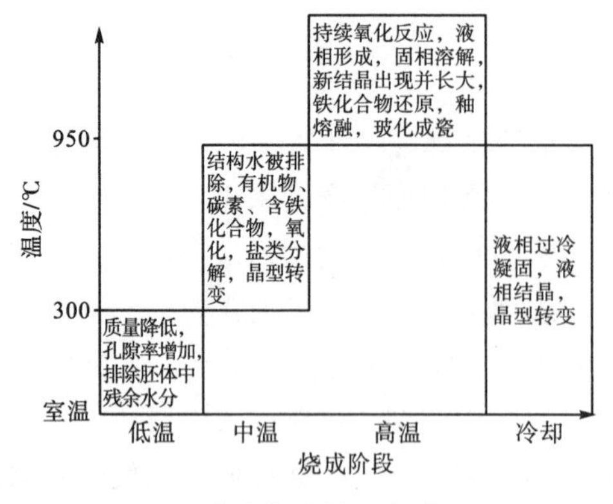

(a) 陶瓷烧成的四个阶段

(b) 常见烧成设备

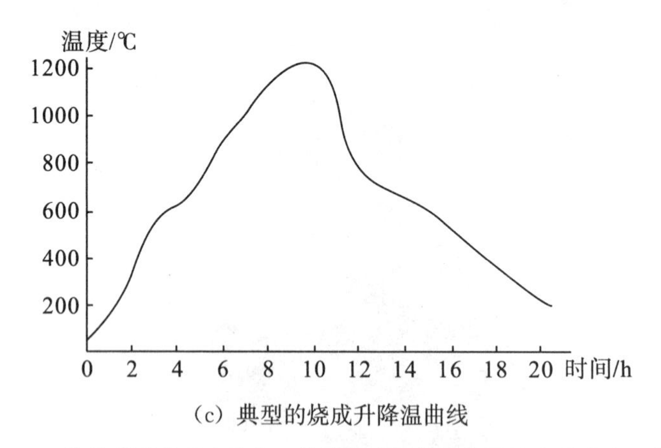

(c) 典型的烧成升降温曲线

图 2-6 陶瓷烧成的四个阶段、常见烧成设备及典型的烧成升降温曲线

烧成的各阶段均有各自的升温速度，它们与窑炉的种类和容积，坯料的组成与所含杂质，坯体性质、体积及数量等因素关系密切。①低温阶段，是进一步的干燥过程，升温速度受制于坯体总的含水量、坯体厚度、炉内温差与容积等。当坯体含水量较高或坯料的体积与量较大时，如果升温速度过快，将引起坯体内水蒸气压力增加，容易导致坯体开裂。②中温阶段，升温速度主要取决于坯料的纯度和厚度，也与气体介质的流量和热源有关，一般而言，当坯体较薄、原料较纯且分解物少时，可采用较快的升温速度；反之，则采用较慢的升温速度。尤其需要注意的是，当炉温未达到烧结温度时，水及气相产物的排除是自由进行的，坯体收缩小，此时可采用较快的升温速度，当坯体开始出现液相时，应适当地控制升温速度，确保不产生气泡。③高温阶段，升温速度取决于炉的结构、炉内部容量、坯料收缩变化的程度与烧结温度范围等。

陶瓷的最高烧成温度受坯料组成与各种物理化学反应以及炉内温差、坯体内外温差和传热过程等因素的影响，是一个渐变的过程，有一定的温度范围。烧结温度宽的坯料，可选择在上限温度以较短时间进行烧成；烧结温度范围窄的坯料，则选择在下限温度，以较长时间进行烧成。对于致密的陶瓷制品，到达烧结温度后，坯体致密度最大，收缩率最大，气孔率与吸水率最小，因此可以通过相关参数的测定确定合适的烧成温度。对于多孔陶瓷基板，因不要求致密性，其烧成温度低于烧结温度，即坯体有一定的气孔率及强度后就停止加热。烧成温度达到烧结温度的上限后，继续升温成为过烧，过烧的坯体的气孔率增加、致密度降低。

在烧成的过程中，为了使炉内温场均匀，需要在氧化阶段结束转入还原阶段之前进行保温（中火保温），在接近止火时保温（高火保温），保温的时间取决于炉的结构、容量、温场分布、坯料数量及制品所要达到的玻璃化温度。

将坯体从可塑状态的高温降至常温的凝结过程（冷却）的速度对制品的性能影响很大，高温阶段可以快速冷却，但是在 800℃到 400℃时的冷却应精确控制，这时往往会发生塑性状态转变为弹性状态，或晶型的转变，将在坯体内部产生应力，应当放缓冷却速度，防止出现炸裂情况。400℃以下，热应力减少，冷却速度可以适当加快。

烧成过程炉内气氛的变化是一个复杂的过程，往往同时伴随氧化与还原过程。

氧化过程：

$$C+O_2 \longrightarrow CO_2\uparrow$$

$$2H_2+O_2 \longrightarrow 2H_2O\uparrow$$

$$CH_4+2O_2 \longrightarrow CO_2\uparrow+2H_2O\uparrow$$

$$2CO+O_2 \longrightarrow 2CO_2\uparrow$$

还原过程：

$$CO_2+C \longrightarrow 2CO\uparrow$$

$$H_2O+C \longrightarrow CO\uparrow+H_2\uparrow$$

当进入烧成炉的空气正好能烧尽所有的燃料时，氧化按照上述四个过程发生，称为中性焰；当导入过量的空气，燃烧后还剩余氧气时，便得到氧化焰；当导入的空气不足时，燃烧后还剩余一些可燃物，如 CH_2、H_2等，便获得还原焰，这时出现后面的两个还原反应。

另外在烧成时，应该通过调整烧成炉相关装置（烧嘴、风机、闸板等）控制炉内各部分的气体压力。

烧成过程中发生以下五个变化：

（1）坯体质量减轻。低温阶段，坯体吸附水被排除；中温阶段，化学结晶水被排除；此外有机物及矿物杂质被氧化与分解并放出气体，也将进一步降低坯体质量。坯体质量的减少与坯料的组成密切相关，一般烧成过程减少 3％～8％。

（2）体积收缩。低温阶段，水分的蒸发导致体积略有收缩。在中温（约 570℃）条件下，坯料的主要组成部分发生相变，将导致坯体体积发生变化。到高温阶段，坯体内液相形成，结晶颗粒由于表面张力相互靠近，坯体收缩加剧，直至烧结温度达到最高峰，如果再继续升温，坯体体积将膨胀，导致过烧出现。一般陶瓷的烧成收缩率为 6％～8％，如图 2－7（a）所示。

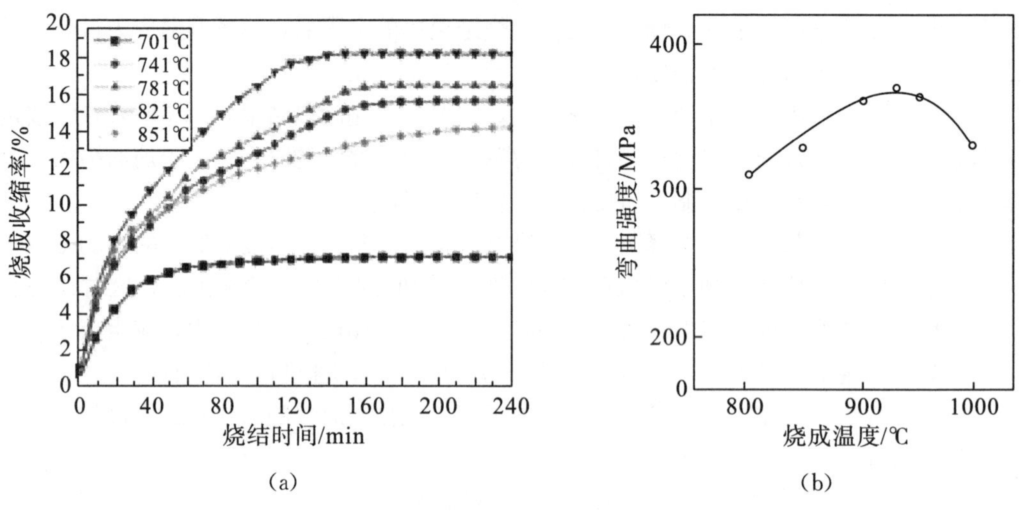

图 2-7 不同温度下等温烧结陶瓷的烧成收缩率与弯曲强度变化

(3) 气孔率变化。坯体的气孔率随温度的升高逐渐增大，氧化阶段末期达到峰值。随着温度的进一步升高，由于液相的形成和体积的收缩，导致气孔率逐渐减小，到达烧成温度时气孔率最小。然而，继续升温将出现过烧现象，气孔率反而增大。

(4) 颜色变化。烧成前坯体的颜色取决于组分中的杂质，有大量有机物存在时呈现灰色或黑色，对于含铁的坯料，烧成前呈现浅黄色，烧成时，到中温阶段，有机物挥发，铁被氧化为 Fe^{3+}，坯体呈粉红色，高温烧成时，如果是氧化焰气氛，随着含铁量的变化，坯体颜色由浅黄变为奶黄，甚至红色；如果是还原焰气氛，由于 Fe^{3+} 被还原为 Fe^{2+}，坯体颜色变为泛青的白色或青色；若出现过烧，或高温阶段气氛控制不当，使得 Fe^{+2} 被氧化成 Fe^{+3}，导致坯料发黄。

(5) 强度与硬度变化。随着吸附水的去除，坯体强度略有提高，而结晶水的排除基本不影响弯曲强度，相变的发生可能会导致弯曲强度下降，在良好的烧成控制下，成品的弯曲强度最高（硬度可达莫氏 7～8 级），如果出现过烧，弯曲强度将下降，如图 2-7 (b) 所示。

为了缩短产品烧成周期，降低陶瓷生产的能耗，目前已经发展出快速烧成的窑炉，将原来几十小时的烧成时间缩短为几小时甚至不到 1 小时，大幅提高了窑炉生产能力，单位能耗显著降低。满足快速烧成的坯料具有以下工艺特征：干燥收缩和烧成收缩小，坯料热膨胀系数小，导热性能好，不含或含有少量的具有晶型转化的组分，坯体含水量少（$<0.5\%$），坯体厚度、形状和体积适合。另外还应改进烧成炉结构，选用抗热震性能良好的炉具。

目前，烧成窑炉的类型有很多，大致分为连续式窑炉和间歇式窑炉。连续式窑炉包括隧道式窑炉和辊道式窑炉，而间歇式窑炉常用梭式窑炉。图 2-8 为隧道式窑炉。

图 2－8　隧道式窑炉

烧结方式除常压烧结外，还有热压烧结和热等静压烧结等。热等静压烧结采用高温、高压气体作压力传递介质，具有各向均匀受热的优点，很适合形状复杂的产品烧结。由于结构均匀，热等静压烧结材料性能比冷压烧结材料性能提高 30％～50％，比一般热压烧结提高 10％～15％。因此，目前一些高附加值氧化铝陶瓷产品或国防军工使用的特殊零部件均采用热等静压烧结方法。此外，微波烧结、电弧等离子烧结以及自蔓延烧结等技术日益成熟。

4. 精加工

有些氧化铝陶瓷材料在完成烧结后，还要进行精加工。由于氧化铝陶瓷材料硬度较高，需用更硬的研磨抛光材料对其加工，如 SiC、B_4C 或金刚砂等高硬度的材料。一般采用由粗到细逐级磨削的方法，最终表面抛光。可采用粒径＜1μm 的 Al_2O_3 微粉或金刚砂进行研磨抛光。此外，激光加工、超声波加工研磨与抛光的方法亦可采用。为了提高氧化铝陶瓷的力学强度，可以采用物理气相沉积或化学气相沉积的方法，在其表面镀上一层硅化合物薄膜，并在 1200℃～1580℃进行加热处理促使氧化铝陶瓷钢化，最终获得具有超高强度的氧化铝陶瓷。

5. 氧化铝陶瓷的低温烧结技术

由于氧化铝熔点高达 2000℃，导致氧化铝陶瓷的烧结温度普遍较高（＞1400℃），这在一定程度上限制了它的生产和更广泛的应用。因此，降低氧化铝陶瓷的烧结温度，可以降低能耗，缩短烧成周期，减少窑炉和窑具损耗，从而降低生产成本。目前行业对氧化铝陶瓷低温烧结技术的研究，主要从以下三个方面进行：

（1）通过降低氧化铝粉体的粒径，从而提高粉体的活性来降低烧结温度。在同样的烧成温度（约 1460℃）下，氧化铝粒径为 0.2μm 的坯料在烧结 10min 后几乎完全致密（相对密度＞98％），而粒径为 1.8μm 的坯料烧结后的致密度很低（相对密度＜85％），这说明坯料颗粒越小，烧结温度越低，越容易烧成。表 2－2 为粉体颗粒尺寸与烧结温度的关系。

表 2−2 粉体颗粒尺寸与烧结温度的关系

粒径/μm		0.3	0.1	0.08	0.06	0.04	0.02	0.01	0.005
烧结温度/℃	晶格扩散	1381	1223	1194	1159	1112	1038	972	913
	晶界扩散	1345	1148	1114	1072	1018	934	860	795

(2) 通过组分优化设计降低烧结温度。氧化铝陶瓷的烧结温度由其主要成分氧化铝的含量决定。氧化铝含量越高，烧结温度越高。可以通过调控其他组分的配比，包括调整添加剂的种类来降低烧结温度。比如引入可以与 Al_2O_3 形成新相或固溶体的添加剂，这类添加剂与 Al_2O_3 的晶格常数相近，且多为氧化物，如 TiO_2、Cr_2O_3、Fe_2O_3、MnO_2 等。作用原理是，当生成固溶体时，添加剂阳离子与 Al^{3+} 半径不适配，可以使得晶格产生畸变，活化晶格，有利于 Al_2O_3 重结晶，降低烧结温度。实验发现，当加入 0.5%～1.0%的 TiO_2 时，可以降低烧结温度（150℃～200℃）。另外可以引入在烧成中能够形成液相的添加剂，如 SiO_2、CaO、MgO、SrO、BaO 等碱土金属氧化物。这类添加剂能够与其他成分形成二元或多元的低共熔物，成为液相，降低烧结温度。相关的作用原理包括液相对固相表面有浸润作用和表面张力作用，使得固相颗粒更加紧密，气孔降低，易于出现重结晶现象。为了提高成品的性能，往往以复合形式引入添加剂，这时应确保一种添加剂阳离子和化合物的几何尺寸大于 Al^{3+}，而另外一种则小于 Al^{3+}，如 SiO_2+MgO、SiO_2+CaO、SiO_2+SrO、SiO_2+BaO 等。

(3) 通过优化烧成工艺降低烧结温度。比如采用热压烧结工艺，较常压烧结（烧结温度为 1800℃），20MPa 压力下，可以降低烧结温度约 300℃；而在 100MPa 压力下，其烧结温度可降至 1000℃左右。其原理是在烧成的过程中，加压有利于坯料粉体扩散和塑性流动，从而降低烧结温度。加压烧结也能抑制大尺寸晶粒的生成，可以获得致密的微晶、高强的陶瓷。另外，真空烧成、氢气氛烧成等方法也是实现低温烧结的有效辅助手段。

2.1.3 各种陶瓷基板

最常见的陶瓷基板材料是以氧化铝（90%～94%）为基体，二氧化硅及碱土熔剂（MgO 或 CaO）为烧结助剂而成的材料体系。Al_2O_3 结晶体又称刚玉，纯净的刚玉是无色的，当含有不同的微量元素时呈现不同颜色，几乎包括可见光谱中的红、橙、黄、绿、青、蓝、紫所有颜色。常见的氧化铝结晶体有红宝石和蓝宝石（图 2−9）。

图 2－9　常见的氧化铝结晶体

红宝石掺有铬离子，颜色鲜红；蓝宝石则含有氧化铁与氧化钛等杂质。刚玉具有许多同质异象结构，目前已知的有十多种，主要有三种晶型，即 α-Al_2O_3、β-Al_2O_3、γ-Al_2O_3。它们的性质随结构不同而不同，并且在 1300℃以上的高温时几乎完全转化为 α-Al_2O_3。天然刚玉形成于高温富铝、贫硅的岩浆岩（又称火成岩，是由岩浆喷出地表或侵入地壳冷却凝固所形成的岩石，有明显的矿物晶体颗粒或气孔）和伟晶岩（与岩浆侵入体在成因上有密切联系，在矿物成分上相同或相似，由特别粗大的晶体组成，具有一定内部构造特征的规则或不规则的脉状体）中，与长石、尖晶石等共生。刚玉属于三方晶系，晶形常呈完好的六方柱状或桶状，柱面上常生成斜条纹或横纹，底面上有时可见三角形裂开纹，集合体呈粒状。刚玉在摩氏硬度表中位列第 9 级，且价格便宜，是砂纸及研磨工具的优良材料。另外，它为两性氧化物，能溶于无机酸和碱性溶液中，几乎不溶于水和非极性有机溶剂，无臭、无味，易吸潮而不潮解，可以作为耐火材料。由于刚玉具有优良的高温性质及机械强度等性能，因此被广泛应用于冶金、机械、化工、电子、航空和国防等众多工业领域。早在 1929 年，德国西门子公司（SIEMENS）就成功地研制出氧化铝陶瓷。作为电子材料，氧化铝陶瓷分为高纯与普通型两种。高纯氧化铝陶瓷的氧化铝含量在 99.9％以上，烧结温度高达 1650℃～1990℃，透射波长为 1～6μm，在电子工业中可用作集成电路基板（厚膜集成电路）与高频绝缘材料。普通型氧化铝陶瓷按氧化铝含量的不同分为 99 瓷、95 瓷、90 瓷、85 瓷等品种，另外，含量为 80％或 75％ 的氧化铝划分为普通氧化铝陶瓷系列。99 瓷可以制作成高温坩埚、耐火炉管及特殊耐磨材料，如陶瓷轴承、陶瓷密封件及水阀片等；95 瓷主要用作耐腐蚀、耐磨部件；85 瓷中由于掺入部分滑石来提高电性能与机械强度，可与钼、铌、钽等金属封接，可用作电真空装置器件。

氧化铝的生产属于典型的具有大型复杂流程性特点的工业，从矿石中提取氧化铝有多种方法，如碱石中灰烧结法、拜耳法、拜耳—烧结联合法（串联、并联及混联）等。拜耳法一直是生产氧化铝的主要方法，其产量约占全世界氧化铝总产量的 95%。目前使用的氧化铝基板大多采用多层结构，研究的主要方向是成型方法的改进和烧结助剂的优化。采用纳米级 TiO_2 和 Al_2O_3 以及添加部分稀土氧化物（如 Y_2O_3、Sm_2O_3 及 La_2O_3 等）可以改善氧化铝陶瓷的烧结活性，降低烧结温度。其他常用的含氧化铝的陶瓷还包括莫来石（$3Al_2O_3 \cdot 2SiO_2$）以及堇青石（$2MgO \cdot 2Al_2O_3 \cdot 5SiO_2$），前者的介电常数与热膨胀系数低，与 Mo、W 的热膨胀系数相差小，金属化共烧时与导体之间的应力小；后者除了热膨胀系数低，还具有化学稳定和抗热震性高、机械强度达到 65MPa 等特点。

虽然氧化铝是研究最多、产业化最广的基板材料，但是其较低的热导率[31W/(m·K)]和较高的热膨胀系数（$6.8 \times 10^{-6} K^{-1}$），使其在高频大功率封装体以及超大规模集成电路中的应用受限制。

1. SiC 陶瓷

SiC 陶瓷具有很高的热导率［270W/(m·K)］，而纯的 SiC 单晶的室温热导率可以达到 490W/(m·K)。同时，该材料具有接近硅的热膨胀系数（$3.7 \times 10^{-6} K^{-1}$），有较高的匹配性。另外，SiC 陶瓷还具有优良的常温/高温力学性能，高温强度（在 1400℃下抗弯强度仍保持在 500～600MPa 的较高水平，工作温度可达 1700℃）、抗蠕变性是已知陶瓷材料中最佳的，其硬度可以达到 9.2，抗压强度为 220MPa，弯曲强度达到 15.5MPa，都明显优于 Al_2O_3。SiC 陶瓷的制备方法有很多，且不同方法获得的力学性能有差异，用热压法和烧结法获得的 SiC 的力学性能最好，但是其绝缘性低、介电损耗大、高频性能差，作为单一的基板材料，研究较少。通过在 SiC 基体中加入一定量的 BeO，不仅可以提高 SiC 的晶界电阻，较大程度地改善其绝缘性能（$>10^{13} \Omega \cdot cm$）和介电性能，而且能够改善坯料中 SiC 粒子内部排列的顺序，增强晶格运动的对称性，进一步提高其热导率，图 2-10 为 SiC 的晶体结构。

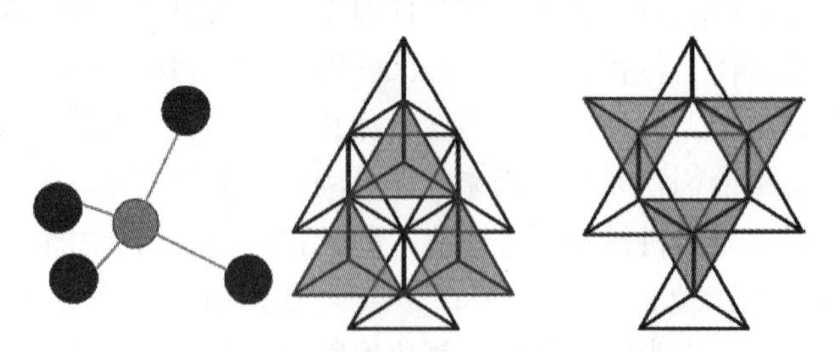

图 2-10　SiC 的晶体结构（四面体堆积结构）

2. AlN 陶瓷

图 2-11 为 AlN 的晶体结构和 AlN 陶瓷基板。AlN 的晶体结构决定了其相对于其他陶瓷，具有以下优良的性能：热导率高，最高可达 270W/(m·K)；膨胀系数低；机

械性能优良，抗折强度高于 Al_2O_3 和 BeO；耐高温；耐化学腐蚀；电阻率高；介电损耗小。另外，AlN 具有耐铝液和其他熔融金属侵蚀的特性，是理想的大规模集成电路散热基板和封装材料。氮化铝薄膜可制成高频压电元件、超大规模集成电路基片等。近年来，关于 AlN 陶瓷的研究主要围绕易烧结粉末的制备和烧结助剂的优化等方面。其粉体的合成，研究最多的是采用 Al_2O_3 碳热还原法、化学气相沉积法、溶胶—凝胶法以及金属 Al 粉直接氮化和自蔓延合成法。Al_2O_3 碳热还原法具有原料方便、设备简单、反应易控制、所制粉体性能优良等特点，已成为主要的工业化生产方法。在烧结助剂的选择上，由于 AlN 对氧的亲合力很强，部分氧会固溶入 AlN 晶格中，形成铝空位，该空位将增加声子的散射，降低声子的平均自由程，从而导致热导率降低。因此，在 AlN 陶瓷的烧结过程中，从烧结的结果及成本的控制出发，需要选择适当的烧结助剂。一般而言，选用非氧化物陶瓷的烧结助剂，其作用有以下两个方面：①形成低熔点物相，降低烧结温度，并促进坯体致密化；②与晶格中的氧杂质发生反应，使晶格更加完整，进而提高热导率。研究表明，Li、Ca、Mg、Ba、Sr、Y 和 La、Hf 、Ce 等元素的氧化物能有效改善 AlN 陶瓷的烧结性能，而且三元体系 Y_2O_3-CaO-Li_2O 是比较理想的烧结助剂体系，可以得到高热导率［172W/(m・K)］和高强度（450MPa）的 AlN 陶瓷。

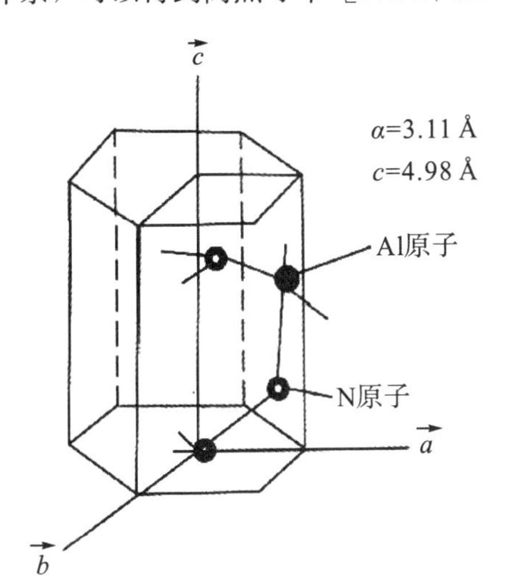

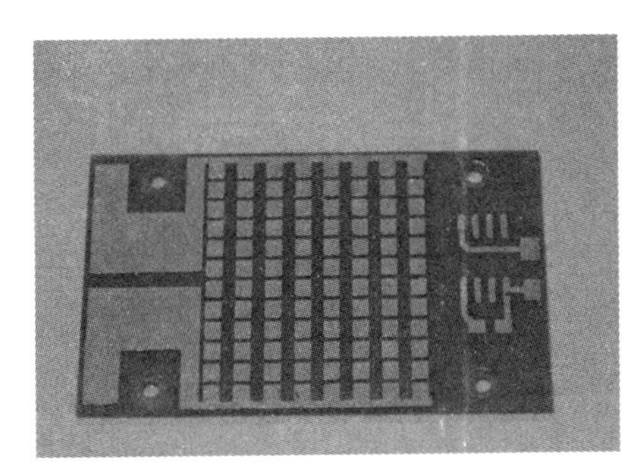

图 2−11　AlN 的晶体结构（六方铅锌矿结构）和 AlN 陶瓷基板

3. BeO 陶瓷

BeO 晶体是碱土金属氧化物中唯一的六方纤锌矿结构（Wurtzite），如图 2−12 所示。具有该结构的 BeO 晶体为强共价键组成，分子量很低，使其具有极高的热导率［250W/(m・K)］，比 Al_2O_3 陶瓷高一个数量级，而纯度和致密度达到 99%以上的 BeO 陶瓷，其室温热导率则可达 310W/(m・K)，与金属材料紫铜和纯铝的热导率十分相近。随着 BeO 含量的提高，其热导率还将增大。但随着工作温度进一步升高，其热导率逐步下降：在约 600℃的工作温度范围内，BeO 陶瓷的平均热导率为 206W/(m・K)；当工作温度达到 800℃时，其热导率大幅降低，与 Al_2O_3 陶瓷的热导率［31W/(m・K)］相当。BeO 陶瓷还有很好的抗热震性、高强度、高绝缘、低介电常数（6～7）及低介质损耗等特点，在封装工艺中具有良好的适应性。

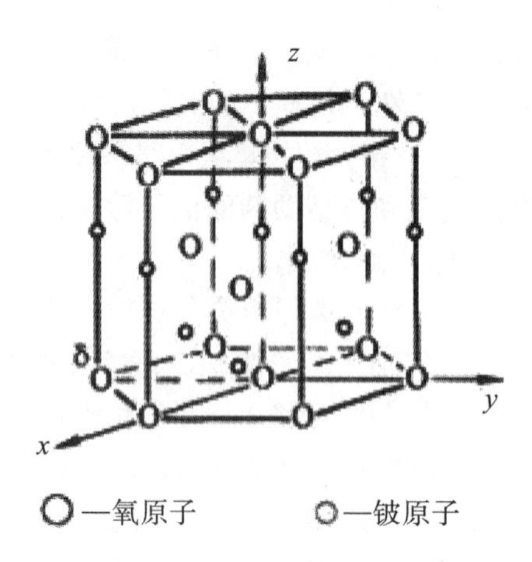

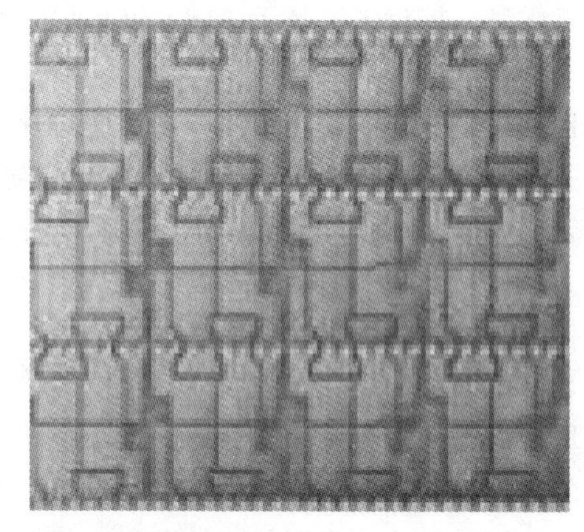

图 2-12　BeO 的晶胞结构及 BeO 陶瓷基板

BeO 陶瓷最大的缺点是粉末有剧毒，且使接触伤口难以愈合，制造这种陶瓷需要良好的防护措施。BeO 在含有水汽的高温介质中，挥发性会提高，在 1000℃开始挥发，并随温度升高挥发量增大，这给生产带来困难，有些国家已不生产。但 BeO 陶瓷制品性能优异，虽价格较高，仍有相当大的需求量。BeO 陶瓷常用于大规模集成电路基板、大功率气体激光管、晶体管的散热片外壳、微波输出窗和中子减速剂中。

4. 低温共烧陶瓷多层基板

低温共烧陶瓷（Low Temperature Co-fired Ceramics，LTCC）技术是与高温共烧陶瓷（HTCC）技术相对应的封装基板材料制作技术，其烧结温度可以降至 900℃左右。微电子封装的发展对基板材料提出了新的要求，如高电阻率（$>10^{14}\,\Omega\cdot cm$），线间高绝缘性能，低介电常数与介电损耗，与低熔点的 Ag、Cu 等高电导金属共烧形成精细化电路布线图，与芯片 Si 或 GaAs 相匹配的热膨胀系数，保证芯片封装的兼容性以及较高的热导率等。基于上述要求的低温共烧陶瓷在高速 MCM 封装和高密度 BGA 封装、CSP 中应用越来越广泛，特别适合射频、微波、毫米波等器件，目前主要应用于汽车用多层基板，超级计算机用多层基板，高频通信、光通信模块及具有高迁移率的晶体管中。表 2-3 为常见的低温共烧相关材料特性。

表 2-3　常见的低温共烧相关材料特性

材料类型			熔点/℃	热膨胀系数/$\times10^{-6}K^{-1}$	烧成气氛
导线材料	低熔点金属	Ag	961	19.1	空气
		Au	1063	14.2	空气
		Cu	1084	17.0	还原
	高熔点金属	Ni	1452	12.8	还原
		Pd	1550	11.0	空气
		Pt	1770	9.0	空气
		Mo	2617	5.4	还原
		W	3377	4.5	还原

续表2-3

材料类型		共烧导体	烧成温度/℃	热膨胀系数/ $\times10^{-6}K^{-1}$	烧成气氛
LTCC材料	50%～55%氧化铝+45%～50%鹏硅酸铅玻璃	Au、Ag-Pd	约 900	4.2	空气
	50%氧化铝+50%鹏硅酸玻璃	Au、Cu	约 900	4.6	非氧化
	硼硅酸玻璃+石英+堇青石	Au、Ag、Cu	约 900	3.2	空气
	氧化铝及其添加物	Cu	约 1050	5.9	氮气或氢气
	氧化铝+锆酸钙+玻璃体系	Au、Ag、Ag/Pa	约 850	7.9	空气

采用低温共烧陶瓷技术制作的陶瓷基板可以实现：①使数十层电路基片重叠互连，并且内置电容、电阻等无源元件，可提高组装密度与生产效率。采用低电阻率混合金属化材料和 Cu 箔系统形成电路布线图形，并利用叠加不同介电常数和薄膜厚度的方式控制内置元件的电容、电阻与电感等特性，并可混合模拟、数字、射频、光电、传感器电路技术，进一步实现多功能化。比如与同样功能的 SMT 组装电路构成的整机相比，改用 LTCC 模块后，整机的重量可减轻 80%～90%，体积可减少 70%～80%，单位面积内的焊点减少 95%以上，接口减少 75%，提高整机可靠性达 5 倍以上。②制作精细布线，线宽/间距甚至可达到 50μm，适合高速、高频组件及高密度封装的倒装芯片，由于介电常数较小，高频特性非常优良，信号延迟时间可减少 33%以上。③较好的温度特性，能降低芯片与基板间的热应力，有利于芯片组装。

2.1.4　陶瓷基板的金属化

陶瓷基板的金属化是指在陶瓷基板表面与内部形成电路图形，用于元器件搭载及输入、输出端子的连接。陶瓷基板对应的金属化有薄膜和厚膜两种工艺。薄膜法是采用各种真空镀膜的方法在陶瓷表面沉积金属薄膜，形成电路图形。厚膜法一般将粒度小于 5μm 的金属粉末加上各种粘结剂调和成浆料（包括有机溶剂、增稠剂以及表面活性剂等），通过丝网印刷在陶瓷基板上形成电路图形，然后经烧结形成电气连接部分。在厚膜金属化过程中，金属与基板界面通过粘结剂连接有三种机制：①玻璃结合，利用玻璃软化由厚膜导体流向基板进入表面凹凸中，随着烧结过程结构收缩，形成相互勾连结构，如图 2-13 所示；②化学结合，浆料中的氧化物与陶瓷形成固溶体中间相进行结合；③混合结合。

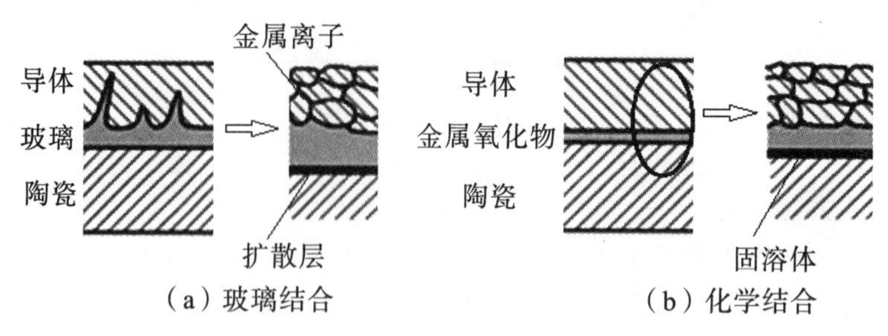

（a）玻璃结合　　（b）化学结合

图 2—13　厚膜玻璃结合机制

另外对于高熔点金属，常采用共烧法进行金属化，在烧结前的陶瓷生片上丝网印刷钼或钨厚膜浆料，然后脱脂烧成。以氧化铝基板表面的金属化为例（Mo-Mn 法）：耐热金属 Mo 的粉末为主要成分，易生成氧化物的 Mn 粉末为次要成分，将二者充分混合形成浆料，涂敷在经过表面预处理的氧化铝基板上，在加湿还原氢气气氛中高温烧成获得金属化层。该方法得到的薄膜焊接性较差，需要在其表面电镀一层 Au、Ag、Ni 等金属。共烧法可以形成微细布线，易于多层化，实现高密度布线，同时陶瓷基板与导体一体成型，有利于气密封装。

2.2　有机基板

自 20 世纪 80 年代以来，随着有机材料改性技术和芯片钝化层技术的进步，因潮气侵入而引起的电子器件失效概率大大降低，塑料封装发展迅猛，已占据 90%（封装数量）以上的封装市场份额，其地位越来越高。塑料封装材料体系主要是热固性塑料，包括有机硅类聚酯类、酚醛类和环氧类，其中以环氧树脂应用最为广泛。理想的塑料封装材料具有材料纯度高、离子型杂质极少、与器件及引线框架的黏附性好、吸水与透湿率低、内部应力和成形收缩率小、热膨胀系数小、热导率高、成形与硬化快、脱模性好、流动性与充填性好、飞边少以及阻燃性好等特点。塑料封装的缺点是气密性差、对湿度敏感、容易膨胀爆裂等。

2.2.1　物理化学特性

封装用有机基板（图 2—14）有两层含义：一是电子芯片封装所用的载体；二是装载各种封装体所用的母板，又叫作印制电路板。早期线路板（Printed Wire Board，PWB）上只有线路图，没有印刷元件，属于载体。现代印制电路板（Printed Circuit Board，PCB）包括印制线路图形和印制元件，属于整体的范围。PWB 与 PCB 可以认为是同义词。目前具有柔性特征的线路板（Flexible Printed Circuit Board，FPCB）应用越来越广泛。传统的 PCB 是由树脂作黏合剂，玻璃纤维作增强剂，采用传统的工艺制作，最后在上面覆铜箔。PCB 可以分为单层 PCB、双层 PCB 以及多层 PCB。基板在封装中扮演重要的角色，具有导电（表面覆铜箔实现）、支撑（对搭载的芯片，实装上的端子、凸点等提供强度保证）和绝缘（有机树脂：BT 树脂、PPE 树脂以及环氧树脂

FR-4）三个功能。表 2-4 为有机基板的主要发展历程。

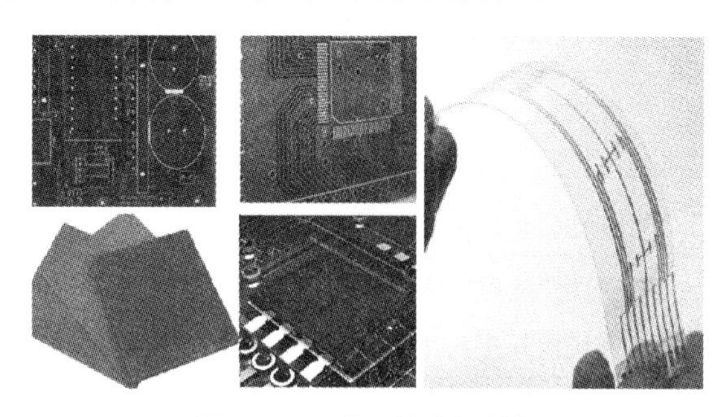

图 2-14　常见的有机基板

表 2-4　有机基板的主要发展历程

阶段	年份	标志事件
初成阶段	1903	Albert P. Hanson 在绝缘板原位附着金属粉末，实现电气连接
	1909	发明酚醛树脂
	1925	Charles Duca 在绝缘材料上印刷电路图形，再用电镀形成导体
	1929	蚀刻成型法提出（减成法）
	1935	双面布线起源
	1936	Paul Eisler① 发明刻蚀铜箔法
	1943	电木酚醛树脂基覆铜箔压板进入实用化
	1947	NBS 研制 PCB，环氧树脂 PCB 出现
发展阶段	1951	聚酰亚胺树脂高耐热层压板出现
	1953	高黏合、大尺寸的覆铜板出现
	1954	图形电镀—蚀刻法出现
	1960	电镀金属化通孔双面 PCB 问世，柔性 PCB 出现
多层板阶段	1959	德州仪器第一块 IC
	1960	6 层 PCB 出现
	1963	环氧树脂玻璃布多层板出现
	1963	高散热金属芯 PCB 出现
	1964	我国 6 层 PCB 出现
	1964	加成法出现
	1968	大规模集成电路问世，光致聚合物膜出现
	1970	FR-4 多层板出现
	1975	聚酰亚胺玻璃布多层 PCB 出现
	1975	表面贴装技术出现
	1975	BT 树脂基板问世

续表2－4

阶段	年份	标志事件
积层多层板阶段	1967	积层技术出现
	20世纪80年代	24～62层PCB出现
	1989	微细孔、微导线PCB出现
	1990	高密度互连多层板出现
	1995	任意层内互连孔技术出现
	1996	埋入凸块互连技术（B^2it）出现
	1997	BGA、CSP有机封装产业化
	1998	HDI②积层PCB实用化
	1998	无卤素基板出现
	2000	埋入电容技术出现
	21世纪	聚醚醚酮液晶聚合物类薄膜材料出现
	2002	钠米材料应用于PCB中
	2003	欧盟“WEEE”“RoHS”③公布
	2003	无源元件、高介电常数PCB出现

注：①印制电路板之父；

②High Density Interconnector，高密度互连；

③WEEE为《电气电子产品废弃物指令案》，RoHS为《关于在电子电气设备中禁止使用某些有害物质指令》。

有机基板与陶瓷基板相比，具有以下特点：

（1）低温制作，节约能源。

（2）介电常数低，有利于高速信号传输。

（3）选用低热膨胀系数的基材能够实现精细电路图形的制作。

（4）可加工性能优越，易于大批量生产，能够制作成大面积的基板。

但是有机基板比陶瓷基板更容易吸湿，容易造成芯片或封装体与基板之间出现剥离脱落的现象，容易受热产生水汽造成封装体受损。

相比于陶瓷基板，有机基板还有特殊的性能要求，主要有以下三点：

（1）提高玻璃化温度（T_g）。高T_g的PCB可以提高封装时的耐回流焊性（回流焊的适用性、反复性与稳定性），也可以提高PCB通孔可靠性，在进行热冲击、超声波作用下的引线焊接时，基板能够保证稳定的物理特性，如平整性、尺寸稳定性、弹性率稳定以及硬度变化小。

（2）选用低热膨胀系数的基板。一般FR-4材料的热膨胀系数（α）为$13\times10^{-6}K^{-1}$，目前认为热膨胀系数小于$8\times10^{-6}K^{-1}$的材料才是较理想的封装用基板材料。如果热膨胀系数过大，在高低温变化时，产生的应力有很大一部分将传递到基板与芯片的界面处，作用在二者连接的引线端子或连接部位，尤其周围部分所受热应力最大。另外，选择低热膨胀系数材料，能够有效保证基板电路图形的精确度。

（3）随着高速电路封装技术的发展以及信号传输速度的提高，对采用更低介电常数的有机基板提出了更高的要求。

不同类型的封装对基板材料性能要求的侧重点有很大区别，对于传统的模压树脂密封的封装（OMPACPKG），对基板的要求是，在高温条件下，硬度保证不衰减，以确保引线焊接的可靠性，同时要求高温下的弹性模量要大，以保证回流焊时基板不翘曲；对于采用倒装芯片的封装（FCPKG），芯片采用电路图形面向基板的方式进行搭载，连接部件是高温焊料，通过金属互连，这就需要基板在高温时具有优异的耐热性和高弹性模量，以确保高温下焊接的可靠性和倒装时基板表面平整，需要考虑高 T_g 的基板材料；对于高密度薄型封装，对基板的要求是具有高的高温弹性模量和耐湿性，确保各种微孔可靠性高，以实现良好工艺的封装。

PCB 用基板材料所采用的标准及相关制定部门见表 2－5。

表 2－5　PCB 用基板材料所采用的标准及相关制定部门

制定标准部门	标准简称	标准名称
国际标准化组织	ISO	国际标准化组织标准
国际电工委员会	IEC	国际电工委员会标准
国家标准化管理委员会	SAC	国家标准化管理委员会标准
国家标准化管理委员会	GB	国家标准
美国国防部	MIL	美国军用标准
电路互连与封装协会（美国）	IPC	美国电路互连与封装协会标准
美国国家标准协会	ANSI	美国国家标准协会标准
美国保险协会实验室	UL	美国保险协会实验室标准
联合电子器件工程理事会（美国）	JEDEC	美国联合电子器件工程理事会标准
美国材料与实验学会	ASTM	美国材料与实验学会标准
国家电器制造协会（美国）	NEMA	美国国家电器制造协会标准
日本规格协会	JIS	日本工业标准
日本印刷电路协会	JPCA	日本印刷电路协会标准
德国标准化学会	DIN	德国标准协会标准
德国电器工程师协会	VDE	德国电器标准
标准协会（英国）	BS	英国标准协会标准
加拿大标准协会	CSA	加拿大标准协会标准
澳大利亚标准协会	AS	澳大利亚标准协会标准

2.2.2　材料组成

一般封装用有机基板材料包括内部预埋的铜箔及周围材料。

2.2.2.1 铜箔

铜箔的英文为 Electro Deposited Copper Foil，是覆铜板（CCL）及印制电路板（PCB）制造的重要材料。1955 年，美国 Yates 公司开始生产专门用于 PCB 的电解铜箔，日本是世界上最大的 PCB 用铜箔生产地区，其次为中国。电解铜箔是 PCB 用量最大的一类铜箔，占 98%以上。目前用于 PCB 制作电路的铜箔，无论是精细图形还是低轮廓度图形，都取得了长足进步。在整个电子信息产业中，电解铜箔被称为电信号与电力传输沟通的“神经网络”。

铜箔分为电解铜箔和压延铜箔（Rolled Copper Foil），在 IPC 标准中（IPC-MF-150），将其称为 E 类和 W 类。

1. 电解铜箔

通过专门电解设备连续生产出初始原箔（毛箔），再经表面处理得到适用的产品。对刚生产的毛箔需要进行耐热层钝化处理，可以分为：①镀黄铜处理（TC 处理）；②镀锌处理（TS 处理或者 TW 处理）；③镀镍和镀锌处理（CT 处理）；④压制后处理面呈黄色的镀镍和镀锌处理（CY 处理）。电解铜箔的厚度多为 9μm、12μm、18μm、35μm 及 70μm，在有机基板上常用规格为 12μm 到 70μm 不等。

铜箔及电解铜箔的生产工艺如下（图 2－15）：

(a) 铜箔

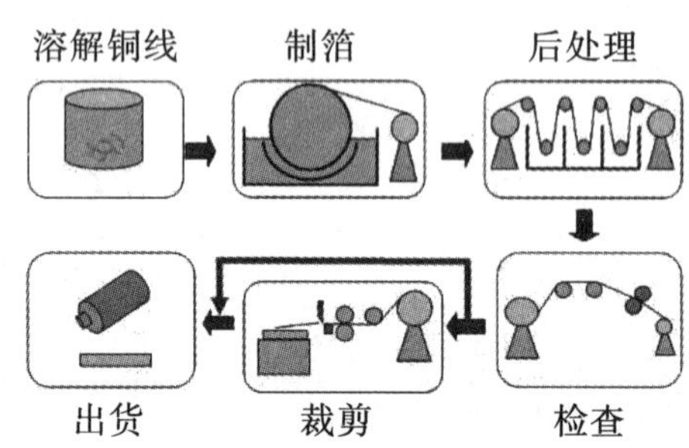

(b) 电解铜箔的生产工艺

图 2－15　铜箔及电解铜箔的生产工艺

(1) 溶解铜线，也叫作造液。在槽内倒入硫酸和铜料（铜丝），在 70℃～90℃温度下进行反应，过滤掉残渣，生成硫酸铜溶液，倒入制箔的电解液槽内。

(2) 制箔。电解液槽装有钛合金材料制作的阴极辊筒以及半圆形铅锌阳极板。当电解液中通过直流电时，硫酸铜溶液中 Cu^{2+} 不断移向阴极，经还原反应生成铜原子，并在转动的阴极辊筒表面聚集结晶，随着反应的推进，形成牢固的连续金属铜层。随着辊筒向电解液液面外滚动，将所形成的毛箔从阴极辊筒上剥离而出，经烘干、切边、收卷，连续生产出初产品——毛箔。靠阴极的一面为毛箔的光面，是 PCB 的电路面，成型条件与阴极辊筒表面抛光精度及表面附着的杂物有关；另一面为毛面，与 PCB 结合，其表面粗糙度和质量与硫酸铜溶液过滤加工的质量、添加剂、电流密度以及辊筒转速等工艺条件有关。

(3) 后处理。毛面处理：第一步是镀铜粗化处理毛面上形成的凸点，将其封闭（在凸点上镀一层铜），达到固化作用，并与毛面牢固结合；第二步在粗化铜面镀一层金属或者合金，比如黄铜、锌、镍锌、锌钴等，建立耐热钝化层；第三步在钝化层上涂覆有机物，形成耦合层。光面处理：在光面镀锌、镍、磷等一种或多种元素，进行含铬化物（或其他有机防氧化物）的涂覆，以提高光面的耐高温性，焊料浸润性以及防腐蚀性。

(4) 检查。对处理后的铜箔进行检查，主要包括以下九个方面：

①厚度，在 IPC、IEC、JIS 标准中，以标称厚度，即单位面积质量来表示铜箔厚度。

②外观，表面无铜粉、无异物、色泽均匀、光面平整、无针孔等。

③抗拉强度和延伸率。

④剥离强度，铜箔与基板在高温、高压下压制，二者之间的粘结强度称为铜箔剥离强度。刚性覆铜板的剥离强度通过测定垂直方向受力获得，而柔性覆铜板则从水平方向受力进行测试。

⑤耐折性，电解铜箔的耐折性不如压延铜箔，电解铜箔的耐折性横向高于纵向，而压延铜箔在纵横方向上性能差异较大，纵向的耐折性比较稳定，横向的耐折性在 150℃ 的热处理下低于电解铜箔，高于该温度进行热处理才具有较高的耐折性。

⑥表面粗糙度，JIS 标准规定电解铜箔的光面粗糙度在 0.4μm 以下，对于粗化面粗糙度，IPC-MF-150F 规定，粗糙度为 10.2μm 以下的为低粗糙度铜箔，表示为 LP (Low Profile)；粗糙度为 5.1μm 以下的为 VLP 型低粗糙度铜箔。

⑦质量电阻率，单位为 $\Omega \cdot g/m^2$，它会影响 PCB 的信号传输延迟。

⑧刻蚀性，LP 铜箔结晶粒子小而均匀，刻蚀性能优良，刻蚀时间短，导线精度可控，能防止侧刻蚀效应。

⑨抗高温氧化，该性能与光面的钝化处理工艺有关，覆铜板加热成型处理温度是 160℃～180℃。JIS 标准的检测方法是：在 180℃的热空气下处理铜箔 30min，观察其光面是否变色。

表 2-6 为各种电解铜箔的主要性能。

表 2-6　各种电解铜箔的主要性能

厚度/μm				9	12	18	35					
种类				STD	STD	STD	STD	LP	STD	STD	LP	HD
表面处理类型				CT	CT	TS	CT	CT	TS	CT	CT	TS
参数	质量厚度/$(g\cdot m^{-2})$			80	107	156	156	156	298	285	285	298
参数	质量电阻系数/$(10^{-3}\Omega\cdot g\cdot m^{-2})$		20℃	169	167	164	164	164	159	159	159	159
参数	抗张强度/MPa		20℃	350	340	340	340	340	310	310	300	300
参数	抗张强度/MPa		180℃	180	180	170	170	180	170	170	170	180
参数	延伸率/%		20℃	6	7	9	9	15	10	10	23	23
参数	延伸率/%		180℃	2	2	2	2	6	2	2	7	8
参数	表面粗糙度/μm		处理面	0.9	1.1	1.2	1.2	0.7	1.4	1.4	0.8	1.4
参数	表面粗糙度/μm		光泽面	0.3	0.3	0.3	0.3	0.3	0.3	0.3	0.3	0.3
参数	覆铜板FR-4后	耐浸焊	260℃，120s	好								
参数	覆铜板FR-4后	剥离强度/$(N\cdot cm^{-1})$	常态A	11	13	17	17	15	23	23	20	18
参数	覆铜板FR-4后	剥离强度/$(N\cdot cm^{-1})$	浸焊后260℃，120s	11	13	17	17	15	23	23	20	18
参数	覆铜板FR-4后	剥离强度/$(N\cdot cm^{-1})$	加热后E-1/125	7	9	12	13	11	13	15	14	12
参数	覆铜板FR-4后	剥离强度/$(N\cdot cm^{-1})$	热老化后E-240/117	4	4	4	5	4	5	7	6	5

注：种类划分：STD 1级型，一般通用型产品；HD 2级型，常温延伸性，耐折性好；LP（VLP、SLP）粗化面为低粗化度，适用于精细图形的PCB上。其他还有THE 3级型，常温延伸率大，高温延伸性良好；MP粗化面为低粗化度，具有好的高温延伸性等。

（5）裁剪，根据下游厂家的要求，对检查合格的铜箔进行不同尺寸的裁剪。

（6）出货，铜是不太活泼的金属元素，在常温下不与干燥空气中的氧反应。但加热或受潮时能与氧气发生反应。铜箔的运输保存条件为温度28℃以下、湿度60%以下，密封包装或氮气环境保存。

目前，电解铜发展的最新技术包括：①超薄铜箔（小于7μm）。超薄铜箔主要用在便携式电子产品中，用于微细通孔的多层板以及BGA、CSP等有机基板。超薄铜箔的生产技术难点在于能否剥离基体而直接生产且产品合格率较高。②表面无缺陷的铜箔。③在铜箔两侧光面均进行粗化处理，提高热延展性，增加PCB的热稳定性，避免变形及翘曲。④应对积层多层板的发展，出现新型的附树脂铜箔，以及用于精细电路图形制造的铜箔—铝箔—铜箔。⑤新型低轮廓的粗化电解铜箔。主要是适应制造高精细化印制板图形电路的需要。与一般电解铜箔相比较，LP铜箔的结晶很细腻，为等轴晶粒，不含柱状晶体，呈片层晶体，且棱线平坦、表面粗化度低，同时具有更好的尺寸稳定性和更高的硬度等特点。

2. 压延铜箔

压延铜箔的典型制造工艺：将原铜材经过高温加热、熔融，铸造成铜锭，铜锭加热回火韧化，然后刨削去垢，采用冷轧机进行冷轧，再连续回火韧化及去垢，逐片焊合，轧薄处理，经回火韧化切边，最后收卷成毛箔，毛箔再进行粗化处理，如图 2－16 所示。相较于电解法制作的铜箔，压延而成的铜箔具有耐折性优良、弹性模量高、延展性大和纯度高的特点，且表面更平滑、缺陷小、利于高速信号的传输。压延铜箔可以通过加入微量元素（S、Zn、Ni、Ti、Nb、Mn、Ta 等）进行改性，可提高挠性、弯曲性和导电性等。目前，压延铜箔纯度可达 99.9%以上，已开发出具有低温结晶特性的高韧性压延铜箔。

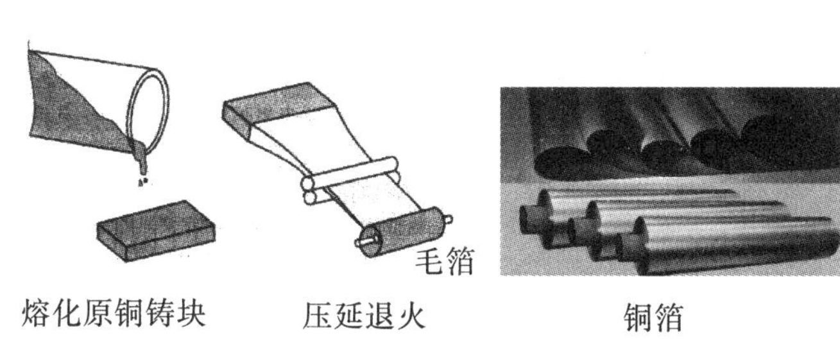

图 2－16　压延铜箔

表 2－7 对电解铜箔与压延铜箔的性能进行了对比。

表 2－7　电解铜箔与压延铜箔的性能对比

参数	电解铜箔	压延铜箔	
		无氧铜箔	韧性铜箔
铜箔厚度/μm	12、18、35、70	18、35	18、35
抗张强度/kPa	28～38	23～25	22～27
延伸率/%	10～20	6～27	6～22
韦氏硬度	95	105	105
500g 负荷 MIT 耐折性/次	纵 93/横 97	纵 155/横 106	纵 124/横 101
弹性模量/10^{10} Pa	6.0	11.8	11.8
质量电阻系数/(10^{-3} Ω · g · m^{-2})	159	153	153
表面粗糙度 Ra/μm	1.5	0.1	0.2

压延铜箔和电解铜箔相比，还有以下三点区别：

（1）制作工艺不同。电解铜箔是利用电流将硫酸铜溶液中的铜离子析出，再经抗氧化及粗化处理等工艺完成。压延铜箔则是用铜锭碾压，再经锻火、抗氧化、粗化处理等工艺完成。相较于电解铜箔，压延铜箔生产比较困难，但延展性较好，可达 30%以上，电解铜箔最好的延展性为 15%～20%。

（2）性能不一样。电解铜箔的导电性较好，压延铜箔的挠性较好，一般有弯折要求的产品就用压延铜箔，压延铜箔的单价比电解铜箔高。

（3）电解铜箔的分子比较疏松、易断；而压延铜箔的分子紧密、柔性好，且越薄，柔性越好。含磷压延铜箔更加细腻，表面更加光亮，但柔性比纯压延铜箔差。

2.2.2.2 玻璃纤维布

玻璃纤维是PCB材料的增强原料，它就像盖房子用的钢筋，对树脂起着增强作用。玻璃纤维布是以玻璃球或废旧玻璃为原料经高温熔制、拉丝、络纱、织布等工艺制成的，其单丝直径为几微米到二十几微米，每束纤维原丝都由数百根甚至上千根单丝组成。PCB用玻璃纤维布的电子级别为E，主要成分为铝硼硅酸盐，JIS标准规定，其中碱金属氧化物含量小于8‰，成分构成：SiO_2 53%～56%、Al_2O_3 14%～18%、CaO 20%～24%、MgO约1%、R_2O（Na_2O+K_2O）约1%、B_2O_3 5%～10%。

PCB用玻璃纤维布可以分为高绝缘性（体积电阻率为10^{14}～$10^{15}\Omega \cdot g/m^2$），E型；低介电常数，D型或Q型；高机械强度，S型；高介电常数，H型。电子级玻璃纤维布是电绝缘玻璃纤维布中的高档产品，根据IPC-EC-140标准，电子工业常用的规格有：7629布（厚度为0.18mm，单位面积质量为210g/m^2）、7628布（厚度为0.173mm，单位面积质量为203.4g/m^2）、2116布（厚度为0.094mm，单位面积质量为104g/m^2）以及1080布（厚度为0.053mm，单位面积质量为46.8g/m^2）。电子级玻璃纤维布除具有高绝缘性外，还有其他良好参数：在1MHz下，介电常数约为6.2；介质损耗因数为（1.0～2.0）$\times 10^{-13}$；热膨胀系数为2.39$\times 10^{-6}K^{-1}$；导热系数为1.0W/（m·K）；吸湿率为0.2，在相对湿度为91%～96%时，吸湿率可达1.7%～3.8%。一般玻璃纤维布有经纱和纬纱之分，其性能包括织布的密度（按照经纱、纬纱单位长度的根数来定义）、厚度、单位面积质量、幅宽以及抗拉强度。

2.2.2.3 芳香族聚酰胺纤维

芳香族聚酰胺（Aromatic Polyamide）是指酰胺键直接与两个芳环连接而成的线性聚合物，每个重复单元的酰胺基中的氮原子和羰基直接与芳香环中的碳原子相连接并置换其中的一个氢原子，由它经溶液纺丝所得的纤维称为芳香族聚酰胺纤维。芳香族聚酰胺纤维由美国杜邦公司率先研制成功，于1973年命名为Kevlar，我国称为芳纶，分为两类：全芳族聚酰胺纤维和杂环芳族聚酰胺纤维。其中，全芳族聚酰胺纤维主要包括聚对苯二甲酰对苯二胺（PPTA）纤维、聚间苯二甲酰间苯二胺（MPIA）纤维、聚对苯甲酰胺（PBA）纤维和共聚芳酰胺纤维；杂环芳族聚酰胺纤维是指含有氮、氧、硫等杂原子的环聚酰胺纤维等。

芳香族聚酰胺纤维具有以下特性：①具有很高的红外吸收率（$>80\%$），可以有效解决玻璃纤维对CO_2激光产生的红外波段吸收率低（$<10\%$）的问题，使红外波段的激光直接转换为热能，制作出PCB上的微细通孔。②具有很低的热膨胀系数，CET为$(5\sim7)\times10^{-6}K^{-1}$，接近陶瓷基材与芯片的CET，是FR-4的一半左右，这对于高密度布线的可靠性与尺度的稳定性是非常重要的。需要指出的是，在纵向方向，其CET为负值。③具有高玻璃化温度（约345℃）、低介电常数（1MHz下为3.5～3.7）、高强度与高弹性模量、低密度（约1.44g/cm^3）。④具有自熄性，极限氧指数约为20。⑤具有

良好的耐化学腐蚀性。⑥成品基板表面平滑。

PPTA 纤维是芳纶在复合材料中应用最为普遍的一个品种，具有分子量高、分子量分布窄的特点，其化学式及纤维结构如图 2－17 所示。1972 年美国杜邦公司推出 Kevlar 系列纤维后，荷兰 AKZO 公司的 Twaron 纤维系列、俄罗斯的 Terlon 等纤维相继投入市场；我国于 20 世纪 80 年代中期试生产此纤维，定名为芳纶 1414，名称为泰和龙。PPTA 是由等摩尔比的高纯度对苯二甲酰氯（TDC）或对苯二甲酸和对苯二胺（PPD）单体在强极性溶剂（如含有 LiCl 或 $CaCl_2$增溶剂的 N-甲基吡咯烷酮）中，由低温溶液缩聚或直接缩聚而得。其纤维工艺制作流程为：将原料溶于浓硫酸中，制成各向异性液晶纺丝液→挤压喷丝→干湿纺→溶剂萃取与洗涤→干燥→ Kevlar29 纤维成型→在氮气保护下经 550℃热处理→Kevlar49 纤维。最终制得不同规格、性能，呈金黄色的纤维或着色纤维。

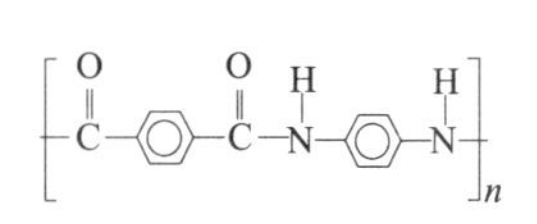

（a）PPTA的化学式

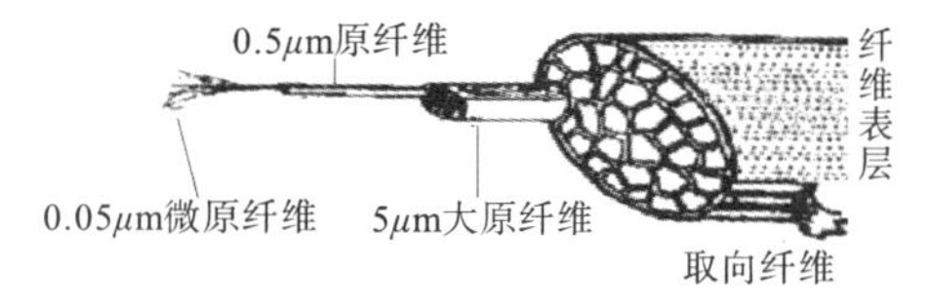

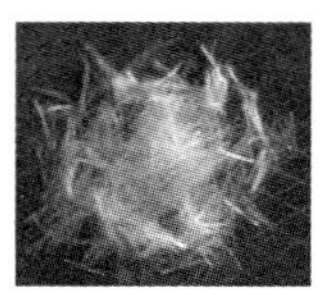

（b）PPTA纤维结构

图 2－17　PPTA 的化学式及其纤维结构

杜邦公司已经推出七种 Kevlar 产品：Kevlar29、Kevlar49、Kevlar68、Kevlar100、Kevlar119、Kevlar129、Kevlar149。其中，Kevlar100 是带色纤维，其余六种都是工业纤维；Kevlar29 是高弹性模量纤维，Kevlar68 是中弹性模量纤维，Kevlar119 是高伸长率纤维，Kevlar129 是高强度纤维，Kevlar149 是超高弹性模量纤维。另外，荷兰 AKZO（Twaron 系列）以及日本帝人（Technora 系列）均有高质量的长丝纱。表 2－8 为不同规格的 PPTA 纤维的性能。

表 2－8　不同规格的 PPTA 纤维的性能

性能 \ 规格	Kevlar29	Kevlar49	Kevlar149
密度/$(g \cdot cm^{-3})$	1.44	1.45	1.47
耐热性/%	75①	75①	75①
耐酸性/%	10	10	10
吸湿率/%	7.0②	4.5②	1.5
拉伸强度/GPa	3.45	3.62	3.4
拉伸弹性模量/GPa	58.6	131	186
伸长率/%	4	2.5	2
热膨胀系数（轴向/横向）/$(\times 10^{-6} m \cdot K^{-1})$	—	−2/59	—
比热/(kg · K)	—	1420	—

续表2－8

性能 \ 规格	Kevlar29	Kevlar49	Kevlar149
热传导系数，轴向/横向（298K）/(W·m^{-2}·K)	—	1.57/0.49	—
分解温度/K	约 770	约 770	约 770
空气中长期使用温度/K	>400	>400	>400

注：①100h×200℃；②55%RH，23℃。

另外一些特种纤维也在 PCB 中应用，如同芳香族聚酯纤维、高强度聚烯烃纤维、碳纤维和金属纤维等。

表 2－9 为几种纤维的性能对比。

表 2－9　几种纤维的性能对比

性能参数 \ 种类	芳香族聚酰胺纤维		碳纤维	E 型玻璃纤维	聚酯纤维	聚酰胺纤维
	Kevlar29	Kevlar49				
密度/（g·cm^{-3}）	1.44	1.45	1.80	2.54	1.38	1.14
抗张强度/（cN·$dtex^{-1}$）	19.4	19.4	16.7	8.5	8.1	8.3
弹性模量/（cN·$dtex^{-1}$）	406	882	1235	265	88	44
断裂伸长率/%	34.0	2.5	1.3	4.0	13	19

结合表 2－9 可知，Kevlar 纤维具有密度小、强度高、弹性模量高、韧性好的特点。其比强度极高，超过玻璃纤维和碳纤维；其比模量与碳纤维相近。另外，由于韧性好，Kevlar 纤维不像碳纤维、硼纤维那么脆，便于纺织。Kevlar 纤维常和碳纤维混杂，提高纤维的耐冲击性，如直径为 6mm 的 Kevlar 纤维可吊起 2t 重物。

2.2.2.4　其他有机材料

有机基板用环氧模塑料（EMC）由填充剂、环氧树脂、固化剂酚醛树脂、固化促进剂、偶联剂、着色剂、阻燃剂等组成。其中，填充剂是环氧模塑料中含量最高的部分，约占总量的 60%～90%，其作用主要是改善树脂的参数与特性。将惰性填充剂加在模塑料中可以降低热膨胀系数，增加热导率，增加弹性模量，防止树脂溢出塑封模具的分型线，在固化时减少塑封料的收缩应力。环氧树脂作为基体树脂起着将其他组分结合到一起的重要作用，它决定了模塑料成型时的流动性和反应性，以及固化物的机械、电气、耐热等性能。固化剂的主要作用是与环氧树脂反应生成一种稳定的三维网状结构。固化剂和环氧树脂共同影响模塑料的流动性、热性能、机械性能和电性能等。

由于环氧树脂是热固性塑料，当加热到 150℃以上时（可低至室温），它们开始聚合固化。典型的模注环氧模塑料化合物是由理想配比的环氧树脂与反应硬化剂（如酸酐类或胺类）配制而成。环氧基团有一个拉紧的环，它是由一个氧原子连接两个碳原子构成的，这个三原子环把比较中性的键角拉紧。图 2－18 为环氧分子结构。这种拉紧的状态使得环氧基团非常活泼，当碳氧键断裂环打开时，硬化剂或促进剂有助于打开环氧环释放出能量，以形成两个可与硬化剂及其他环氧环中的特殊基团和键反应的自由键，产生复杂的聚合，最终生产硬化环氧的大分子，图2-19为环氧反应。混合树脂的特性依赖于环氧树脂、硬化剂及加速剂的组成比例，如果填料质量占总质量的比例达到75%~80%，则会严重影响其性能。通过添加填料（通常是矿物类二氧化硅）可以降低环氧树脂的热膨胀系数。

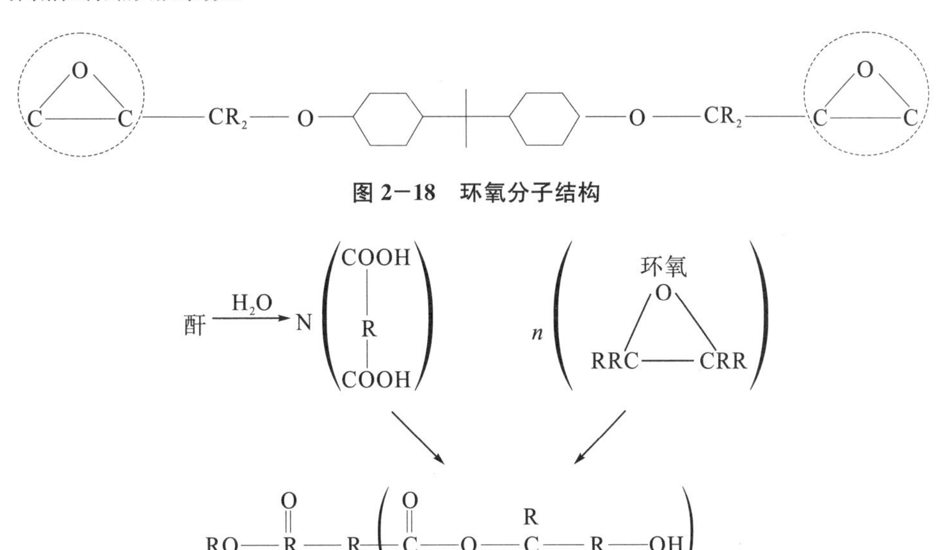

图2-18　环氧分子结构

图2-19　环氧反应

另外，封装树脂还有吸潮性。快速吸潮是指潮气通过氢键穿过有机环氧基体迁移；慢速吸潮是指潮气通过二氧化硅填料基体进行迁移。水分渗透的速率与温度有关，潮气容易从树脂与金属结合处渗入。如果塑封材料中含有卤化物、碱金属、碱金属的化合物以及酚醛类等杂质。一旦固化剂中残存有未反应完的高分子合成树脂，不仅塑封材料的热性能下降，而且易发生水解生成有害的 Cl^-、OH^-、Na^+ 等离子（引起漏电流增大）。高温（200℃）下，聚合物交联将发生断裂，通过缩和作用生成水，并与 Cl^- 生成盐酸，腐蚀金属。树脂中存在的各种杂质离子，在一定的温度、湿度、偏压作用下，正、负离子将分离，产生极化现象，在半导体表面产生感应电荷，导致器件异常开关。另外由于热膨胀系数不同，塑封材料与金属框架以及芯片与金属框架之间的粘结处易出现裂纹，导致器件热特性下降，热阻增大。

通过对环氧树脂进行改性，可以提高封装器件的可靠性、散热能力、电性能、耐热及耐湿等各方面性能，以满足封装技术的发展对封装材料的要求。常用的手段包括以下三种：

（1）增韧改性。

纯环氧树脂具有高的交联结构，因而存在质脆、易疲劳、耐热性不够好和抗冲击韧性差等缺点。环氧树脂的增韧改性可以解决这些问题，常用的改性方法是橡胶改性环氧树脂、壳—核结构聚合物增韧环氧树脂、热塑性树脂增韧环氧树脂、液晶聚合物增韧环氧树脂、原位聚合技术改性环氧树脂以及刚性高分子改性环氧树脂等。

（2）耐热、耐湿改性。

提高环氧树脂的耐热性、耐湿性和降低其吸水性是保证获得良好封装质量的主要手段之一，常采取的措施是提高交联度、改变树脂分子结构、选用新型固化剂、SiO_2的高填充化以及引入其他基团改性环氧树脂。目前，在合成具有新的分子结构方面已经取得了很大的进展。

（3）减少内应力。

用环氧树脂封装材料成型的器件是由具有不同线膨胀系数的材料组成的，在封装器件内部，由于成型固化收缩和热收缩而产生热应力，将导致封装强度下降、老化开裂、产生裂纹、空洞、钝化和离层等各种缺陷。减少这种内应力的主要方法有：降低封装材料的线膨胀系数，降低封装材料的模量并降低封装材料的玻璃化温度。其中，降低封装材料的线膨胀系数已成为减少封装器件内应力的主要方法，该方法能够达到既提高性能又减少内应力的目的。

还有一个比较重要的针对环氧树脂的改性方法，即环氧树脂的环硫化改性。电子封装用环硫化环氧树脂是以环氧树脂为原料，与适量的硫化剂（如硫脲）反应而得，通过选择合适的原料配比来控制环硫化程度，使产品具有很好的保存稳定性。

环硫化环氧树脂具有以下优点：①体系简单。环硫化环氧树脂与环氧树脂相似，差别只是三原子环中的氧原子（O）被硫原子（S）取代。这既保持了产品的性能，又确保材料体系相对简单。②固化速度快、时间短、温度低。环硫化环氧树脂结构中的含硫三原子环结构张力较大，聚合能力很强，调节碱金属氢氧化物、硫醇盐、胺、氨、杂质或 pH 等参数可以在较低温度下引发聚合反应。因此，环硫化环氧树脂比相应的环氧树脂具有更高的固化速度，易于常温或低温固化。③良好的耐水性、抗湿性。用极性较小的硫原子取代了部分极性较大的氧原子，减少了树脂结构中的羟基和醚键等极性大的基团，极大地降低了树脂的吸水率，提高了树脂的耐水性及抗湿性，可用于各种高温和潮湿的环境，甚至还可以在水下使用。

图 2-20 为环氧材料封装。

图 2-20　环氧材料封装

环氧树脂在电子封装材料中有着极其重要的作用，但是为了适应半导体技术的飞速发展，封装材料技术也在不断地进步。目前，国外高性能封装材料的需求和开发正向以下两个方面发展：

（1）开发低黏度或低熔融黏度的二官能团型的环氧树脂，通过加入高含量无机填充剂，大幅降低封装器件的内应力，减少钝化开裂、配线松动和导线断裂等不良缺陷。

（2）开发多官能团型的环氧树脂，同时在环氧树脂中加入耐热和耐湿结构的化合物，使封装器件既具有高耐热性，又具有低吸水率和低的内应力。为适应现代电子封装的要求，环氧模塑料正向着高纯度、高可靠性、高导热、高耐焊性、高耐湿性、高粘结强度、高玻璃化温度、低应力、低膨胀、低黏度、环保型、光半导体透明封装型、易加工型等方向发展。

2.2.3　常见有机基板

从总体来看，有机基板可以分为刚性基板与挠性基板两类。刚性基板材料包括含有纤维增强的通用 PCB 基材、复合多层板用基材以及积层多层板用基材；挠性基板材料有树脂薄膜、液晶聚合物薄膜和树脂/玻璃布覆铜卷绕板。按照增强材料不同，有机基板可以分为纸基板（FR-1、FR-2、FR-3）、环氧树脂玻璃纤维布基板（FR-4、FR-5）、复合基板（CEM-1、CEM-3）、HDI 基板（RCC）以及含有其他特殊材质的基板（金属类、陶瓷类、热塑性类等）。按照树脂种类，有机基板材料可以分为酚醛树脂、环氧树脂、聚酯树脂、BT 树脂、PI 树脂等。按照阻燃性不同，有机基板可以分为阻燃型（UL94-V0、UL94-V1）与非阻燃型（UL94-HB 级）。图 2－21 为封装常用的有机基板材料。

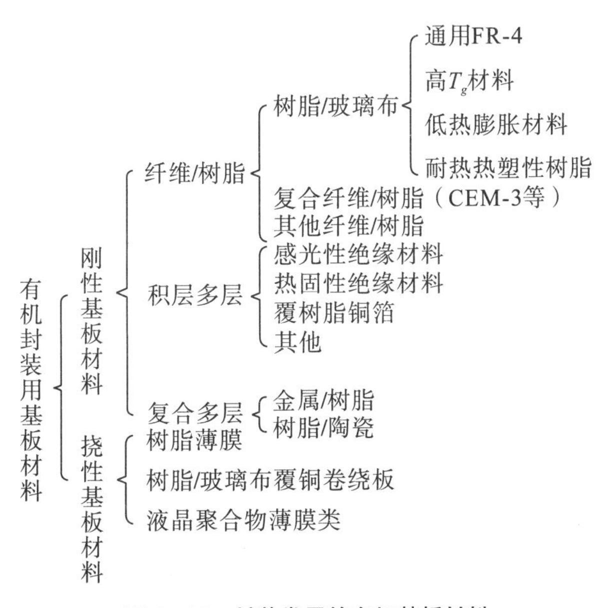

图 2－21　封装常用的有机基板材料

PCB 所用的一般环氧树脂玻璃布基覆铜板（CCL）包含 NEMA 标准中规定的 G-10、G-11、FR-4、FR-5 四类，其中 G-10、G-11 为非阻燃型基板材料，FR-4、FR-5 为阻燃型基板材料。G-11、FR-5 在耐热性和热机械强度方面优于 G-10、FR-4。常用的环氧树脂玻璃纤维布基板为 FR-4，占总量的 90％以上。FR-4 基板以环氧树脂作黏合剂，以电子级玻璃纤维布作增强材料，是制作多层印制电路板的重要材料。按照IPC标准，常用型号为7628、2116、1080。其中，7628型号用量最大，采用经镀锌或者镀黄铜处理的电解粗化铜箔，铜箔厚度分为18μm、35μm、70μm。FR-4一般按照基板厚度分为：多层PCB用薄型板，厚度为0.78mm，该厚度为实测板厚度减去覆铜的厚度；刚性板，厚度为0.8~3.2mm。

制造FR-4基板的主要原料包括溴化环氧树脂、环氧树脂固化剂、固化促进剂、溶剂等。

（1）溴化环氧树脂。

溴化环氧树脂是分子结构里含溴元素（Br），且具有自熄功能的环氧树脂，又称为溴代环氧树脂，如图2－22所示，包括溴化双酚A型环氧树脂和溴化酚醛型、二溴季戊二醇型环氧树脂。这类环氧树脂的共同特点是自熄性和耐热性好，适用于制造印制电路板和电子器件包胶的热固性树脂，如环氧树脂、酚醛树脂、不饱和聚酯等。

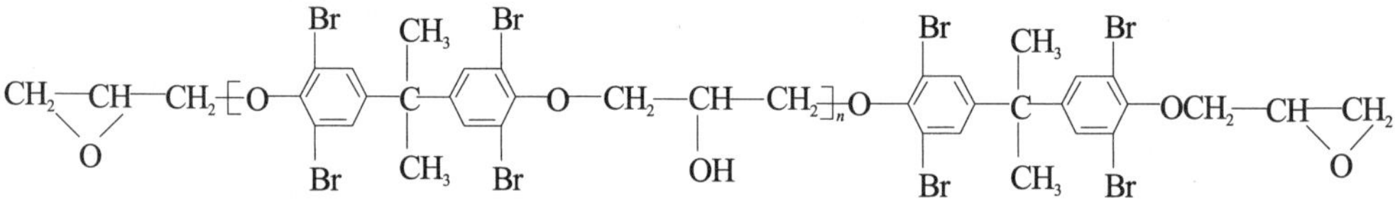

图2－22 溴化环氧树脂

（2）环氧树脂固化剂。

FR-4基板中常采用的固化剂为潜伏型碱性胺类的双氰胺。所谓潜伏型固化剂，是指试剂在室温下具有一定的稳定性，但是在外部条件（如热、光、湿、气压等）变化时，能迅速进行固化反应的固化剂，采用具有此性能的固化剂能防止环境污染，提高产品质量，适应现代大规模工业化生产。双氰胺又称为二氰二胺，白色晶体，熔点为207℃，分子量为84，可溶于水和乙醇，但很难溶于环氧树脂，它与环氧树脂混合后室温下储存期可达半年之久。因此在使用时，需要先用甲基甲酸胺或甲基溶纤维剂将其溶解，再与环氧树脂进行精确的配比混合，以消除玻璃布浸渍树脂时产生表面双氰胺结晶现象，该结晶会导致层压板的耐热性受到影响。

（3）固化促进剂。

双氰胺单独用作环氧树脂固化剂时，固化温度很高，一般为160℃左右，此温度超过了许多器件及材料的使用温度范围，受制于关联工艺要求，必须降低固化温度。解决这个问题的方法有两种：一种是加入促进剂，在不过分损害双氰胺的储存期和使用性能的前提下，降低其固化温度。这类促进剂有很多，主要有苄基二甲胺或者咪唑类化合物及其衍生物，这些促进剂都可以使双氰胺的固化温度明显降低至120℃左右，但同时会使储存期缩短，且耐水性能也会受到一定的影响。另一种能有效降低固化温度的方法是在双氰胺分子中引入胺类，以制备双氰胺衍生物，进而对双氰胺进行化学改性。比如，通过改性，在100℃下固化1h，材料剪切强度可达25MPa；在150℃下固化30min，材料剪切强度可达27MPa。

（4）溶剂。

在FR-4基板的树脂体系中，常见的溶剂有二甲基甲酰胺（DMF）、二甲基乙酰胺

(DMA)、乙二醇单甲醚（EGME）等。

其他已实现工业化生产的高玻璃化温度、低热膨胀系数、低介电常数的树脂基板材料包括聚酰亚胺（PI）树脂、聚苯醚（PPE）树脂以及双马来酰亚胺三嗪（BT）树脂，如图 2—23 所示。

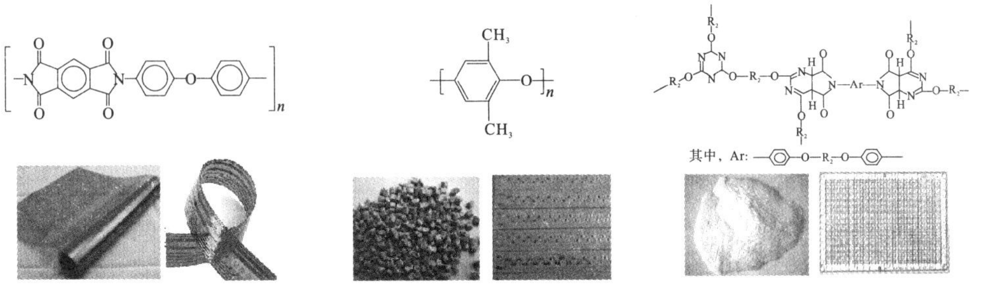

(a) 聚酰亚胺（PI）树脂　(b) 聚苯醚（PPE）树脂　(c) 双马来酰亚胺三嗪（BT）树脂

图 2—23　高玻璃化温度、低热膨胀系数、低介电常数的树脂基板材料

（1）聚酰亚胺树脂。

聚酰亚胺树脂于 1908 年由 Bogert 和 Renshaw 发明，20 世纪 80 年代用于制造高耐热玻璃布覆铜板和多层 PCB。PI 树脂是综合性能最佳的有机高分子材料之一，是主链中含有酰亚胺环状结构的环链高聚物，以均苯四甲酸二酐（PMDA）和二氨基二苯醚（ODA）为原料，合成聚酰亚胺酸，再经过加热脱水环化得到聚酰亚胺薄膜。PI 树脂具有以下特性：①良好的机械性能，经纤维增强后，具有高耐冲击强度（20kJ/m）、高耐拉伸强度（1200MPa）、高弯曲模量（80GPa）、高抗蠕变、低热膨胀系数、尺寸稳定性好、耐磨性以及自润性等特性；②优异的热性能，耐高温达 450℃以上，长期使用温度范围为−200℃～300℃，无明显熔点；③优异的电性能，介电常数为 4.5，介电损耗仅为 0.007，耐电弧性和绝缘性好；④阻燃效果好，PI 树脂为自身阻燃的聚合物，高温下不燃烧；⑤耐候性，对酸、酯、酮、醛、酚及脂肪烃、芳香烃、氯代烃等稳定，但在氯代联苯、氧化性酸、氧化剂、浓硫酸、浓硝酸、王水、过氧化氢、次氯酸等中不稳定。聚酰亚胺树脂的应用非常广泛，作为基板材料，包括 PI 树脂+长碳纤维、长玻璃纤维、长芳纶纤维以及 PI 树脂+短切碳纤维、短切玻璃纤维、短切芳纶纤维+（聚四氟乙烯、石墨、二硫化钼）增强型树脂基复合材料、耐高温聚酰亚胺胶黏剂、耐高温电子封装材料、耐高温涂层或薄膜。其他应用还包括先进复合材料、泡沫塑料、工程塑料、光刻胶、液晶显示用的取向排列剂、电—光材料以及湿敏材料等。

（2）聚苯醚树脂。

聚苯醚树脂是具有良好耐热性的高强度热塑性工程塑料，通常为白色颗粒。常用的是由 2，6-二甲基苯酚合成的聚苯醚，具有优良的物理机械性能（抗拉强度为 77MPa，抗拉模量为 2700MPa）、耐热性能（玻璃化温度为 211℃，熔点为 268℃）和电气绝缘性能，吸湿性低，强度高，尺寸稳定性好，使用温度范围广，可在−127℃～121℃长期使用，热变形温度可达到 190℃。此外，具有较好的耐磨性、电性能（1MHz 介电常数为 2.45，介质损耗因数为 0.0007，体积电阻为 $10^7\Omega\cdot cm$）和阻燃性能。1964 年，美国通用电气公司首先用 2，6-二甲基苯酚为原料实现聚苯醚工业化生产。为了拓展 PPE

树脂的使用范围，提高其耐化学药品性，降低熔融黏度，以提高可加工性，并进一步提高耐热性和高温下的硬度，常将 PPE 树脂进行改性：通过在 PPE 分子链上引入活性基团进行化学结构的改变，使聚合物合金化；通过引入热固性树脂或者热固性分子网络，采用共混改性，获得相溶共混的热固性 PPE 树脂体系。PPE 树脂广泛应用于电子电气领域，包括高频印制电路板以及各种高压电子元器件的封装外壳等。

（3）双马来酰亚胺三嗪树脂。

双马来酰亚胺三嗪树脂是以双马来酰亚胺（Bismaleimide）和三嗪（Triazine）聚合而成，综合二者优点，具有高玻璃化温度、高耐热性、高抗湿性和低介电常数等特性，是用于 PCB 的一种重要的特殊高性能基板材料。BT 树脂于 1972 年由日本三菱瓦斯公司开发。通过改性可以进一步提高 BT 树脂的性能，以满足更广泛的应用要求，比如，为了降低成本，提高韧性和加工性，改善 BT 树脂对玻璃纤维的浸润，通过环氧树脂进行改性；为了提高 BT 树脂的韧性，并保持良好的介电性能与耐热性能，常用二烯丙基双酚进行改性；为了提高介电性能，降低介电常数和损耗因数，常用聚苯醚进行改性；等等。

2.2.4 制作工艺

基板的制作就是玻璃纤维布通过“胶水”树脂粘结，再镀上一层铜箔。

FR-4 基板的制作工艺流程如图 2-24 所示。

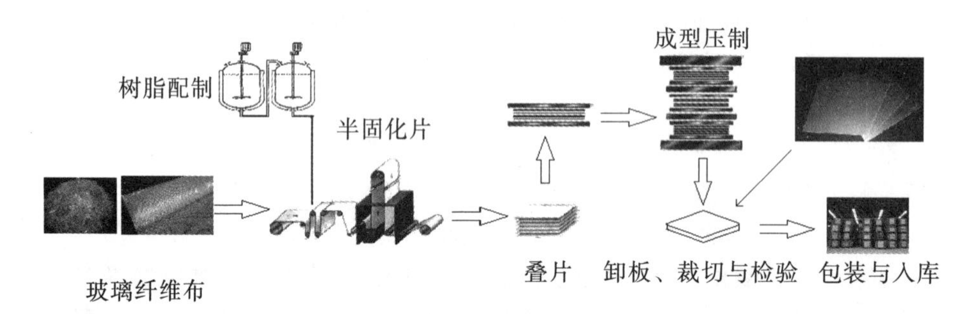

图 2-24 FR-4 基板的制作工艺流程

（1）树脂配制。FR-4 基板已生产多年，树脂的配制方法大同小异：以低溴环氧树脂为主料，双氰胺为固化剂，二甲基咪唑为促进剂，将二甲基甲酰胺和乙二醇甲醚搅拌混合，配成混合溶剂，加入双氰胺，搅拌溶解，然后加入环氧树脂，搅拌混合，再加入预先溶于适量二甲基甲酰胺的二甲基咪唑，继续充分搅拌，停放（熟化）8h 后，取样检测。技术要求：固体含量 65%～70%，凝胶时间（171℃）200～250s。

（2）制造出半固化片（半成品浸渍与干燥，采用立式浸渍干燥机器）。玻璃纤维布开卷后，经导向辊，进入树脂溶液槽。浸胶后通过挤胶辊控制树脂含量，然后进入烘箱，去除溶剂等挥发物，同时使树脂处于半固化状态。出烘箱后，按尺寸要求进行剪切，叠放。浸渍过程非常关键，必须严格控制工艺条件，确保玻璃纤维布完全被树脂浸润，并精确控制树脂的吸收量，从而获得高度一致和高质量的基板，工艺的重点在于调节挤胶辊的间隙以控制树脂含量，调节烘箱各温区的温度、风量和传输速度以控制凝胶时间和挥发物含量。该过程需要严格控制检测树脂含量、凝胶时间以及树脂流动程度等。

（3）成型压制。将半固化片和铜箔的组合在真空层压机中进行压合，首先将铜箔放在不锈钢板上，然后将半固化片放在铜箔上，基板最终的厚度决定了叠放的层数。如果基板需要两面覆铜，将最后一张铜箔放在半固化片最上面；如果只需要一层铜箔，则需用一层隔膜来替代。然后通过温度控制和压力设定，将叠合好的板进行压合，生产出基板。该过程通过液压机进行，热源为蒸汽。在压合的过程中，半固化的环氧树脂会液化并流动，这个过程必须排除基板中的气泡，密封铜锚处理面，促进各部件粘连，并使树脂在每层纤维布均匀分布。流动的树脂形成交联，然后逐步固化成型。压制的过程包括升温、保温和降温阶段。加压的工艺非常关键，如果加压不及时，将造成“欠压”，出现“微气泡”等缺陷；如果加压过早，将导致树脂溢出过多或出现滑板等问题。经冷却后取出，进入下一道工序。

（4）卸板、裁切与检验。将冷却后的基板边缘不规则部分进行修剪，并裁切成需要的尺寸。成型的基板需要进行测试检验（IPC-4101C 和 IPC-TM-650 标准），包括：①外观要求，厚度分布、外观洁净度、划痕、气泡褶皱等；②尺寸要求，翘曲与空间稳定性、对角线偏差等；③电学性能要求，表面电阻、体积电阻、绝缘电阻、介电常数、介质击穿电压、电气强度、漏电性以及耐离子迁移性等；④物理性能要求，机械加工性、弯曲强度、耐热性、粘结强度、热膨胀系数、层间剥离性能等；⑤化学性能要求，阻燃性、焊盘可焊性、树脂含量、吸水性、挥发物含量等。

（5）包装与入库。

在所有的基板制作过程中，发生翘曲是常见的质量问题，可以通过以下技术在一定程度上解决：

（1）从树脂配方入手，采用分子链较长、柔顺性较好的树脂及固化剂。

（2）选用好基材，制作出平整度很好的覆铜板。

（3）严格控制各环节技术工艺参数，包括张力、升降温度、层压工艺以及包装储存条件，基板使用前应先低温烘烤。

（4）保证 PCB 上电路图形设计的均衡性，对大面积电路进行网格化处理以减少应力。

（5）加工方向一致性。商标字符的方向（纵向）表示产品加工过程受力方向，电路图形中线条的方向与基板纵向一致，以减少应力及减少制品翘曲。做多层板时，要注意使半固化片纵向与各层 PCB 纵向一致。

（6）出现翘曲时，可以采用一些平整措施，如辊压式整平机整平、压机整平、弓形模具整平等。

2.3　复合基板

目前，基板除搭载元器件、布线连接以及导热的功能外，还附加电阻、电容、电感、电磁屏蔽、光学、结构体等功能，单一材料和单一结构的基板已不能满足高密度封装的需求。为了达到上述要求，需要在结构、材料、工艺等方面采取必要的措施，把几种材料结合起来使用，从而使基板电阻降低、阻抗匹配、传输性能提高、散热性能提高、力学性能改善，以便于高密度封装。常见的做法是：在结构上，采取多层化、薄膜化、微孔化及微细布线的方式；在材料上，优化不同材料的强度、热导率、热膨胀系数、介电常数、绝缘等性能，实现相互补充，匹配兼容。

2.3.1 功能复合基板

功能复合基板在内部形成电容和电阻，与基板做成一体化结构。在模拟电路中，构成元件的比例大致为：电阻（R）50%，电容（C）20%，其他无源、有源及机构部件总共30%。将C、R内置于基板中无疑将大大缩短布线间距，减小体积，提高电路性能。实现C、R一体化的方法有很多，烧成法是在陶瓷生片阶段就将具有大容量、高介电常数的材料（如铅钙钛矿、玻璃陶瓷等）和一些可以通过浆料成分、图形与尺寸分布来改变电阻值的材料（比如RuO_2系材料，10Ω/□～1MΩ/□连续可调）预置于其中，经叠层、热压，同时烧成。厚膜多层法是在烧成的基板上形成厚膜多层电路（导体、C、R、L等）再经烧结而成。此外，还可以在烧成的基板上印刷多层布线，在其中置入薄（80μm）的片式电阻等，再经烧结而成，如图2-25（a）所示。有些复合基板还采用不同功能的陶瓷基板与树脂基板复合，用于高速MCM封装中。

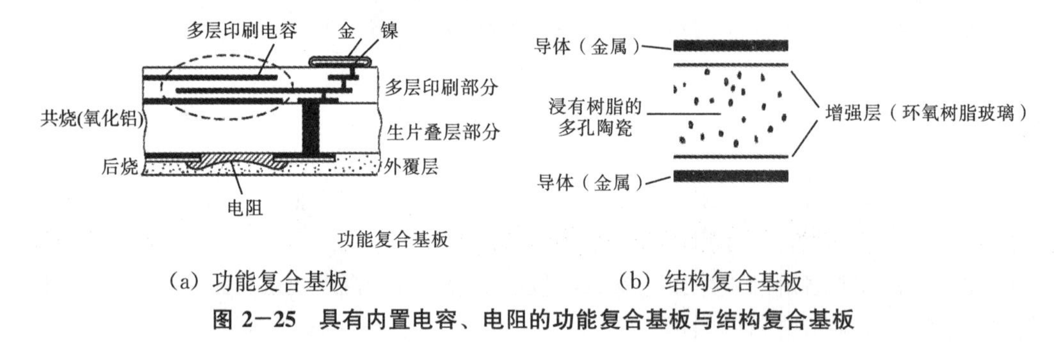

（a）功能复合基板　　（b）结构复合基板

图2-25　具有内置电容、电阻的功能复合基板与结构复合基板

2.3.2 结构复合基板

结构复合基板常利用单一结构的优点进行优化组合，如常见的树脂/多孔陶瓷复合基板。陶瓷基板具有热膨胀系数小、热导率大、介电常数较高、韧性差、易碎等特点，通过与树脂材料复合，构成具有优越性能的树脂/多孔陶瓷复合基板，如图2-25（b）所示。该类基板多采用真空浸渍的方式，使多孔陶瓷中充填树脂，在陶瓷表面形成树脂层来改善陶瓷的脆性，而陶瓷基空隙增多可减少烧成收缩率，保证尺寸稳定。结构复合的基板可进行与带通孔的双面PWB几乎完全相同的后续操作，包括表面布线、电路形成以及用层压法可实现多层化等。在树脂层薄膜多层布线中多使用电阻率低的Cu、Al等，而树脂材料多使用聚酰亚胺或苯并环丁烯（BCB）。另外还有树脂/硅基复合基板，先在硅芯片表面形成石英SiO_2膜进行绝缘化处理，在其上采用与树脂/陶瓷复合基板同样的薄膜方式进行多层布线，这类基板容易实现芯片表面绝缘，热膨胀系数匹配良好。

2.3.3　材料复合基板

材料复合基板是采用材料的复合，如在 Fe 或 Al 等金属的表面，包覆数十到数百微米的有机或无机绝缘层构成复合基板。仅在金属板表面形成绝缘层的称为金属基复合基板，而在金属表面和背面均形成绝缘层的称为金属芯复合基板。其电路采用在复合基板上贴附铜箔，经蚀刻形成，或利用丝网印刷厚膜导电浆料，经烧结而成。材料复合基板可以制作成大面积、弯曲或其他复杂形状，由于内置金属板，因此散热能力强，如 Al 基复合基板的散热能力是 FR-4 基板的 3 倍。为了减少以铜、铁或铝为芯材的基板与氧化铝陶瓷基板热膨胀系数的差异，芯材可选用热膨胀系数较低的 Invar 合金，或在这些合金上包镀铜的复合材料。材料复合基板布线电容大（0.7pF/mm^2），不适于高频电路。

2.4　挠性基板

近年来，基于柔性基板的电子技术特别是 OLED 和可穿戴电子技术的兴起与迅速发展，引起全世界的广泛关注。柔性技术最初用于火箭、导弹和卫星等军工产品当中，目前其应用领域不断扩大，深入生活的方方面面。柔性印制电路板（FPCB）作为一种重要的 PCB 之一，占据 PCB 基板较大的份额。与刚性 PCB 相比，FPCB 具有以下优势：①易于自动化生产，采用卷绕的滚筒加工（Roll-to-Roll）方式，大幅提高生产效率；②可弯曲、卷曲乃至折叠的布置，同时具备轻、薄、短、小的特点，能够有效利用布线空间，广泛用于小型化、轻量化和移动设备当中，如图 2−26 所示。柔性基板可以分为三层有胶基板和两层无胶基板。三层有胶基板是在聚酰亚胺薄膜和铜箔之间采用改性的丙烯酸酯或环氧树脂粘结而成，一般聚酰亚胺膜的厚度为 12.5～50μm，铜箔的厚度为 9～18μm，粘结剂的厚度为 10～20μm。为了满足先进封装对材料的更高要求，如高耐热性、高玻璃化温度、高尺寸稳定性、高柔性、高频稳定性、低热膨胀、低吸湿、低介电常数、低介电损耗以及无卤阻燃等，目前的三层有胶基板经过大量改性研究，比如，将耐热性差的环氧树脂粘结剂改为具有高耐热性能的聚酰亚胺树脂。两层无胶基板是由聚酰亚胺和铜箔直接粘结而成，不需要中间粘结剂，能够有效克服三层有胶基板的缺点，具有更高的挠曲性、耐热性、耐化学腐蚀性和耐高温剥离，更适合未来主流发展方向。两层无胶基板的生产技术包括涂覆法、层压法和溅射—电镀法。

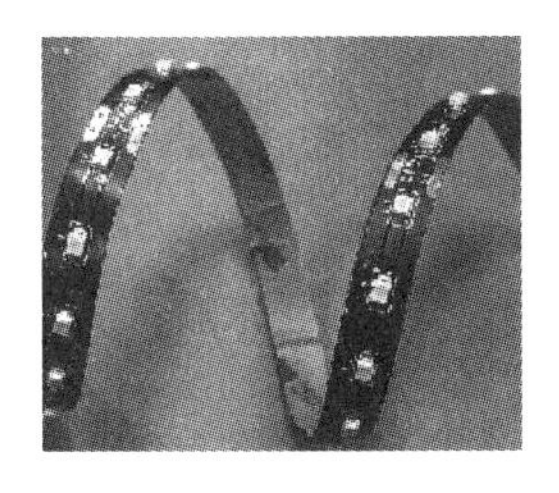
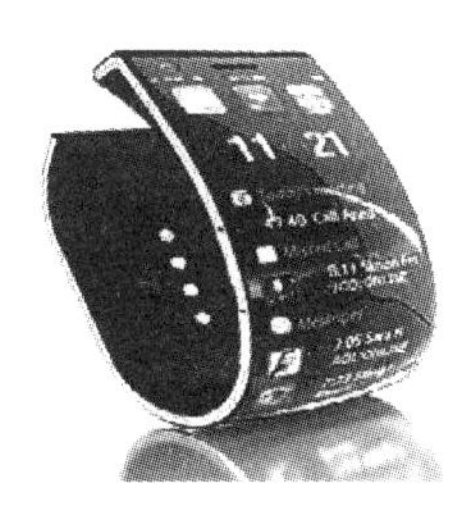

图 2−26　挠性基板材料及可穿戴产品

在挠性基板中，聚酰亚胺的性质对基板各项物理化学指标有很大的影响，如热收缩率、热膨胀系数、吸潮率和化学刻蚀性等。目前的研究也是围绕以上方面开展，比如，将刚性的对苯二胺引入聚酰亚胺主链结构中，能有效降低薄膜的热膨胀系数，当添加量从20%提高到50%时，热膨胀系数从18×10^{-6}m/K下降到10×10^{-6}m/K附近。表2-10给出了几种聚酰亚胺薄膜的相关性能参数。

表2-10　几种聚酰亚胺薄膜的相关性能参数

参数	理想值	产品			
		杜邦 50FPC	杜邦 50E	钟渊 Apical 50NP	宇部兴产联苯型聚酰亚胺 75S
热收缩率/%（150℃/30min）	<0.01	0.03	0.05	—	0.01
热膨胀系数/10^{-6}m·K^{-1}	<18	20	16	16	20
拉伸强度/MPa	>100	234	344	303	362
拉伸模量/GPa	>4.5	2.8	5.5	4.1	6.9
伸长率/%	—	82	50	90	50
吸潮率/%	<1.5	3.0	1.8	2.5	1.4

2.5　印刷电路板

本节简要地介绍封装用印制电路板的制作流程，图2-27是电路板外观及剖面结构。

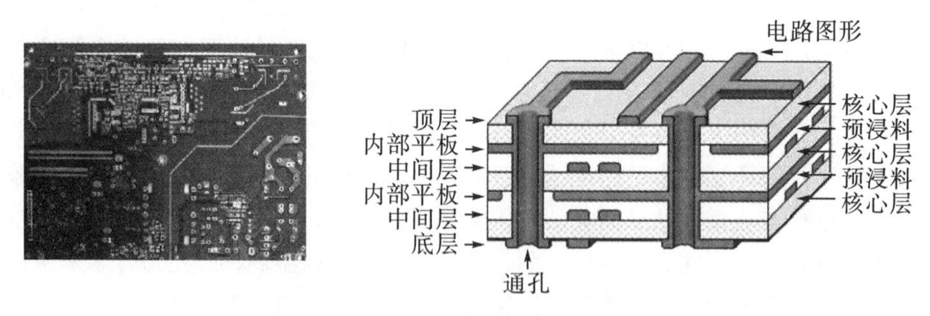

图2-27　电路板外观及剖面结构

电路板电路图形的制作方法主要有以下几种：①描绘法，是制作电路板最简单的一种方法，但精度不太高；②感光板法，制作较简单，特别是制作大面积接地线条时更能显示出优势，精度较高，但制作细线条时曝光需要经验；③感光干膜法，比感光板法有成本优势，比热转印法有质量优势，但操作有一定的难度；④热转印法，制作较简单，特别是制作细线条时更能显示出优势，但需要激光打印机，对于制作大面积接地线条往往有些不足；⑤丝网印法，制作相对复杂，但对制作细线条和大面积接地线条均能很好地实现，适合大批量生产。

PCB 的制作流程为：开料（化学清洗）→内层图形制作→层压→钻孔→镀通孔→电镀→顶层图形制作→图形电镀→刻蚀→表面处理→贴覆盖膜→压制→固化→沉积金属→字符印刷→裁切→电学测试→冲切→检测→包装入库。

PCB 的典型制作流程（图 2－28）如下：

（1）设计。PCB 的制作首先从电路图形的设计开始，设计工艺包括原理图的设计、电子元器件数据库登录、设计准备、区块划分、电子元器件配置、配置确认、布线和最终检验。通常，设计电路图形采用的软件有 Protel、EWB、PSPICE、OrCAD、ANSYS SlWave、PowerPCB、CAM350 和 Altium Designer 等。原理图设计完成后，通过软件对各个元器件进行模拟封装，包括设置封装参考点的第一引脚位置、设置要检查的规则、确保生成和实现的元器件具有相同外观和尺寸的网格。然后根据 PCB 的大小来规划各个元器件的位置，检查排除各个元器件在布线时的引脚或引线交叉错误，最后完成整个 PCB 电路图形的设计。

（2）热印。利用专门的纸张将设计完成的 PCB 电路图形进行打印，然后将印有电路图形的一面与铜板相对压紧，放在热交换器上进行热印，通过高温将复写纸上的电路图墨迹印在铜板上。

（3）制版。调制溶液，将硫酸和过氧化氢按 3∶1 进行调制，然后将有墨迹的铜板放入其中 3～4min，腐蚀掉不含油墨的铜板部分，取出，再用清水将溶液冲洗掉。

（4）打孔（制版）。利用钻机将铜板上需要留孔的地方进行打孔，完成 PCB 的制作。

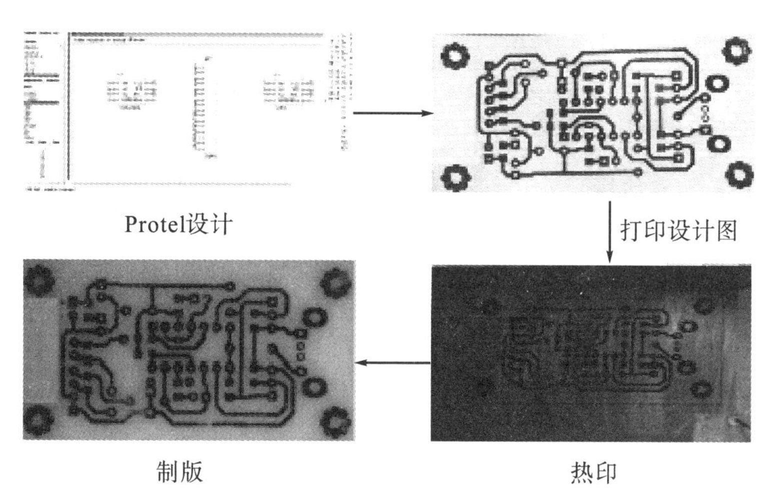

图 2－28　PCB 的典型制作流程

2.5.1　积层印制电路板

随着微电子器件高度集成以及高密度封装技术的飞速发展，器件引脚数高达 100～500 条；引脚中心距由原来的 1.27mm 过渡到 0.5mm，甚至 0.3mm；导线线宽从原来的 0.2～0.3mm 缩小到 0.15～0.1mm，甚至 0.05mm；孔径（ϕ）由原来的 0.9mm 缩小到0.3～0.1mm，甚至更小，同时出现了以盲孔、埋孔技术为特征的内层孔。对于以上高技术指标，采用传统的印制电路板难以实现。因此，需要开发一种新的电路板，比如积层印制（Build-up Multi-layer Substrate）电路板。积层印制电路板以双面通孔板、多层PCB或常规印制电路板为内部层作为积层部分的载体和支撑，内层板是高密度布线板，进行积层，在其表面制作由绝缘层、导体层和层间连接的通孔组成的一层或多层印制电路板。这种采用层层叠积制成多层印制电路板的方式称为积层技术。和传统的压制方式不同，层间通孔起互连作用，孔径很小，不会占据较多空间，电路图形设计自由度大，设计布线的时间大大缩短，在实现高密度布线的同时，电路板更加薄型化。当然，绝缘材料的选择也非常重要，如要求介电常数低、热膨胀系数小、耐高温性能好和高平整性等。

图2－29是电极连接的几种布线方式。电极间互连，可以在电极上任意位置布置层间互连孔，不必特意设置连接盘；交叉布线，可以在任何位置经由层间互连孔跨越布线，如果层间互连孔的孔径为60μm以下，则不必另设连接用的孔盘，而是在布线交叉位置直接连接，从而使布线密度获得飞跃性提高；线间互连是比较理想的连接方式。

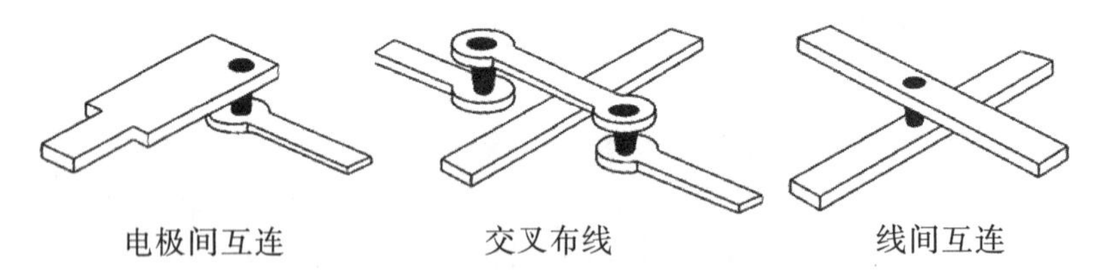

图2－29　电极连接的几种布线方式

另外，层间连接技术也获得了相应的发展，积层板不再采用钻孔或冲孔的方式来形成连接，而是采用层间埋孔进行互连，图2－30展示了几种层间互连方式。①顺序互连。通过在绝缘层孔中逐层电镀，形成金属柱，实现层间互连。②在逐层激光打孔的绝缘层孔中电镀金属层，实现层间互连。③任意层内互连孔技术（ALIVH），于1995年由日本松下公司开发。采用芳酰胺纤维织造布基板材料，利用环氧树脂浸渍，制成半固化片，然后通过激光打孔，孔中填充铜的导电浆料，与铜箔积层制成双面板，再用光刻法制成表面图形，孔中填充导体浆料，经半固化片、铜箔叠层热压成形，最终由固化的导电浆料实现层间互连。④预埋凸块互连技术（B^2it），于1996年由东芝公司开发。首先在铜箔或芯板上印刷银导体浆料形成圆锥状凸块，一般需印刷2～5次，最终的凸块高度超过绝缘层厚度，然后贴附半固化片，通过凸块将其穿透，再在其上叠加芯板或铜箔，加压积层，由半固化片实现粘结，利用凸块实现电气连接。

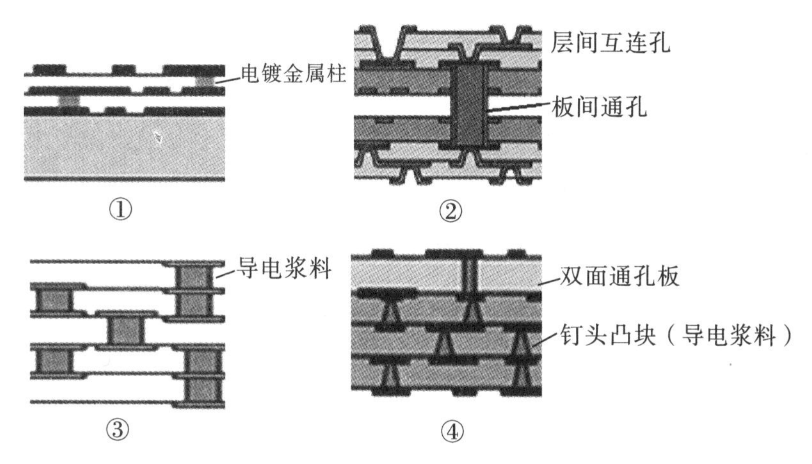

图 2—30　层间互连方式

与通用的 PCB 和多层陶瓷基板（MLCS）相比，积层印制电路板具有以下特点：通孔布置及布线自由度大幅提高；通孔直径缩小，使得布线密度容量提高；盲孔堆积，不影响通孔布线，线宽及线间距缩小；介电常数小，绝缘层厚度易控，特征阻抗易匹配。PCB、多层陶瓷基板、积层印制电路板的参数对比见表 2—11。

表 2—11　PCB、多层陶瓷基板、积层印制电路板的参数对比

参数＼基板	PCB	多层陶瓷基板	积层印制电路板
线宽/μm	150	100	50
线间距/μm	150	100	50
通孔直径/μm	350	100	100
孔盘直径/μm	650	150	200
单位孔间（1.27mm）布线数	1	4	9

2.5.2　通孔技术

通孔广泛应用在双面板及多层板中，包括：①内部贯通孔（IVH），在板厚方向不完全贯通，仅内部部分贯通，分为外层和与其紧靠的下层之间的电镀通孔连接的盲孔、内层任意层之间的电镀通孔连接的埋孔；②表面层间互连孔（SVH），在上、下表面配置通孔的薄型双面板构成多层板，但是表面层间互连孔需要两次通孔电镀，要对更厚铜层进行蚀刻，不利于精细图形制作，在积层时要采取必要措施防止树脂外漏。

通孔的基本制作工艺如下：①将绝缘基板表面、内层的导体图形由通孔贯穿。实现通孔的技术除机械钻孔外，还有光致微孔（Photo-via）技术、激光烧蚀微孔（Laser-via）技术和等离子体微孔（Plasma-via）技术；②在通孔内壁电镀金属层，实现不同层中相应导体图形的连接。

通孔电路的实现分为加成法与减成法。在绝缘基板材料表面上，有选择性地沉积导电金属，通过蚀刻等去除基板单面或双面上不需要的导体，保留必要的电路图形是加成法，分为全加成法（仅用化学镀形成导体）、半加成法（化学镀与电镀并用形成导体）和部分加成法［使用覆铜板，仅在开孔部分利用电镀形成电路（减成法与加成法相组合）］。PCB 通孔采用加成法制造，可以避免大量蚀刻铜，降低了印制电路板的生产成本。另外，加成法比减成法的工序减少了约 1/3，提高了生产效率，加成法适合制造 SMT 等高精密度印制电路板。由于孔壁和导线同时采用化学镀铜，因此确保了镀铜层厚度均匀一致，提高了金属化孔的可靠性，也能满足高厚径比印制电路板、小孔内镀铜的要求。

在覆铜箔层压板表面上通过蚀刻使其部分去除，进而形成表面电路图形的方法是减成法，主要有以下三种方法：①全面电镀法［图 2−31（a）］。对包括通孔在内的整个表面进行全面电镀，之后对其进行蚀刻形成电路图形，包含填孔涂胶法、贴膜盖孔法和电泳法。②图形电镀法［图 2−31（b）］。先对通孔内部进行化学镀铜，实现电气导通，之后在不需要电镀的位置形成光刻胶，仅露出电路图形部分进行电镀，化学镀铜膜的厚度一般为 2～3μm。③全面—图形电镀法。实现电气导通后，一部分电镀铜膜采用全面电镀法，另一部分电镀铜膜采用图形电镀法，这种方法主要在化学镀铜膜很薄的情况下使用。

减成法所形成的镀层厚度均匀，能够获得均匀精细的电路图形，对光刻胶的性能要求不苛刻，工艺过程相对简单，便于连续化生产，在多层电路板制作中采用较多。

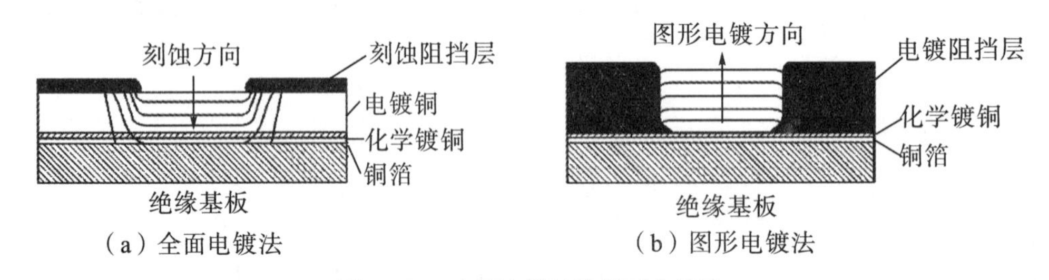

图 2−31　全面电镀法和图形电镀法

2.5.3　积层印制电路板制作

积层就是先制造具有图形的芯层和半固化片，然后将芯层、半固化片交互叠层，加热加压 IVH 实现层间电气连接。当层结构复杂或层数很多时，一次积层往往达不到所需的高精度，需要分成若干组，分别实现积层，最后再整体积层，称为顺次积层法，如图 2−32 所示。相关的工序及设备包括以下七个方面：

（1）钻孔工序。开料机、钻孔机、销钉机、空压机。

（2）沉铜工序。沉铜生产线、磨板机。

（3）线路工序。丝印机、曝光机、烤炉、压膜机、磨板机、显影机。

（4）电镀工序。电镀生产线、蚀刻机。

（5）阻焊工序。磨板机、烤炉、丝印机、曝光机、显影机。

（6）外形工序。冲床、锣床、V-CUT 机、小烤炉、斜边机、清洗机。

（7）FQC、测试工序。测试机、包装机等。

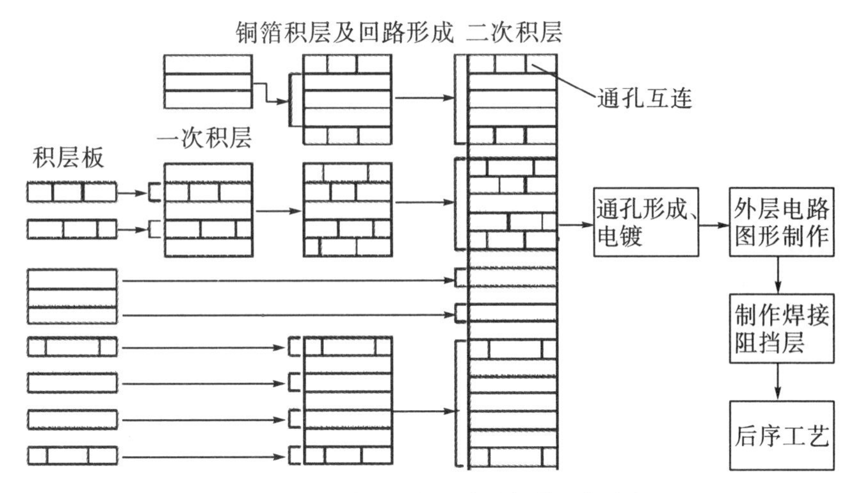

图 2-32　顺次积层印制电路板的制作流程

2.6　发展趋势

封装技术将向三个方面（3S）发展：System-on-chip、System-in-package 和 System-on-package。这些方面的发展都需要更高密度集成基板的支撑，比如，开发更小直径的微孔，形成超精细窄间距的布线。为了保持信号的完整性，在缩短信号传播路径的同时，要进行严格的阻抗匹配，如减薄基板厚度、预置无源元件等。要满足光学集成和光互连，将超高速光学系统集成到印刷电路中，通过光束传播来传递信号，以光互连来替代金属导线互连，满足快速大容量信号交换的超高速通信系统。正如本章开篇所述，目前，介电常数、热膨胀系数、热导率是影响基板性能的关键参数，结合电子产品发展趋势，基板材料体系与结构的发展也将围绕上述三个参数匹配。

下面以复合基板为例，简述其发展。

2.6.1　低热膨胀系数材料

封装体内，由于各材料之间热膨胀系数的差异产生热应力，会造成封装强度下降、耐热冲击差、容易老化开裂等缺陷。降低或匹配基板材料，尤其是复合基板材料之间的热膨胀系数已成为提高电子元器件稳定性的重要手段，常用的方法是添加无机填料（如 SiO_2）。过多的无机填充料将导致基板材料的力学性能降低。一个有效做法是在体系中添加负热膨胀材料，以获得更加良好的热膨胀性能，比如，将粒径为 0.5～1.0μm 的钨酸锆（ZrW_2O_8）与环氧树脂复合，复合材料热膨胀系数低至 10×10^{-6}m/K。

2.6.2　高热导率材料

高导热性意味着体系的散热性能好，可以及时将电子器件热源能量迅速地导向周围。基板绝缘层实现高导热性的方法主要有以下三种：①无机填料的选用及其高填充。相关工作包括：对填料形状和粒度的选择与控制，以获得最佳填充效果和散热效率，以及对填料均匀高填充技术的研究。无机填料包括氮化硼（BN）、氮化铝（AlN）、氮化硅（Si_3N_4）、氧化铝（Al_2O_3）和碳化硅（SiC）等。②无机导热粒子的表面改性技术。提高粒子与聚合物的相容性，实现高热导率，比如，通过自组装将氧化石墨烯与微米Al_2O_3连接，提高复合材料的热导率。③高导热性高聚物树脂应用技术。在聚合物树脂中引入高导热性基团（如液晶单元），以提高材料的导热性能。通过外力使聚合物实现定向排列，可以大幅提高聚合物的导热性能，比如，将聚乙烯分子定向伸长，测得单个聚乙烯分子的热导率高达 104W/(m·K)；在纳米级阵列铝孔模板中填入阵列聚噻吩纤维，其热导率达到 4.3W/(m·K)。

2.6.3 LED 用基板

LED 发光波长随温度产生变化（0.2～0.3nm/℃），光谱宽度也发生变化，温度每升高 1℃，LED 发光强度降低 1%。因此，LED 封装材料尤其是基板材料，必须采用高导热性材料，以保证发光的纯度和强度。随着 LED 功率的增加（驱动电流达到 1A），对这方面的要求更加严格，必须采用全新的 LED 封装设计理念和低热阻封装结构与技术改善热特性。例如，采用大面积芯片倒装结构，选用导热性能好的银胶，增大金属支架的表面积，焊料凸点的硅载体直接装在热沉上等方法。常用的 LED 基板包括蓝宝石Al_2O_3基板、硅基板、碳化硅基板以及金属基板，其他基板在前面已经做了介绍，而 LED 的封装有专门的书籍介绍，本书不作赘述。铝基板常用于 LED 表面贴装，它是一种复合基板材料。常用的铝基板是一种金属基覆铜板，具有良好的导热性、电气绝缘功能和机械加工功能。目前，技术领先的铝基板绝缘层都是由高导热、高绝缘的陶瓷粉末填充而成的聚合物（主要是环氧树脂）构成，这样的绝缘层（厚度为 75～150μm）具有良好的热传导性能［热导率高达 2.2W/(m·K)］、很高的绝缘强度和良好的粘结性能。在实际制作时，绝缘层、铜箔和金属基层三者的热膨胀系数匹配良好，能够有效解决在温度循环中带来的翘曲以及焊缝开裂等问题。LED 及其基板如图 2－33 所示。

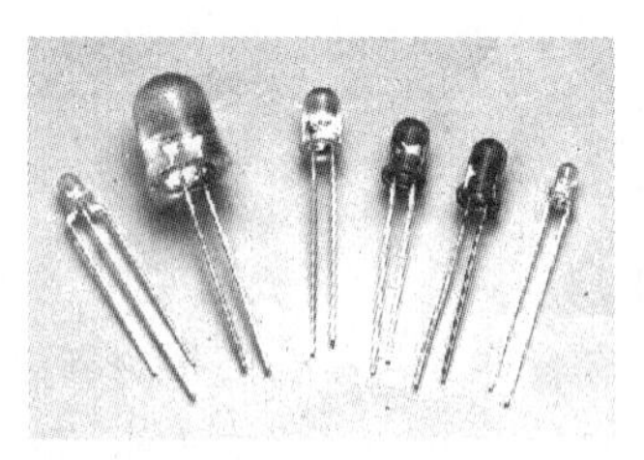

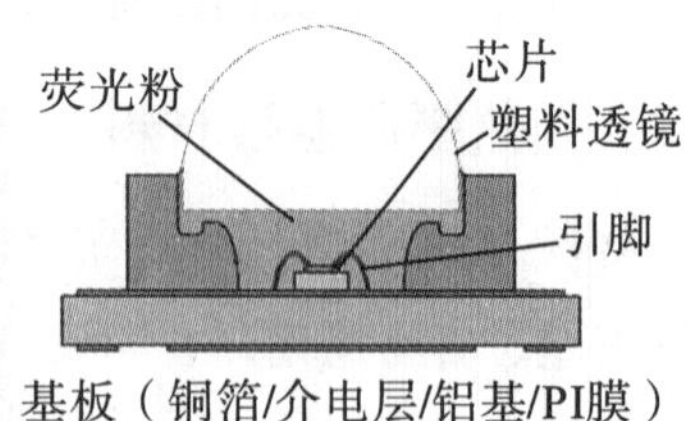

图 2－33　LED 及其基板

2.6.4 WEEE 与 RoHS

按照《电气电子产品废弃物指令》（WEEE）和《关于在电子电气设备中禁止使用某些有害物质指令》（RoHS）要求，电子产品中应该不含铅、汞、镉、六价铬、多溴联苯和多溴联苯醚等，并重点规定了铅的含量不能超过 0.1%。包括封装在内的半导体行业应有效处理各类电子电气废弃物，实现废弃物的再利用、再循环使用和其他形式的回收，以减少废弃物的处理。在这两项要求下，无论是陶瓷基板还是有机基板，电子封装所用基板材料都必须进行相应的改进或替代。

【课后作业】

1. 简述陶瓷基板的特点。
2. 简述有机封装材料的特点。
3. 简述电解铜箔的生产制造过程。
4. 如何解决基板翘曲的问题?
5. 简述有机基板的制作过程。
6. 简单比较陶瓷基板与有机基板的材料组成及特性异同。
7. 列举电路板电路图形的制作方法。

第3章　芯片基础与技术

现代集成电路的核心是各式各样的芯片，对于特别大规模的集成电路，芯片内部结构异常复杂、单元数量巨大。组成芯片的主体是不同规格的集成单元，然而无论多复杂的芯片，其构成无外乎是各种晶体管、电阻和电容等，并最终采用微连接的技术进行互连。芯片是使用微细加工手段制造出来的半导体单元，广义地讲，其中并不一定有电路，如半导体光源芯片或生物芯片（如DNA芯片）等。在通信与信息技术中，当把范围局限到硅集成电路时，芯片和集成电路表示为“硅晶片上的电路”。通常所说的芯片是指集成电路的载体，由大量的晶体管构成，如图3−1所示。芯片是微电子技术的主要产品，不同的芯片有不同的集成规模，其基本工作原理是将单个晶体管的工作状态组成多功能的信号，然后将这些信号设定成特定的信息功能（即指令和数据），用来表示或处理字母、数字、颜色、声音和图形等。芯片的制作涉及多道工艺的上百次循环，从设计到制作再到封装测试，最终实现在指甲盖大小的空间内集成数千米导线和数亿个晶体管。目前，芯片制作已经进入7nm线宽，如华为麒麟980和990、鲲鹏920以及昇腾910等。制程线宽越小，电子从晶体管的一极到另一极经过的距离就越短，器件反应就越迅速，对应的封装体积就越小。

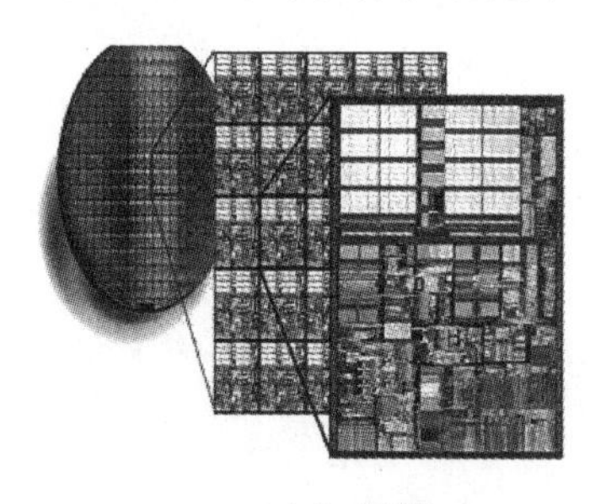

（a）晶圆

（b）场效应功率管

（c）芯片组

图3−1　晶圆、场效应功率管和芯片组

3.1　工艺基础

芯片的完整制作过程包括前工程与后工程，以硅晶圆切割成芯片为分界线。前工程包括从硅圆片出发，经过多次工序制作成集成电路元件与电极，实现芯片的元器件特性。后工程是将硅圆片切割成需要的芯片单元，然后进行减薄、贴膜、划片、装片、固定、键合互连、外壳封装、后烘烤、除渣、引出端子并切筋整脚成型等工序，以实现封装体的各种功能，确保器件的可靠性并与外电路互连。封装所涉及的材料与技术主要应用于后工程。无论制作技术是否最先进，芯片的生产均可分为小批量试产、中试风险量产以及批量生产。

3.1.1　晶圆制作

晶圆的制作过程如图 3－2 所示。

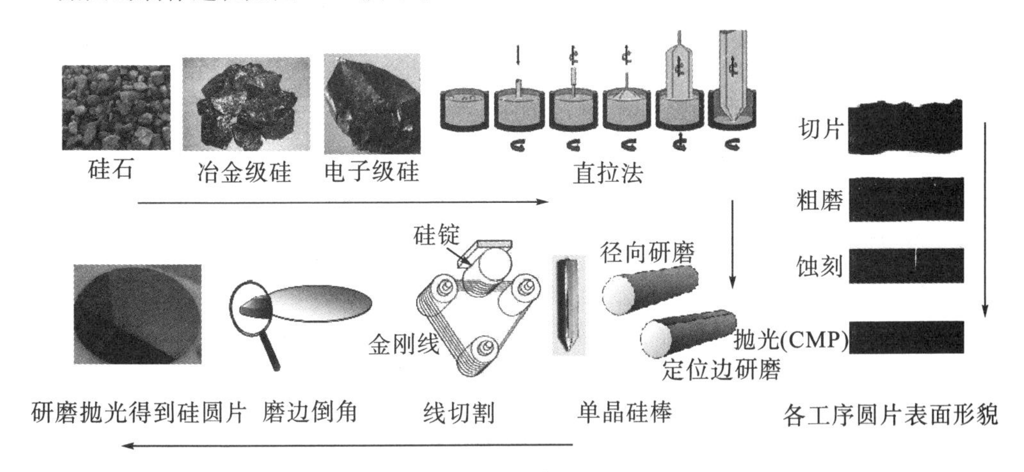

图 3－2　晶圆的制作过程

目前常用的晶圆成分为硅，来源于地球中大量存在的沙石（SiO_2），采用碳在高温下进行置换反应冶炼硅矿。

$$SiO_2 + 2C \longrightarrow Si + 2CO\ (2000℃)$$

在这个过程中获得纯度为 98％的冶金级硅（Metallic Grade Silicon，MGS）（也叫作粗制多晶硅）。

将冶金级硅粉碎，在流化床反应器中通入盐酸提纯生成三氯硅烷：

$$Si + 3HCl \longrightarrow SiHCl_3 + H_2$$

反应温度约为 300℃，材料体系包括气态的 $SiHCl_3$、H_2、HCl、$SiCl_4$ 以及 Si 等。然后将低沸点的 $SiHCl_3$ 置入蒸馏塔，进行提纯，去除 $FeCl_3$、BCl_3、PCl_3、PCl_5 等杂质。

再利用氢气进行高温还原纯化：

$$SiHCl_3 + H_2 \longrightarrow Si + 3HCl$$

得到 9N 电子级硅（Electric Grade Silicon，EGS），也叫作高纯多晶硅。

多晶硅的制作还有其他工艺方法，可以参考相关资料进一步了解。

一般采用直拉法（Czochralski，CZ）将多晶硅转变为单晶硅，按照直径分为 4 英寸、5 英寸、6 英寸、8 英寸、12 英寸甚至 20 英寸以上等。常用的单晶生长设备包括盛装原料的石英坩埚和生长单晶的炉子。石英坩埚的直径为几毫米到数百毫米。直拉法需要严格控制坩埚内的气孔率、热导率、石英晶化速率等。支撑石英坩埚及加热区的材料均为高纯石墨。

单晶体的生长一般在惰性环境下进行，将由化学气相沉积法制得的单晶籽晶由钨丝悬挂插入熔融的液体中，并缓慢旋转上升，确保所有凝固原子完整地按照一个生长面排列生长，同时控制石英坩埚缓慢上升/旋转上升以保持熔融液面高度。经过引晶→缩颈→转肩→等径生长→收尾等过程，硅单晶就生长出来了。

晶棒的直径是晶体生长工艺中优先控制的参数，影响因素包括拉晶速度、转速、温度以及熔融液面位置等。可采用非接触式光学或电学方法进行间接测量。多晶硅熔融液体的温度控制非常关键，需要精确设置加热程序。可以将少量掺杂剂加入熔融的硅中以实现对晶体的掺杂。不同掺杂剂的分凝系数不同，且随着晶体的生长，熔融液体中掺杂剂的浓度会发生变化。对于旋转硅棒，包括氧在内的杂质浓度都不均匀。制造高纯度硅或者无氧晶硅，必须用区熔法（Floating Zone，FZ）进行生长。其他生长单晶的方法还包括外延法和液体遮盖直拉法等。单晶硅棒的纯度可以达到 7N 数量级。

切掉单晶硅棒的头、尾，进行径向研磨，保证单晶硅棒长度方向直径均匀，再切割硅锭成片。晶圆成型的主要工艺包括滚圆→X 光定位→切片→倒角→研磨→刻蚀→热处理→去疵处理等，其中伴随清洗工艺。在晶圆成型过程中，要确保晶片平行度与平整度，严格控制硅片厚度并降低损耗，尤其是各种微缺陷、畸变、损伤、破碎等损耗，以实现硅片表面物化性质与其内层材料相一致。切片之前的滚圆又称外形处理，包括切割分段、外圆滚磨和定位面研磨。切片是硅片成型的首道工艺，决定硅片的晶向、厚度、平整度及翘曲度。切片常用切片机，包括内径切割和线切割，常用金刚线。目前已发展为多线切割技术，切割时需要进行晶体定向，基本工艺流程为：晶棒固定→X 光定位→切片。

切好的硅圆片需要去除边缘锋利的棱角、崩边以及裂纹等，并消除边缘缺陷，减少应力，这一过程称为倒角（Edge rounding）。倒角可以利用化学腐蚀、晶面研磨和轮磨的方式完成。目前硅片边缘的外形有圆弧形（R-type）和梯形（T-type）两种。将晶片放置于由铸铁制成的上、下层研磨盘之间，通过一定粒度和黏度配方的研磨液进行晶面研磨，再采用腐蚀的方式去除晶圆表面在机械加工过程中产生的损伤层（10～20μm）与油污，并暴露出微划痕等缺陷。腐蚀的方式包括酸性腐蚀（常见方式为 4∶1∶3 的硝酸＋氢氟酸＋磷酸等缓冲酸）和碱性腐蚀（择优性质的腐蚀过程，腐蚀后硅片表面比较粗糙，常见方式为 KOH 或 NaOH＋纯水）。

将硅片进行抛光，获得微缺陷少、平整度高的表面。抛光分为机械抛光、化学抛光和化学机械抛光（Chemical Mechanical Polishing，CMP）。其中，CMP 采用 SiO_2 或 ZrO_2 抛光粉加 NaOH 溶液配制而成的胶体状溶液作抛光液，适用于大直径硅片。硅片需要进行边缘抛光（粗抛）和表面抛光（精抛）两次处理，目前超大规模集成电路所用的硅片，需要进行双面化学机械抛光。接下来进行退火（Anneal）消除晶格损伤，气氛为惰性气体，如 Ar。再经过清洗（Cleaning）、检验（Inspection）、装包（Packing），最后入库（Instock）。

高纯且高度完整的硅单晶是半导体制造工业的基本保障。但实际应用的半导体材料总存在偏离理想情况的各种复杂状况，比如原子并不是静止停留在具有严格周期性的晶格格点上，而是在平衡位置附近振动。其次半导体或多或少都含有各种杂质，其本身晶格结构也并不完整，存在各种形式的缺陷。一般晶圆出厂参数包括：①通用指标，包括外观指标、生长方法、晶向、导电类型、掺杂原子等；②电学指标，包括阻值、少子寿命、阻值径向梯度分布等；③掺杂特性，包括氧浓度、碳浓度等；④结构特性，包括位错、浅坑、漩涡缺陷、层错、氧化诱生、堆垛层错等。

3.1.2 芯片制作技术

芯片的基本制作工艺是首先获得设计图形，然后进行掺杂改性，形成 P、N 导电区域，最后形成金属电极，经多次工艺重复，得到最终的器件结构，并经过测试后分割成单个芯片。芯片及其三维剖面图如图 3-3 所示。

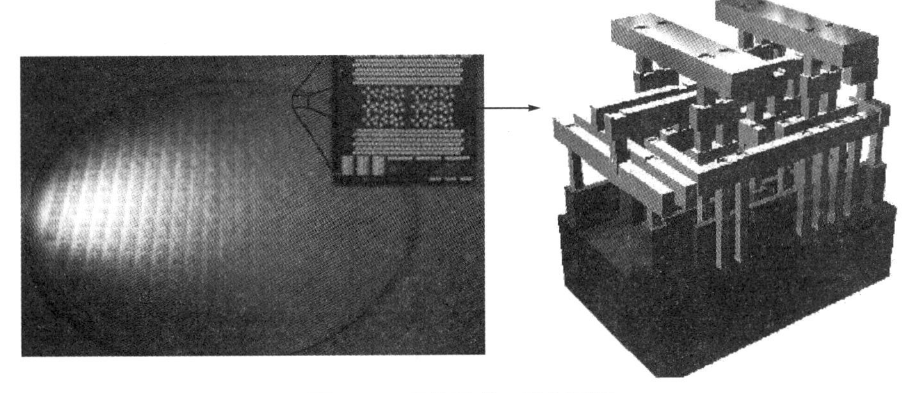

图 3-3　芯片及其三维剖面图

芯片制作过程中的一些关键技术有以下十个方面。

1. 硅薄膜制备技术

在芯片的制作过程中，各种薄膜材料被广泛应用。这些材料既可以是芯片的组成部分，也可以是芯片制作过程的保护层、牺牲层或者掩膜层。材料体系覆盖了导体、半导体和绝缘体，制备方法包括物理气相沉积（PVD）和化学气相沉积（CVD）。不同薄膜制备时所用的衬底具有选择性，常见的芯片衬底包括硅、锗、砷化镓、氧化铝以及各类有机物等。在进行沉积时，需要系统地分析衬底的性质，如表面粗糙度、平整度、翘曲度、介电常数、热膨胀系数、热导率等。多晶硅薄膜在集成电路中广泛应用，能够耐受扩散或氧化的高温过程，还可以通过热氧化变成二氧化硅。多晶硅薄膜制备的方法包括等离子体增强化学气相沉积（Plasma Enhanced Chemical Vapor Deposition，PECVD）、低压化学气相沉积（LPCVD）、金属诱导非晶硅晶化法、准分子激光晶化法以及固相晶化法。作为硅存在的另外一种形态，非晶硅在薄膜晶体管、光电传感器以及太阳电池中应用较多。二氧化硅在芯片制作中起到非常重要的作用，既可以作为器件表面的保护层、钝化层以及阻挡层，又能作为掺杂的阻挡层，其制备技术非常重要。图 3-4 为真空热蒸发沉积设备结构以及源与衬底装置。其基本沉积过程包括：①加热蒸发过程，固相/液相→气相；②气化原子或分子在蒸发源与基片之间的输运，即飞行过程；③蒸发原子或分子在基片上的沉积过程。不同的源形状会导致薄膜的厚度分布不一样，生产上常做各种改进优化源与衬底的布局，比如，对于面积较大的平板型基板，可以使基板匀速旋转，也可采用多个点源代替单一点源。对于高熔点的源材料，需要引入电子枪或激光进行加热蒸发。

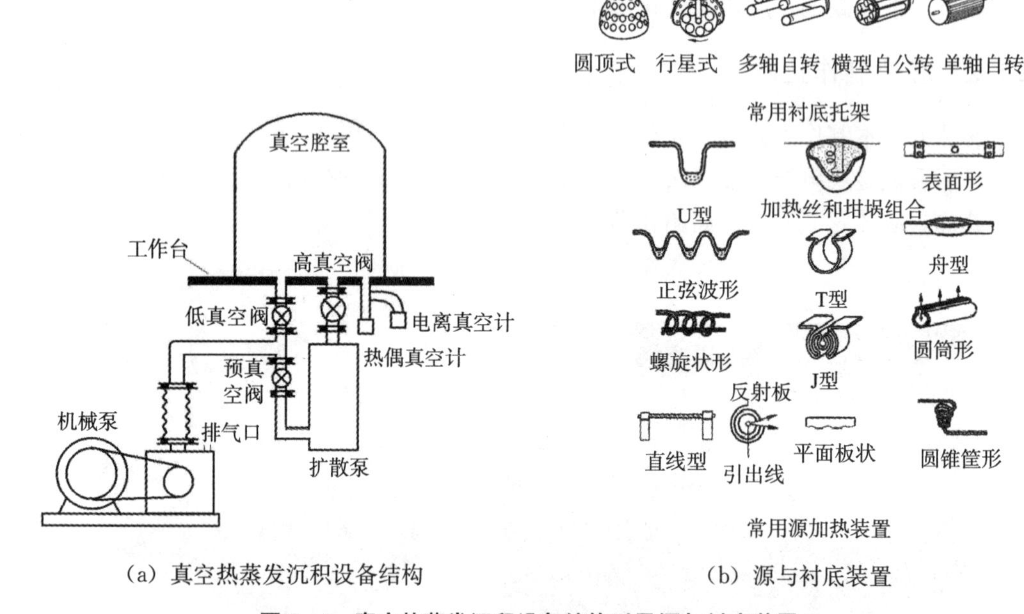

(a) 真空热蒸发沉积设备结构　　(b) 源与衬底装置

图 3-4　真空热蒸发沉积设备结构以及源与衬底装置

化学气相沉积不同于物理气相沉积（只发生物理变化：固态→气相→薄膜），是利用在高温空间以及活性化空间中发生的化学反应制备薄膜。具有以下特点：

(1) 成膜速度快且均匀，同一个反应炉中，可以放置大量的基板和工件，同时制取均匀的薄膜。

(2) 化学气相沉积反应在常压或低真空中进行，镀膜的绕射性好，对形状复杂的工件可以得到均匀的涂覆效果。

(3) 可以沉积金属薄膜、非金属薄膜及合金薄膜，能够在很大范围内控制产物的组成，制作混晶和结构复杂的晶体，得到其他方法难以得到的薄膜，如 GaN、BP 等。

(4) 能够得到纯度高、致密性好、残余应力小、结晶良好的薄膜镀层，可以获得平滑的沉积表面，这对于表面钝化、抗腐蚀及耐磨等表面增强膜很重要。

(5) 薄膜生长的温度比膜材料的熔点低得多，能够得到纯度高、结晶完全的膜层。

(6) 辐射损伤低，是制造 MOS 半导体芯片的必选技术。

化学气相沉积制备薄膜的基本过程包括以下四点：

(1) 反应气体向基片表面扩散。

(2) 反应气体吸附于基片表面。

(3) 在基片表面上发生化学反应。

(4) 在基片表面上产生的气相副产物脱离表面而扩散掉或被真空泵抽走，基片表面留下不挥发的固体反应产物——薄膜。

采用CVD制备薄膜时，反应物为气相，生成物之一是固相。任何CVD的反应体系都必须满足以下三个条件：

（1）在沉积温度下，反应物必须有足够高的蒸气压，要保证能以适当的速度被引入反应室。

（2）反应产物除需要的薄膜外，其他反应产物必须是挥发性的。

（3）沉积的薄膜本身具有足够低的蒸气压，以保证在整个沉积反应过程中，都能保持在受热的基体上；基体材料在沉积温度下的蒸气压必须足够低。

最初的CVD是在常压下进行的，之后出现了低压化学气相沉积（LPCVD），进一步提高了膜厚均匀性、电阻率一致性及生产效率等。目前，低压化学气相沉积法已经成为芯片制作的常见技术之一。为了进一步降低反应温度，减少对衬底的热损伤，又开发出等离子体增强化学气相沉积（PECVD）；为了减小对膜的损伤，又开发出光化学气相沉积；后来又发展出基于外延技术的金属有机物化学气相沉积（MOCVD），以实现平坦化并开发新材料。

PECVD设备结构如图3－5所示。

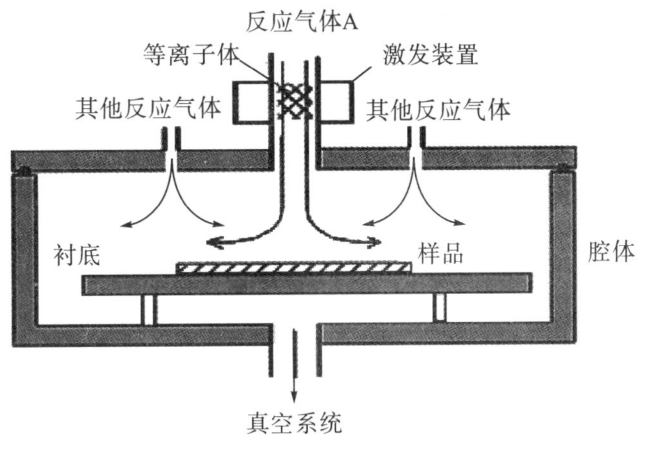

图3－5　PECVD设备结构

PECVD的工作原理是：在保持一定压力的原料气体中，输入直流、高频或微波功率，产生气体放电，形成化学活性很强的等离子体。在气体放电等离子体中，由于低速电子与气体原子相碰撞，除会产生正、负离子外，还会产生大量的活性基（激发原子、分子），从而可大大增强反应气体的活性。这样，在相对较低的温度下，即可发生反应，沉积成膜。在PECVD中，等离子体的作用除将反应物中的气体分子激活成活性离子并降低反应所需的温度外，还能加速反应物在表面的扩散作用（表面迁移率），提高成膜速度；同时对衬底及膜层表面具有溅射清洗作用，预先去掉结合不牢的粒子，从而增强了薄膜与基板的附着力。由于反应物中的原子、分子、离子和电子之间会发生互相碰撞与散射作用，因此形成的薄膜厚度非常均匀。

PECVD的反应过程与其他CVD基本相同，由于热激活和等离子体激活存在差异，应选择更容易被等离子体激发且反应尾气中没有对真空系统存在危害的气源。PECVD的低温工艺特别适合低熔点玻璃、聚酰亚胺等非耐热性衬底，尤其是制作氢化非晶硅可以进行 PN 结的精确控制。

图 3-6 为 LPCVD 的工作示意图。

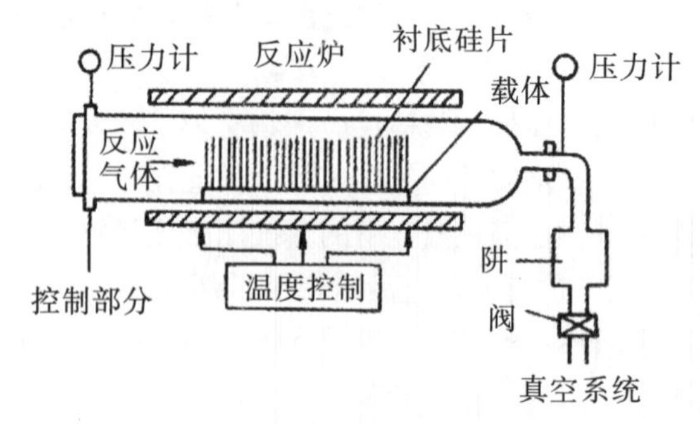

图 3-6　LPCVD 的工作示意图

LPCVD 工作原理是：由于低压下气体的扩散系数增加，使气态反应剂与副产物的质量传输速度加快，沉积薄膜的反应速度相应地增加。当气压降低 1/1000 后，分子的平均自由程将增大 1000 倍左右，系统的扩散系数也比常压 CVD 增大 1000 倍，扩散系数大意味着质量运输快，气体分子分布不均匀能够在很短时间内消除，使整个系统空间气体分子均匀分布。因此，LPCVD 能够获得厚度均匀的膜层，生长速率快，反应气体的消耗量小。如图 3-6 所示，衬底硅片垂直装载，即使硅片直径变大，也不影响其处理能力。通过该方式装载硅片，异物、杂质等在生成膜表面的附着量非常少。随着压力下降，反应温度也能下降。例如，当反应压力从 10^5 Pa 下降到几百帕时，反应温度可以下降 150℃左右。

除以上两种化学气相沉积外，在芯片制作时，还常采用一种复杂的材料生长方式，即金属有机物化学气相沉积（Metal Organic Chemical Vapor Deposition，MOCVD）。其基本原理是利用前驱物（Precursor）的反应物为源，以加热器加热的方式使前驱物气化，并且借由反应腔体内其他反应气体的输送，在衬底表面产生化学反应，形成一层原子排列整齐且堆积紧密的薄膜。MOCVD 是在气相外延生长（VPE）的基础上发展起来的一种新型外延生长技术，以Ⅲ族、Ⅱ族元素的有机化合物和Ⅴ族、Ⅵ族元素的氢化物等作为晶体生长源材料，以热分解反应的方式在衬底上进行气相外延，生长获得各种Ⅲ-Ⅴ族、Ⅱ-Ⅵ族化合物半导体以及它们的多元固溶体的薄层单晶材料。图 3-7 是三路气流分离式 MOCVD 装置。

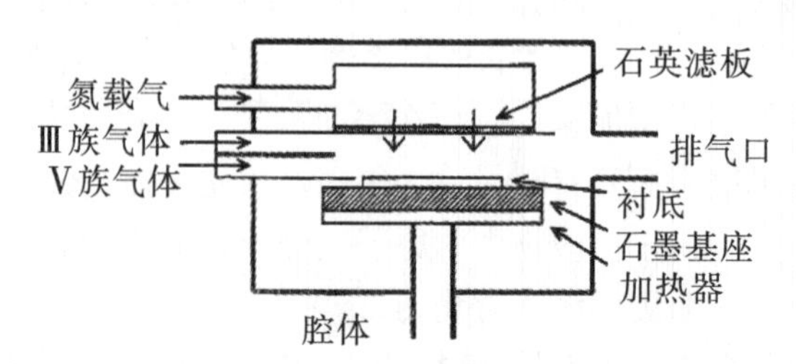

图 3-7　三路气流分离式 MOCVD 装置

MOCVD 源属于易燃、易爆、毒性很大的物质，通常要考虑系统密封性，流量、温度控制要精确，组分变换要迅速，系统要紧凑，并配置报警装置。

随着芯片尺寸及线宽不断缩小，特别是器件中深宽比不断增加，所使用的薄膜厚度已低至纳米水平，对薄膜均匀性的要求越来越严格。对于某些晶体管内狭窄的沟道，采用常规的镀膜方式很难覆盖良好。能够将原子一层一层地镀在衬底表面的原子层沉积（Atomic Layer Deposition，ALD）技术得到越来越多先进半导体制作工艺的重视。图 3－8是原子层沉积系统示意图。

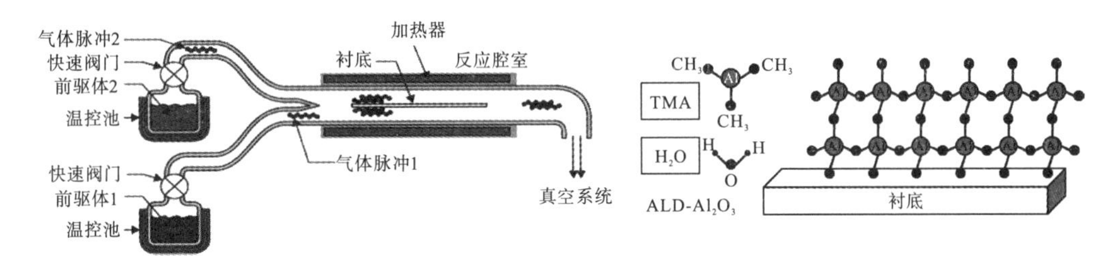

图 3－8　原子层沉积系统示意图

ALD 是一种基于表面自限定、自饱和吸附反应的化学气相薄膜沉积技术，通过快速阀门控制，将前驱体交替脉冲导入腔室并在衬底表面发生气固相化学吸附反应并形成单原子层薄膜。以沉积 Al_2O_3为例，其基本过程包括：①前驱体三甲基铝 TMA 以脉冲式吸附在衬底上；②高纯 N_2吹扫并带走多余的 TMA；③前驱体 H_2O 脉冲式与 TMA 表面化学吸附并发生表面反应，生成单层 Al_2O_3；④N_2吹扫并带走多余的反应物及副产物。然后依次循环以上过程，从而实现薄膜在衬底表面逐层生长。利用 ALD 沉积高质量薄膜材料，必须确保前驱体具有良好的挥发性、足够的反应活性以及一定的热稳定性，前驱体不能对薄膜或衬底具有腐蚀或溶解作用，特别是在前驱体脉冲时间内需保证单层饱和吸附，沉积时需控制好脉冲时间间隔及衬底温度，避免引发 CVD 生长，从而使薄膜不均匀。ALD 一般在 350℃下进行反应，低于 CVD 的沉积温度。ALD 特别适于在复杂高宽比衬底表面沉积均匀的薄膜，目前 ALD 已在半导体行业获得广泛的应用。各种薄膜沉积技术的绕射性对比如图 3－9 所示。

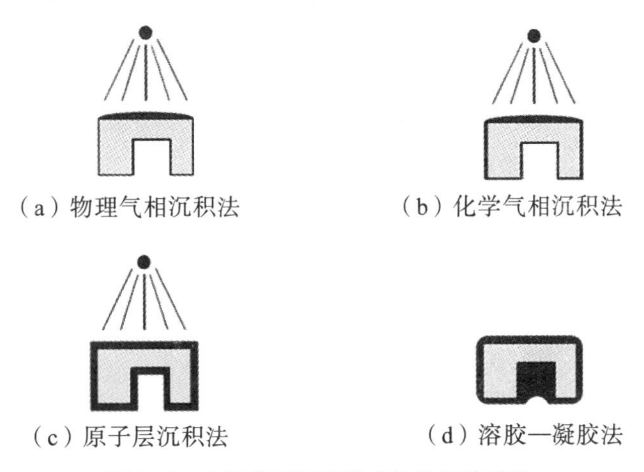

图 3－9　各种薄膜沉积技术的绕射性对比

2. 清洗工艺

清洗工艺是半导体行业广泛存在的重要技术，在半导体器件制作过程中，大约20%的工序和硅片清洗有关，而不同工序的清洗要求和目的也是各不相同的，这就必须采用各种不同的清洗方法和技术手段，以达到清洁的目的。

(1) 表面清洗。

硅片表面的洁净度及表面状态对于制作高质量的半导体器件至关重要，晶圆对污染物的存在非常敏感。表面吸附的颗粒和金属杂质会严重影响器件的质量和成品率，对于线宽为350nm的DRAM器件，影响电路的临界颗粒尺寸为60nm，抛光片的表面金属杂质应小于 5×10^{16} at/cm^2，抛光片表面大于200nm的颗粒数应小于20个/片。而对于线宽更细的器件，对硅片表面的洁净度要求更苛刻。硅片经过切片、倒角、研磨、表面处理、抛光等不同工序加工后，表面已经受到严重的沾污，必须移除表面的污染物并避免在制作工序前让污染物重新残留在晶圆表面。一般需要经过多次表面清洗步骤，以去除表面附着的金属离子、原子、有机物及微粒。图3−10是有污染物的硅圆片及相关清洗设备。吸附颗粒物可以运用物理方法去除，如机械擦洗、超声波清洗（粒径大于400nm）或兆声波清洗（粒径大于200nm）；有机杂质可通过有机试剂的溶解作用，并结合超声波清洗技术去除；而金属离子则必须采用化学方法才能清洗去除。

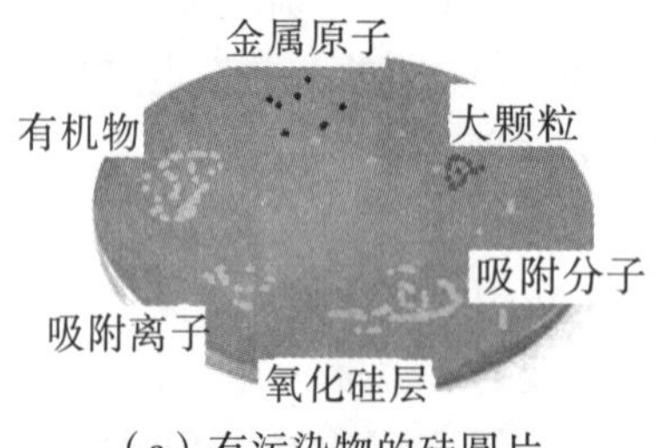

(a) 有污染物的硅圆片

(b) 硅圆片清洗架

(c) 典型的清洗设备

图3−10 有污染物的硅圆片及相关清洗设备

目前，晶圆清洗技术大致可分为干式表面清洗（Dry surface cleaning）与湿式化学清洗（Wet chemical cleaning）两类，以湿式化学清洗为主。

干式表面清洗主要有以下三种：

①将污染物转换成挥发性化合物；

②利用动量转换使污染物被撞落而去除；

③应用加速离子，使污染物破碎。

相应的方法包括物理清除法（Physical cleaning）（激光辅助系统清除微粒技术、高速气流喷射法、离心力去除微粒技术及静电去除方法)、热处理法（Thermally enhanced cleaning)、蒸气清除法（Vapor-gas cleaning)、等离子清洗法（Plasma cleaning)、光化学清除法（Photochemically enhanced cleaning）等。其中，热处理法与等离子清洗法属于气相化学法。

湿式化学清洗是指利用各种化学试剂、有机溶剂以及去离子（DI）水（Deionized Water）与吸附在被清洗物体表面的杂质及油污发生化学反应或溶解作用，再伴以超声、加热、抽真空等物理措施，使杂质从被清洗物体表面脱附（解吸)，然后用大量高纯热、冷去离子水冲洗，从而获得洁净表面的过程，随后进行干燥处理。

微尘主要是一些聚合物、光致抗蚀剂和蚀刻杂质等。微尘颗粒黏附在材料表面，影响下一道工序的几何特征的形成及电特性，黏附力主要是范德华吸引力，可以通过物理或化学方法对颗粒进行处理，逐渐减小颗粒与硅表面的接触面积，最终将其去除。

在芯片封装过程中，金属互连材料是实现各个独立单元连接的必需条件，一般采用光刻、蚀刻的方法在绝缘层上制作接触窗口，再利用蒸发、溅射或化学气相沉积形成金属互连膜，如 Al-Si、Cu 等，通过蚀刻产生电路图形，然后对沉积物进行化学机械抛光。在形成金属互连的同时，也可能产生各种金属污染，可以通过化学方法去除。

氧化物分为原生氧化物和化学氧化物，硅原子非常容易氧化形成原生氧化层。晶圆经过双氧水的强氧化力清洗，在其表面会生成一层化学氧化层。为了确保闸极氧化层的质量，此表面氧化层必须在晶圆清洗过后去除。另外，采用化学气相沉积法沉积的氮化硅、二氧化硅等产物也要在相应的清洗过程中有选择地去除。

有机物杂质在芯片封装中以多种形式存在，如人的皮肤油脂、净化室空气、机械油、硅树脂真空脂、光致抗蚀剂、清洗溶剂等。每种污染物对芯片封装都有不同程度的影响，芯片表面形成的有机物薄膜将阻止清洗液到达晶片表面，因此有机物的去除常常在清洗工序的第一步进行。

等离子清洗是采用高射频功率将气体（如 80%Ar+20%O_2或 20%Ar+80%O_2，O_2/N_2等离子体可用于清洗焊盘上的环氧有机物）转换为等离子体，通过高速的气体离子作用于芯片表面，或与污染物结合、破坏物理形态，从而将其脱离去除的清洗方法。干式表面清洗的优点在于清洗后无废液，可有选择性地进行局部处理。另外，干式表面清洗蚀刻的各向异性有利于精细线条和几何特征的形成。但气相化学法无法有选择性地只与表面金属污染物反应，不可避免地会与硅表面发生反应。另外，各种挥发性金属混合物的蒸发压力不同，在一定的温度、时间条件下，不能将所有金属污染物完全去除，因此干式表面清洗不能完全取代湿式化学清洗。实验表明，气相化学法能够去除的金属污染物有铁、铜、铝、锌、镍等，另外钙在低温下采用基于 Cl 离子的化学法也可有效挥发去除。工艺过程中通常采用干、湿法相结合的清洗方式。

湿式化学清洗采用液体化学溶剂和去离子水氧化、蚀刻和溶解芯片表面污染物、有机物及金属离子污染。湿式化学清洗通常采用的方法有以下七种：

①美国无线电公司 RCA 清洗法。

RCA 清洗法依靠溶剂、酸、表面活性剂和水，在不破坏晶圆表面特征的情况下通过喷射、净化、氧化、蚀刻和溶解晶片表面污染物、有机物及金属离子污染。在每次使用化学品后都要在去离子水中彻底清洗，RCA清洗法常伴有超声波清洗技术，可减小各向同性对电路特征的影响，增加清洗液使用寿命。常用清洗液有1号清洗液（APM），其配方为$NH_4OH:H_2O_2:H_2O=1:1:5\sim1:2:7$，以氧化和微蚀刻来底蚀（Undercut）和去除表面颗粒，也可去除轻微有机污染物及部分金属化污染物，但在芯片氧化和蚀刻的同时表面会变粗糙。2号清洗液（HPM），其配方为$HCl:H_2O_2:H_2O=1:1:6\sim1:2:8$，可溶解碱金属离子和铝、铁及镁的氢氧化物，另外盐酸中氯离子与残留金属离子发生络合反应将形成易溶于水溶液的络合物，可从硅的底表层去除金属污染物。3号清洗液（SPM），含有硫酸、双氧水和去离子水，其中硫酸与去离子水的体积比是1∶3，是典型用于去除有机污染物的清洗液，硫酸可以使有机物脱水而碳化，而双氧水可将碳化物氧化成一氧化碳或二氧化碳气体；氢氟酸或稀释氢氟酸，主要用于将特定区域的硅氧化物刻蚀掉，减少表面的金属。稀释氢氟酸水溶液用来去除原生氧化层及1号和2号溶液清洗后双氧水在晶圆表面氧化生成的一层化学氧化层，在去除氧化层的同时，还在硅晶圆表面形成硅氢键，而呈现疏水性表面。

②稀释化学法。

稀释2号清洗液混合物（1∶1∶50）可以从芯片表面有效地去除颗粒和碳氢化合物。采用稀释盐酸溶液清除金属时可以达到标准2号清洗液的效果，这是因为在低HCl浓度下颗粒不会沉淀，当$pH=2\sim2.5$时，硅与硅氧化物处于等电位。当$pH>2\sim2.5$时，硅片表面带有网状负电荷，溶液中的颗粒与硅片表面带有相同的电荷，颗粒与硅片表面之间形成静电屏蔽。当硅片在溶液中刻蚀时，该屏蔽可以阻止颗粒从溶液中沉积到硅片表面。当$pH<2$时，硅片表面带有网状正电荷，而颗粒带负电荷，这样就不会产生屏蔽效果，硅片在溶液中浸蚀时，颗粒将沉积到硅片表面。有效控制盐酸浓度可以阻止溶液中颗粒沉积到硅片表面。

在RCA清洗的基础上，对1号、2号清洗液采用稀释化学法可以大量节约化学品（减少80%～90%）及DI水的消耗量（低流速或短的清洗时间，节约冲洗用水）。实验证明，采用热的DI水，可减少75%～80% DI水的消耗量。

③单晶片清洗法。

对于大直径晶片的清洗，采用上述方法不能保证清洗过程彻底完成，常采用单晶片清洗法。其清洗过程是在室温下重复利用$DI\text{-}O_3/DHF$（$HF+H_2O_2+H_2O$）清洗液、臭氧化的DI水（$DI\text{-}O_3$）产生氧化硅，用稀释的HF蚀刻氧化硅，同时清除颗粒和金属污染物。根据蚀刻和氧化的要求，采用较短的喷淋时间就可获得好的清洗效果而不发生交叉污染。最后冲洗采用DI水或者臭氧化的DI水。为了避免水渍，采用浓缩大量氮气的异丙基乙醇（IPA）进行干燥处理。单晶片清洗具有比改良的RCA清洗更好的效果，清洗过程中通过采用DI水及HF的再循环利用，降低化学品的消耗，改善芯片成本效益。

④欧洲微电子研究中心IMEC清洗法。

在湿式化学清洗中，为了减少化学品和DI水的消耗量，常采用IMEC清洗法，工艺过程如下：

第一步，去除有机污染物，生成薄化学氧化物层有利于有效去除颗粒。通常采用硫酸混合物（90℃，5min）。为了减少化学品和DI水的消耗量，同时避免硫酸浸泡冲洗困难，常采用臭氧化的DI水进行清洗。在室温下，臭氧可在溶液中高浓度溶解，但反应速度较慢，导致六甲基二硅胺烷（HDMS）不能完全去除；较高温度下，反应速度加快，但臭氧的溶解浓度较低，同样影响HMDS的清除效果。因此，必须使温度、浓度参数达到最优化，以便较好地去除有机物。

第二步，去除氧化层，同时去除颗粒和金属氧化物。由于Cu、Ag等金属离子在HF溶液中会沉积到硅表面，在光照条件下，铜离子的表面沉积速度加快。通常采用DHF溶液配方（0.5%）/盐酸（0.5mol/L）混合物去除氧化层及颗粒并抑制金属离子的沉积（22℃，2min），添加氯化物可减少光照的影响，少量的氯化物离子由于在Cu^{2+}/Cu^{+}反应中起催化作用，反而增加了铜离子的沉积，而添加大量的氯化物离子后形成可溶性的高亚铜氯化物合成体能够降低铜离子的沉积。优化的HF/HCl混合溶液可有效预防金属外镀，延长溶液使用时间。

第三步，在硅表面产生亲水性，确保在干燥时不产生干燥斑点或水印。通常采用稀释O_3/HCl混合物（20℃，10min），并辅助超声波清洗技术，在低pH值下使硅表面产生亲水性，同时避免再发生金属污染，在最后冲洗过程中，一定浓度的HNO_3可去除表面的钙杂质。

第四步，干燥，在20℃保持8min。

IMEC清洗比改良后的RCA法可以减少最多80%的DI水的消耗量，同时具有化学品消耗低及无印迹的特点，成本优势明显。

⑤静电清洗法。

利用静电场的作用改变水分子状态实现清洁目的。其机理是水分子具有极性，当通过静电场时，每个水偶极子将按正、负有序地连续排列。如水中含有溶解的盐类，其正、负离子将被水偶极子包围，按正、负顺序排列于水偶极子群中，限制了自由运动，进而实现清洗。

⑥电子清洗法。

利用高频电场改变水的分子结构，使其防垢和除垢。当水通过高频电场时，其分子物理结构发生了变化，原来的缔合链状大分子断裂成单个水分子，水中盐类的正、负离子被单个水分子包围，运动速度降低，有效碰撞次数减少，静电引力下降，无法在基体上附着，从而达到防垢目的。

⑦紫外—臭氧清洗法。

紫外—臭氧清洗器产生184.9nm和253.7nm的紫外线，前者破坏O_2形成氧离子，与O_2结合生成O_3，O_3在253.7nm的紫外线能量下分解为O_2和氧离子，由H_2O生成的自由OH基团可与碳氢化合物反应生成CO_2+H_2O气体。另外，253.7nm的紫外线能量有助于破坏化学键。

卤素离子由于是化学结合，很难被常规方式清洗去除，可以采用溶剂清洗技术，比如加入气相氟碳化合物。

（2）机械擦洗。

使用机械擦洗技术清洗晶圆表面时，刷毛与晶圆中间隔一层清洗溶液的薄膜，刷毛并不直接接触晶圆表面，晶圆表面最好是疏水性的，在亲水性刷毛周围的溶液会被晶圆排斥，从而将悬浮在薄膜上的微粒扫除。擦洗溶液为在去离子水中加入一些清洁剂，以降低水的表面张力。

(3) 溶液浸泡。

溶液浸泡是通过溶液与硅片表面的污染杂质在浸泡过程中发生化学反应及溶解作用来达到清除硅片表面污染杂质的目的，是最常用的一种清洗方法。不同类型的表面污染杂质需要有针对性地采用不同的溶液。采用有机溶剂浸泡可以达到去除有机污染物的目的。采用 1 号清洗液（$Si+H_2O_2 \longrightarrow SiO_2+H_2O$；$C_xH_yO_z$在 H_2O_2作用下，生成 CO_2+H_2O）浸泡达到清除有机、无机和金属离子的目的；采用 2 号清洗液（$Si+H_2O_2 \longrightarrow SiO_2+H_2O$；$Zn+2HCl \longrightarrow ZnCl_2+H_2$；$2AL+6HCl \longrightarrow 2AlCl_3+3H_2$；$Fe+2HCl \longrightarrow FeCl_2+H_2$；$Mg+2HCl \longrightarrow MgCl_2+H_2$）浸泡达到清除 Zn、Al、Fe、Mg 等金属离子的目的。浸泡的同时可以采用加热、超声波、兆声波以及摇摆振荡等物理措施。生成的 SiO_2可以用 HF 进行腐蚀去除：

$$SiO_2+6HF \longrightarrow H_2+SiF_6+2H_2O$$

用上述 RCA 清洗法可以有效去除粒子，但是对于一些金属杂质（如 Al、Fe）的去除效果一般。

(4) 旋转喷淋。

旋转喷淋是利用机械方法将硅片以较高的速度旋转起来，在旋转过程中通过不断向硅片表面喷射液体（去离子水或其他清洗液）而达到清洗硅片目的的一种方法，如图 3-11 所示。该方法利用所喷液体的溶解（或化学反应）作用来溶解硅片表面的沾污，同时利用高速旋转的离心作用，使溶有杂质的液体及时脱离硅片表面，这样硅片表面的液体总保持非常高的纯度。由于所喷液体与旋转的硅片有较高的相对速度，将产生较大的冲击力来实现清除吸附杂质的目的。旋转喷淋还可以与硅片的甩干工序结合在一起进行，使硅片表面很快脱水。

(5) 超声波清洗。

超声波清洗是半导体工业中广泛应用的一种清洗方法。该方法的优点是：清洗效果好，操作简单，对于复杂的器件和容器也能清除。但该法具有噪音较大、换能器易坏的缺点。其清洗原理如下：在强烈的超声波作用下（常用的超声波频率为 20～40kHz），液体介质内部会产生疏部和密部，疏部产生接近真空的空腔泡，当空腔泡破裂的瞬间，附近产生强大的局部压力，使硅片表面的杂质解吸。当超声波的频率和空腔泡的振动频率相同，产生共振时，机械作用力达到最大，泡内积聚的大量热能使局部温度升高，促进了物理化学反应的发生，如图 3-11 所示。超声波清洗的效果与超声条件（如温度、压力、超声频率、功率等）有关，提高超声波功率往往有利于清洗效果的提高，但对于小于 1μm 的颗粒的去除效果并不太好。此外，由于气泡的形成难以控制，可能会对晶圆产生损害。超声波清洗多用于清除硅片表面附着的大块污染和颗粒。

(6) 兆声波清洗。

兆声波清洗具有超声波清洗的优点，还克服了它的不足。兆声波清洗的机理是由高能（850kHz）频振效应并结合化学清洗剂的反应对硅片进行清洗。溶液分子在这种声波的推动下做加速运动，瞬时速度最大可达到 30cm/s，因而形成不了超声波清洗那样的气泡，但能以高速的流体波连续冲击晶片表面，使硅片表面附着的污染物和细小微粒被强制去除并带入清洗液中。兆声波清洗抛光可去掉晶片表面上小于 0.2μm 的粒子，起到超声波无法实现的作用。兆声波清洗能同时实现机械擦洗和化学清洗两种方法的效果。

目前，湿式化学清洗技术已逐渐朝着减少去离子水及化学药品用量的方向改进，干式表面清洗技术发展迅速。为了达到良好的清洗效果，实际操作时，上述几种方法往往进行优化组合使用。常见的清洗方法如图 3－11 所示。

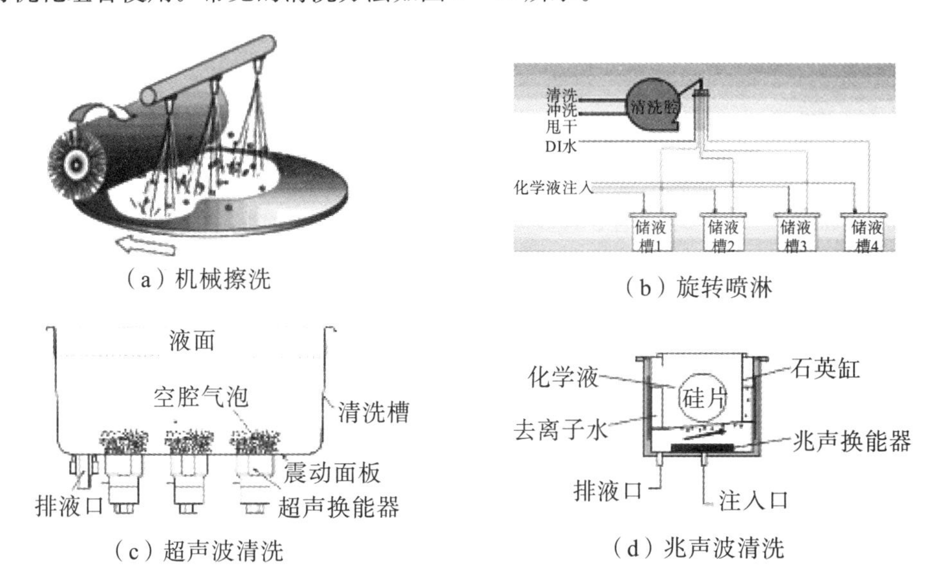

图 3－11　常见的清洗方法

3. 氧化工艺

硅片在空气中很快会在表面生成一层 SiO_2 薄膜，但达不到半导体行业对 SiO_2 纯度的要求，只有经过特殊方法获得的高纯 SiO_2 才能使用。SiO_2 层对于硅器件而言非常重要，它是一种绝缘材料，硬度高，化学稳定性好，对Ⅲ族和Ⅴ族元素有屏蔽作用，具有和 Si（$2.8\times10^{-6}K^{-1}$）差别不大的热膨胀系数（$0.5\times10^{-6}K^{-1}$）。SiO_2 在半导体器件中的作用有以下四个方面：①作为表面钝化层，阻挡环境污染物进入器件内部，并阻挡硅片被进一步氧化。②作为掺杂阻挡层，能够阻挡掺杂剂扩散进入硅内部，但氧化硅薄膜中的网络形成剂元素（离子半径接近或小于硅原子半径的元素）和网络改变剂元素（离子半径大于硅原子半径的元素）作为外来杂质应引起重视。③作为表面绝缘层，隔绝金属电极与硅片之间的电子传输。为了防止出现局部短路或感应电荷聚积，SiO_2 层应该足够厚。④作为器件绝缘层，特别是作为早期 MOS 器件的绝缘栅介质，需要精确控制反应时间以形成较大厚度的 SiO_2 膜。SiO_2 薄膜为透明膜，通过光干涉现象可以估计膜的厚度，而其他的透明薄膜通过折射率能够计算获得厚度。当 SiO_2 薄膜很薄时，看不到干涉条纹，可以利用 Si 的疏水性和 SiO_2 的亲水性来判断是否有 SiO_2 薄膜存在，也可以通过干涉膜计或椭偏仪等测出。Si 和 SiO_2 的界面能级密度和固定电荷密度可通过 MOS

二极管的电容特性获得。

半导体器件中精确制备高纯二氧化硅的方法主要是热氧化法，是使硅在高温下与氧气或含氧气氛发生反应，在其表面形成二氧化硅的技术。一般来说，二氧化硅薄膜与硅片的界面不明显，利用热氧化法可以获得优质、致密、厚度精确的绝缘薄膜，不用担心剥离问题。热氧化法的分类见表 3−1。

表 3−1　热氧化法的分类

方法	反应要素	备注
水蒸气氧化	100% H_2O 或 H_2O/载气，1000℃	氧化速度快
湿式氧化	H_2O/O_2，1000℃	绝缘强度和掩膜效果好
干式氧化	O_2，1000℃	加装除尘过滤器和重金属捕集器，可以添加 Pb 增加氧化速度，添加 HCl、CCl_2、C_2HCl_3 增加 MOS 器件稳定性
高压氧化	H_2/O_2 或 O_2	在 10～20 个大气压下进行氧化，适用于较厚的二氧化硅薄膜的制备
稀释氧中氧化	添加 N_2 等稀释 O_2	适用于较薄的二氧化硅薄膜的制备

一般直径为 150mm 以下的硅片，采用水平氧化装置；直径为 150mm 以上的硅片，采用垂直氧化装置。无论采用哪种方式，温场分布极其重要，加热器有时需要分成几段。图 3−12 为水蒸气热氧化装置。除温度外，氧化剂的有效性非常重要，必须具有穿透已形成的氧化层到达硅表面的能力，从而使氧化过程得到持续，影响因素包括氧化剂在氧化层中的溶解度（H_2O 在 SiO_2 中的溶解度是 O_2 的 600 倍）、扩散系数（H_2O 在 SiO_2 中的扩散系数远大于 O_2）以及压强（低于 25 个大气压时，生长相同厚度的二氧化硅，所需时间正比于腔室内压强）。以上因素的存在，导致热氧化最开始的速度都很快，随着厚度的增加，氧化速率越来越慢。另外，对于硅片，<111>晶向的氧化速度最高，而<100>晶向的氧化速度最低。判断热氧化法生成二氧化硅的质量有以下四点因素：①氧化层厚度与密度。②氧化层热应力，主要来源于硅片与二氧化硅热膨胀系数的差异。③氧化层内部缺陷，主要是砂眼和层错，是形成漏电流的根源。砂眼产生于氧化过程中硅片表面的缺陷、损伤及污染，以及光刻时掩膜板上的小岛或光刻胶的杂质颗粒。层错主要出现在高温氧化过程。减少缺陷的办法就是提高环境洁净度并规范清洗硅片，同时改进氧化的条件。④氧化层的电荷，主要是 SiO_2/Si 界面氧化不连续所致，出现了容易聚积电荷和缺陷的过渡区，该过渡区对器件的性能影响很大，特别是降低了器件的可靠性。该区主要有四种电荷：界面陷阱电荷、氧化层固定电荷、外来离子电荷以及氧化层陷阱电荷。

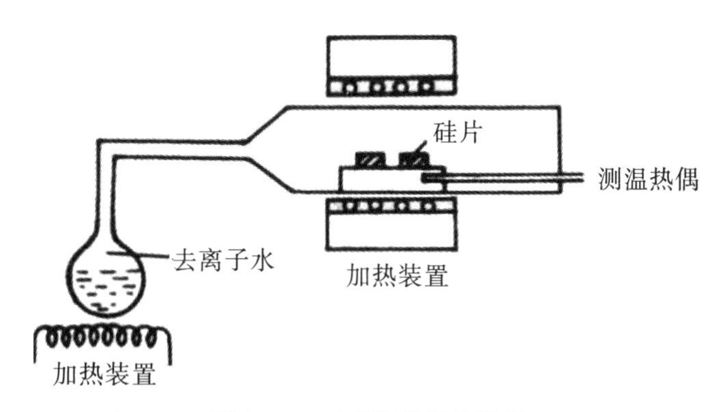

图 3－12　水蒸气热氧化装置

4. 掺杂工艺

掺杂是采用一定的方式将需要的杂质掺入半导体某区域，以改变半导体性质。掺入的杂质主要有两类：第一类是提供空穴或电子等载流子的受主杂质或施主杂质（如 Si 中的Ⅲ族、Ⅴ族元素）；第二类是产生复合中心的杂质（如 Si 中的 Au）。掺杂物浓度直接影响半导体载流子的浓度，一般而言，掺杂浓度越高，半导体导电性能越好。掺杂源可以是气体、液体或固体及其溶液。半导体可以同时掺入施主杂质和受主杂质，占优的杂质类型决定了半导体的导电类型与载流子浓度。有意在半导体不同区域引入极性相反的杂质可以改变该区域的导电类型，形成一系列可控分布的 P 型与 N 型区域。掺杂可以改变半导体的费米能级位置，P 型半导体费米能级靠近价带，而 N 型半导体费米能级靠近导带。

IC 制造中常见的掺杂工艺包括扩散及离子注入。

（1）扩散。

物质内离子能够从高浓度区域向低浓度区域流动，直到均匀分布的现象称为扩散。扩散的速率与离子的浓度梯度成正比，并与环境温度及物质内部温度的分布关系密切。扩散能够控制半导体特定区域内杂质的种类、浓度、分布以及结深，遵守扩散原理方程。但其在低浓度掺杂、制备浅结以及精确控制等方面不如离子注入。扩散主要是在硅片中形成扩散电阻，获得如双极型晶体管的基区与发射区、MOSFET 中的源区和漏区。一般高浓度深结掺杂采用扩散法，而浅结高精度掺杂则用离子注入法。根据杂质进入半导体内占据的位置不同，分为填隙式扩散、替位式扩散以及推填隙式扩散，如图 3－13 所示。填隙式扩散系数比替位式扩散系数大 6～7 个数量级，主要是原子半径小且不易与硅原子键合的原子发生填隙式扩散，如 Na、K、Cu、Fe、Au 等，因此，对硅的掺杂水平无直接贡献。替位式扩散包括直接交换式扩散和空位扩散，往往需要较高的温度（950℃～1280℃），一般发生替位式掺杂的元素主要是Ⅲ族、Ⅴ族元素，空位扩散是替位式扩散的主要方式。推填隙式扩散与替位式扩散有关，只有存在空位扩散时，才能发生推填隙式扩散。另外，还有挤出式扩散以及 Frank-Turenbull 式扩散。在进行扩散掺杂时，有恒定表面源浓度和恒定杂质总量两种方式。影响扩散的主要原因包括硅片的晶向（一般而言<100>的扩散系数大于<111>的扩散系数）、扩散温度、界面空位等。常规的扩散工艺是先进行“预沉积扩散”，即在恒定表面源浓度的条件下扩散一定时间，使硅片近表面处形成一定杂质总量的高浓度薄层。然后移除恒定表面杂质源，通过升高温度促进杂质继续往硅片内部扩散，进行杂质的“再分布”。影响结深的主要因素为温度。为了获得非常浅的预沉积分布，可以采用离子注入的方式取代预扩散。以上过程需要在不同的气氛下进行。P、B 在氧气氛中的扩散速度比在氮气氛中快，而 As 在氧气氛中的扩散速度比在氮气氛中慢，因此需特别注意氧气氛的选择。另外，合理选择气氛可以避免杂质在界面处分凝以及 P 型杂质的耗尽与 N 型杂质的堆积。

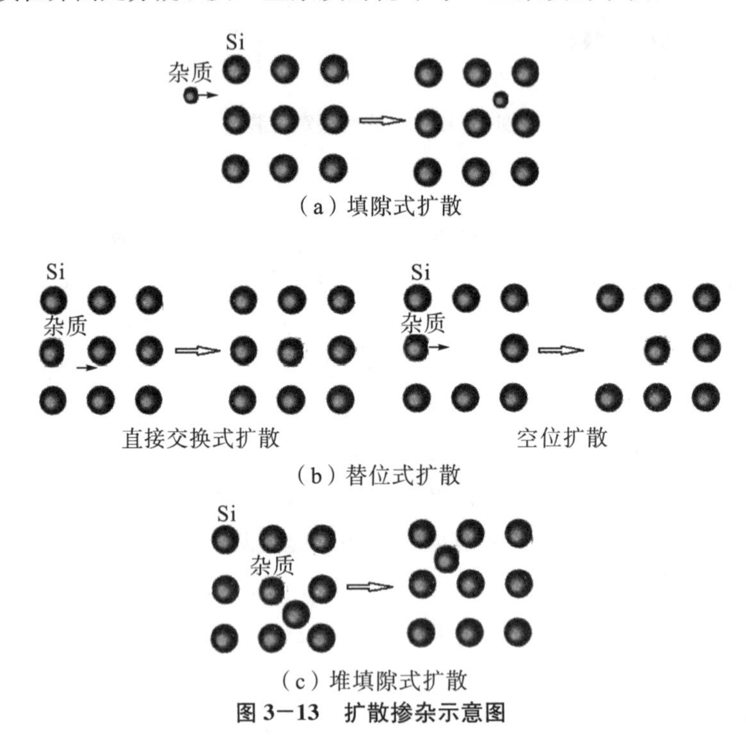

图 3－13　扩散掺杂示意图

硅片扩散掺杂的扩散源常有五氧化二磷、三氯氧磷、单磷酸铵、砷酸铝、溴化硼、氮化硼、硼酸三甲酯等，扩散源的状态可以为固态、液态以及气态。硅片中杂质的扩散往往是几种机制共存，其扩散工艺对 PN 结的击穿电压影响非常大。实际杂质在进行纵向扩散时，也进行横向扩散，一般横向扩散长度是纵向扩散深度的 0.75～0.85 倍。横向扩散影响硅片的集成度，也影响结电容。另外，内建电场、杂质浓度、SiO_2介质、温度及气氛对扩散均有影响。随着集成电路尺寸不断缩小，杂质的再分布效应需要精确控制。常用四探针法来测试掺杂硅片表面的方块电阻。图 3－14 是常见热扩散炉装置及工作示意图。

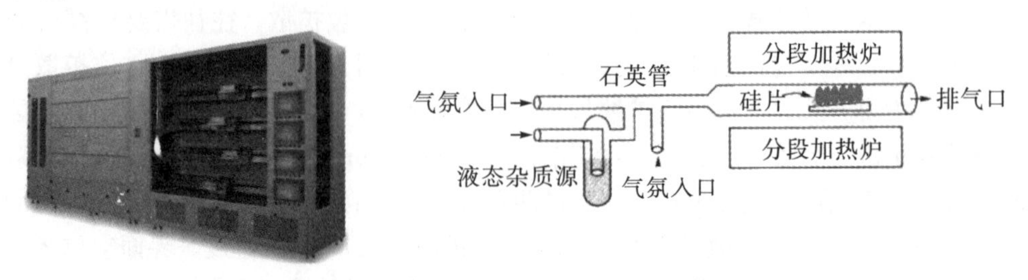

图 3－14　常见热扩散炉装置及工作示意图

目前，扩散工艺的局限性越来越突出，除重掺杂依然采用扩散的方法外，其他的掺杂已逐步由离子注入替代。

(2) 离子注入。

随着超大规模集成电路的发展，对掺杂区域杂质分布的均匀性及浓度的可控性都有非常高的要求，离子注入能够满足以上要求，目前已成为芯片制作过程中首选的掺杂技术，广泛地应用在 CMOS 制造、双极型结构器件制造等领域。离子注入具有掺杂温度低、可控性好（通过控制离子束流、能量和注入时间精确控制杂质浓度及分布、结深等）、均匀性和重复性好、杂质横向分布小（有利于精确控制 MOS 沟道长度）、结面比较平坦、无须掩膜直接注入、杂质的选择范围大、通过质量分析器保证掺杂的纯度以及工艺灵活等优点。但是高能离子（>50keV）注入后，会在硅片内部产生晶格缺陷，引起晶格原子移位，造成注入损伤，并且离子注入难以获得很深的结深，掺杂效率不如扩散。另外，离子注入设备庞大复杂且价格高昂。

离子注入系统如图 3－15 所示。离子化后的带电粒子，如 P、B、As、Sb、In、O 等，经质量分析部件选择偏转后，在强电场的加速作用下，获得千电子伏（keV）量级的能量，然后注入待掺杂材料表面，离子束与材料中原子或分子发生一系列的物理化学反应，入射离子能量逐渐损失，最后停留在待掺杂材料中，同时引起材料表层物理或化学性能发生变化。离子被阻止的机制包括核碰撞和电子碰撞两种，离子注入剂量为 $10^{11}\sim10^{18}\,cm^{-2}$，流量为 $10^{12}\sim10^{14}\,cm^{-2}\cdot s^{-1}$。

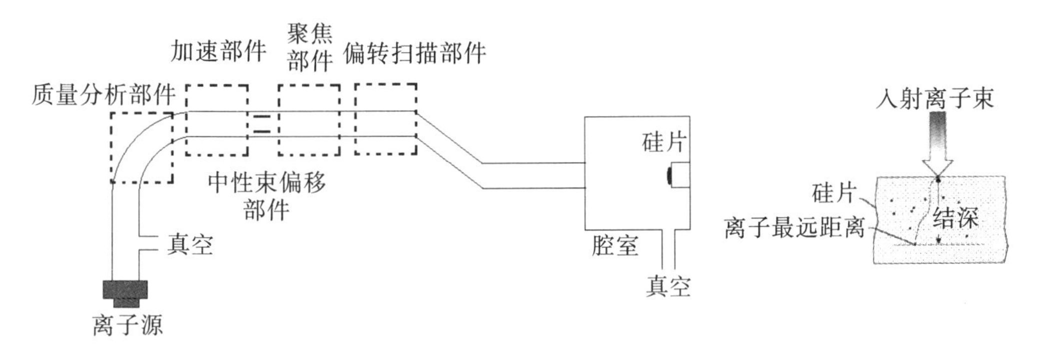

图 3－15　离子注入系统

离子注入是一个非平衡过程，最终停留位置是随机分布的，由于没有了电活性，大部分不在晶格上。

表 3－2 对扩散与离子注入进行了比较。

表 3－2　扩散与离子注入的比较

内容	扩散	离子注入
示意图	SiO_2 结深 Si片　掺杂区域	PR 结深 Si片　掺杂区域

续表3－2

内容	扩散	离子注入
温度、动力及掩膜	高温 900℃～1200℃，浓度梯度平衡过程，SiO_2耐高温硬掩膜	室温或低于 400℃，动能非平衡过程，光刻胶（PR）、SiO_2或金属薄膜掩膜
均匀性及结深	各向同性，横向扩散是纵向扩散的 0.75～0.85 倍，扩散线宽 3μm 以上，结深不易精确控制，适合深结掺杂	各向异性，横向扩散小，线宽小于 1μm，结深控制精确，适合浅结掺杂
杂质浓度控制及均匀性	不能独立控制掺杂浓度，电阻率波动 5%～10%	能够独立控制掺杂浓度，电阻率波动约 1%
其他	易污染，晶格损伤小，设备简单且廉价	高真空，无污染，损伤大，后期退火无法彻底消除缺陷，注入过程硅片带电，设备复杂且昂贵

当离子沿晶轴方向注入时，由于沟道中核阻力很小，电子密度也很低，大部分离子将沿着沟道运动，几乎不会产生原子核的散射，方向基本不发生变化，在硅片中能够注入很远，如图 3－16 所示。避免沟道效应可以倾斜硅片 7°左右，利用屏蔽的 SiO_2 氧化层并预先用 Si、Ge、F、Ar 等离子注入进行无定形处理形成非晶层，以及采用增加注入剂量等措施。另外，离子注入还会产生阴影效应，如图 3－16（b）所示。通过后期退火扩散以及快速退火处理，能够有效地消除注入损伤，激活掺杂离子，并消除各种负面效应。离子注入使得硅片表面带电，造成杂质不均匀分布，同时电弧放电也容易引起硅片表面损伤，击穿氧化层，降低芯片合格率，因此，需要消除与减弱充电效应，引入电荷中和系统。

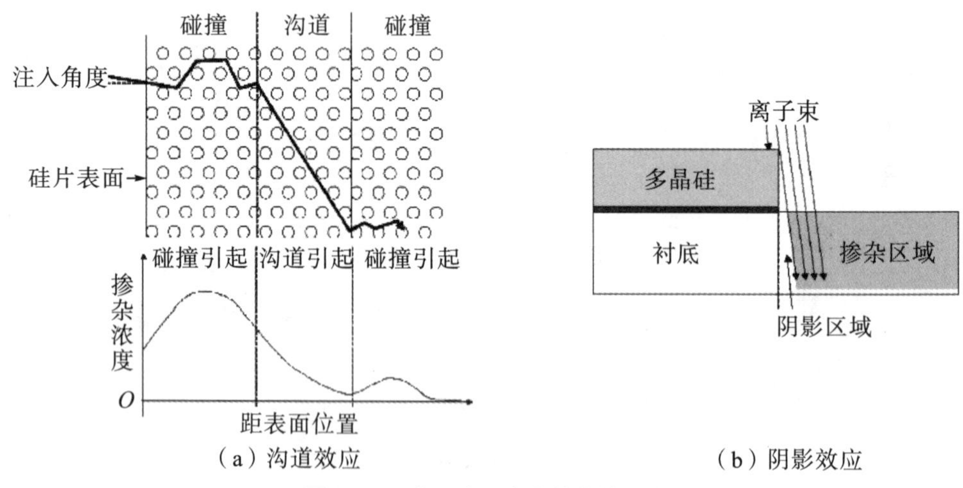

（a）沟道效应　　（b）阴影效应

图 3－16　离子注入产生的其他效应

5. 光刻工艺

光刻就是光刻胶在特殊光波或者电子束下发生化学反应，形成精细图案的加工技术。首先把光刻掩膜板上的图形精确地印制在涂有感光胶（或其他掩膜）的单晶或介质层表面，然后利用感光胶的选择性保护性能，对氧化层或金属层进行化学腐蚀，进而刻蚀出有效的图形。光刻是图形转印和化学腐蚀相结合的精准技术，在平面型晶体管和集成电路生产中，是最关键、最复杂、最昂贵的一项工艺技术，被反复运用。其基本的流程如图 3-17 所示。

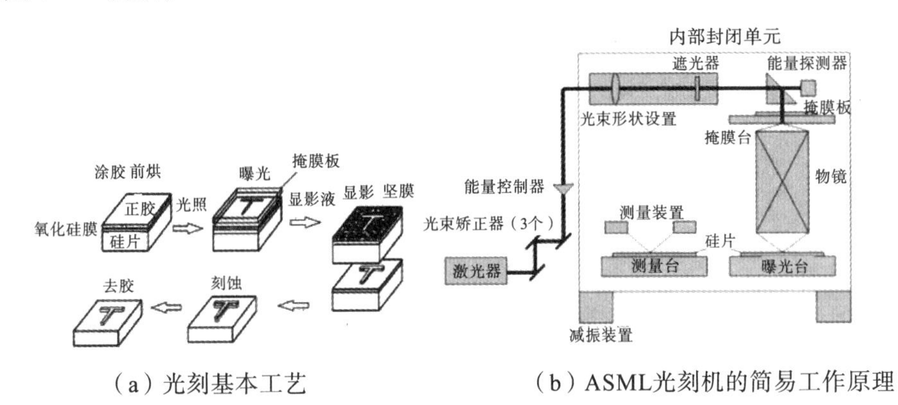

（a）光刻基本工艺　　（b）ASML光刻机的简易工作原理

图 3-17　光刻基本工艺及 ASML 光刻机的简易工作原理

（1）涂胶。

通过滴胶→旋转→甩胶→溶剂挥发的方式，在硅片上旋涂获得厚度均匀、附着性强、没有缺陷的光刻胶薄膜。滴胶之前，需要先用六甲基二硅氮烷（HMDS）和三甲基硅烷基二乙胺（TMSDEA）等物质对硅片进行表面改性，或者采用高温烘烤的方式，以增强光刻胶与硅片之间的附着力。衬底硅片的表面清洁度、表面极性以及平面度对光刻工艺影响很大，芯片光刻工艺需要的净化等级一般为 10～100 级。在芯片制造中，涂覆光刻胶的目的主要是将掩模板图形转移到硅片表面顶层的光刻胶上，以便在后续工艺中保护下面的材料（如刻蚀或离子注入阻挡层）。光刻胶的主要成分为感光树脂、增感剂以及溶剂，分为光聚合型、光分解型和光交联型。胶的类型包括正胶与负胶，正胶经曝光后，受光部分容易溶解，显影处理后，只有未被光照的区域形成图形，而负胶恰恰相反。正胶与负胶的显影效果如图 3-18 所示。

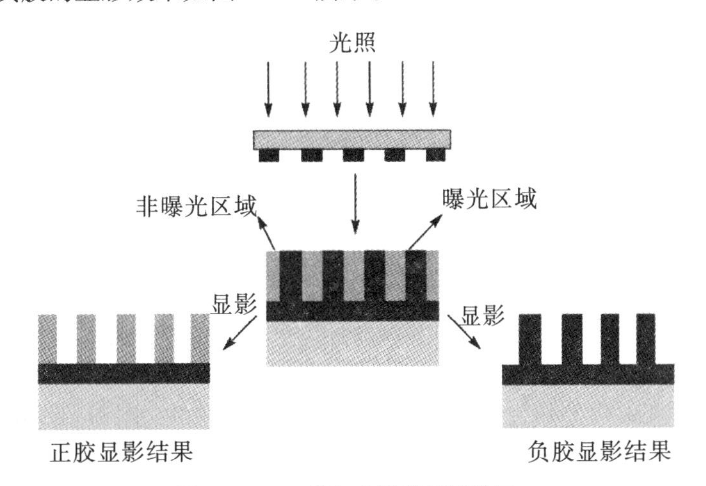

图 3-18　正胶与负胶的显影效果

两种胶各有优缺点，往往在不同区域分别使用。光刻胶的主要性能参数包括灵敏度

（对一定波长光的最小曝光量）、对比度、分辨率、光吸收度、抗蚀性、表面张力、纯度、黏滞性（黏度）。

（2）前烘。

前烘也称软烘。不同胶的前烘温度与时间有区别，一般在 100℃左右烘烤不超过一分钟，将光刻胶的溶剂尽可能地挥发去除，同时进一步增强光刻胶的黏附性，缓和光刻胶的内部应力。

（3）曝光。

曝光是在光波或电子束作用的区域发生光反应，光照与非光照区域产生溶解性差异。以正胶为例，在未经曝光前，光刻胶里面的感光树脂不溶于显影液中，曝光后，感光树脂发生化学反应，生成能溶于显影液的物质。曝光分为接触式曝光、非接触式曝光和投影式曝光，如图 3-19 所示。常见的光源为高压汞灯，它的发射谱中能用于光刻的主要是 436nm（G 线）、405nm（H 线）以及 365nm（I 线）。另外，光刻工艺中光源波长还包括 248nm 深紫外线（DUV）/KrF 准分子激光，193nm 深紫外线（DUV）/ArF 准分子激光以及最先进的 13.5nm 极紫外线（EUV）。一般而言，光源波长与分辨率的对应关系为：365nm 光源能够获得 250～350nm 的线宽，248nm 光源能够获得 130～180nm 的线宽，193nm 光源能够获得 100～130nm 的线宽，13.5nm 光源能够获得 5nm 的线宽。采用浸没式技术能进一步提高某一波长曝光光源的光刻分辨率。浸没式技术是利用光通过一定折射率的液体介质后，其波长将缩短，进而增加分辨率和焦深。比如水的折射率为 1.33，当 193nm 的光源穿过水到达硅片上的光刻胶时，其波长缩短为 193/1.33=145.1nm，如果采用更大折射率的介质，光源波长将进一步缩短。

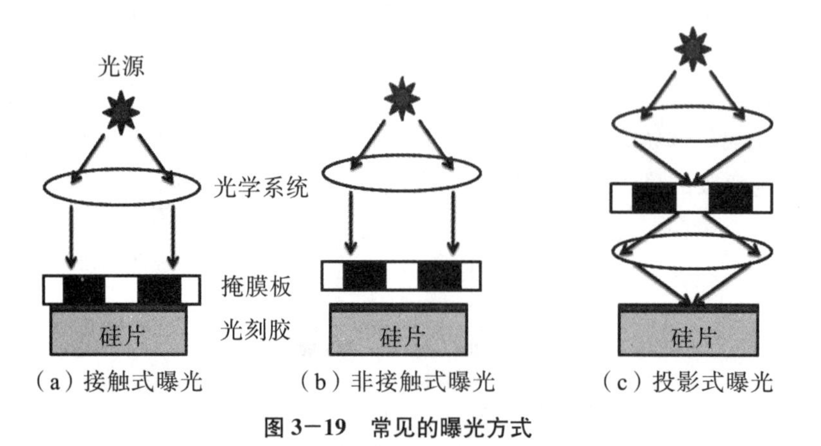

图 3-19 常见的曝光方式

光刻分辨率主要由系统的数值孔径（Numerial Aperture，NA）和光源波长决定。$NA=n\sin\theta$，n 是像空间的折射率，θ 表示物镜在像空间的最大半张角，数值孔径示意图如图 3-20 所示。

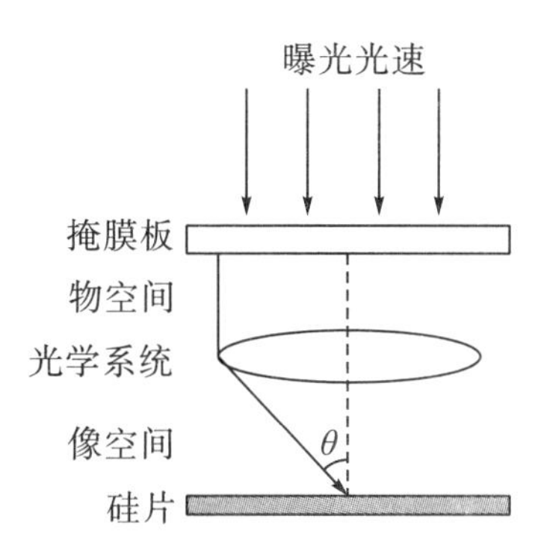

图 3-20　数值孔径示意图

如果像空间的介质是空气，n 接近 1，数值孔径就是 $\sin\theta$；物镜在像空间的张角 θ 越大，光学系统的分辨率就越大。在像空间长度不变的情况下，数值孔径越大，所用光学系统的镜头直径就越大，相应的制造难度越大，结构也就更复杂。先进的氟化氪光刻机拥有 0.93 的数值孔径，能够制作 65nm 的线条。通过提高像空间的折射率 n，也能提高数值孔径。比如利用水来填充像空间，折射率变为 1.33，数值孔径由 0.93NA 提升为 1.24NA，分辨率提高 30%以上。这就是采用浸没式光刻的原因。

影响曝光分辨率的主要因素包括光刻胶质量与厚度、所用光波或者电子束的平行度、光的衍射和反射效应、掩膜板与光刻胶接触特性、掩膜板的分辨率和质量，以及曝光时间等。光刻掩膜板（Photo Mask）是具有遮光性的几何图案，由基板和遮光材料组成，可以实现光选择性地通过，进而在光刻胶上获得设计的精确图案。掩膜板是在石英玻璃上涂覆一层光敏乳胶或溅射一层几十纳米厚的金属铬，再经图形转移而成。掩膜板上任何缺陷都会对最终的图案精度产生严重的影响，是芯片设计与制造衔接的关键部件。在芯片制作过程中，往往需要多次进行光刻，必须确保整套掩膜板之间相互精确匹配。在生产中，有专门的掩膜板管理系统实施掩膜板的管理，而掩膜板的制作也有严格的工艺流程。设计上只能获得关于掩膜板的图像与数据，在芯片制作时，需要通过制版工艺获得掩膜板。制版的基本流程包括：空白版制作（铬版、氧化铁版以及超微粒干版）→数据转换（设计数据转换为图层图形）→刻画（激光或电子束在空白版表面的光刻胶上“作图”）→出图（显影刻蚀，获得主线路图、独立测试区域图、器件测试区域图、工艺检测区域图、定位区域图以及其他识别类图形）→检测修补→烘烤老化与质量检验。

（4）显影。

正胶的曝光区与负胶的非曝光区在显影液中溶解的过程。

（5）坚膜。

经过显影的光刻胶膜已经软化、膨胀，与硅片之间黏附性下降。经过一定温度、一定时间的烘烤，硅片上残留的显影液和溶剂被去除，光刻胶与硅片的附着力得以改善，同时提高了光刻胶的抗腐蚀能力，使光刻胶能够起到保护作用，为下一步刻蚀做好准备。

（6）刻蚀。

采用湿法刻蚀或干法刻蚀的技术，对未被光刻胶覆盖保护的介质层进行腐蚀，获得完整、清晰且精准的光刻图形。

湿法刻蚀是先利用氧化剂（如酸）将被刻材料氧化，然后利用专门的溶剂将氧化物刻蚀掉，其产物必须是气态或可溶物质，以免反应物沉淀。Si 片的湿法刻蚀采用硝酸与氢氟酸混合溶剂反应进行，另外加入醋酸作为缓冲剂。其反应过程为首先利用硝酸氧化晶片表面，然后利用氢氟酸与氧化硅化合生成溶于水的络合物：

$$Si+4HNO_3 \longrightarrow SiO_2+2H_2O+4NO_2$$

$$SiO_2+6HF \longrightarrow H_2SiF_6+2H_2O$$

经过 2～3min 的刻蚀，硅片上将出现 10～20μm 的刻蚀槽，刻蚀是放热反应，一般放在冰水中进行。二氧化硅的刻蚀通常采用 HF 与 NH_4F 按照 1∶6 的体积比进行稀释的混合溶液。二氧化硅刻蚀受反应温度影响较大，另外硅表面的非晶二氧化硅层各个方向刻蚀速度相同，在刻蚀表面二氧化硅时，遮挡层下方的二氧化硅层也将被刻蚀掉同样的厚度。湿法刻蚀大部分采用强氧化剂，刻蚀速度与晶体取向无关，为各向同性，容易出现横向钻蚀现象，导致线宽很难控制，目前已逐渐被干法刻蚀替代。

常见的干法刻蚀包括物理刻蚀（溅射刻蚀）、化学刻蚀（等离子体刻蚀）以及物理化学刻蚀［反应离子刻蚀（RIE)］。物理刻蚀的方向性强，但选择性较低，超大规模集成电路制作工艺中很少采用全物理干法刻蚀。化学刻蚀与湿法刻蚀类似，选择性好，但各向异性较低。而物理化学刻蚀具有高选择性与各向异性，是目前超大规模集成电路制作工艺中的主流干法刻蚀技术。

比如刻蚀 SiO_2，常见的等离子体刻蚀气体包括 CF_4、C_3F_8、CHF_3 等。以 CF_4 为例，刻蚀反应过程为：高能离子碰撞分解为活性离子→活性离子与硅表面氧化物及硅反应。

$$CF_4 \longrightarrow 2F+CF_2$$

$$SiO_2+4F \longrightarrow SiF_4+2O$$

$$SiO_2+2CF_2 \longrightarrow SiF_4+2CO$$

$$Si+4F \longrightarrow SiF_4$$

$$Si+2CF_2 \longrightarrow SiF_4+2C$$

氟与硅的反应速度比与二氧化硅的反应速度高 1～3 个数量级。通过调整气体中氟碳原子比，能够在确保反应速度的同时进行选择性的刻蚀。比如在反应气体中掺入 O_2（$CF_4+O^{2-} \longrightarrow COF_2+2F^-$），可以改变氟碳比，进而改变硅片及其表面氧化物的刻蚀速率。另外，对于多晶硅，常用氯气进行刻蚀；对于氮化硅，常用 CF_4/O 气体进行刻蚀；对于金属，比如铝的刻蚀，往往采用 BCl_3 气体；而钨的刻蚀则采用 CCl_4 气体；对于含铜金属，需要适当提高硅片温度并采用高能离子轰击进行刻蚀。

由于硅片边缘处不可避免会出现扩散掺杂原子，形成漏电通道，因此对于不同规格的硅片，应适当调整刻蚀时间以去除这些漏电通道。

（7）去胶。

采用溶剂去胶、氧化去胶、等离子体去胶等方式将硅片表面刻蚀后残留的光刻胶去除。在光刻过程中，容易出现浮胶、针孔、颗粒聚集、毛刺等缺陷，需要严格管控工艺环节和材料纯度，以避免以上缺陷产生。

6. 超细线宽曝光技术

随着元器件朝着轻、薄、短、小的方向发展，要求光刻技术刻蚀出越来越精细的线条，这就需要不断缩小光刻所用光源波长。随着光源波长的缩小，曝光时间将增加，造成光刻胶对深紫外线的过度吸收，图案精度反而受到影响。

7. 准分子光刻技术

248nm KrF 准分子激光以及 193nm ArF 准分子激光在 IC 制造中应用越来越多，准分子激光具有强度高、曝光时间短、谱线线性好、色散小、时间与空间不相干以及输出模式多等特点，采用步进扫描技术可以获得较大的曝光场，不需要昂贵的透镜系统，精度非常高。在进一步获得极小线条时，浸没式 193nm ArF 光刻技术应用较多。目前，ASML、Nikon、Cannon 都采用该技术制作光刻机。

8. 极紫外光刻技术

极紫外光刻技术（EUV）被称为下一代光刻技术。光路中的透镜将吸收进一步缩小波长的紫外光（<193nm），因此在极紫外光刻中，光源、曝光系统、光路、光刻胶以及掩膜将重新精确设计。首先通过脉冲激光在熔融的锡滴中产生高能离子，发射出 13.5nm 的光波，由于波长为 13.5nm 的光（软 X 射线）极容易被吸收，因此整个工艺将在高真空环境中进行，然后通过涂覆有多层钼和硅的特制凹面镜与凸面镜汇聚并反射投影到掩膜上进行曝光。镜片及导轨的加工精度均要求为纳米级水平。ASML 于 2016 年推出的首款极紫外光刻机可以达到 18nm 的分辨率，单台售价超过 1 亿美元。如图 3－21所示为 ASML 生产的极紫外光刻机设备。光刻机最关键的部件包括光源、透镜、掩膜板以及控制器。制约极紫外光刻机发展的原因包括成本高昂、大功率光源缺乏、掩膜与光刻胶技术有待提升。因此，目前深紫外浸没式光刻技术（DUV）仍然是光刻能力最强且技术最成熟的技术，能够满足精度（14nm）与成本的要求，工艺延伸性很强，很难被极紫外光刻技术替代。

图 3－21　极紫外光刻机

9. 电子束光刻技术

采用加速电压获得高能的电子束，在偏转系统中对准硅片表面位置，进而与光刻胶相互作用，产生光化学反应。通过程序自动化地控制电子束位移可以直接读写获得所需的图形，然后再进行显影，因此不再需要掩膜板。电子束比光速具有更大的焦深，能够得到小于 1μm 的图形，特别适合精准地在不同层之间对准定位。影响电子束光刻技术应用的主要原因有工作效率低下（仅为紫外光刻技术的八分之一）、邻近效应（散射和背散射造成）以及专门用于电子束的曝光、显影、刻蚀等技术的开发。

10. X 射线曝光技术

X 射线曝光技术的光源为 X 光，随着管电压的变化，波长范围为 0.01～10nm，不容易产生衍射现象，能够获得极小的图形。由于考虑到光刻胶、掩膜等对 X 射线的吸收量很小，掩膜板必须使用昂贵的黄金等材料，目前发展比较缓慢。

光刻机是集成电路生产制造过程中的关键设备，目前，深紫外和极紫外光刻机由荷兰 ASML 垄断生产，该公司每年出货高端设备 20 台左右，主要被台积电和三星等大型芯片代工厂抢购。ASML 已推出新一代 HMI 多光束检测机，能够用于低于 5nm 的先进光刻。ASML 的先进光刻机汇聚世界顶尖技术，包括德国蔡司镜头、美国控制软件及电源、日本复合材料、瑞典精密机床技术。国外主要的光刻机生产企业还包括 NiKon 和 Cannon。上海微电子是国内光刻机研制的龙头企业，生产的最新 SSX600 系列步进扫描投影光刻机，采用 ArF excimer laser 曝光光源，镜头倍率为 1∶4，处理硅片尺寸为 200mm 或 300mm，可以满足集成电路前道制造工艺 90nm 线宽的需要。该公司将于 2021 年交付首台完全国产的 28nm 光刻机。另外，我国 2019 年 4 月已经研发出 9nm 线宽双光束超衍射极限光刻试验样机。

互补金属氧化物半导体场效应晶体管（Complementary Metal Oxide Semiconductor Field Effect Transistor，CMOSFET）是一种大规模应用于集成电路芯片的单元，如图 3－22 所示，有 P 型 MOS 管和 N 型 MOS 管之分。

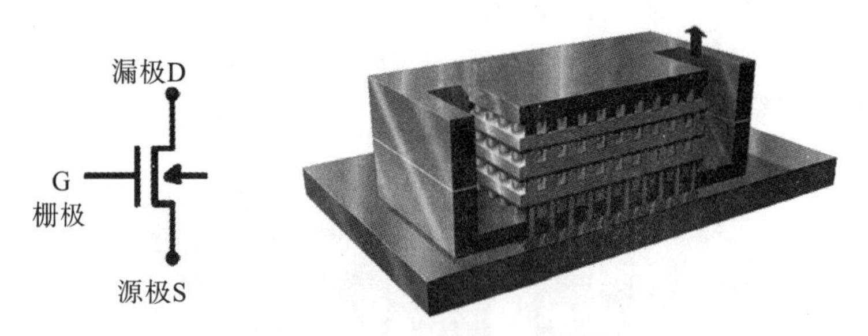

图 3－22　CMOS 管电路简图及集成结构图

CMOSFET 的工作原理很简单，电子由源极流入，经过栅（Gate）极下方的电子通道，由漏极流出，中间的栅极决定是否让电子由下方通过，其功能与水龙头开关一样，只是栅极开关速度可以达到 1GHz 以上。以 CMOSFET 制作工艺为例来说明芯片制作流程：

（1）清洗圆片，并采用热氧化工艺在硅表面生成一层二氧化硅（约 20nm），形成缓冲层，降低后续氮化硅沉积应力。利用化学气相沉积技术获得氮化硅层（约 250nm），用以作为后续离子注入的掩膜。

（2）双阱形成：涂上光刻胶（0.5～1.0μm），利用光刻技术形成P型阱区图形，采用氟的反应离子（RIE）蚀刻掉多余的氮化硅。利用离子注入，将硼掺入形成P型阱区，然后去除光刻胶（氧化成气体）。将圆片进行高温处理，并形成N型离子注入的SiO_2掩膜（0.5～1.0μm），防止后续离子注入N型杂质进入P型阱区。利用热磷酸（约180℃）蚀刻去除氮化硅，利用离子注入磷形成N型阱区（有SiO_2掩膜，磷离子不会进入P型阱区）。再进行退火处理（600℃～1000℃，在H_2环境），消除离子注入造成的晶格不完整，并激活杂质获得扩散掺杂良好的半导体；去除表面的SiO_2，然后利用热氧化法在晶圆上生成用作后续沉积的缓冲层SiO_2薄膜，并捕获晶圆表面的缺陷。采用低压化学气相沉积技术沉积氮化硅用作器件隔离层，再按照设计涂覆光刻胶，通过光刻获得相应的图形。以活性离子刻蚀去除多余的氮化硅，再将光刻胶去除。利用氧化技术，成长出一层SiO_2薄膜作隔离层，利用热磷酸湿式蚀刻多余的氮化硅。经过以上过程，在硅片上生成N阱和P阱，中间有浅槽隔离有源区。

（3）通过生长栅氧化层、淀积多晶硅和刻蚀得到栅结构（这是CMOS工艺中最关键的步骤），获得源极与漏极。用HF去除电极区域的SiO_2，再用热氧化工艺获得一层高品质的SiO_2作为电极氧化层（2～10nm）。利用低压化学气相沉积技术在晶圆表面沉积多晶硅（150～300nm），用以连接导线的电极。涂覆光刻胶（这一步光刻胶最薄，采用深紫外光进行曝光），形成电极区域。利用离子刻蚀技术获得多晶硅电极结构，然后去除表面光刻胶，栅极制作完成。利用氧化技术，在晶圆上形成SiO_2氧化层，然后涂覆光刻胶，利用光刻形成CMOS源极与漏极的掩膜，利用离子注入技术将As元素（对应NMOS）或B元素（对应PMOS）注入源极与漏极区域，再将晶圆表面光刻胶去除。利用等离子体增强化学气相沉积技术沉积一层无掺杂的氧化层，以保护结构表面，避免后续工艺的影响。利用退火技术，进行漏极与源极电性活化与扩散处理，然后沉积含硼磷的氧化层（约1μm），准备后续光刻工艺，并进行抛光处理。

（4）金属层制作。涂覆光刻胶，形成第一层接触金属孔的屏蔽，用离子刻蚀出接触孔。采用溅射技术，在晶圆上沉积Ti/TiN/Al-Cu/TiN等多层金属膜，利用光刻技术得到第一层金属的掩膜，将W金属进行离子刻蚀获得金属导线结构。利用等离子体增强化学气相沉积技术在晶圆上沉积SiO_2介电层作为保护层，将流动态的SiO_2旋涂在晶圆表面，保证晶圆表面平整，利于后期光刻控制，并进行烘干处理。然后再沉积一层介电层在晶圆上，利用光刻和离子刻蚀获得通孔，去除光刻胶。再沉积第二层金属在晶圆上，利用光刻技术制作出第二层金属屏蔽，蚀刻出第二层金属连接结构。利用等离子体增强气相沉积技术获得保护钝化层，利用光刻技术与蚀刻技术在表面制作焊盘接触区。将晶圆进行退火，获得最佳的金属接触，完成CMOS晶体管的制作。

CMOS的剖面图和平面图如图3-23所示，CPU结构图如图3-24所示。

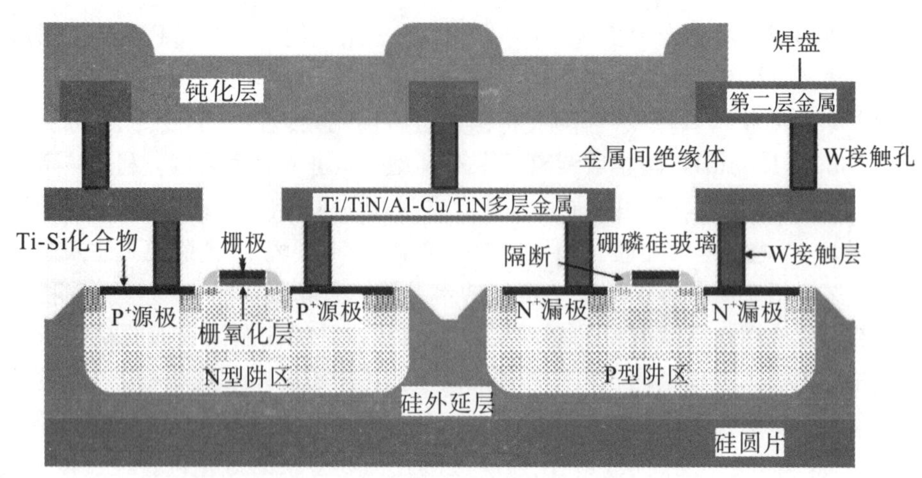

（a）剖面图

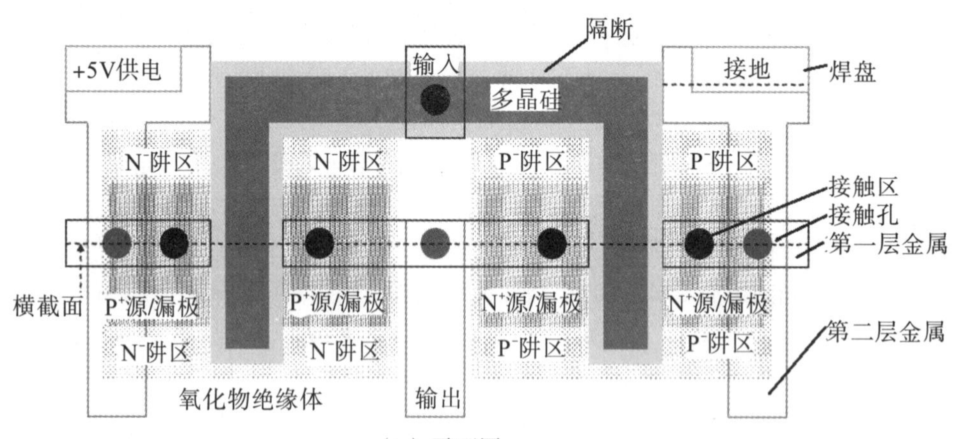

（b）平面图

图 3－23　CMOS 的剖面图和平面图

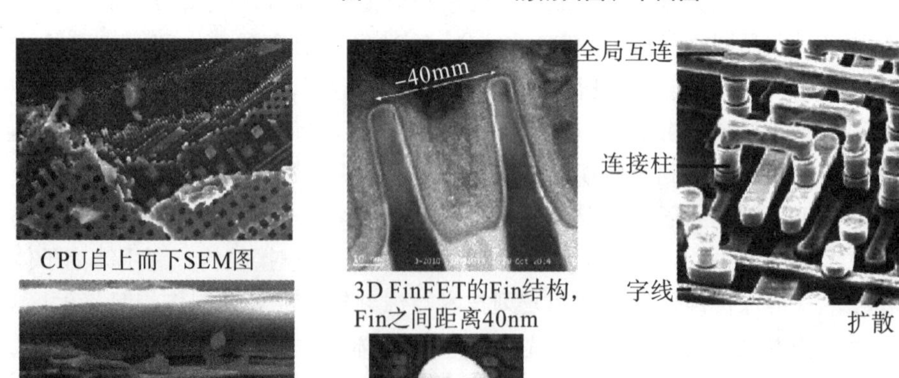

图 3－24　CPU 结构图

芯片制作完成后，晶圆的相关构造为：①晶格：晶圆制造结束后，晶圆的表面会形成许多格状物，称为晶格。经过切割器切割后形成晶片。②分割线：晶圆表面的晶格与晶格之间预留给切割器所需的空白部分。③测试晶格：指晶圆表面具有电路元件及特殊装置的晶格，在晶圆制造期间，这些测试晶格需要通过电流测试，才能被切割下来。④边缘晶格：晶圆制造完成后，其边缘会产生部分尺寸不完整的晶格，即为边缘晶格，这些不完整的晶格切割后，将不被使用。⑤晶圆的平坦边：晶圆制造完成后，晶圆边缘都会切割成主要和次要的平坦边，目的是作为区分。

（5）参数测试。验证硅片上每一个管芯的可靠性。需要对晶圆进行各种测试，包括检测晶圆的电学特性，判断是否有逻辑错误，并确定错误出现在哪层，最后确定不同的产品等级。一些芯片的运行频率相对较高，于是打上高频率产品的名称和编号，而运行频率相对较低的芯片则加以改造，打上其他的低频率型号。另外还有一些处理器可能在芯片功能上存在不足，比如在缓存功能上有缺陷（这种缺陷足以导致绝大多数CPU瘫痪），那么就会被屏蔽掉一些缓存容量，降低了性能及产品售价。这就是不同市场定位的处理器，如高端Core i9－10900K芯片以及同批次的低端系列产品。晶圆上每一个出现问题的芯片单元将被单独测试以确定其是否有特殊加工需要。经测试，将完好、稳定、足容量的芯片取下封装。筛选前、后的晶圆片如图3－25所示。

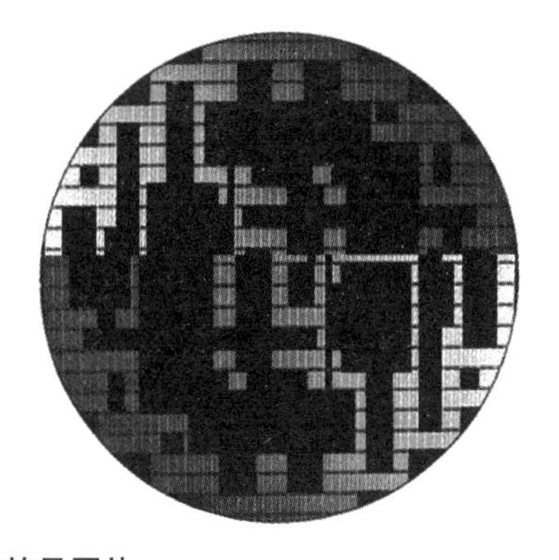

图3－25 筛选前后的晶圆片

3.1.3 芯片封装

晶圆上的芯片被切割成单个芯片，然后进行封装，这样才能使芯片最终安放在PCB上。这就需要晶圆切割机，粘片机（将芯片贴合到引线框架中）、线焊机（负责芯片和引线框架的连接，如金丝焊和铜丝焊）等，在引线键合工艺中将使用不同类型的金属引线，如金（Au）、铝（Al）、铜（Cu）等，详见第4章。随着多层封装乃至3D封装技术的出现，超薄晶圆的需求不断增加，对应的芯片封装形式与工艺也在不断发展。

3.2 先进技术

3.2.1 FinFET 工艺

FinFET（Fin Field-Effect Transistor）称为鳍式场效晶体管，是一种新的互补式金属氧化物半导体（CMOS）晶体管，属于多闸极晶体管技术。它是将导电通道包裹在硅鳍片里面，也就是在晶体管上使用 3D 立体堆叠技术。Intel 22nm 工艺第一次实现了该技术的商业化量产，并且取了一个特殊的名字——“三栅极晶体管”。事实上，FinFET 技术并不在乎有几个栅极，Intel 相关产品是一个特例。FinFET 是根据晶体管的形状与鱼鳍相似而进行命名的。

MOSFET 是目前半导体产业最常使用的一种场效晶体管（FET），如图 3－26 所示。Gate 极长度随着制造工艺的进步越来越短，由 0.18μm 发展到目前的 10nm，Gate 极长度越短，整个 MOSFET 就越小，相应的含有数十亿个 MOSFET 的芯片就越小，封装获得的集成电路也就越小。工艺线宽其实就是 Gate 极长度，习惯叫作“线宽”。其工作原理详见第 7 章。

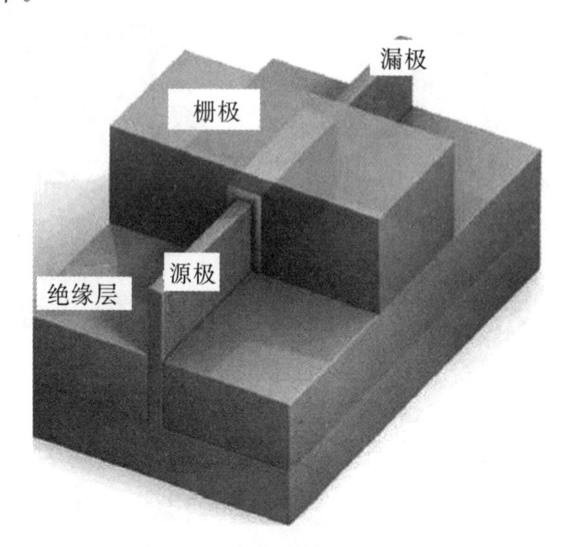

图 3－26 MOSFET 示意图

当栅极长度缩短到 20nm 以下时，将遇到许多新的物理问题，其中最麻烦的是当栅极长度缩短，源极和漏极的距离更近，栅极下方的氧化物越薄，漏电概率增大。另外一个麻烦的问题是，电子由源极流到漏极是由栅极电压来控制的，当栅极长度变短后，栅极与通道之间的接触面积变小，也就是对通道的作用力变小，导致晶体管开关性能降低。

一个解决方法是将源极和漏极拉高变成立体板状结构，使源极和漏极之间的通道也变成板状，则栅极与通道之间的接触面积变大了，即使栅极长度缩短到 20nm 以下，仍然保留很大的接触面积，能够精确控制电子由源极流到漏极，并降低漏电和动态功率耗损（由状态 0 变 1 或由 1 变 0 时所消耗的电能）。

目前，英特尔、台积电以及三星都在采用 FinFET 技术，并已经进入 7nm 量产，7nm 工艺比 10nm 工艺性能高出约 25%，而功耗降低约 35%，二者 95%的设备都能共用，联发科、NVIDIA 以及华为旗下的海思都已采用 7nm 工艺。

3.2.2　FD-SOI 工艺

FD-SOI（Fully Depleted Silicon-on-Insulator）称为全耗尽绝缘层上硅技术，是通过在硅中加入一层绝缘层，使其具有特殊的性质。SOI 材料的制备主要是以离子注入为代表的 SIMOX 注氧隔离技术（Speration-by-Oxygen Implantation）和键合（Bond）技术。采用与硅工艺相容的 22nm FD-SOI 工艺，可减少 13%～20%的工序。图 3－27 是采用 FD-SOI 技术制作芯片的结构图。

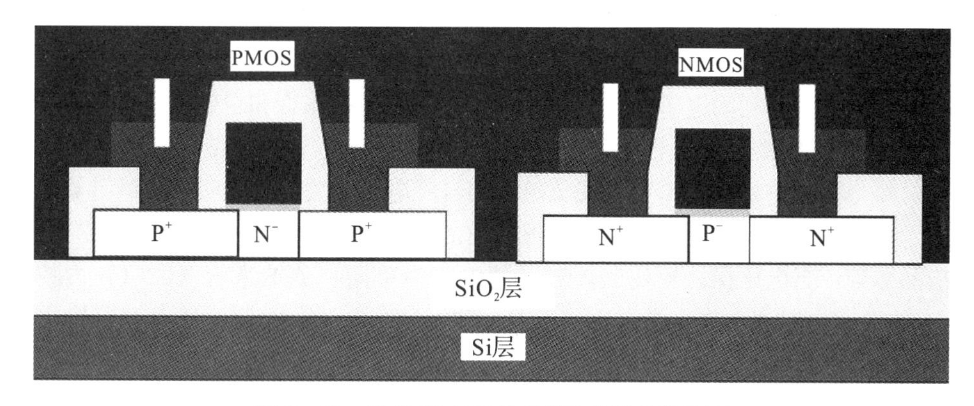

图 3－27　采用 FD-SOI 技术制作芯片的结构图

FD-SOI 的优势在于：

（1）晶体管中硅薄膜自然地限定了源漏结深，同时也限定了源漏结的耗尽区，从而改善漏致势垒降低（Drain Induced Barrier Lowering，DIBL）等短沟道效应，优化器件的亚阈特性，降低电路的静态功耗。

（2）FD-SOI 晶体管无须沟道掺杂，可以避免随机掺杂涨落（Random Dopants Fluctuation，RDF）等效应，从而保持稳定的阈值电压，同时还可以避免因掺杂而引起的迁移率退化。

（3）FD-SOI 工艺可以将工作电压降低至约 0.6V，而其他基于体硅晶体管的最小工作电压的极限值一般在 0.9V 左右。使用 FD-SOI 的后向偏置技术（即负偏压）可以提供更宽动态范围的性能，因此特别适合移动和消费级多媒体应用。

（4）对 FD-SOI 工艺而言，SOI 中位于顶层的硅层厚度会减薄至 5～20nm，这样器件工作时栅极沟道位置下方的耗尽层便可充满整个硅薄膜层，可消除在 PD-SOI（PD 为部分耗尽）中常见的浮体效应。顶部硅层的厚度为 50～90nm，沟道下方的硅层中仅有部分被耗尽层占据，导致电荷在耗尽层以下的电中性区域中累积，造成浮体效应。

（5）减少寄生电容，提高器件频率。与体硅相比，SOI 器件的工作频率提高 20%～

35%，SOI器件的功耗下降35%~70%。

（6）消除闩锁（Latch up）效应。在CMOS芯片中，由于寄生的PNP和NPN双极性BJT（Bipolar Junction Transistor）相互影响，并在电源和地线之间产生低阻通路，使VDD和GND之间产生大电流。随着IC制造工艺的发展，封装密度和集成度越来越高，产生Latch up效应的可能性会越来越大。

（7）抑制衬底的脉冲电流干涉，减少软错误的发生。由于SOI硅片的成本太高。8英寸的SOI硅片每片要300~400美元，而通常的体硅片每片才30~40美元。只有如RFIC等特定用途的芯片，才会采用SOI工艺。40nm与28nm的FD-SOI技术将与14nm及10nm的FinFET技术长期共存。在7nm及以下时，SOI将从2D发展到3D，即发展为SOI FinFET工艺，两种技术可谓殊途同归。

3.2.3 全碳运算元件

全碳运算元件可以制作比硅晶体管更小、性能更好的晶体管，有望替代硅晶体管，大大提升了计算机的运算速度。现代晶体管类似开关，能打开和关闭电流。近年来，科学家一直在想方设法利用电子的自旋属性，制造出新型晶体管和自旋电子设备。在新的自旋电子电路设计方案中，科学家们使用碳纳米管和石墨烯纳米带（宽度小于50nm）两种碳材料，在石墨烯纳米带中发现负磁阻的自旋电子开关，并通过紧束缚计算其可行性。该元件采用具有恒定栅极电压和两根碳纳米管控制线组成的石墨烯纳米带（GNR）场效应晶体管，当电压保持恒定时，流通的电流为单向，碳纳米管（CNT）内控制电流I_{CTRL}的幅度与相对方向，决定磁场（B）和GNR的边缘磁化，从而调节输出电流I_{GNR}的幅度。具体就是，电子流经碳纳米管形成电流，电流产生磁场，磁场影响附近石墨烯纳米带内的电流，通过非相干自旋电子实现多个逻辑门之间的级联，如图3-28所示。与硅半导体通过电子的流动实现通信不同，石墨烯纳米带之间的通信通过电磁波进行，通信速度会快很多，时钟频率有望达到太赫兹（每秒一万亿次），比当前主流计算机快1000倍。另外，新元件能被制造得比硅晶体管小得多，从而解决硅晶体管的大小极限问题。科学家们正在计划下一步制造出这种全碳、级联自旋电子运算系统的原型器件，并检验其效率。

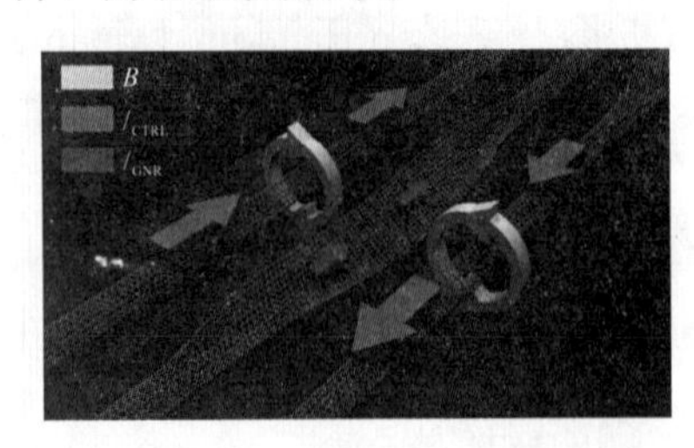

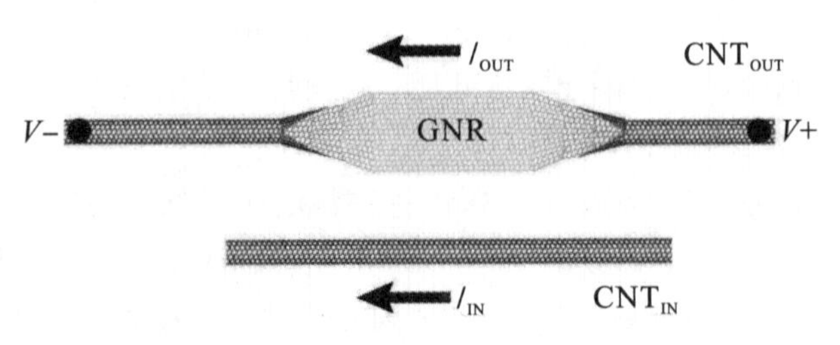

图3-28 全碳运算元件

3.3 芯片测试

电子封装主要功能的实现与电气连接的测试密切相关。为了节约大规模生产芯片的成本，芯片在封装前、后必须进行测试，找出容易检测和普遍存在的缺陷，并对芯片进行分级。

按照测试内容，芯片测试分为管脚测试（Per-Pin Test）、参数测试（Parametric Test）和功能测试（Functional Test）；按照目的，芯片测试分为设计验证测试（Design Verification）、量产测试（Mass Production Test）、特征分析测试（Characterization Test）和失效分析测试［Failure Analysis Test（Burn-in Test）］；按照测试阶段，芯片测试分为晶圆测试（Wafer Test，中测）、成品测试［Package Device Test，最终测试（Final Test）］和入厂筛选测试（Incoming Inspection Test）。本节主要介绍晶圆测试与最终测试。

芯片的工业化生产，需要大规模自动测试设备（Automatic Test Equipment，ATE）。高端产品测试时钟频率达到1GHz以上，并能提供多通道的并行测试，拥有高精度的时钟和大容量的储存空间。根据芯片的类型，选择合适的测试机器，然后进行测试方案的设计。在此基础上，设计一个外围电路（Load Board），用以连接芯片和测试仪器，按照芯片的每一个测试参数，进行编程，实现ATE仪器与芯片引脚之间的信号激励和收集。比如，对芯片某一引脚发出一个电流/电压信号，测试其响应结果。对于电气连接的功能测试，包括引脚导通、漏电测试、直流测试等，进而判断芯片是合格（Pass）或者失效（Fail），经过一系列测试，最终判断芯片的好坏与等级。对于新开发的芯片，常需逐行写代码进行测试。

3.3.1 晶圆测试

芯片被晶圆厂制作出来后，进入晶圆测试阶段，这一阶段可以在晶圆厂内完成，也可以在其他测试厂进行。检测硅片缺陷，首先对硅片进行选择性的化学/电化学腐蚀，利用光学/电子显微镜观察其表面形貌、微结构与缺陷，常用的手段包括扫描电镜（表面形貌）、原子力显微镜（表面形貌与粗糙度）、X射线衍射（硅片结构）、X射线荧光（成分组成）、激光拉曼光谱（表面结构）、光致发光［PL，以大于硅禁带宽度的光激发硅，当撤去光源后，处于激发态的电子属于亚稳态，在短时间内会回到基态，并释放一定波长（1100nm）的光子，通过捕获这些光子，就可以得到硅片的相关信息］、电致发光（EL，与PL工作原理相似，不同之处在于激发非平衡载流子的方式不同，通过正向偏压作用芯片，注入非平衡载流子）、微波光电导衰减法（μ-PCD，904nm的激光注入产生电子—空穴对，导致硅片的电导率增加，当撤去外界光注入时，电导率随时间指数衰减，这一趋势间接反应少数载流子的衰减趋势，从而通过微波探测电导率随时间变化的趋势得到载流子的寿命）等现代材料分析技术与手段。

对晶圆芯片进行电气可靠性测试，主要参数包括光衰、漏电、反压、抗静电、I—V

曲线等，这些数据一般通过老化进行测试。任何电路的测试均围绕能量流和信息流展开。能量流是确保芯片正常工作而提供的电子流，信息流是芯片为完成其设计功能而需要或形成的信号，分为模拟信号和数字信号。模拟信号的幅度是连续变化的；而数字信号的幅度被限制在有限个数值之内，是不连续的离散值。加电测试在探针台上进行，手动探针台是最简单的芯片测试设备，包括探针卡（有序多组探针）、探针座、显微装置、芯片台等。金属探针的一端接入电源、地、信号源、控制与检测端口，另一端接触焊盘。一般可以测试直流参数（与时间无关，稳态电气特性）、电学功能（信号处理、控制、存储、发射等）、极限参数以及低速低精度交流参数（与时间有关，包括上升与下降时间、传输延迟时间、稳定与保持时间、刷新与暂停时间等）。硅片检测的质量要求见表 3－3。

表 3－3　硅片检测的质量要求

掺杂浓度/cm^{-3}	$<10^{14}$	$10^{14}\sim10^{16}$	$10^{16}\sim10^{19}$	$>10^{19}$
P 型硅符号	π	P^-	P	P^+
N 型硅符号	ν	N^-	N	N^+
硅片直径/mm	200	200	300	300
器件特征尺寸/μm	0.35	0.25	0.18	0.13
颗粒密度/cm^{-2}	0.17	0.13	0.075	0.055
平整度/($\mu m/mm^2$)	0.23/(22×22)	0.17/(26×32)	0.12/(26×32)	0.08/(26×36)
粗糙度/nm	0.2	0.15	0.1	0.1
氧含量/$\times10^{-6}$	≤24±2	≤23±2	≤23±1.5	≤22±1.5
缺陷密度/cm^{-2}	≤5000	≤1000	≤500	≤100
外延层厚度/均匀性/(μm/±%)	3.0/±5%	2.0/±3%	1.4/±2%	1.0/±2%

评价硅片的材料、掺杂、结构与器件参数的一致性与稳定性，常采用微电子测试结构图，它是一种有别于芯片所继承的核心功能电路的特种图形结构，大致可以分为芯片制造过程的工艺监控参数、电路质量控制参数、电路设计模型参数与可靠性参数的提取，用于微电子器件生产，晶圆测试结构如图 3－29 所示。

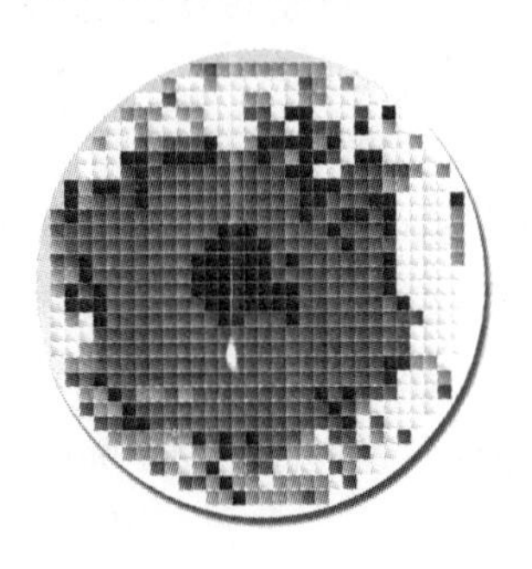

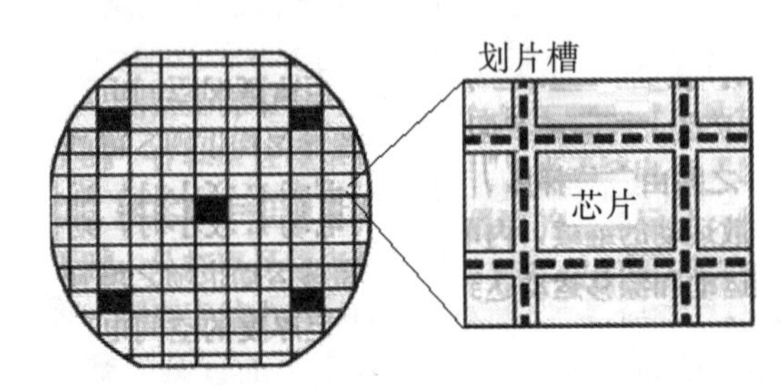

图 3－29　晶圆测试结构

（1）工艺监控参数：最典型的是测试各掺杂区薄层电阻的范德堡（VDP）测试结构，包括圆形 VDP、圆形栅极 VDP、偏移方形十字 VDP、大希腊十字形 VDP、小希腊十字形 VDP 和正十字形 VDP，如图 3－30 所示。其次是金属半导体接触电阻测试结构，随着单个芯片尺寸减小，金属与半导体之间的接触电阻是一个大问题。

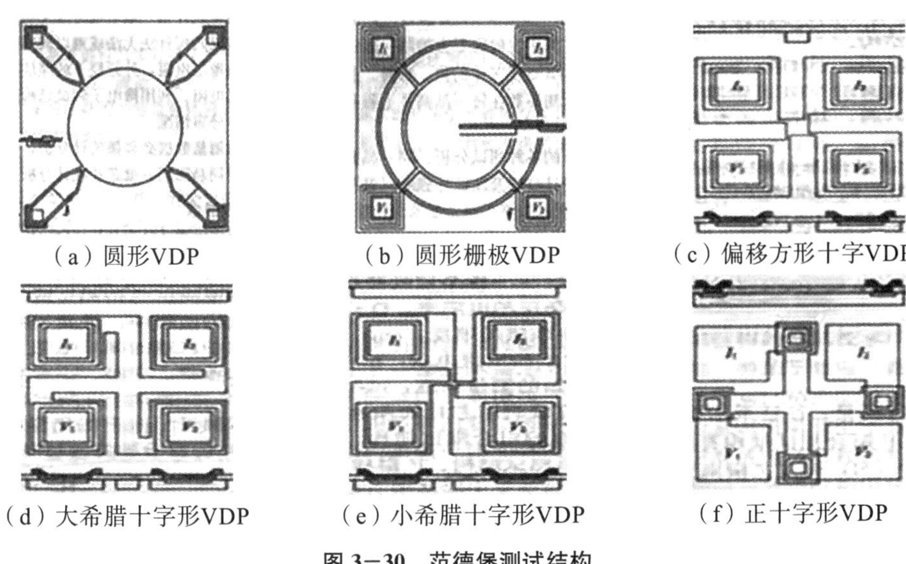

（a）圆形VDP　（b）圆形栅极VDP　（c）偏移方形十字VDP

（d）大希腊十字形VDP　（e）小希腊十字形VDP　（f）正十字形VDP

图 3－30　范德堡测试结构

（2）电路质量控制参数：将芯片测试结构连续采集的工艺参数转换成信息，利用数理统计分析理论以确定、改善或纠正工艺的过程特征，保证产品质量、成品率和可靠性，这种方法属于统计过程控制（Statistical Process Control，SPC）技术。

（3）电路设计模型参数：利用芯片结构图组技术的测试结构数据提取设计模型参数，建立 VLSI（Very Large Scale Integration）库，前提是获得可靠、正确反映工艺的器件模型参数。

3.3.2　最终测试

晶圆通过测试后，就被切割成单个芯片，好的芯片流入封装工序，一般测试与封装在同一个地点完成。封装完成后，进行时间较短的最终测试。完成分类、刻字、封装检查、包装等工序后就可以出货。最终测试是芯片厂的主要业务，需要大量自动化设备，需对芯片进行严格分类。在晶圆测试时是好的芯片，在最终测试中仍可能出现问题，如封装损坏、部分损坏等。最终测试的第一步是老化测试，甚至会加速老化测试，找出产生早期失效的芯片（一般由芯片制造缺陷造成，基本都属于漏检），以提高产品出厂合格率。

经过最终测试，可以实现芯片的分级、分类使用，如 Intel 从赛扬处理器延续到酷睿 i9 处理器的芯片分类。

最终测试包括自动测试设备（ATE）测试和系统级别测试（SLT）。

1. 自动测试设备测试

图 3－31 是 ATE 实物及硬件、软件部分结构。ATE 是芯片量产测试的必需工具，

带有 ATS (Automated Test System)，是由计算机程序控制，自动进行各种型号测试、数据处理、传输，并将结果输出的系统。在预先编制好的测试程序控制下，输入激励信号，测试输出信号是否准确。ATE 测试项目有很多，具有很强的逻辑关联性。ATE 测试必须按照顺序进行，包括电源检测、引线直流检测、逻辑测试、老化测试、物理连接测试、IP 内部检测 [通过 Scan 把寄存器串起来，在一个特定工作模式下通过串行的方法，输入、输出数据，实现逐级测试，内建自测 (Built-in Self Test，BIST)，并在电路中植入相关功能电路用于自我测试]、I/O 检测 [如 DDR (Double Data Rate)、SATA (Serial Advanced Technology Attachment)、PLL (Phase Locked Loop)、PCIE (Peripheral Component Interconnect Express)、Display 等]、辅助功能测试 (如熔断) 等。芯片的种类不同，选择的 ATE 也不同，目前 ATE 正朝着一体化发展。

(a) ATE 实物

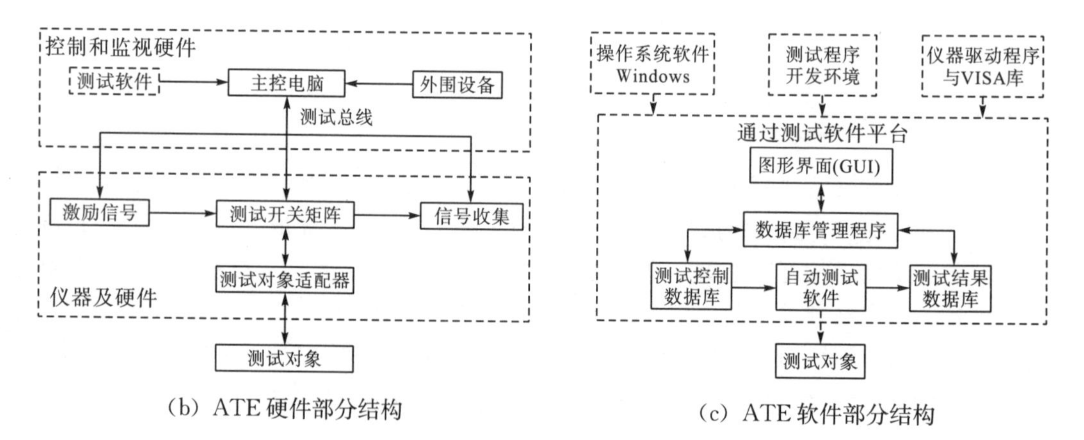

(b) ATE 硬件部分结构　　(c) ATE 软件部分结构

图 3-31　ATE 设备图及硬件、软件部分结构

2. 系统级别测试

图 3-32 展示了典型的晶圆测试与最终测试程序流程。图中，晶圆测试程序的三个部分 (Contact、Scan、BIST) 都与最终测试程序一致，只有错误处理 (Fail deal) 部分不同。被测器件 (Device Under Test，DUT) 是整个晶圆，未通过测试的芯片可以

通过打墨点或机器记录位置的方式标记。待晶圆切割时，把错误芯片分类挑出，称为分BIN。在最终测试中，由于是已经封装的芯片，所以当封装体未通过测试时，直接通过机械手（Handler）将错误芯片丢弃或分类。

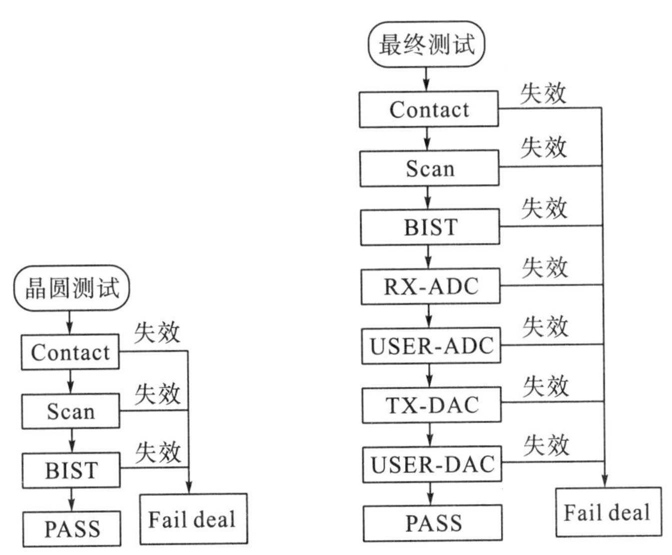

Contact—开短路测试通道连接；Scan—串行结构性测试；BIST—内建自测（Built-in Self Test）；ADC—模数转换（Analog-to-Digital Converter）；DAC—数模转换（Digital-to-Analog Converter）

图3—32　典型的晶圆测试与最终测试程序流程

芯片电路测试内容包括芯片验证（Verification Test）、量产测试（Mass Production Test）和可靠性测试（Burn-in Test）。无论是哪一种测试，都需要对芯片施加激励，然后测试其响应输出，进而进行判断。芯片验证主要用于验证新设计在量产前功能是否正确、参数特性是否符合以及电路的可靠性与稳定性。需要指出的是，芯片测试和芯片验证是不同的概念，芯片验证是在芯片设计过程中通过电子设计自动化（Electronic Design Automation，EDA）工具仿真进行的检验，而芯片测试是芯片生产出来后进行的物理检查。EDA是由计算机辅助设计（CAD）、计算机辅助制造（CAM）、计算机辅助测试（CAT）和计算机辅助工程（CAE）发展而来的，设计者在EDA软件平台上，用硬件描述语言（如VHDL）直接完成设计文件，然后由计算机自动完成逻辑编译、化简、分割、综合、优化、布局、布线和仿真，直至完成特定目标芯片的适配编译、逻辑映射和编程下载等工作。很多芯片测试的内容都是在芯片验证中得到的。该阶段的测试包括直流参数、交流参数和功能测试。量产测试主要是检测在芯片和电路制造过程中发生的失效及引起的原因。可靠性测试也称为老化测试，常用加高温、高电压及其他耐候参数以测试芯片是否失效。

常见的芯片失效包括：①工艺过程引起的失效，包括接触孔腐蚀不够、氧化层缺陷以及各种寄生效应；②材料引起的失效，如晶圆缺陷所致的晶体不完整、材料表面污染、离子迁移等；③时效失效，如累积介质缺陷、电迁移等；④封装引起的失效，包括接触退化、非气密封装、连接材料不匹配等。

在传统的芯片测试中，前期的实验室特性测试和后续的生产线量产测试一般是分离的。从实验室到量产的过程中，需要ATE工程师进行相关性分析和验证测试，这个过程耗时较长，是阻碍芯片生产效率提升的瓶颈。在物联网时代，随着MEMS传感器、PA和RFIC等多种模拟芯片的流行，各种连接芯片都集成了多种通信协议，且芯片所处无线环境复杂，芯片测试迎来更艰巨的挑战，既需要升级ATE，又会造成时间和成本的增加。目前，美国国家仪器（National Instruments，NI）推出了新的半导体测试系统（STS），其结合PXI、TestStand和LabVIEW的优势，具有良好的开发性与可配置性。测试人员很容易将测试工作从实验室的单芯片测试扩展到多芯片并行测试上，提升了配置和测试的效率。另外，PXI模块也具有成本竞争优势，有利于物联网定制化复杂芯片市场的开发。

3.4 设计研发

芯片设计研发是芯片生产过程的三大环节之一，使用的EDA软件与半导体材料、生产设备构成集成电路三大基础，是一个复杂的系统工程，具有设计关联环节多、细节突出、规模大、投入大、开发周期较长、充满不确定性等特点。一个成熟的芯片研发，可能需要多次投片验证。常用的EDA软件包括Cadence、Synopsys和Mentor Graphics，目前国内的半导体厂如紫光集团、中兴、中芯国际、华虹等，均采用华大九天提供的软件进行设计。EDA主要用于各类芯片的功能、综合、验证、物理等设计（包括整体布局、布线、版图以及设计规则检查等）。芯片设计大致分为两个部分：前端设计（逻辑设计）与后端设计（物理设计），二者没有严格界限，凡是与工艺有关的设计都可以归为后端设计。前端设计包括规格制定（功能与性能）、详细设计（设计方案与实现架构、划分模块功能）、硬件描述语言（HDL）、仿真验证（检验编码）、逻辑综合（Design Compiler）、静态时序分析（Static Timing Analysis，STA）和形式验证（功能验证）。后端设计包括可靠性设计（Design For Test）、布局规划（Floor Plan）、时钟树综合（Clock Tree Synthesis）、布线（Place & Route）、寄生参数提取、版图物理验证（时序与功能）和可制造设计等。设计完成后，以GDSⅡ文件格式交给芯片代工厂Foundry在晶圆上做出电路，然后进行封装测试。

涉及芯片的设计，工程师往往不需要掌握芯片加工生产企业的技术工艺。通过大量设计规则的应用，可以确保芯片版图能够投片并获得验证。常用的设计规则是微米设计规则（以微米为单位定义版图的最小允许尺寸）和λ设计规则（最小允许尺寸为λ的整数倍，如最小线宽为2λ）。图3-33是芯片设计、研发、生产的流程，表3-4、表3-5是以CMOS为例的工艺版图及设计规则。设计规则还包括电阻值、栅极、扩散区、布线电容等。

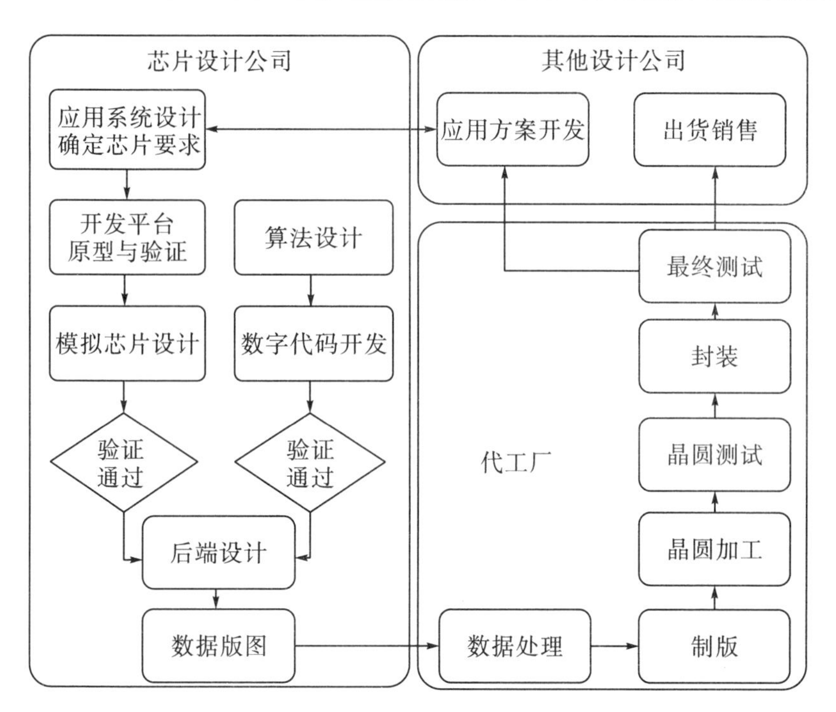

图 3-33　芯片设计、研发、生产的流程

表 3-4　以 CMOS 为例的工艺版图

功能层	颜色	CIF 码	GDSⅡ码	备注
多晶硅	红色	CPG	46	与薄氧化层交迭构成晶体管
薄氧化层	绿色	CAA	43	一般不与 P 阱边界交迭
P 阱	褐色	CWP	41	褐色内为 P 阱，外部为 N 型衬底
N 阱	褐色	CWN	42	褐色内为 N 阱，外部为 P 型衬底
P^+	橘黄	CSP	44	P 管源区、漏区或阱、衬底接触区
N^+	浅绿	CSN	45	N 管源区、漏区或阱、衬底接触区
金属层	蓝色	CMF	49	第一层金属连线
接触孔	紫色	CCG	25	紫色区为金属与硅表面接触区
钝化	紫色虚线	CG	52	压焊引出孔，内部测试孔

注：CIF：Caltech Intermediate Format，加州理工学院的中间格式代码。第一个字母代表工艺类别，C 为 CMOS 工艺，N 为 NMOS 工艺，S 为 SOI 工艺；第二字母表示某一层。

GDSⅡ：Graphic Database System，二进制码，用 0~255 之间的数（通常 63）表示工艺图层。

OASIS：Open Artwork System Interchange Standard，可能取代 GDSⅡ的新格式。

表 3-5　以 CMOS 为例的设计规则

工艺设计参数	λ 规则	λ
多晶硅	最小宽度	2
	最小间距	2
	多晶硅栅在有源区的最小延伸	2
	有源区在多晶硅区的最小延伸	3
	多晶硅至有源区的最小间距	1
薄氧化层/有源区	有源区最小宽度	3
	有源区最小间距	5
	源区、漏区到阱边缘的最小间距	3
	衬底、阱接触有源区到阱边缘的最小距离	3
	N^+ 到 P^+ 的最小距离	4
阱区	同类阱的最小宽度	10
	同类阱的最小间距（不同电位）	9
	阱的最小间距（相同电位）	6
	不同类型阱之间的最小距离	0
P^+ 区（N^+ 区）	P^+ 至沟道的最小间距（确保源/漏最小宽度）	3
	N^+ 对有源区的最小覆盖	2
	相邻接触中 P^+（N^+）对接触孔的最小覆盖	1
	P^+（N^+）区最小宽度和最小间距	2
金属层（第一层）	最小宽度	3
	最小间距	3
	对接触孔的最小覆盖	1
对第一层金属的通孔	尺寸	2×2
	最小间距	3
	第一层金属对通孔的最小覆盖	1
	通孔至接触孔的最小间距	2
	通孔至多晶硅或有源区的最小间距	2
金属层（第二层）	最小宽度	3
	最小间距	4
	对接触孔的最小覆盖	1

续表3－5

工艺设计参数	λ 规则	λ
对多晶硅（有源区）接触孔	尺寸	2×2
	多晶硅（有源区）对接触孔的最小覆盖	1.5/1
	最小间距	2
	对晶体管栅的最小间距	2
钝化	用微米表示，不随 λ 变化	—

芯片设计包括版图设计法和现场可编程器件法。其中，版图设计法分为全定制设计法和标准单元设计法。借助强大的 EDA 工具，通过应用数字系统设计方法学和基于语言描述语言的设计流程，目前芯片设计研发大为简化。其设计研发的基本流程如下：

（1）根据需求，设计出应用系统，确定芯片功能与性能参数指标、集成功能部分与外部功能部分、芯片制作工艺与工艺平台的选择、芯片封装形式与 I/O 端子数量，实现系统的最佳性价比。

（2）进入系统开发和原型验证阶段，根据芯片的架构，设计出电路板进行原型开发和测试验证。根据工艺厂提供的参数进行设计验证，数字系统设计可以通过计算机仿真和 FPGA 系统进行设计验证，然后流片，待性能指标测试通过，再进行整体投片验证。

（3）进入芯片半途设计实现阶段，形成数字后端与模拟版图的拼接。版图的设计，同样需要进行验证，包括 DRC、LVS、ANT 及后仿真等，各种仿真验证后生成 GDS 文件，交付代工厂进行 Tape out。

（4）代工厂拿到 GDS 文件后，进行 DRC 检查，经过数据处理、电路板层计算、绘制测试图形等一系列操作后，交付制版厂进行制版，然后进入晶圆片加工。

芯片的设计、研发是一个多次循环迭代的过程，在后期各工序测试中发现的任何问题（如性能指标、可靠性等）达不到要求，都必须进行返回设计修改，分析产生问题的原因，再进行投片验证。随着芯片制造工艺水平的提高，投片验证的成本呈几何倍数增加，设计中稍有问题，将导致整批芯片失效报废。芯片投片方式包括工程批（Full Mask）和多项目晶圆（Multi Project Wafer，MPW）。MPW 是将多个具有相同工艺的芯片设计放在同一晶圆片上进行流片，这样每个设计种类可以得到几十片芯片样品，从而大幅降低研发成本和风险。

【课后作业】

1. 如何确保数千万的晶体管能实时协调工作？
2. 简述芯片制作的基本流程。
3. 简述芯片制作的前、后工程。
4. 简述 RCA 清洗方法。
5. 简述超声波清洗技术的特点。
6. 简述 CMOSFET 的制作工艺流程。
7. 查阅文献，简述 FinFET 的工艺特点。

第4章　互连材料与技术

芯片制作完成后，即将开始封装工艺，包括芯片的粘结固定、内外电路连线、密封保护等过程。封装内部芯片的连接方式主要有两种：引线键合（Wire Bonding，WB）与倒装贴片（Flip Chip，FC）（图4－1）。除此之外，也存在着其他连接方式，比如载带自动键合（Tap Automated Bonding，TAB）以及新型互连结构。引线连接技术是初级封装最主要的形式，每年完成的键合数以万亿计次。与其他形式的初级连接工艺相比，采用引线键合的方式具有可靠性高、工艺灵活与成本低廉的特点，广泛用于陶瓷与塑料BGA、单芯片或多芯片、芯片尺寸封装以及基板上封装。倒装贴片属于无引脚结构，通过芯片或封装体下方一定数量的焊球与基板进行连接。有三种主要的连接类型：可控塌陷芯片互连（Controlled Collapse Chip Connection，C4）、直接芯片附着（Direct Chip Attach，DCA）以及倒装芯片黏附（Flip Chip Adhesive Attachement，FCAA）。其中C4技术比较常见。倒装贴片是芯片封装技术及高密度装配的最终方向。

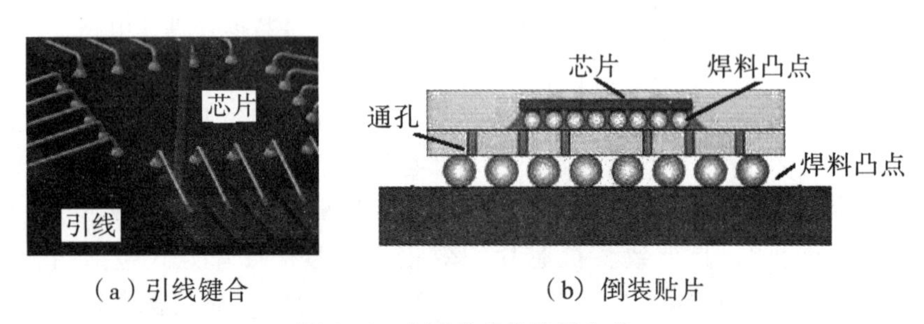

（a）引线键合　　（b）倒装贴片

图4－1　主要的芯片连接方式

芯片互连的相关材料与技术是本章主要讲述的内容。

4.1　引线材料

引线键合是一种使用细金属线，利用压力、热、超声波能量通过引线将芯片的I/O端与连接焊盘紧密焊合，实现芯片与基板间的电气互连的技术。在理想控制条件下，引线和焊盘间会发生原子相互扩散，实现原子量级上的键合。

芯片封装需具备高机械强度、高导电率、高导热性、良好的可焊性、耐蚀性等一系列综合性能，因而对包括引线在内的材料要求十分严苛，所用材料的各项性能指标将直接影响封装的质量及成品率。对于引线材料的要求主要有以下六点：

（1）导电性、导热性好。伴随芯片集成度的提高，对于大功率芯片，发热量增加明显，要求引线能及时向外传导散发热量。良好的导电性可降低电容和电感引起的不利效应。材料导电性高，引线的阻抗小，利于散热。

（2）较低的热膨胀系数。与封装材料的热膨胀系数匹配，确保封装的气密性。

（3）高强度和硬度，冷热加工性能良好。抗拉强度至少达到440MPa，尤其对薄形化的引线材料强度要求高，延伸率不小于5%，硬度应大于130，具有优良的弹性性能，屈服强度高，能够改善韧性。

（4）耐热性和耐氧化性好，热稳定性优良。要求因加热而生成的氧化膜尽可能小，另外具有一定的耐蚀性，不发生应力腐蚀裂纹以及潮湿环境下断裂分层等现象。

（5）表面质量好，可焊性高。为提高可焊性，需要采取镀锡、镀金或镀银的工艺进行表面涂覆，电镀性好。

（6）加工性能优良。弯曲、冲制加工容易，且不起毛刺。尤其是微细加工的刻蚀性能好，满足引线加工制作方法的多样化需求。另外，材料成本尽可能低，满足大批量商业化应用要求。

由于封装集成度提高，引线密度也大幅增加，其中可实现的引线节距已达35μm。引线及芯片框架正在向轻、薄、短、小、高精细度、多引线等方向发展。最早使用的是Kovar合金（Fe-29% Ni-17% Co），目前新型铜基材料由于其良好的性能获得广泛的应用。表4－1列出了常用引线材料及其特性。

表4－1　常用引线材料及其特性

材料		热膨胀系数/($\times10^{-6}K^{-1}$)	热导率/($W\cdot m^{-1}\cdot K^{-1}$)	密度/($g\cdot cm^{-3}$)
常用引线	Au	14.2	317	19.3
	Ag	19.1	418	10.5
	Invar	0.4	11	8.1
	Kovar	5.9	17	8.3
	Cu	17	400	8.9
	Mo	5.0	140	10.2
	Al	23	205	2.7
	W	4.4	174	19.3
铜基引线	Cu-Fe系列	16.0～18.0	170～360	—
	Cu-Ni-Si	约17.0	约200	—
	Cu-Cr	17.0	300	—
	Cu-W	5.6～9.1	140～210	约15.6
	Cu-Mo	6.5～7.5	150～210	10.0

4.1.1 金属线

金属线包括金线、银线、铜线和铝线等。球焊广泛采用金线，纯度为99.99%，内部含有少量的Ag、Cu、Fe、Mg、Si等细颗粒，以提高再结晶温度，并强化金特性。金线具有电导率大、耐腐蚀、韧性好等优点，广泛应用于集成电路。金线规格有0.9mil[①]、1.0mil、1.2mil，每卷长度为500m，使用前经过退火处理，具有良好的延展和断裂特性，线弧较好，和芯片的金焊盘和铝焊盘有良好的焊接性。随着高密度封装的发展，金线的缺点日益凸显，微电子行业为了降低成本、提高可靠性，必将寻求工艺性能好、价格低廉的金属材料来代替价格昂贵的金。金线键合如图4-2所示。

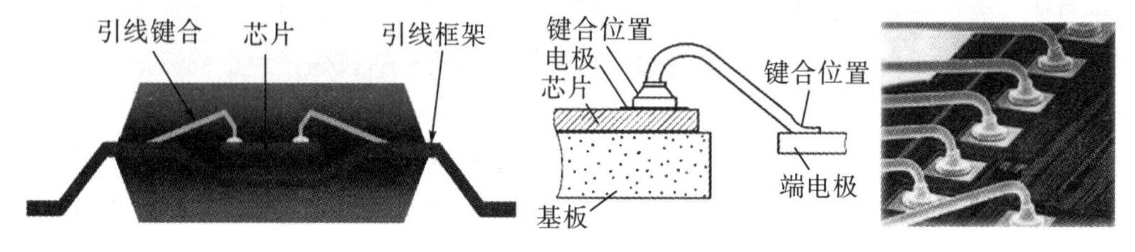

图4-2 金线键合

目前还没有纯银线。银合金线的成分主要包括银、金、钯以及一些微量金属元素。银线的导电性与导热性最佳，银>铜>金>铝；耐电流性优于金和铜。另外，银线比金线好管理，无形损耗低，且比铜线容易储放（抗氧化性：钯>金>银>铜。银线不需密封，储存期可达6～12个月；铜线须密封，且储存期短）。

铜线的工艺性能好，价格便宜，目前应用最广。除了价格优势，铜线电阻较低、介电常数较小、对信号的延迟不明显、导热性好、热膨胀系数较低。另外，铜线具有良好的机械性能，抗张强度达到370N，超过金和铝（二者约为200N），铜和铝的电负性差别不大，不易生成金属间化合物，金线与铝质焊盘连接后，容易生成金属间化合物，在界面处出现由于扩散速率不同而形成的缺陷——柯肯德尔空洞（Kirkendall Void），严重影响界面结合处的可靠性。铜线的缺点主要是硬度较大，焊接时作用力需要提高，对焊盘损害大。另外，铜线易氧化，需要在铜线上镀其他金属（如Ag、Ti、Pd等）降低铜与氧的接触，焊接时常需要导入保护气体或还原性气体。虽然铜有缺点，但众多研究结果表明，铜是金的最佳替代品。

铝线是低成本键合丝，常用Al-Si材料体系。铝线实现球形非常困难，抗氧化性差，拉伸强度与耐热性也差，容易出现引线下垂与塌丝等问题，加之键合方式与其他金属线有区别，目前主要应用于某些功率器件、微波器件和光电器件中。

其他常见的金属合金线见表4-2。

① 1mil=1/1000 inch=25.4μm

表 4—2　常见的金属合金线

合金系	特点
Au-Au 系	金线与镀金焊盘键合可靠性高，无界面缺陷，适合常用的键合方式
Au-Al 系	最常见的合金线，但容易形成金属间化合物，导致晶格常数、热性能与机械性能不同，在界面处容易生成 Kirkendall Void 或产生裂纹，影响可靠性
Cu-Al 系	Cu-O 的存在能够提高可靠性，在富铜一侧有五种金属间化合物生成，失效与 Au-Al相似，但是金属间化合物生长较慢，不会产生 Kirkendall Void，$CuAl_2$ 脆性增加，剪切强度在 150℃～200℃降低，在 300℃～500℃键合强度显著降低。氯气污染将引起腐蚀
Au-Cu 系	金线到铜线，生成三种金属间化合物，在 200℃～300℃产生 Kirkendall Void，降低强度，如果晶片粘结采用有机聚合物材料，固化时要防止氧化
Au-Ag 系	该材料体系高温长时间可靠性好，无中间化合物生成，使用成熟，硫污染会影响键合，常在 250℃下进行热声键合以分离硫化银
Al-Ag 系	该材料体系中间化合物生成较多，Kirkendall Void 容易产生，实际很少使用
Al-Ni 系	该材料体系用直径大于 75μm 的铝线避免产生 Kirkendall Void，应用于高温功率器件，对于键合区，Ni 常用硼化物或者磺胺溶液进行化学镀沉积，需要进行化学清洗

4.1.2　Invar 合金

Invar 合金是含镍 35.4%的铁合金，常温下具有很低的热膨胀系数，号称金属之王，是精密仪器设备不可或缺的结构材料。在−80℃～230℃时比较稳定。但是导热系数低，不能热处理强化，其特性与奥氏体不锈钢类似，但比奥氏体不锈钢还要难加工。

4.1.3　Kovar 合金

Kovar 合金是含镍 29%、钴 17%的硬玻璃铁基封接合金。在 20℃～450℃内具有与硬玻璃相近的线膨胀系数，与相应的硬玻璃能进行有效封接匹配，还具有较高的居里点以及良好的低温组织稳定性，Kovar 合金的氧化膜致密，容易焊接和熔接，有良好的可塑性。随着 Co 原料的价格上涨，人们开发了不含钴的 Fe-Ni42 合金。Fe-Ni42 合金的热膨胀系数接近 Kovar 合金，强度也和 Kovar 合金相当，自被开发以来，以极快的速度替代了绝大部分的 Kovar 合金。但 Fe-Ni42 合金的导热性比 Kovar 合金差。硅芯片高集成化，功率也大幅度提高，增加了硅芯片的发热量，因此，寻求高导热材料日益重要。

4.1.4　铜合金

20 世纪 80 年代初期，高铜合金以其优良的加工成型、导电性和导热性，迅速成为集成电路引线的主要材料。铜合金（Copper Alloy，CA）是以纯铜为基体，加入一种或几种其他元素所构成的合金。高导电率类铜基合金材料由 99%以上的铜组成，通过沉淀硬化的析出相，如 Fe-P、Ni-Sn、Fe-Ti、Mg-P、Ni-Si 及 Zr，使其强度得到改善。

目前，高铜合金的引线框架已占市场80%的份额，主要包括Cu-Fe-P、Cu-Ni-Si、Cu-Cr-Zr等铜合金系列。铜合金引线材料除具有高强度、高导电性和高导热性外，还具备良好的电镀性能、钎焊性能、蚀刻性能和加工成型等特点。引线材料与Sn-Pb焊料之间的结合强度对于电路的可靠性十分重要。在钎焊过程和电路工作时，铜合金引线材料与焊料界面处会形成Cu-Sn金属间化合物层，由于金属间化合物的热膨胀系数与铜合金及焊料相差很大，且其塑性很差，在热疲劳过程中容易产生裂纹，因此，必须控制金属间化合物层的厚度，以提高电路的可靠性。

Cu-Ni-Si合金是一种时效强化型合金，时效处理后，基体中会析出细小分散的δ-Ni_2Si相颗粒，使铜合金强度提高，兼具高强度和高导电特性。另外，Cu-Ni-Si合金不具有磁性，可在超大规模集成电路中应用。同时，它的抗拉强度可达900MPa，但强度和导电率随时效时间变化而趋势相反，如图4—3所示。

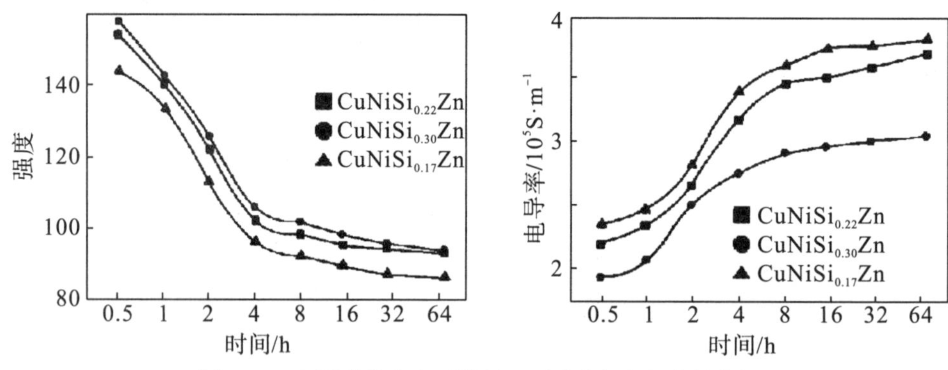

图4—3　不同成分合金时效处理后强度与电导率的变化

通过添加0.16%的P经时效处理并冷加工，P生成的大量夹杂粒子将阻止亚晶界的移动，抑制时效过程中Ni_2Si颗粒长大，晶粒得到细化。另外，P能在铜合金中有效脱氧，使其抗拉强度和导电率同时提高。利用微合金技术，在Cu-Ni-Si合金中加入Cr元素，可以产生双相析出强化效果，使Ni_2Si增多，并导致铜基体中的Ni和Si的含量降低，基体晶格畸变相应减少，在不降低合金导电率的同时，提高合金强度与硬度。微量合金元素Ag和Cu的晶体结构相同，Ag会先溶入铜基体，促进Ni和Si元素析出，改善合金导电性能。同时，Ag会提高铜合金的软化温度，并具有一定的固溶强化作用，能抑制Cu-Ni-Si合金过时效的作用。图4—4给出了450℃下Cu-Ni-Si-Ag合金析出相随时效时间变化的显微分布。后续采用合适的热处理工艺和冷变形工艺研制引线，电导率增加45%～60%，抗拉强度达到650～800MPa，延伸率大于5%，软化温度达到450℃以上。考虑到Ni的价格，一般Cu-Ni-Si合金成分为Ni与Si的原子数之比略大于2∶1，以保证材料的高强度与高电导率。

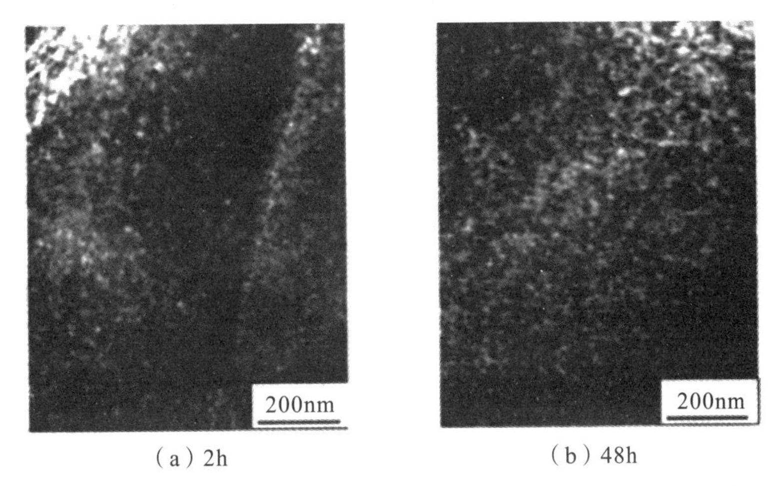

（a）2h　　（b）48h

图 4−4　450℃下 Cu-Ni-Si-Ag 合金析出相随时效时间变化的显微分布

为了提高 Cu-Ni-Si 合金与焊料的结合性，常在铜合金中加入 Zn。Zn 元素能够在铜合金与焊料界面形成偏聚层，阻挡 Cu 元素向焊料扩散，降低脆性较大的 Cu-Sn 金属间化合物层的形成概率。

4.2　键合工艺

引线键合工艺是将半导体芯片焊接区与封装的 I/O 引线或基板上的金属布线用金属细丝连接起来的工艺，焊盘金属一般为金或铝。常见的键合技术包括热压焊、超声焊和热压超声焊。引线键合方式不需要对端子进行预处理，定位精度较高，作为通用连接方式被广泛使用。但是，其需要多个端子进行键合，作业速度较慢，且引线弯曲需要一定的空间，所以不利于薄型封装。

4.2.1　热压焊

热压焊（Thermo-compress Bonding）是利用加热（电流电阻）和加压力，使焊接区金属发生塑性变形，同时破坏材料界面上的氧化层，确保压焊的金属丝与金属接触面之间达到原子级别的作用力，从而实现连接的效果。热压焊是最早的封装工艺技术，键合温度可达到 300℃，目前已经很少使用了。热压焊如图 4−5 所示。

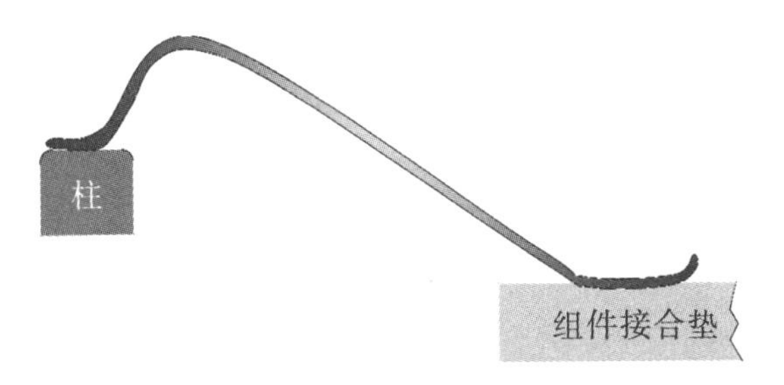

图 4−5　热压焊

4.2.2 超声焊

超声焊（Ultrasonic Bonding）是利用超声波发生器产生的能量，通过换能器在超高频的磁场感应下产生弹性振动，带动金属丝在被焊区的金属层表面迅速摩擦产生塑性变形，并破坏材料界面的氧化层，使金属表面紧密接触并达到原子级别的结合，从而形成焊接，该工艺在室温下可以完成，如图 4-6 所示。主要焊接材料为铝线焊头，一般为楔形，所用键合工具为劈刀，常用氧化铝或碳化物粉末烧结而成，其功能是在内斜面形成第一键合点，通过孔实现合适的线弧，待第二键合点完成后由尖的外圆面切断。

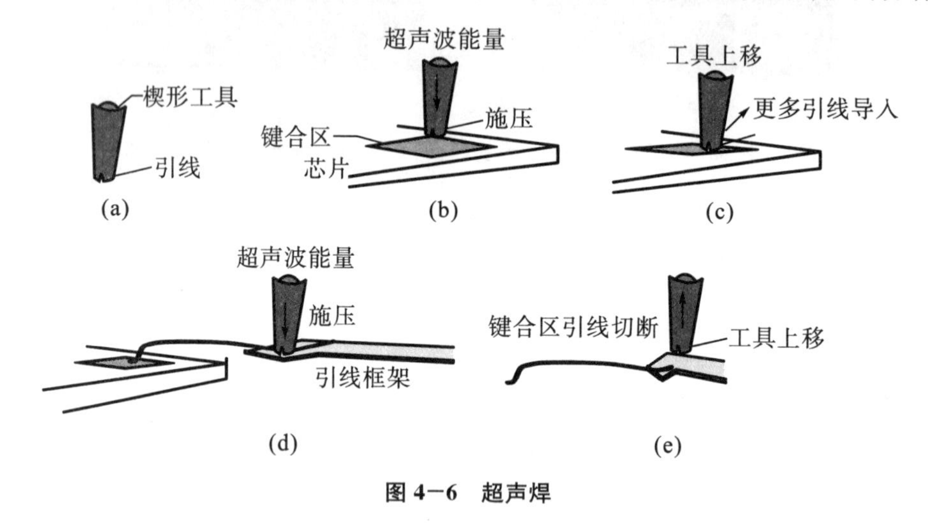

图 4-6　超声焊

4.2.3 热压超声焊

在热压超声焊（Thermo-Sonic Bonding）中，金属丝球焊（Ball Bonding）是最常用的。利用超声波、热以及压力三个作用使相互接触的材料之间发生原子扩散，形成金属间化合物（Intermetallic Compound，IMC）或合金，达到可靠的连接，如图 4-7 所示。一般在 100℃～240℃下可以完成。热压超声焊在引线键合中占有绝对优势（>90%），分为球焊与楔焊，如图 4-8 所示。球焊属于无方向焊接，第二键合位置可以在第一键合的任意方向上，常用金线，线弧高度为 150μm，球尺寸一般是引线直径的 2～3 倍，细间距约为 1.5 倍，宽间距为 3～4 倍，键合速度快，用于大批量生产。楔焊是单一方向键合，第二键合位置必须在第一键合点的轴线上，并且在第一键合点的后面，也可以 S 形键合，主要使用铝线，焊盘尺寸必须支持长的键合点和尾端，焊盘长轴必须在引线的走向方向，用于不能加热的场合，比球焊具有更细的间距，小于 60μm。

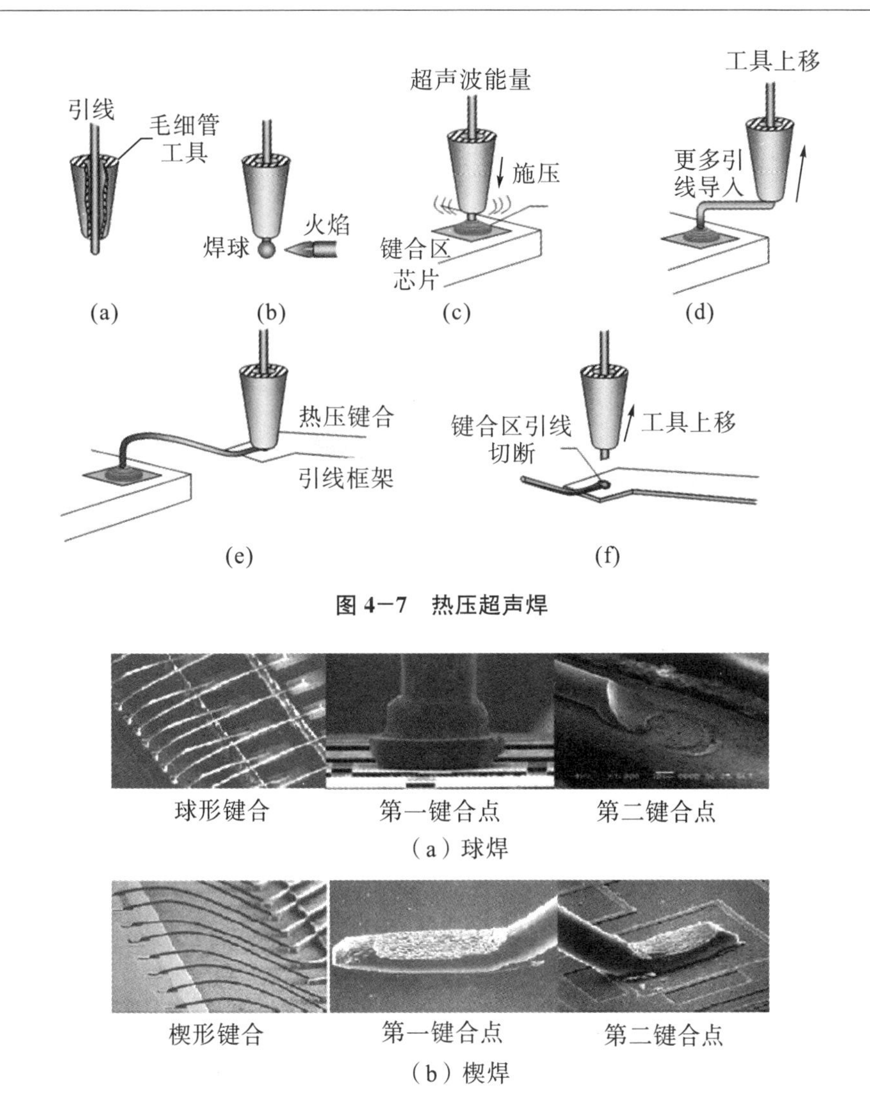

图 4-7　热压超声焊

图 4-8　球焊与楔焊

键合参数包括键合力、压力、键合温度、键合时间以及超声波的功率和频率等，确定键合抗拉强度与形变宽度和超声波功率的关系。在键合时需要注意以下六点：①引线材料必须具有高导电性，确保信号完整。②注意焊盘大小，选择合适的引线，球形引线直径不超过焊盘的 1/4，楔形引线直径不超过焊盘的 1/3，键合头不超过焊盘的 3/4，键合时需要先确定键合点的位置。③键合时要注意键合球的形状和键合强度，控制焊盘和引线的剪切强度和抗拉强度，确保屈服强度大于键合时产生的应力。④引线要有一定的扩散常数，以便形成金属间化合物，增加焊接强度，但不宜生成太多。焊盘杂质和表面金属沉积参数需要严格控制。引线和焊盘硬度要匹配，若引线硬度大于焊盘，将产生弹坑（Cratering）；若引线硬度小于焊盘，则容易将能量传递给基板。⑤调整引线的高度和跳线的线弧。⑥控制相关参数，如时钟频率、输出电压、最大输出电容负载、导电电阻以及最大互连电感等。

4.2.4 线弧种类

常见的线弧（Loop）如图 4－9 所示，包括三角形线弧（STD）、M 形线弧、台形线弧（SQR）。

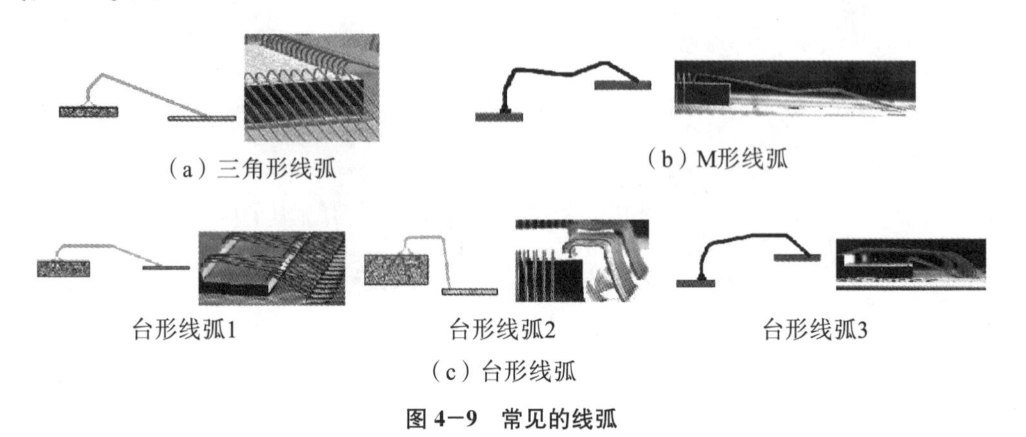

图 4－9　常见的线弧

封装体中，金线有多层、多形状的组合，例如，BGA 中的金线键合如图 4－10 所示。

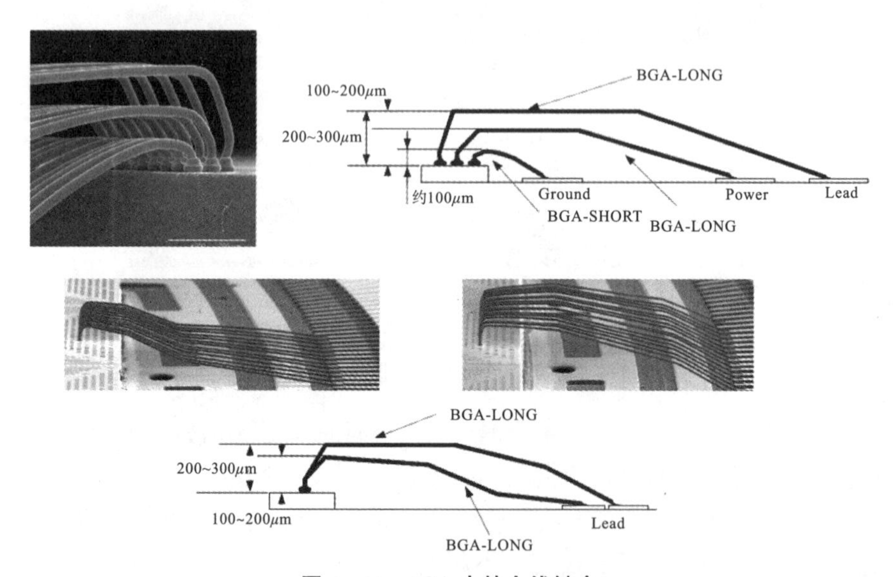

图 4－10　BGA 中的金线键合

引线失效包括键合失效与可靠性失效。

键合失效包括以下三种情况：

（1）键合点开裂与剥离，包括键合点后部分被削弱，而前部分过于柔软，这种开裂常发生在铝线楔形键合的第一点和球形键合的第二点。剥离常由金属引线拖断而非截断所致，主要是因为工艺参数选择不对或工具老化等。

（2）焊盘产生弹坑，这是一种超声键合常见的缺陷，受键合压力的影响。

（3）焊盘污染，常见各道工序完成后的污染物残留。

可靠性失效包括以下五种情况：

（1）金属迁移和枝晶的产生导致失效，Ag中迁移最常见。

（2）键合点的翘起与腐蚀。

（3）随着时间与环境的变化，金属间化合物持续生长，导致机械与电性能被破坏，包括Kirkendall Void效应、热应力造成的微裂纹等。

（4）引线弯曲疲劳，来自键合点产生的微裂纹导致的疲劳失效。

（5）振动疲劳，一般发生在超声波清洗过程中。对于金线键合，导致失效产生的最小频率为3～5kHz；对于铝线键合，导致失效产生的最小频率为10kHz。因此，需要控制频率为20～100kHz。

采用引线键合的高密度封装，需精确控制引线尺寸、形状及焊接特性。焊点留丝过长，引线长度控制不规整（或长或短）；压焊点偏位，造成焊点间距过小而短路；焊点强度不够，造成虚焊，引起焊点脱落；引线变形，在焊接处出现断裂等，这些均会引起失效。在多层封装时，需要弧度更长、高度更低的线弧，更要防止引线下塌（塌线），从而造成上、下层引线发生短路。塌线现象如图4－11所示。

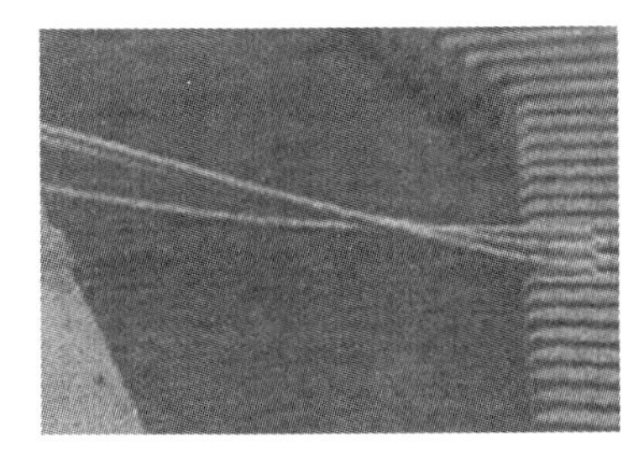

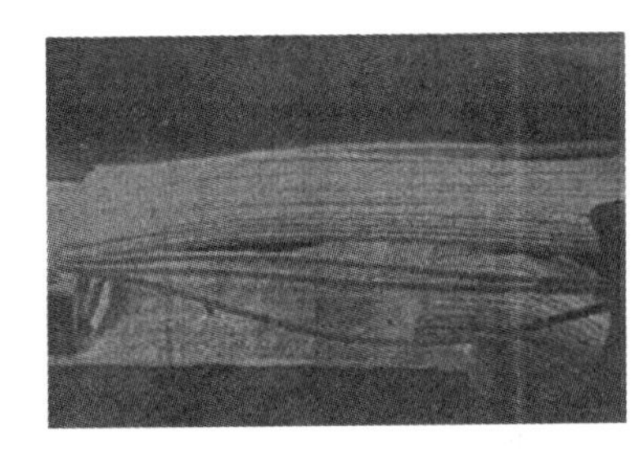

图4－11　塌线现象

评价键合质量的方法：首先进行外观检查，如焊点位置、有无焊点脱落、金球形状是否偏心，其次进行焊点外观、焊球尺寸、线弧形状与高度等检查。然后采用微电子器件标准测试方法（MIL-STD-833）进行测试，包括内部结构检测、键合点破坏拉力测试、键合点非破坏拉力测试、信号延迟测试、自由振动测试、机械冲击测试、加速测试、恒温烘烤以及潮气吸附测试等。常见的引线键合破坏性测试如图4－12所示，包括金球推力测试（Ball Shear，单位面积推力强度＝金球推力/金球面积）、金线拉力测试（Wire Pull，是常用的控制键合线弧和工艺质量的测试方法，属于破坏性测试，拉断点为线弧的最弱位置，测试结构受拉钩位置与线弧形状影响较大）、化学腐蚀测试（Chemical Etch，采用化学药剂把金球与芯片分开，观察金属间化合物的覆盖率与焊盘下方电路是否受到损伤）、断面分析（将芯片研磨，直至焊球露出，观察金球与焊盘之间金属间化合物的分布）。测试过程常借助各种显微手段进行观察，如扫描电镜。

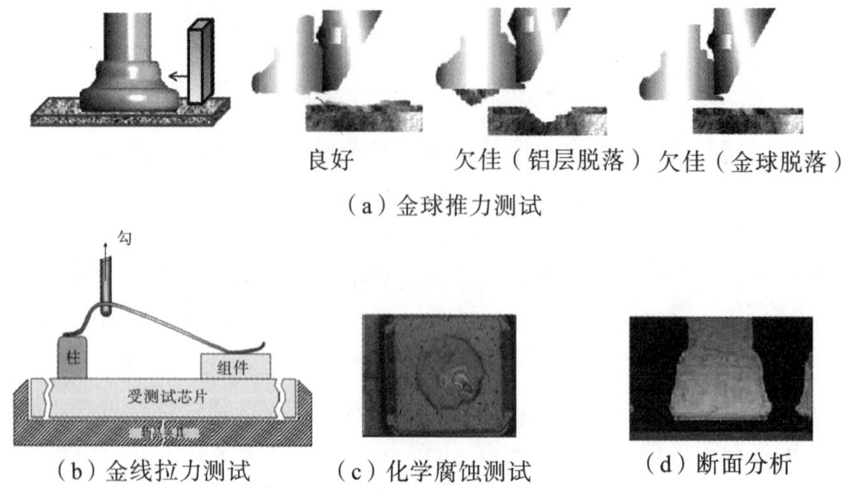

图 4－12　常见的引线键合破坏性测试

4.3　框架材料

采用引线框架（Leadframe）的形式装载芯片，并借助键合材料（金线、铝线、铜线）实现芯片内部电路引出端与外引线的电气连接以及封装体与电路板的连接，这是绝大多数集成电路封装采用的连接方式。通过引线框架外端的引脚线和电路板连接，可以是插入式，也可以是贴装式，可用于气密性封装，也可用于非气密性封装，如图 4－13 所示。引线框架材料的主要功能是支撑芯片，并作为芯片与外接电路的连接桥梁，及时将芯片的热量散发出去。对其材料性能的要求是高导电性、高导热性、抗腐蚀性、可焊接性、CTE 匹配、高强度、可塑性、反复弯曲性和高加工成型性等。引线框架材料体系包括 C194 铜合金（Cu-Fe-Zn-P）、红铜（紫铜，>99.95％纯铜）、磷铜（锡磷青铜）、铜镍合金（白铜）、TAMAC-15 铜合金以及 Cu-Ni-Si、Cu-Cr-Zn 和 Cu-Ag 系铜合金。Cu-Fe-P 具有高导电性，高导热性，良好的耐蚀性、耐氧化性、耐疲劳性，较高的抗拉强度、延展性、硬度等，常用于制造分离式半导体引线框架和新型分立器件等。表 4－3 给出了常用铜合金引线框架材料及其性能。常用固溶强化、加工硬化、第二相强化、快速凝固析出强化以及弥散强化等手段对铜合金进行改性处理。

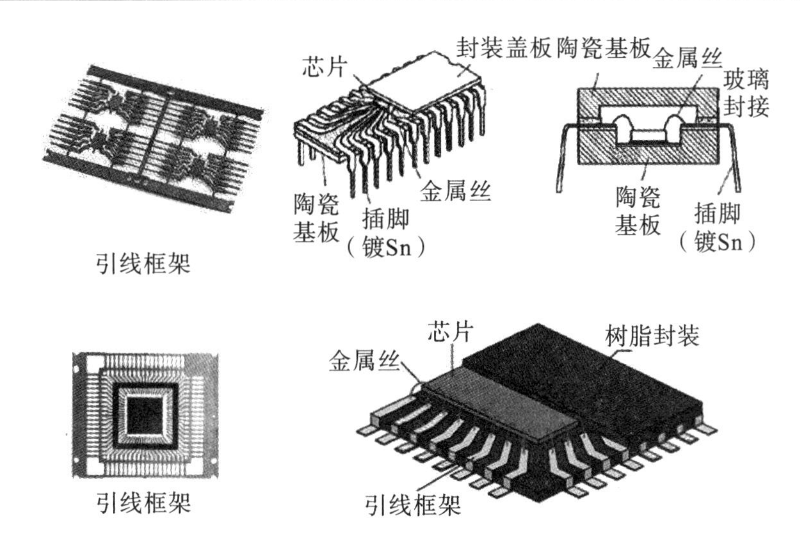

图 4-13　用于插装和贴装的引线框架

表 4-3　常用铜合金引线框架材料及其性能

合金	合金牌号	材料成分	抗拉强度/MPa	延伸率/%	电导率/%IACS	CTE/(×10⁻⁶K⁻¹)	热导率/(W·m⁻¹·K⁻¹)
Cu-Fe	C19400	Cu-Fe-Zn-P	362～568	4～5	55～65	17.4	262
	C19500	Cu-Fe-Co-Sn-P	360～670	3～13	50	16.9	197
	C19700	Cu-Fe-P-Mg	380～500	2～10	80	16.4	173
	KFC	Cu-Fe-P	294～412	5～10	90	17.7	364
Cu-Ni-Si	C64710	Cu-Ni-Si-Zn	490～588	8～15	40	17.2	220
	KLF-125	Cu-Ni-Si-Sn-Zn	667	9	35	17.0	—
	C70250	Cu-Ni-Si-Mg	585～690	2～6	35～40	17.6	147～190
Cu-Cr	OMCL-1	Cu-Cr-Zr-Mg	590	8	82	17.0	301
	EFTEC64T	Cu-Cr-Sn-Zn	560	13	75	17.0	301
其他	C50710	Cu-Sn-Ni-P	490～588	9	35	17.8	8
	C15100	Cu-Zr	294～490	3～21	95	17.6	360
	C15500	Cu-Ag-P	275～550	3～40	86	17.7	345

由于单个封装体电流小，对于一般封装，导电性要求不高。只有对于高功率器件，才必须考虑引线的导电性。采用具有良好导热性的合金引线会明显提高封装散热能力，及时将芯片热量传导到外面。对于陶瓷封装，其基板本身具有散热功能，除非有特殊用途，对引线散热不作过多要求。

4.3.1　引线框架制造

引线框架制造分为冲压制造与光刻制造。

引线框架制造的前工序过程包括以下四个步骤：

(1) 铜锭热成铜板。将一定规格的铜锭（2000mm×750mm）热轧碾压成厚

12.5mm 的铜板。

(2) 冷轧成薄板。获得不同厚度规格的板材，如 0.25mm（塑料封装用）、0.1mm（多引线表面安装用）。

(3) 表面处理。采用打磨、研磨和砂布擦拭，以便消除表面氧化层及表面缺陷。

(4) 剪切成带。剪切成宽 25～100mm 的卷带，如果是光刻加工，可以剪切尺寸为宽 200～400mm、长 300mm 的卷带。

冲压制造的流程包括铜带冲模、镀银、后处理、切断、打凹、入库。冲压制造适合大批量快速生产，对薄板的要求是有柔性、可弯曲而不被撕裂。压延成型的薄片的冲压柔性有方向性，可弯曲最小半径越小，柔性越好，薄金属片纵向柔性比横向好。冲压制造周期长、成本高，需要 20t 以上的冲压机，头子用碳化钨制造。冲压容易产生毛刺，毛刺与合金组分有关，单相合金容易产生毛刺。引线框架如果用于陶瓷封装，冲压时就将引线弯曲成型；如果用于塑料封装，在塑料密封后将引线剪切弯曲成型。常见的引线框架产品类型有 TO、DIP、ZIP、SIP、SOP、SSOP、TSSOP、QFP 等形式。

冲压磨具与引线框架如图 4－14 所示。

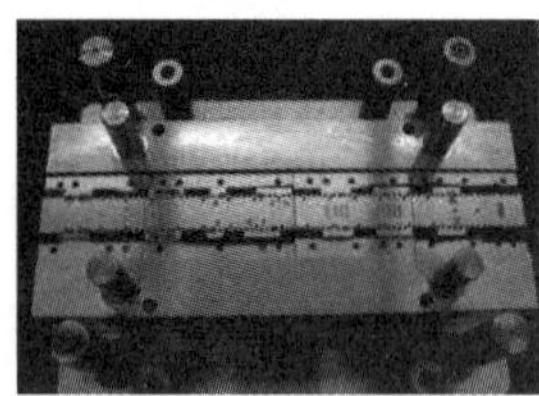

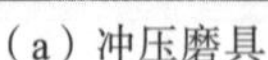

(a) 冲压磨具

(b) 引线框架

图 4－14　冲压磨具与引线框架

光刻制造的基本流程如下：

(1) 铜箔片上涂敷光刻胶（底片用玻璃或胶片）。

(2) 紫外线感光。

(3) 冲洗出引线图案。

(4) 腐蚀（腐蚀剂为氯化铜或氯化铁）出引线框架。

(5) 引线框架卷绕成轴备用。

引线框架制造的后工序过程包括以下四个步骤：

(1) 铁镍和铁镍钴材质框架条中有化学镀铝区域，可以用铝丝做引线键合。

(2) 为保护精细引线带，需在其表面镀一层聚合物进行保护。

(3) 做卷绕时，层间需夹隔离纸。

(4) 储藏在氮气氛塑料容器中。

制作好的引线框架需要进行检查，对其质量主要有以下三点要求：

(1) 引线框架必须有良好的表面质量，飞边、小坑、划痕等缺陷无法得到好的镀层，产生气泡等，影响框架质量。

(2) 尺寸精确度高，厚度误差<3%，宽度误差<0.075mm，条带中间不起拱，长度方向卷曲误差<3～6mm。

(3) 残余应力尤其是边缘处必须最小，有大量狭缝的条带边缘处的应力将引起条带内引线的平面位置变化，也会影响垂直方向的平整度。

4.3.2　引线框架的可焊接性

引线框架的引脚与内部焊区需要镀上一层焊料，以增加框架与芯片之间焊接、引线与基板之间焊接的能力。判断引线框架的可焊接性常采用蘸锡测试法：将材料在熔融焊料［以 Sn/Pb（60/40）焊料为例］中浸蘸，然后观测焊料外观和浸润情况，包括浸润程度、反浸润程度和针眼毛孔等参数，以此判断框架的可焊接等级，如图 4－15 所示。

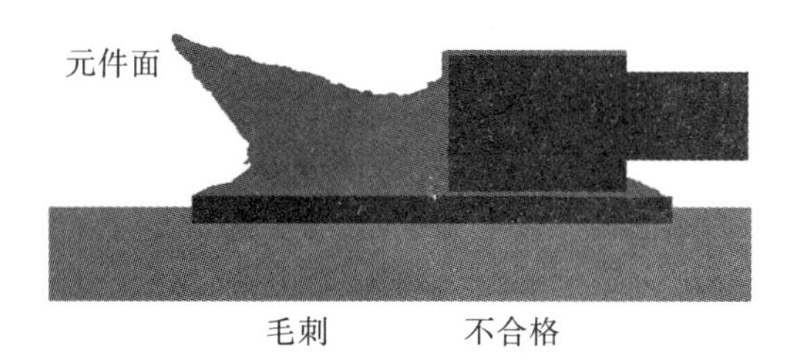

图 4－15　焊接外观

焊接等级分为四个级别。一级可焊：焊锡均匀、光滑涂布。二级可焊：焊锡 100% 浸润，但不光滑。三级可焊：焊锡浸润面积大于 50%，针眼面积小于 10%。四级可焊：焊锡浸润面积小于 50%，针眼面积大于 10%。

4.3.3　引线框架的发展趋势

目前，引线框架正朝着引脚节距变小而数量增多的方向发展，引线框架材料的各种性能要求更优异和全面。其发展趋势主要有以下三个方面：

（1）获得更好的强度和硬度，以满足微细化发展；获得更好的导电性，以消除电容和电感效应的影响。

（2）降低引线框架与芯片的 CTE 不匹配而产生的应力，在不牺牲导热性的基础上，选择合适的引线框架材料使其 CTE 与芯片匹配。如在玻璃密封的封装中采用铜合金做引线框架，通过改良密封玻璃性质，使玻璃的 CTE 与铜合金匹配，从而得到传热优良的气密封装。集成电路的高集成度和高密度发展尤其需要导热性能优越的引线框架材料。

（3）通过改进引线框架表面状态、表面处理、表面涂膜，提高引线框架与密封材料之间的粘结质量，特别是塑料封装。

4.4　倒装贴片

IBM 于 1960 年研发了在芯片上制作凸点的倒装芯片焊接技术，进而制作出 PbSn 焊球凸点，同时采用可控塌陷芯片互连（Controlled Collapse Component Connection，C4）技术连接芯片与基板。C4 技术是在芯片上制作铅锡合金焊料凸点，然后将芯片凸点与基板金属焊盘对准，在保护气体和适当温度下进行回流焊，实现互连，具有以下优点：

（1）工艺简单，倒装焊易于回流焊，且不受焊盘尺寸影响，可以批量生产。

（2）熔化的焊料可以弥补因凸点的高度不一致或基板不平而引起的高度差，具有良好的电荷热性能。

（3）对凸点金属所加的焊接压力小，不易损坏芯片和焊点。

（4）熔化时由于较大的表面张力，具有“自对准”效果。

随着无铅材料的使用，IC集成度的提高，细节距和极细节距芯片的出现，C4技术的应用受到了很大的挑战，又开发出铜柱（Cu Pillar）、无铅倒装芯片焊球凸点（C4NP）等封装连接技术。倒装技术具有以下优点：①获得超短的连接距离，减少电感、电容、电阻以及信号的延迟，有利于散热，适用于高频高速芯片，封装体性能增加；②散热能力得到提高，芯片背面可以有效直接冷却；③芯片与基板面积比增加，安装密度高，增加I/O端子数量，有利于高集成发展；④批量的焊球凸点制造工艺降低了成本。相应的，也存在裸芯片难以测试、凸点芯片适应性有限、使用专门设备（X射线）检测内部焊点、组装精度高、底部填充固化需要时间、倒装焊接各材料不匹配产生的应力问题需要解决以及维修困难等缺点。

倒装芯片连接就是整个芯片表面按栅阵形状布置I/O端子，芯片直接倒扣安装在基板上，通过栅阵I/O端子与基板上相应的电极焊盘实现电气互连，取代WB和TAB在周边布置端子的连接方式，常见的芯片连接方式与典型凸点制作及结构如图4-16所示。与之对应的，WB是采用芯片电极面朝上的装载方式。

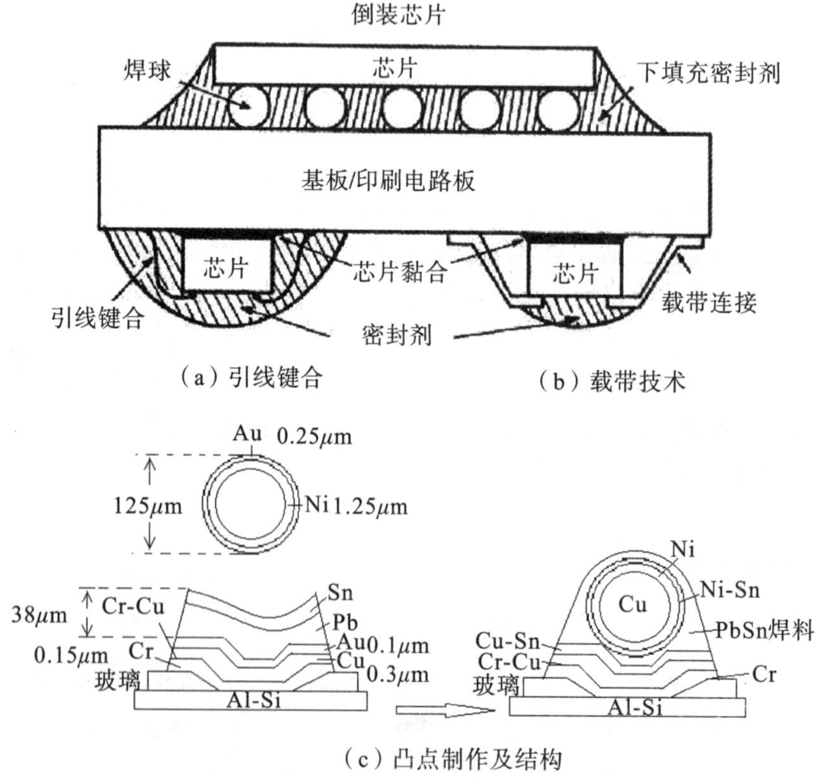

图4-16 常见的芯片连接方式与典型凸点制作及结构

4.4.1 倒装芯片工艺

焊球凸点放在有源 IC 元件上（C4 技术），凸点与基板焊接盘一一对应，经过回流焊接，实现全部凸点同步形成电与机械连接。倒装芯片工艺如图 4－17 所示。

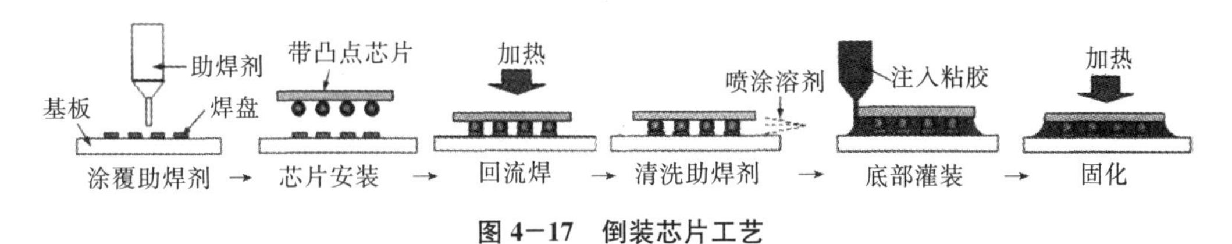

图 4－17　倒装芯片工艺

倒装芯片工艺的主要步骤如下。

1. 凸点下金属化

凸点下金属化（Under Bump Metallization，UBM）作为倒装贴片的关键技术之一，其工艺的要求主要有以下四点：

（1）对芯片应力小，否则会导致底部开裂以及芯片凹陷等可靠性失效。

（2）与焊区金属以及钝化层有牢固的结合力。铝最常用，典型的钝化材料为氮化物、氧化物以及聚酰亚胺。

（3）能够润湿焊料的表面，防止 UBM 在凸点的形成过程中被氧化，并形成焊料扩散阻挡层。

（4）和焊区金属要有很好的欧姆接触，同时要求在沉积 UBM 之前要通过溅射或者化学刻蚀的方法去除焊区表面的 Al 氧化物。

典型的 UBM 包括三层结构：黏附及扩散阻挡层、焊料润湿层、导电层。黏附及扩散阻挡层一般为 Cr、Ti 层，将其涂抹在 Al 焊区和周围的钝化层上，扩散阻挡层一般为 Ni、Mo、Cu 层，厚度为 0.15～0.2μm，可以防止凸点金属越过黏附层，进而与 Al 焊盘形成脆性的中间金属化合物。焊料润湿层常用 Cu、Ni、Pd 等。导电层一般为 Au、Cu 等，厚度为 0.05～0.1μm，如图 4－16 所示。以上膜层及材料的组合形成了众多的 UBM 结构。常用的 UBM 沉积技术包括溅射、真空热蒸发以及化学镀。

化学镀镍为非晶态，无法形成扩散通道（无晶界），是一层良好的扩散阻挡层。镍 UBM 的厚度一般为 1～15μm，而 5μm 厚的镍能明显提高焊料凸点的可靠性。在镀镍之后，还要在镍上镀一层厚度为 0.05～0.3μm 的金，起到防止镍氧化并保持其可焊性的作用。化学镀镍包括锌酸盐处理（Zincation）、镀钯活化（Palladium Activation）、镍置换（Nickel Displacement）以及直接镀镍。

以锌酸盐处理为例，简述 UBM 形成工艺。

（1）镀镍前处理。先用碱性清洗剂处理铝表面污染物，再用稀释的硫酸、硝酸、硝酸一氢氟酸等清除铝表面氧化物，增强镀层金属的表面黏附性。

（2）镀锌。将铝放入锌槽，内有强碱性锌酸盐溶液，包括 $Zn(OH)_2$、NaOH、Fe、Cu、Ni 等，锌在铝表面沉积。Al 焊区金属浸入锌酸盐溶液时，与 NaOH 发生化学反应：$Al_2O_3+2NaOH \longrightarrow 2NaAlO_2+H_2O$，在没有氧化层的铝表面沉积一层锌，以防止发生氧化反应：$3ZnO_2+2Al+2H_2O \longrightarrow 3Zn+4OH+2AlO_2$。

为了使镀镍均匀，锌层应该薄而均匀，第一次镀锌颗粒比较大，锌表面比较粗糙。为了获得均匀的锌层，可以采用稀释硝酸腐蚀第一层锌，再进行第二次镀锌，这样形成的锌薄而均匀。第一次镀锌和第二次镀锌后的表面形貌如图 4-18 所示。为了确保铝不被腐蚀，铝的厚度应该大于 1μm。镀锌时，锌沉积在铝表面，同时铝及氧化铝层被腐蚀，锌保护铝不被氧化。锌层的厚度取决于溶液的成分、温度、反应时间以及铝合金的状态等。

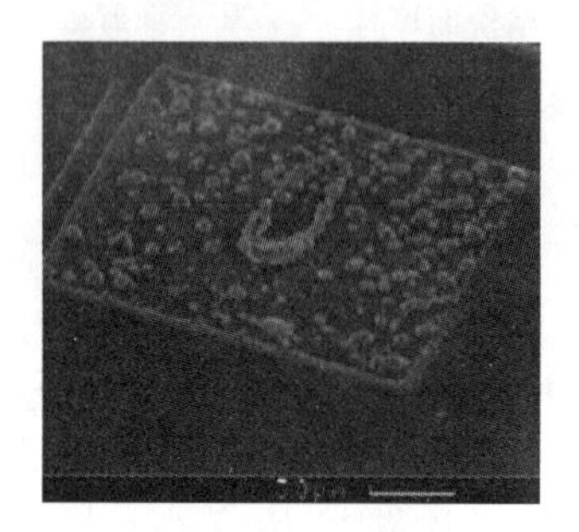

（a）第一次镀锌　　（b）第二次镀锌

图 4-18　第一次镀锌和第二次镀锌后的表面形貌

（3）镀镍。采用硫酸镍作为电解液，磷酸钠作为还原剂：

$$2Ni+8H_2PO_2+2H_2O \longrightarrow 2Ni+6H_2PO_3+2H+2P+3H_2$$

镀镍前，晶圆背面必须覆盖扩散阻挡层，避免引起短路。

在无铅焊料中，Ni 与 Cu 之间的金属间化合物的生长速率比 Sn 与 Cu 之间的金属间化合物的生长速率慢，常用 Ni 作为反应阻挡层，有时也使用厚 Cu 作为阻挡层，但是厚 Cu 容易产生空洞，因此不常使用。C4 技术常用于节距大于 140μm 的芯片，当节距小于 140μm 时，可以使用 Cu Pillar 技术，与 C4 技术相比，铜柱凸点有更好的电性能、热性能和力学性能，但其自对准性不如 C4 焊球凸点。凸点下金属化以及芯片电极凸点结构如图 4-19 所示。

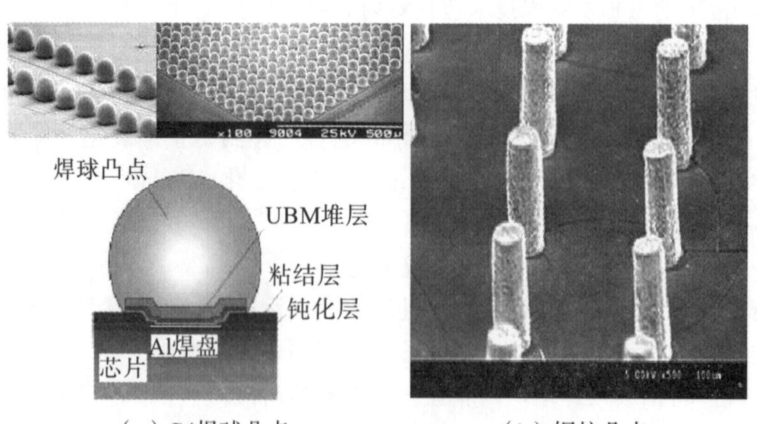

（a）C4焊球凸点　　（b）铜柱凸点

图 4-19　凸点下金属化以及芯片电极凸点结构

一般使用电镀制作金属凸点。对于无铅焊料凸点，电镀很难改变焊料合金的成分，可采用C4NP技术，能够获得高性能的无铅合金。C4NP技术是一种焊料转移技术。熔融焊料首先注入可重复利用的玻璃模具中，然后再转移到带有UBM结构的芯片焊盘上。玻璃模具的空洞中装着回流后的球形焊料，这些空洞与芯片上的焊盘成镜像对称，能够确保这些焊料被精确地转移到芯片焊盘上。C4NP技术已成功应用于节距为200μm、150μm和50μm的凸点中。对于节距小于50μm的凸点，则必须提高玻璃模具表面的平整性。

2. 芯片凸点制作

常见的凸点是Pb/Sn合金，其回流焊温度与成分有关。95Pb/5Sn的回流焊温度达330℃～350℃，37Pb/63Sn的回流焊温度为200℃左右。形成凸点的技术有蒸镀焊料凸点、电镀焊料凸点、印刷焊料凸点、钉头焊料凸点、放球凸点、焊料转移凸点以及焊料“喷射”凸点等。以蒸镀焊料凸点为例来介绍凸点制作的工艺过程，如图4－20所示。

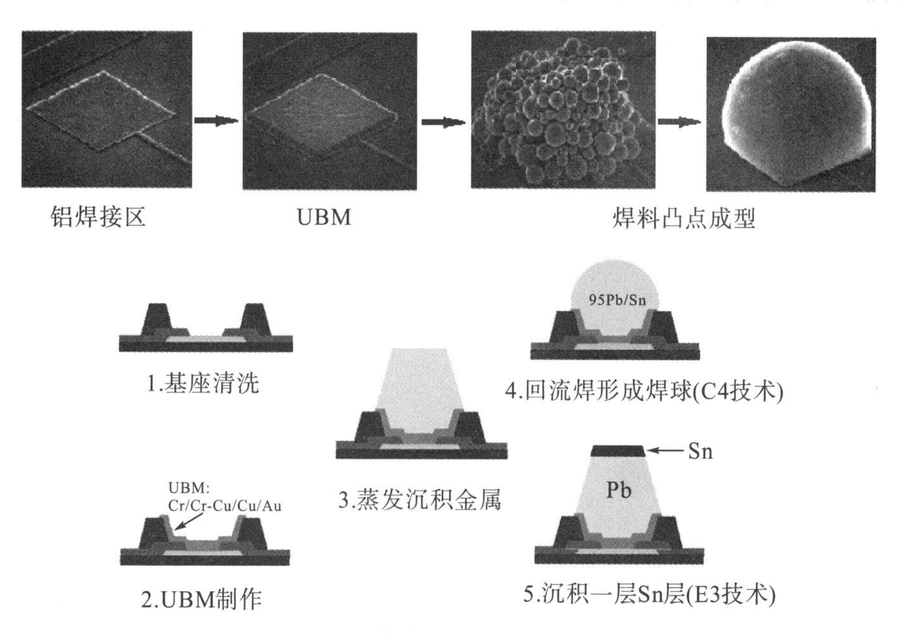

图4－20　蒸镀焊料凸点的工艺过程

（1）溅射清洗。沉积金属前，去除氧化物或掩膜、粗糙化表面，以提高对UBM的结合力。

（2）金属掩模。由背板、弹簧、金属模板以及夹具等构成。

（3）UBM蒸镀。顺序蒸镀Cr/Cr-Cu/Cu/Au层。

（4）焊料蒸镀（97Pb/Sn或95Pb/Sn，厚度为100～125μm，圆锥台状）。可用掩膜（Mask）或光刻胶形成金属图形。图4－20第5步中的顶层有额外的锡层，这是摩托罗拉采用的E3技术。对于有机基板（不能经受高温），回流焊时只需融化该层锡，而不用将整个凸点熔化。

（5）凸点成球（IBM的C4工艺回流成球状或者摩托罗拉的E3工艺使共晶部分回流）。目前凸点间距达到40μm，而凸点高度为30～75μm，除Pb/Sn材料外，还有Au

或者 Au/Sn 可作凸点材料。电镀制作凸点目前比较常用，但是凸点的高度与均匀性非常依赖电流密度，并受沉积、对齐及曝光因素的影响，故使用光刻胶制作难度很大。

图 4－21 是其他凸点制作技术。

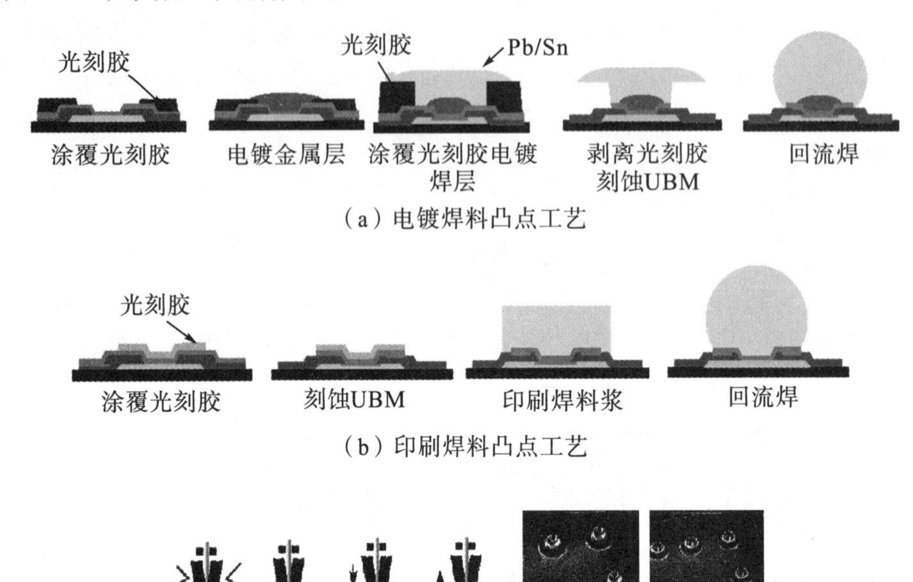

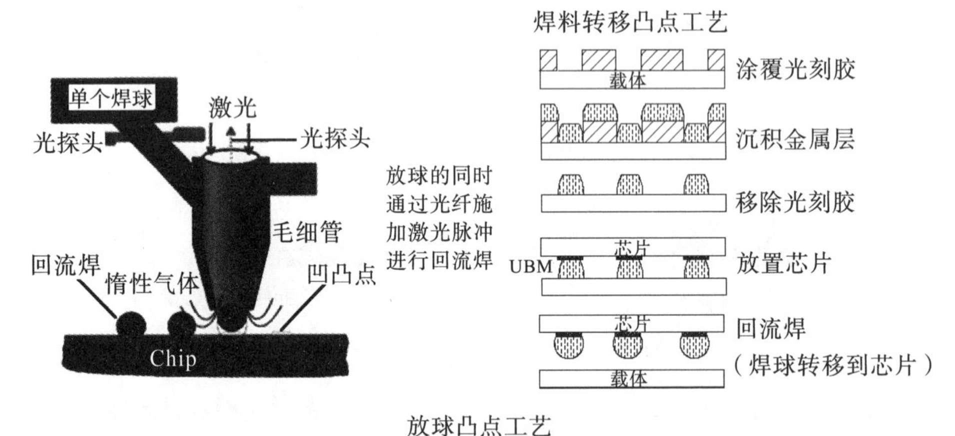

图 4－21　其他凸点制作技术

在上述凸点制作技术中，存在以下三个方面的问题：

(1) 凹凸不平、弯曲或扭曲的基板造成焊接时凸点变形，形成的凸点高度不均匀。

(2) 应力可能使凸点下面的金属阻挡层或钝化层开裂。

(3) 下填充有机聚合物与凸点金属和基板的热匹配性差，可引起接触的阻值增大，甚至开路。

对于这些问题，有效的解决办法是制作柔性凸点，即先在芯片或基板的焊区上形成一个具有高玻璃化温度、高屈服强度和大拉伸强度的有机聚合物凸点（涂覆聚合物→刻蚀聚合物→去除多余的聚合物→柔性凸点），再沉积一层 Au。

3. 将已有凸点的单元组装到基板上

芯片贴装时，先将一层助焊剂涂在基板上，再将焊料凸点对准基板焊盘进行回流焊，完成倒装连接，如图 4−17 所示。

4.4.2 底部填充

倒装焊接完成后，在芯片与基板之间需填充环氧树脂，以保护芯片免受环境影响，减小因芯片与基板间热膨胀不适配产生的影响，使应力和应变再分配，提高封装体的可靠性。图 4−17 给出了填充示意图。在回流焊之后，经过清除助焊剂，在约 70℃时，将填充料沿芯片边缘注入。利用毛细管的虹吸作用，填充料被吸入并向基板中心流动，芯片边缘设置有阻挡物以防止填充料溢出。填充完成后，加热进行固化成型。

底部填充胶主要有环氧树脂、球型氧化硅、固化剂、促进剂和添加剂（降低热膨胀系数，增加导热性能，常添加 SiO_2 颗粒）等。通过底部填充，可以实现降低芯片、基板和焊球之间因 CTE 不匹配而产生的应力和形变，增强倒装芯片的结构性能，阻止焊料蠕变，增加芯片连接的强度与刚度，增强芯片耐机械振动与冲击性能，防止芯片吸潮、离子污染、辐射等。

对底部填充胶的性能要求主要包括合适的流动性（黏滞性）、合适的固化温度与固化速度、无缺陷、填充后无气泡、耐热性能好、高温高湿环境下绝缘性高、热膨胀系数低（尤其填充料与凸点连接处 Z 方向的 CTE 要匹配）、玻璃化温度高、弹性模量和弯曲强度高、粘结强度良好、内应力小、翘曲度小、无挥发性、填充离子尺寸小以及对于储存器等敏感器件不含 α 放射源等。表 4−4 为底部填充胶的性能参数要求。

表 4−4　底部填充胶的性能参数要求

参数	指标	参数	指标
黏滞度（25℃）	<20kcps	固含量	100%
弹性模量（25℃）	6～8GPa	CTE	$<40\times10^{-6}K^{-1}$
断裂韧度（25℃）	$>1.3MPa/m^2$	玻璃化温度	>125℃
Cl^-（25℃）	<20ppm*	固化温度、时间	<150℃、4～6h
可提取溶解氯化物（25℃）	<20ppm*	填充离子尺寸	<15μm
存放期（约 40℃）	>半年	填充料含量	<70wt%
配置后使用时间（25℃）	>16h	α 粒子放射性	<0.005 计数/$cm^2\cdot h$
体电阻率（25℃）	$>1.0\times10^{12}\Omega\cdot cm^{-1}$	抗化学腐蚀	好
介电常数（25℃）	<4	吸潮性（8h 开水）	<0.25%
温度、湿度循环可靠性	>2000h	改善倒装焊寿命	10～100 倍
在较大芯片下的流动性	<1min，12.5×12.5mm		

注：* ppm，parts per million，1ppm=0.001‰。

底部填充胶需要穿过芯片和基板之间的狭缝，其流速影响批量生产，而其流动过程会直接影响封装的可靠性。填充前，需要确定底部填充胶的用量，若用量过多，会溢出；若用量不足，将导致芯片开裂。用量取决于填充的空间计算与填充工具的精度。一般填充时间与芯片长度的平方以及底部填充胶的黏度成正比，与底部填充胶的表面张力和空隙大小成反比，且与温度密切相关。目前，芯片尺寸不断增大，而芯片与基板之间的间隙越来越小，通道越来越长，封装中如果要减少填充时间，需要提高底部填充胶的流动性，并降低其黏度。合适的升温速率与填充温度可以减少填充时间、缓和应力。从一端填充会导致流动时间长，从两端填充将在内部产生无法排除的气泡。

由于无铅焊料在后序工艺中的应用，固化的底部填充胶需要适应更高的后序回流焊工艺温度。高的回流焊温度会加速材料的老化和水分的进入，引起更大的机械膨胀，所以底部填充胶需要更高的热稳定性、粘结力、强度和断裂韧性。随着倒装技术的发展，通过毛细作用很难填满芯片和基板间的间隙，将引起胶的不完全填充现象，增加填充时间和成本。特别是随着芯片与基板的间隙长度不断增加，最终限制了采用毛细作用填充粘胶的方法。

目前，产业界已经开发出非流动底部填充（No Flow Underfill）工艺，通过预置非流动底部填充胶，在回流焊的同时完成焊球焊接和底部填充胶固化两个过程，省去了助焊剂铺涂和清除步骤，简化了工艺，提高了生产效率。该工艺通常不含有 SiO_2 无机填料，避免了 SiO_2 颗粒对焊点形成以及焊料和金属焊盘之间的浸润性造成影响。但非流动底部填充胶具有更高的热膨胀系数和低的断裂韧性，很容易引起断裂失效，与表面贴装技术不兼容。因此，产业界又开发出热压回流焊（Thermo-Compression Reflow，TCR）工艺，即将底部填充胶放在预热好的基板上，再将芯片倒扣在基板上，在高温和一定压力下保持一段时间，直到焊点形成，最后进行固化，从而有效避免 SiO_2 填料对焊点的影响。另一种改进方式是双层无流动底部填充（Double-layer No-flow Underfill）工艺，即在基板上铺涂一层没有 SiO_2 的高黏度底部填充胶，形成焊球保护，然后在上部铺涂一层含有 SiO_2 填料的底部填充胶，将芯片放置在基板上进行回流焊，形成焊点并固化填充胶。双层无流动底部填充工艺需要更高的固化温度，在底部填充胶固化和温度循环过程中会产生更大的热应力，容易造成芯片碎裂，随着芯片越来越大、越来越薄，这个问题会更加突出。近年来，晶圆级填充（Wafer Level Underfill）工艺逐渐被接受，该工艺首先在芯片上添加一层下填料，在晶圆上制作凸点，然后切成单个芯片，芯片与基板通过表面贴装技术相连。晶圆级填充工艺把芯片制作的一些前道和后道工序集成在一起，能够满足芯片厚度变薄以及焊料凸点的节距、大小和高度减小等方面的要求。利用硅通孔技术，在芯片与基板之间制作中间层，能够使芯片上较小节距的焊盘与基板上较大节距的焊盘相连，满足 3D 封装要求，实现连接通用功能，但需要芯片制造公司、封装公司以及材料供应商之间的密切配合。

4.5 芯片贴合

芯片在基板上的常见贴合方法有金属共晶体贴片、焊料焊接、芯片玻璃贴装、热压焊接、热超声焊接、有机粘结芯片连接（导电胶连接）。通过芯片与基座的机械结合，不仅能固定芯片，而且实现了电气连接和散热。

4.5.1　金属共晶体贴片

金属共晶体贴片主要用于气密性封装，如陶瓷封装。通过陶瓷基板表面金属化，芯片与基板形成共晶体（金-硅共晶体）。图 4－22 是 Au-Si 共晶相图，虽然 Au 和 Si 的熔化温度都高，但二者之间有一个低的共熔点温度，为 363℃，该温度下硅的质量分数为 2.85%。将芯片放在金属化基板上时，在惰性气体或氮气中加热到约 425℃时，硅原子扩散进入金层，形成共晶体，进而实现紧密互连。由于硅芯片表面有氧化层，厚度可达 5nm，会阻碍金-硅共晶体形成。因此在贴装时，需要预处理。

（1）相互摩擦芯片表面和基片表面，预先破坏氧化层，促进共晶体形成。

（2）预先镀一层金，厚度为 100～150nm。

（3）在芯片和基片之间放入金硅合金预制件，保证良好的芯片贴装。常用的预制件为 Au-2Si 合金，其组成接近共晶体，将在贴装温度下快速熔化为液相，此相与金结合快，同时芯片中的硅快速扩散到液相，从而形成共晶体键合。

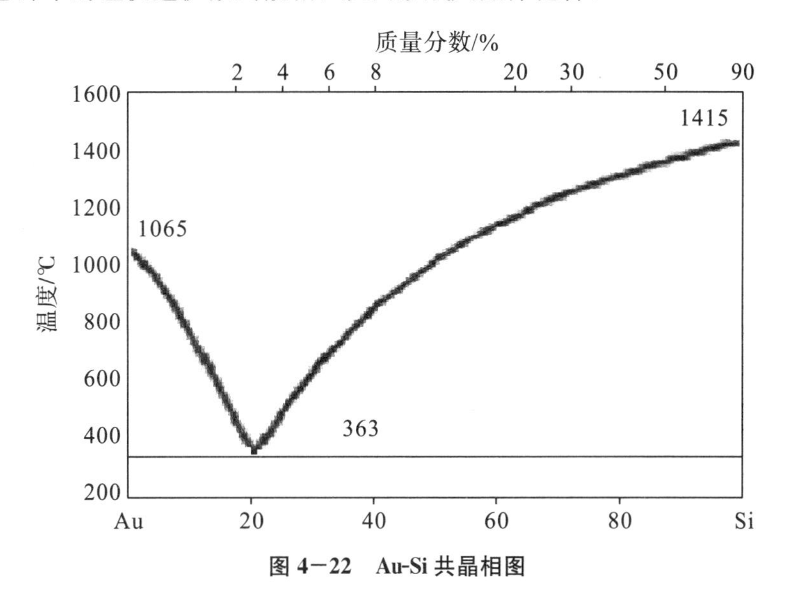

图 4－22　Au-Si 共晶相图

陶瓷基板表面金属化采用先镀镍、再镀金的方式。按照 MIL-STD 883 标准，镀金层厚度不低于 1.27μm，以保证金-硅共晶体贴装的质量。如果金的厚度不够，镍将会与硅互熔，生成的镍硅化合物与硅界面容易发生剥离脱落。

采用金-硅共晶体贴片的主要问题有贴装面的间隙和空穴（主要由贴装时摩擦或不浸润造成）。间隙可能导致芯片破裂，引起应力；空穴面积若超过 20%，产品则无法通过剪切力测试。间隙与空穴可通过摩擦和使用金硅合金预制件得到改善。另外，硅芯片和引线框架之间 CTE 不匹配造成的热应力很难通过共晶体（金－硅共晶体为脆性）缓解，内引线连接在高温过程中也会引起芯片应力。

4.5.2 焊料焊接

对于细间距的焊料连接，可通过电镀、溅射、印刷等方法制作焊料。对于黏性强的焊剂，可通过直接涂覆的方式放置在基板或焊盘处。对于间距大于 0.4mm 的焊料焊接，可采用模板印刷焊膏，待焊料涂上后，经回流焊进行焊接，然后清除残留的焊剂，经过测试后进行底部填充。所用焊料不用焊剂（防止污染），连接在惰性气氛中进行。为了提高贴片质量，可以在连接部位预镀银。常用焊锡有两种：①95%Pb-5%Sn。此类高铅焊料能与镍很好地浸润，比较柔软，可以很好地缓和因 CTE 不匹配引起的应力。但在硅上不易浸润，可以通过在硅背面镀钛（黏附层），然后镀镍，最后镀银来改善。②65%Sn-25%Ag-10%Sb，也称 J 合金。其抗热疲劳比高铅焊锡好。

采用焊料焊接具有导电性高、导热性高、抗高温、抗疲劳、抗蠕变、应力大（CTE 不匹配与塑性流动小）等特点，主要用于大功率电子器件中。

4.5.3 芯片玻璃贴装

采用银填充的特殊玻璃作为芯片与基板的贴装材料，具有热稳定性好、键合强度高、可靠性好的特点，该工艺需要在氧化气氛和高键合温度（400℃）下进行。对于不需要在背面电连接的芯片，在陶瓷封装基片凹槽涂上玻璃，加热到玻璃熔点以上，贴装即成功。以银—玻璃贴装为例，将掺有银粉的玻璃粉与有机粘结剂混合，制成膏状，将这种玻璃膏涂放在陶瓷基片凹槽中，放上芯片，在 75℃下干燥 15min，再加温，在高于 375℃时完全去除有机物。该工艺含有银 80%，空隙少，应力低，贴装强度高（化学键合）。

4.5.4 热压焊接

热压焊接是芯片的凸点通过加热、加压的方法连接到基板焊盘的一种贴片方式。要求芯片或基板上的凸点为镀金凸点，同时还要有一个可与凸点连接的表面，如金或铝。对于金凸点，工艺温度在 300℃左右，确保焊料充分软化，并促进焊接过程中的扩散作用。热压焊接时，基板必须保持较高的平整度，热压头也要有较高的平行对准精度，所施加的压力应该有一定的梯度。在辅助加热的条件下，直径为 80μm 的凸点所承受的热压压力可达到 1N，因此，该方式只适合刚性基板，如氧化铝或硅片。热压倒装芯片连接的可靠性除受到焊点的高度和间距的影响外，与基板和芯片 CTE 的匹配关系也很密切，如果控制不好，焊接区极易在降温过程中出现裂纹。通过底部填充可以有效降低热疲劳带来的影响。

4.5.5 热超声焊接

超声波能量通过一个可伸缩的探头从芯片的背部施加到焊接区，焊接材料在低温下即可实现塑性变形，完成连接。将超声波应用在热压连接中能够减少压力、缩短工艺时间、降低焊接温度、扩大焊接材料体系并简化焊接工艺。其缺点是超声振动过强可能在芯片上形成小的凹坑。影响热超声焊接的可靠性因素与热压焊接相似。目前，热超声焊接发展迅速，但技术要求较高，需要综合考虑压力、温度、超声振动以及平整性等因素，系统设计复杂。

4.5.6　有机粘结芯片连接（导电胶连接）

在芯片贴装时，可采用有机粘结剂进行贴装连接，该技术具有键合温度低，压力小，可在芯片和引线脚架形成热、电通道（导电胶）的特点，但其热稳定性不好、易吸潮，主要用于低成本塑料封装（非气密性封装）。采用聚胺和环氧树脂，以银粉填充（若需绝缘，用氧化铝进行填充），用注射器将含有填充料的聚合物（片状、膏状或胶体）加在芯片基座上，贴上芯片后，经过加热使聚合物固化，并与贴装件形成牢固的键合。一般预制件贴装工艺为：①将聚合物填充料在较低温度下贴在硅晶片背面；②切割晶片得到分割的带有聚合物的芯片；③用聚合物将芯片贴合在芯片基座。

在有机粘结方式中，采用导电胶连接是取代铅锡焊料连接的可行方法，既能保持封装结构的轻薄，又能有效控制成本，具有工艺简单、易于操作、固化温度低、能够实现细间距连接、连接后无须清洗以及生产效率高等优点。但是导电胶的导电性能比铅锡焊料差，由于胶体是热的不良导体，将增加元件的热阻。导电胶一般是由基体和导电填料两个部分组成。基体包括预聚体、固化剂（交联剂）、稀释剂及其他添加剂（增塑剂、偶联剂、消泡剂等）；导电填料通常有碳、金属、金属氧化物以及有机颗粒。导电胶的分类比较多：按基体，分为热塑性导电胶和热固性导电胶；按导电粒子类型，分为金导电胶、银导电胶、铜导电胶、碳类导电胶、纳米碳管导电胶等；按固化体系，分为室温固化导电胶、中温固化导电胶、高温固化导电胶和紫外光固化导电胶等；按导电机理，分为本征导电胶和复合导电胶；按导电方向，分为各向异性导电胶（Anisotropic Conductive Adhesive，ACA）与各向同性导电胶（Isotropic Conductive Adhesive，ICA）。各向异性导电胶是膏状或薄膜状的热塑性环氧树脂，并加入一定含量的金属颗粒或金属涂覆的高分子颗粒，金属层一般为金或镍。在连接前，导电胶在各个方向都是绝缘的；但在连接后，导电胶在垂直方向导电，在其他方向不导电。采用 ACA 进行连接对设备和工艺要求较高，常用于精细印刷等场合，如平板显示器（FPDs）。各向同性导电胶是一种膏状的环氧树脂，并加入一定含量的导电银颗粒，在各个方向都可以导电。从工艺来看，中温固化导电胶的固化温度适中（低于 150℃），与电子元器件的耐温能力和使用温度匹配，力学性能也较优异，应用较广泛。紫外光固化导电胶将紫外光固化技术和导电胶结合起来，赋予了导电胶新的性能，并扩大了导电胶的应用范围，可用于各种电子显示技术。同时，导电胶可以制成浆料，丝印出线分辨率很高的图形，适应电子元件的小型化、微型化及 PCB 的高密度化和高度集成化的发展方向。图 4－23 为金属超细粉、导电胶及其固化前、后的 SEM 图。

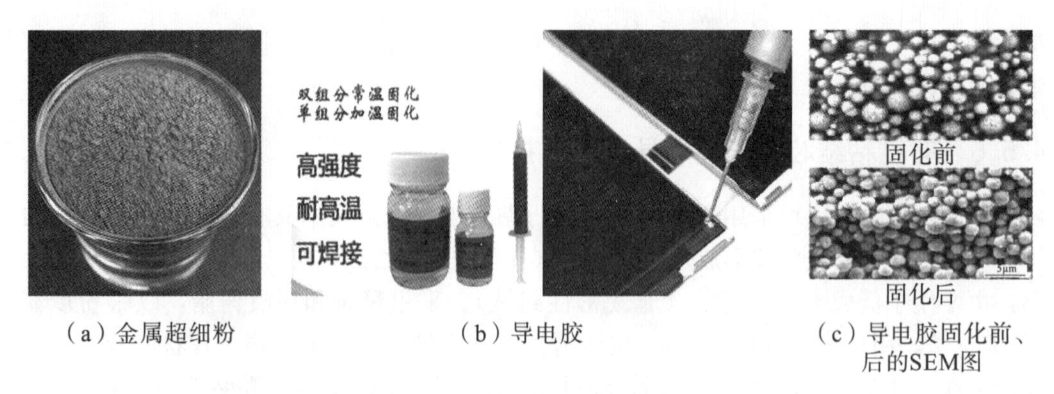

（a）金属超细粉　（b）导电胶　（c）导电胶固化前、后的SEM图

图 4－23　金属超细粉、导电胶及其固化前、后的 SEM 图

4.6　载带自动键合

4.6.1　技术特点

目前，芯片内部连接技术主要有三种：引线键合（Wire Bonding）、倒装芯片（Flip Chip）和载带自动键合（Tape Automated Bonding，TAB）。TAB 是一种集成电路装配技术，于 1965 年由美国通用电气公司发明，当时称为“微型封装”；1971 年，法国 Bull SA 公司将其定义为“载带自动焊”。目前，TAB 广泛用于各种薄型 LSI 中，如图 4－24 所示。TAB 将芯片贴装和连接在柔性的聚合物载带上，全自动地实现载带条的内引线端与芯片集成电路焊接，而外引线端与传统的封装或 PWB 焊接，适合薄型高密度封装，便于流水线生产。

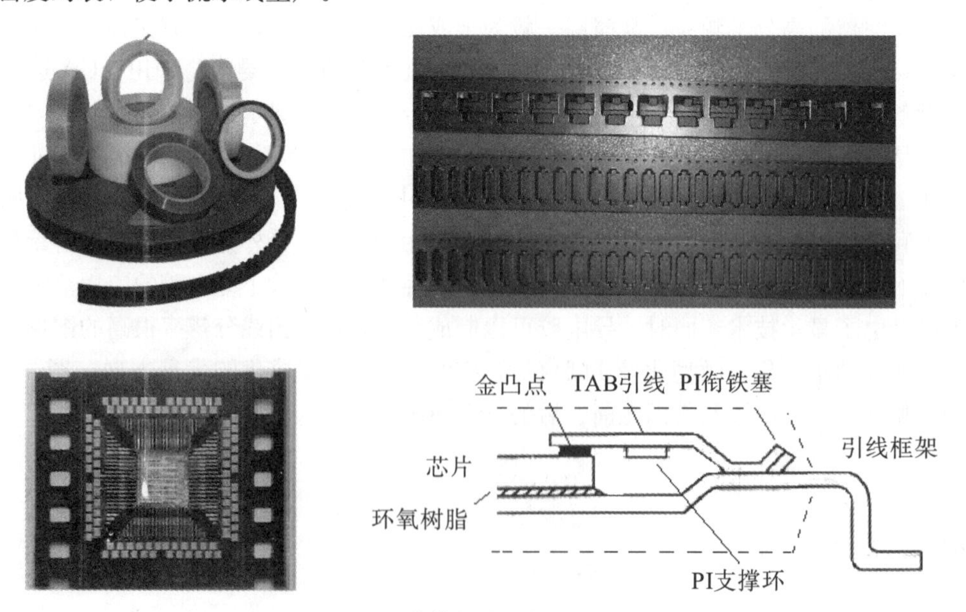

图 4－24　载带自动键合及其剖面图

载带自动键合具有以下七个方面的优点：

(1) 适应小的键合盘和更小的引线间距。芯片键合只需较小的键合区域，焊区间距比丝焊更小，在节约芯片面积的同时增加芯片间的互连终端（最高可达到 1000 左右）。

(2) 避免长引线回路，电阻、电容和电感小，改善电性能。

(3) 互连结构简单，可使封装更薄、更轻，封装高度不足 1mm。

(4) 采用铜箔引线，改进传热性能，机械强度高。

(5) 能封装 I/O 端子数更多的集成电路，易于大规模自动化生产，传统的引线键合每次只能键合一个焊点，而采用回流焊的工艺效率高，具有更高的产品收益。

(6) TAB 适用于不需要另外包装的场合（环氧树脂滴注是最常用的），每个键合区域的金凸点为下面的 Al 金属镀层提供了一个密封空间，降低了被腐蚀的可能性，提高了可靠性。另外，TAB 本身可以用作单独的小印制电路板，在其上可以直接组装其他元件。

(7) 可直接做老化试验，检验工序简单。

普通 TAB 的基本材料主要是聚酰亚胺（PI）、FR-4 或 BT 树脂，用于传输操作的链轮齿洞。与照相底片类似，中间装载各式芯片，通过铜箔与载体直接粘结。铜箔上的导电图案是用光刻胶技术实现的。载带分为单层、双层和三层。TAB 基本形式如图 4－25 所示。导体包括一种或多种，标准的载带宽度有 8mm、12mm、16mm、24mm、32mm、44mm、56mm、72mm、88mm 等，厚度有 0.3mm、0.35mm、0.40mm、0.50mm 等，可以是平面或带凸点的结构，表面镀层采用锡、金、Ni-Au 焊料等，粘结剂常用改性环氧树脂、酚醛缩丁醛以及聚酰亚胺等。

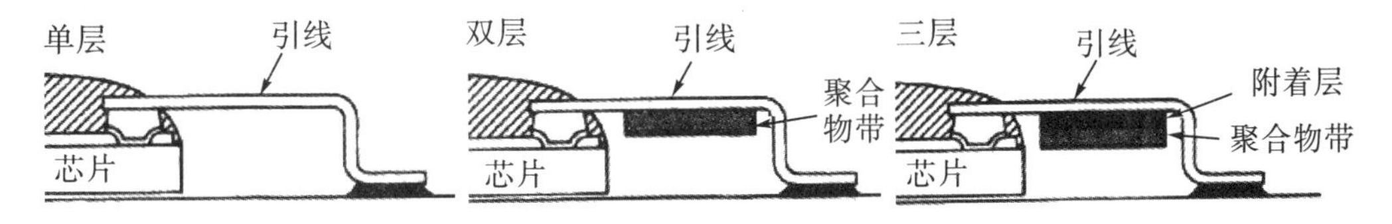

图 4－25　TAB 基本形式

单层载带只有一层铜箔（35～70μm），不锈钢、铝以及合金也可以作为基体材料。单层载带成本低、工艺简单、耐热性能好，但是不能筛选和测试芯片。双层载带基体材料采用聚酰亚胺溶体薄膜（12μm）涂覆到 35μm 的铜箔上，或者在厚度为 50～75μm 的聚酰亚胺上沉积铬和铜。除具备单层载带的优点外，双层载带还可以很好地弯曲，能够实现高精度图形，能筛选和测试芯片。三层载带基体材料由铜箔（18～75μm）、粘结剂（18μm）和聚酰亚胺（75～125μm）构成。由于铜与聚酰亚胺的粘结性能好，可制作高精度图形，可以绕曲，能够筛选和测试芯片，适合批量生产，但其工艺较复杂、成本较高。目前，多层载带技术已经用来制作包括载带球栅阵列（TBGA）封装在内的各种表面贴装封装体。TBGA 采用栅阵列互连以及共用接地面，所引起的电感和信号延迟也小，在封装时常用加固材料（一般是镀镍的铜板）保证聚合物载带的平整性，能够有效地降低芯片、载带以及基板之间由于热膨胀系数不匹配带来的影响。

4.6.2 制作工艺

1. 聚合物载带制造

聚合物载带是将连串的铜箔引脚框架粘结在聚酰亚胺载带上，每一个框架单元都有窗口用于放置芯片，引线框架内引线的焊点与芯片的凸点一一对应，并进行焊接。与引线焊接键合不同的是，带凸点的芯片在框架窗口处的焊接是通过加热加压瞬间完成的。芯片焊接后，表面会做密封处理，形成独立的封装体，然后将外引线做成所需的引脚。以常见的双层载带自动焊制作工艺为例：①贴保护膜；②冲孔，形成贴片孔与送带孔；③将铬铜合金沉积或热压贴在薄膜上；④涂上光刻胶，曝光、显像与堵孔；⑤蚀刻，制成引线，同时制成放芯片的窗口，根据需要用电镀法在暴露的金属电路图形上镀一层引线框架金属（原来溅射的金属作为电镀电极），刻蚀去除光刻胶及溅射金属层；⑥剥离光刻胶，去除堵孔剂，形成放置芯片的单元。聚合物载带制造如图 4-26 所示。

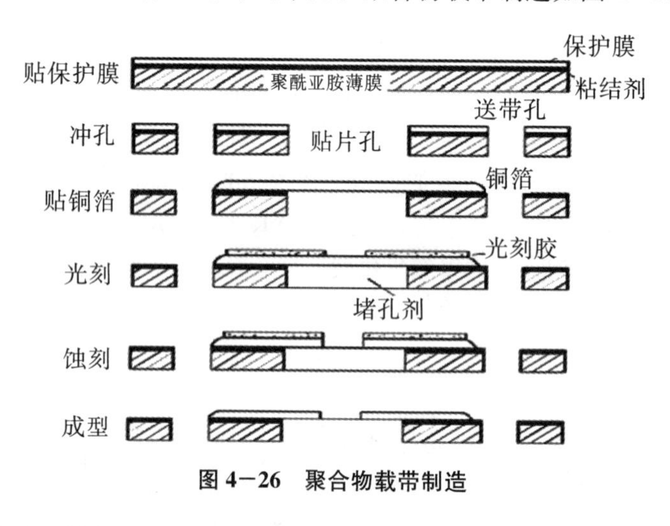

图 4-26 聚合物载带制造

聚合物载带对基带材料的要求是热匹配性能好、收缩率小、尺寸稳定、高温性能好、抗化学腐蚀性强、机械强度高、吸水率低。除聚酰亚胺外，还可用聚酯类材料作载体，如聚乙烯对苯二甲酸酯（PET）和苯并环丁烯（BCB）。

2. 焊料凸点制造

芯片凸点（金属压焊点）是为了实现引线框架内部引线与芯片之间的互连，确保芯片与电路载带之间隔离，防止引线与芯片之间短路，保护芯片 I/O 端子压焊点金属免受污染，并为键合提供一个可变形、可延展的缓冲带。芯片凸点制造流程与 UBM 类似：

（1）芯片处做凸点下金属化（保证芯片金属化和凸点之间具有高强度界面和低连接电阻）。

（2）在金属化层上沉积金属阻挡层（防止其他杂质原子扩散进入芯片压焊区）。

（3）在金属阻挡层上沉积金属形成凸点。

（4）后处理（使凸焊的金属强度降到适于内连接键合）。做好凸点后，晶片就被切割成单个单元使用。

芯片焊区金属常用 Al 膜，其他层（如黏附金属层、阻挡层以及表面层）的材料与功能和芯片凸点一致。

3. 内引线键合

内引线键合是将半导体芯片组装到 TAB 载带上的技术，通常采用热压焊的方法。当芯片凸点是软金属，而载带铜箔引线也镀这类金属时，则需在同一时间焊接完成所有芯片上的凸点。该过程包括：①对位。将性能好的芯片置于卷绕在两个链齿轮上的载带引线图形下面，使载带引线与芯片凸点进行精密对位。②焊接。落下加热的热压焊头（300℃～400℃），加压时间约 1 秒，热压焊头常用低膨胀合金，如 Fe-Ni-Co 或不锈钢钨钢合金，带有金刚石尖。③抬起热压焊头。焊机将压焊到载带上的芯片通过链齿步进卷绕到卷轴上，同时下一个载带图样传输到焊接的对位位置，进行下一组内引线键合。内引线键合如图 4－27 所示。

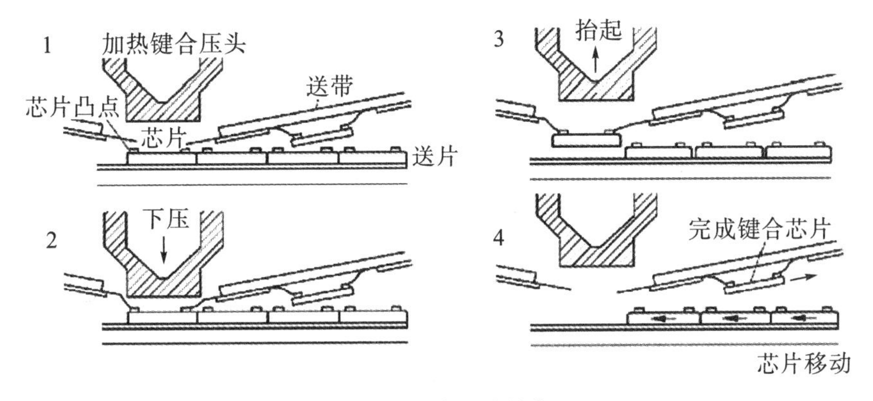

图 4－27　内引线键合

TAB 金属材料采用铜箔，少数用铝，基本要求是导电性、导热性好，强度高，延展性和表面平滑性好，与各种基带粘结牢固，易于光刻出复杂的精细引线图形，易于电镀 Au、Ni、Pb-Sn 等。

4. 芯片密封

密封过程与引线封装密封类似，卷带上的内引脚与芯片结合完成后，必须给芯片与内引脚的键合面或整个芯片再涂覆一层高分子胶保护引脚、凸块与芯片，以避免由于外界的压力、振动、水汽渗透等因素造成的破坏。最常用的是环氧树脂与硅树脂，要求黏度小、流动性好、产生应力小、含氯与 α 粒子少。芯片密封及常见的密封形式如图 4－28 所示。

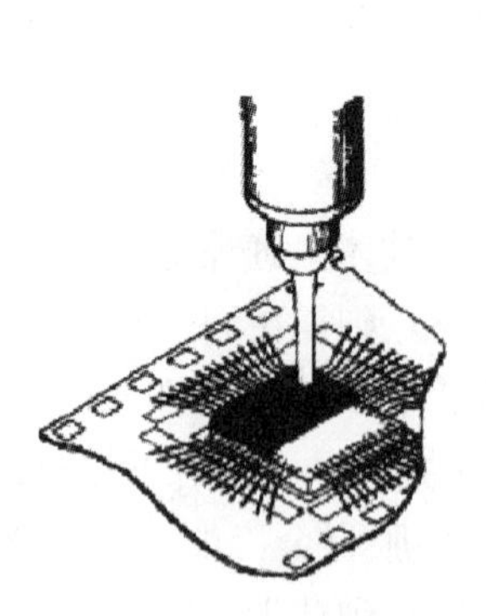

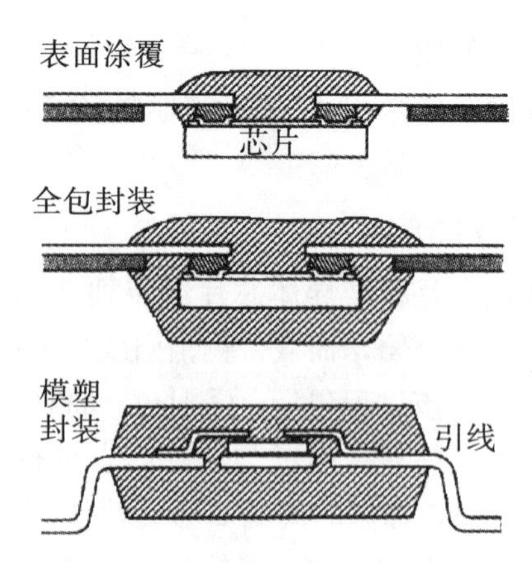

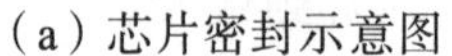

（a）芯片密封示意图　　（b）常见的密封形式

图 4—28　芯片密封及常见的密封形式

5. 老化、筛选与测试

老化加热过程可在设定温度的烘箱中进行，需要氮气保护。老化时确保每个 IC 都是独立的，以测试封装体的热、电和机械性能，表 4—5 和表 4—6 分别列出了 TBA 可靠性测试条件以及 TAB 的 FPPQFP（Fine Pitch Plastic QFP）封装（296 根引线）可靠性测试数据。

表 4—5　TBA 可靠性测试条件

测试项目	测试条件	判断项目
恒温老化	150℃、1000h，−55℃、1000h	电子特性
恒温恒湿老化	85℃、85%RH、1000h	电子特性
高压老化	120℃、85%RH、约 200kPa、1000h	电子特性
高温电老化	125℃、U_{max}、1000h	电子特性
高温高湿电老化	85℃、85%RH、U_{max}、1000h	电子特性
高压电老化	120℃、85%RH、172kPa、U_{max}、1000h	电子特性
温度循环	−55℃（30min）←→室温（5min）←→150℃（30min）、30 次	电子特性
温湿循环	MIL-STD-202E、10 次	电子特性
热冲击	125℃（5min）←10s→0℃（5min）、10 次	电子特性
耐焊接热	(260±5)℃、(10±1)s	电子特性
变频振动	10～50Hz、振幅 1.5mm、周期 1min、3 个方向各 6 次	电子特性及外观
冲击	500G、1ms、6 个方向各一次	
恒定加速度	500G、6 个方向各一次	
弯曲	半径 25mm、内外各折 3 次	
绝缘	25±2℃、60%±5%RH、加电	$R_{绝缘} \geq 100M\Omega$

续表4－5

测试项目	测试条件	判断项目
静电击穿	250pF/100Ω、400V、各 5 次	电学性能

表 4－6　TAB 的 FPPQFP 封装（296 根引线）可靠性测试数据

可靠性试验		失效/总器件数	试验分组总数	累计失效率	备注
预处理［125℃ 48h，－55℃～125℃循环 5 次，30℃，60%RH，3 次回流焊 (215±5)℃］		2/2319	40	0	封装体及层间无裂纹
156℃，85%RH		0/386	36	0	非设计造成结构失效
－50℃～125℃，1000 次		0/333	13	0	
125℃，7V，1000h		0/217	29	0	
加电强应力(156℃，85%RH)	40h	1/444	27	2.3‰	芯片失效，非封装失效
	80h	0/232	22	2.3‰	
蒸汽试验(121℃，100%RH)	168h	0/185	12	0	—
	336h	0/106	12	0	

6. 外引线键合

载带上的铜箔引脚通常沉积有厚 0.64～1.5μm 的电镀金属，或厚约 0.64μm 的电镀锡或无电镀锡层。对于镀金的铜引线，有时在镀金前镀一层厚 0.25～1μm 的镍层，目的是降低铜的电位移行为与锡的氧化。镀锡引脚需要检查可能引发的表面湿润能力降低及由于晶须（Whisker）成长而导致相邻引脚间短路的问题。由于引脚表面的镀层不同，后续的工艺条件也不相同，镀金引脚利用热扩散与金凸块连接。镀锡引脚则利用金锡共晶熔接的方法完成连接。镀金引脚的连接温度、时间与压力条件皆高于镀锡引脚，所得连接强度也较高。有时外引线尾端也做成凸点，以便后期在 PCB 上焊接。最后通过热压或回流焊将载带芯片装配在多层线路板上。

在 PCB 上键合主要有以下三个步骤：①使用专门的剪切工具（剪切特定尺寸线路）将芯片从 TAB 载带上切除；②将外引线弯曲成所需要的形状；③将封装体放在印制电路板上，通过焊接的方式实施连接，常用的连接方式是回流焊。

TAB 发展的关键技术包括：①配置具有精准加热控温系统、压力与超声传送系统、控时系统、精确光控对准与显示系统的机械设备；②选用具有良好灵活性与挠性的载带；③形成各种工艺的标准化接口以及成本控制等。目前维护修理采用 TAB 的印制电路板（如替换一个缺陷元件）非常困难，标准电路可用于 TAB 的形式比较少，有关尺寸与加工的标准还在形成。表 4－7 对比了三种芯片连接的基本技术性能。

表 4-7　引线键合（WB）、倒装焊接（FCB）以及 TAB 的基本技术性能对比

性能	WB	FCB	TAB
可焊接区域	芯片四周	整个区域	芯片四周
引线电阻/mΩ	100	<3	20
引线电容/pF	25	<1	10
引线电感/nH	3	0.2	2
焊点强度/（N/点）	0.05～0.1	0.3～0.5	0.3～0.5
工艺损伤	较大	小	小
焊区检查	可行	困难（X 光）	可行
最小焊区直径/μm	70	5	50
最小焊区节距/μm	130	10	80
最多引线数/（根/10mm²）	300	1600	500
芯片装配密度	低	高	中
综合可靠性	一般	非常好	很好
简图			

4.7　新型互连方式

目前，芯片键合间距持续降低，40μm 键合技术出现，键合线弧也低于 150μm。为了适应 BGA 新的发展趋势，目前已开始采用高可靠的铜线键合，以缩短键合周期并降低键合温度。同时，引入高精度定位装置、位置反馈系统、伺服系统以及功能更强大的多旋转头等设备。目前已出现了不同等级封装的交叉融合，如芯片封装和 PCB 电路组装在技术上进行集成，传统的封装等级界线越来越模糊，封装的层次正在被打破。

4.7.1　三维高密度微组装技术

三维高密度微组装技术包括三种类型：①圆片级三维组装。对整个圆片进行层叠组装，在设计方面具有很高的灵活性，适用于高速电路。②芯片级三维组装。将切划分好的芯片进行层叠组装，比圆片级三维组装更容易实现不同功能的 LSI 堆叠。③封装级三维组装。层叠式薄片（树脂）封装，是面向统一功能 LSI 的三维组装方法，主要应用于储存器芯片叠装，通过不同制造工艺实现芯片组合，具有互连线短、封装密度高、外形尺寸小、器件可靠性高等特点。三维高密度微组装实现的技术包括引线键合与硅片穿孔等，如图 4-29 所示。

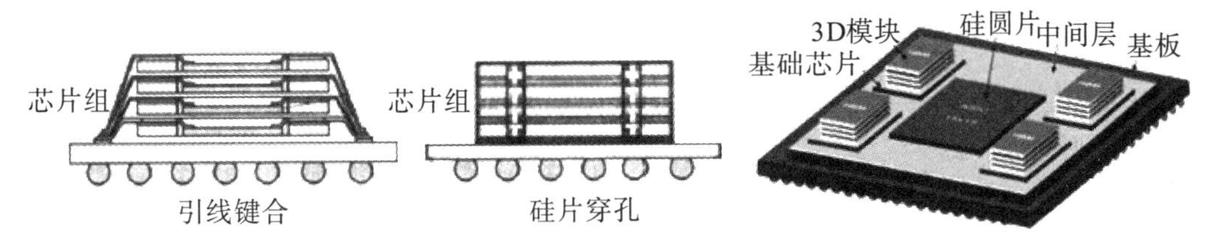

图 4－29　三维高密度微组装技术

（1）引线键合。

采用引线将 2 个或 2 个以上的裸芯片进行连接，以电极面朝上的方式叠放在基板上。芯片电极分别与底部基板实现引线连接，再通过基板上的布线，由基板底面呈阵列布置的凸点端子引出。芯片放置方式有：①金字塔型，形成台阶式的叠层结构；②积层型，具有相同尺寸的芯片间隔一定高度叠层，确保底部的芯片有足够的空间进行引线键合。多层引线键合连接中常见的工艺问题有粘贴、低弧度键合和转移模塑等。

引线键合式三维高密度微组装技术多用于存储芯片，如静态随机存取存储器（Static Random Access Memory，SRAM）、快闪存储器等。目前已经开发出适用于三维叠层的 EDA 设计工具。

（2）硅片穿孔。

在硅片通孔中填充金属，使之成为导电通孔，利用孔内的金属层以及金属焊点进行垂直方向的互连。利用硅片穿孔互连，可以在同一块硅基板上叠装不同功能的硅片，并形成适于表面贴装的外部 BGA 焊球，最终形成微系统。硅片穿孔连接技术常用于微电子机械系统（MEMS）和多层半导体器件中。通孔孔径为纳米量级，有助于减小基片单面布线的复杂程度，并实现优良的电信号传输，进而提高阵列器件的排列密度。

比如 MCM 基板的布线层多于 4 层，且有 100 个以上的 I/O 引出端，并将 CSP、FC、ASIC 器件与之互连。焊接采用 C4 凸点技术。意法半导体推出芯片上网络（NOC）的互连模型，以即插即用的方式进行快速互连。

4.7.2　EMIB 连接技术

在集成电路芯片的研制上，一方面是追求更窄线宽的制程，如从 7nm 到 5nm；另一方面是有效地利用现有 10nm、14nm 甚至更宽的制程技术，以延长技术的生命周期。嵌入式多核互连桥接（Embedded Multi-Die Interconnect Bridge，EMIB）连接就是基于 14nm 制程技术，将不同规格的电路芯片通过特殊方式封装在一个芯片上，以获得更强的性能和更好的功耗表现。EMIB 属于平面（2D）布置封装，由英特尔于 2018 年推出，并将其第八代酷睿处理器与 AMD Radeon RX Vega M GPU 桥接成新的 KBL-G 处理器。该处理器兼具英特尔处理器强大的计算能力与 AMD GPU 出色的图形处理能力，同时还有优秀的散热性能。2019 年，英特尔又推出了 Foveros 3D 技术。基于该技术的主板芯片 Lake Field 具备完整的 PC 功能，集成了 10nm 制程 Ice Lake 处理器以及 22nm 制程芯片，但其体积只有几个硬币大小。EMIB 连接技术及 Foveros 3D 封装技术如图 4－30 所示。

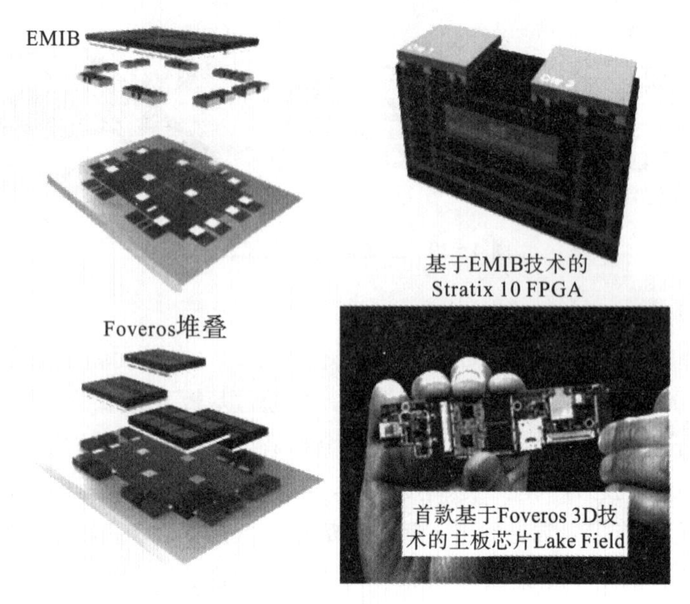

图 4-30　EMIB 连接技术及 Foveros 3D 封装技术

4.8　清洗工艺

由于封装体内各元件及连线相当微细，所以在制造过程中，如果遭到尘粒、金属的污染，很容易造成芯片内电路功能的损坏，形成短路或断路等，导致集成电路的失效以及影响其几何特征的形成。因此在封装过程中，除要排除外界的污染源外，在很多工序实施前必须进行专门清洗，相关方法详见第 3 章。

4.9　可靠性

第 8 章有专门进行封装可靠性分析的内容，本节只介绍与芯片连接有关的失效与可靠性问题。

芯片贴装引起的可靠性问题，主要来源于以下四点：①热循环引起焊锡疲劳；②下填充界面出现剥离，导致焊锡快速疲劳；③α 粒子辐射以及静电放电；④有机基板出现产品寿命的缺陷和失效比陶瓷产品早。

严重影响可靠性的剥落和洞穴长大，常发生在钝化层和下填充或下填充和阻焊膜界面，同时也易发生在下填充和焊锡互连接或阻焊膜和基板界面之间，造成的原因主要有界面之间粘结强度低、焊剂与填充料不匹配、下填充与芯片保护层不匹配、下填充与焊锡掩膜不匹配、材料不匹配以及污染物入侵等。

焊锡迁移常发生在倒装芯片的工艺过程、可靠性测试过程及使用操作过程中，多出现在洞穴或键合剥落处。主要由固化时间较长以及热循环测试所致。可以通过减少空洞和剥离、改变下填充形态、改进基板设计、选择合适的固化温度及下填充材料等方式加以改进。

芯片破裂常发生于芯片中心和边缘，产生的主要原因有：芯片表面的缺陷及应力；晶圆片切片造成局部缺陷，包括划伤、小裂片、表面裂纹、损伤及其他非正常芯片处理导致的边缘开裂；芯片键合到基板，因二者 CTE 失配带来弯曲应力，加之芯片本身不规则导致中心开裂（致命故障）。另外，温度波动或热循环会导致下填充破裂。

焊锡疲劳破裂常产生于焊锡存在的位置。特别是由于下填充与芯片保护层之间剥离（应力变化与积聚），使焊接点应力集中，最终导致电路短路或断路。

倒装芯片互连接的可靠性分析包括跌落冲击、热疲劳、电迁移、内层电介质破裂以及腐蚀失效等。

4.9.1　跌落冲击

机械应力导致的芯片损伤失效，其本质是 Cu 与 IMC 之间存在空洞而导致脆弱的表面连接。为了提高无铅焊料抗跌落的可靠性，可以降低 Sn-Ag-Cu 焊料中 Ag 和 Cu 的含量，或者在无铅焊料中添加少量的合金元素来控制表面反应，抑制空洞的形成，如在 Sn-Ag-Cu 焊料中添加 Mn、Ti 等。

4.9.2　热疲劳

热疲劳涉及与芯片相连接的所有材料及其性能，如焊料性能、底部填充料、热膨胀系数以及使用温度范围等。具体表现为：①焊接材料。在无铅焊料中，Sn 的晶格方向对焊点的热疲劳寿命影响很大，当 Sn 晶格的 *c* 轴与基板方向平行时，疲劳失效提前发生；含 Ag 量较高（3%～4%）的焊料的疲劳寿命比含 Ag 量较低（1%～2%）的焊料长。铟基焊料热疲劳性能好，但在高湿度下可靠性很差。②底部填充材料显著影响焊点的热疲劳可靠性。当不使用底部填充时，焊点热疲劳是主要问题。一定量的底部填充材料能减少焊点的热变形，缓解间隙造成的热疲劳。但同时底部填充材料将吸收应力，并将其传递给芯片，导致芯片开裂，应力的水平取决于基板材料以及硅晶片的表面质量。另外，在真空、辐照等外部环境或内部应力作用下，底部填充材料本身将产生分层和空洞，通常挠性基板比较常见。③热膨胀系数不匹配导致芯片连接部位发生周期性塑性应变而出现裂纹。④焊点随温度循环的疲劳寿命可以使用有限元分析、经验模型以及计算机软件进行模拟。对于苛刻的使用要求，可以采用加速老化测试。

4.9.3　电迁移

当集成度高的器件长时间工作在大电流的情况下，由于电流聚集（Current Crowding）或焦耳热（Joule Heating）的发生，互连部位表面会产生晶须，可能与其他内部导线连接，产生短路失效，故电迁移成为影响芯片连接可靠性的重要因素。电迁移的影响因素有互连引线的几何尺寸和形状，互连引线内部的晶粒结构、晶粒取向与大小，金属膜的稳定性及温度梯度，钝化层（介质膜）以及合金效应。在使用条件一样的情况下，具有稳定结构的 Sn-Ag 焊料比 Sn-Cu 焊料拥有更优越的电迁移特性。电迁移失效模型主要有两种：一种是Sn的自扩散引起IMC层和焊料层产生空穴并分离，对于含Ag量高的Sn-Ag焊料焊点的失效，可以在焊料中添加Zn，通过Zn与Cu、Ag的结合使IMC更稳定，有效地降低Cu的扩散，提高Sn-Ag焊料焊点的电迁移可靠性；另一种是当Sn晶粒c轴方向与电子流向平行时，来自UBM和IMC表面的Ni或Cu在Sn中快速扩散，将导致UBM金属快速消耗而引起失效，常见于Sn-Cu焊料。常见的预防措施包括：①严格控制工艺。尽量采用干法工艺和激光划片等，控制金属膜厚度并进行无损镜检，剔除划伤金属膜，保证连接质量，减少因接触不良和电压偏移造成的热阻增加。②合理设计芯片连接电路，包括降低PN结温、增加散热、在铝膜上覆盖完整的钝化膜、合理的金属化布线以及确保互连线的电流密度不超过同规格导体材料相对应的最大允许值。对常用的导体材料，最大允许电流密度为$2\times10^5\ A/cm^2$，无钝化层的纯铝或铝合金为$2\times10^5\ A/cm^2$，有钝化层纯铝或铝合金为$5\times10^5\ A/cm^2$，金膜为$6\times10^5\ A/cm^2$。③改进连接的金属化系统。包括在铝互连系统中加入少量抗疲劳杂质（Si、Cu、Ni等）形成铝合金、改变晶粒大小、在铝上涂覆钝化膜、采用混合的多层金属化系统等。

4.9.4 内层电介质破裂

随着高强度无铅焊料的使用，焊接时需要在后端连线结构上施加较大的热机械应力，产生的应变将导致后端连线结构的分层或者结构体系中低k层材料的破裂。如果芯片与基板热膨胀系数不匹配，在使用大的芯片时，这种现象将更严重。可以使用更高蠕变率的焊料或者增强层与层之间的连接强度以减少该情况的发生。随着k值的持续降低，加上材料的多孔性，内层电介质将会变得更易碎。缓解低k层材料破裂的基本方法是降低传递到该层的应力，可以优化无铅焊料的力学特性和微结构，调整芯片焊接过程的温度曲线，如降低回流过程中的冷却速率。

4.9.5 腐蚀失效

由于芯片及其连接材料直接与空气接触，水分等物质会造成连接部位（点、线、面）的腐蚀。如果采用非气密性封装，同样会对连接部位造成腐蚀。腐蚀会引起连接部位缺失甚至断开，从而导致器件失效。采用高等级抗腐蚀材料、敏感部分单独密封或气密性封装等，能够有效降低腐蚀失效的风险。

【课后作业】

1. 简述封装中引线的材料组成及其基本要求。
2. 简述Invar合金的应用。
3. 简述引线键合工艺。
4. 简述常见引线失效方式。
5. 简述引线框架制造工艺。
6. 简述可焊等级。
7. 简述倒装芯片工艺特点及C4技术。
8. 简述芯片连接的可靠性分析。

第 5 章　焊封材料与技术

焊封材料用于封装体各部件之间的连接与密闭，相关焊封技术包括焊接、粘连与密封，实现焊封的能量包括热能、电能、声能、光能、磁能以及化学能、机械能等。焊接属于材料连接方法中的一种，也是过程最复杂、应用最广泛、发展最迅速的一种方法。密封分为相对静止结合面之间的静密封和相对运动结合面之间的动密封。电子封装主要是静密封，包括点密封、胶密封和接触密封，也可分为气密性密封和非气密性密封。密封材料应该满足一些密封功能要求，如材料本身具有好的加工性、均匀的致密性、无挥发释放性、有一定的抗腐蚀性和耐磨性、有合适的机械强度和硬度、变形小、耐一定温度变化以及耐老化等特性。连接材料和密封材料有一些可交替融合使用，如焊锡既可以作为焊接不同部件的材料，又可以作为密封材料使用。

5.1　焊接材料

早在古埃及时期，人们就开始使用焊接技术来焊接金银饰品。我国最早关于焊接的文字记载是《天工开物》："中华小焊用白铜末，大焊则竭力挥锤而强合之，历岁之久，终不可坚。"焊接（Welding）是两种或两种以上同种或异种材料通过原子或分子之间的结合和扩散连接成一体的工艺过程，促使原子和分子之间产生结合和扩散的方法是加热或加压，或二者共同作用。焊接可以实现不同材料间的连接成形及特殊结构的生产，可以将复杂的结构分解为简单的结构进行拼焊，降低焊接结构重量，简化工艺，降低成本。但是焊接具有不可拆卸性，容易引起残余应力，且焊接部位容易产生裂纹、气孔等缺陷，因此必须对焊接质量进行严格的检验。

5.1.1　焊接分类

焊接可以分为熔焊、压焊与钎焊，如图 5-1 所示。

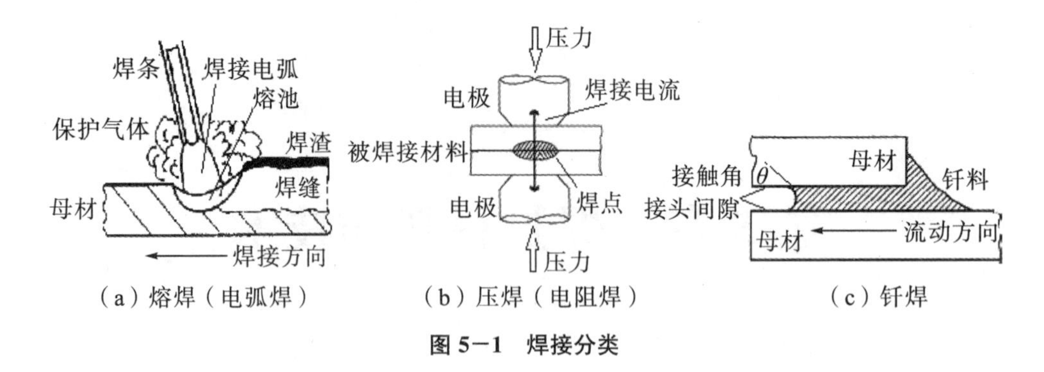

(a) 熔焊(电弧焊)　(b) 压焊(电阻焊)　(c) 钎焊

图 5-1　焊接分类

熔焊是指在焊接过程中，将焊件接口加热至熔化状态，不加压力完成焊接的方法。熔焊时，热源将待焊的两焊件接口处迅速加热熔化，形成熔池。熔池随热源移动，冷却后形成连续的焊缝而将两焊件连接成为一体。常见的熔焊包括电弧焊、电渣焊、电子束焊、激光焊及等离子弧焊等。熔焊易受到大气中的氧、氮、水蒸气的影响，常用的改善措施是利用氩、二氧化碳等气体隔绝大气，以保护焊接时的电弧和熔池。钢材焊接时，在焊条药皮中加入对氧亲和力大的钛铁粉进行脱氧，可以确保焊条中的有益元素锰、硅等免于氧化而进入熔池，冷却后获得优质焊缝。氩焊是从焊枪喷嘴中喷出氩气流，在电弧区形成严密的保护层，将电极和金属熔池与空气隔绝，同时利用钨电极与焊接件之间产生的电弧热量来熔化附近的填充焊丝，待液态金属熔池凝固后即形成焊接线。

压焊是指在加压条件下，使两焊件在固态下实现原子间的结合，又称固态焊接，如引线键合。常用的压焊工艺是电阻对焊，即电流通过两焊件的连接端时，连接端温度因电阻很大而迅速上升，当被加热至塑性状态时，封装基座与盖子在轴向压力作用下连接成为一体。其他压焊包括摩擦焊、超声波焊、扩散焊、高频焊以及爆炸焊。压焊具有以下三个特点：

(1) 在焊接过程中施加压力而不加填充材料。

(2) 多数压焊方法如扩散焊、高频焊、冷压焊等都没有熔化过程，因而避免了像熔焊那样的有益合金元素烧损和有害元素侵入焊缝的问题，从而简化了焊接过程，也改善了焊接的安全卫生条件。

(3) 由于加热温度比熔焊低，加热时间短，因此热影响区小。许多难以用熔焊焊接的材料，往往可以用压焊焊成与基材同等强度的优质接头。

钎焊是指使用比焊件熔点低的金属材料作钎料，将焊件和钎料加热到高于钎料熔点、低于焊件熔点的温度，利用液态钎料润湿焊件，填充接口间隙并与焊件实现原子间的相互扩散，从而实现焊接的方法。钎焊所用钎料包括各种金属基材料，如铜、金、银、锡、铝、锰、镍、钛等，常用基体材料包括各种合金、碳钢、不锈钢、陶瓷和金刚石等。钎焊分为软钎焊和硬钎焊。软钎焊采用熔点为 450℃以下的钎料，如铅锡合金等，其工作温度低，焊接强度低，具有较好的焊接工艺，常用于微电子线路与元器件的焊接，采用波峰焊、回流焊等工艺。硬钎焊采用熔点为 450℃以上的钎料，如铜基和银基合金，工作温度高，焊接强度大，常用于机械零部件的焊接，采用高频感应焊、火焰焊等工艺。本章主要讲解软钎焊材料及其工艺。

5.1.2　钎焊的基本原理

钎焊的原理就是熔态钎料的填充以及钎料与基材之间的相互作用。

1. 熔态钎料的填充

实现熔态钎料填充的必要条件是钎料浸润和毛细作用。影响钎料浸润作用的主要因素是钎料和基材的材料组成、钎料湿度、基材表面氧化物、基材表面粗糙度及焊剂等。浸润过程包括附着、浸渍、铺展等，铺展是最常见的钎焊过程。固体金属基材的表面结构包括最外层厚 0.2～0.3nm 的气体吸附层、吸附层下面厚 3～4nm 的氧化层，以及氧化层下面由于金属加工成型过程而形成的变形层，该层厚度一般为 1～10μm。焊接前，需要采用活性剂（如酸或碱）将表面氧化层进行腐蚀处理。处理后的基材表面在焊接时会生成一层很薄的氧化膜，该层膜是钎焊发生的主要区域。

通过加入某些元素（如 In 等）可以有效改善钎料的浸润性。钎焊中的焊缝是指焊接时形成的连接两个焊件的接缝。焊缝的两侧在焊接时受到热作用，进而发生组织和物理、化学性能的变化，这一区域称为热影响区。我们常根据焊缝的形状来表示焊接的类型。表 5−1 给出了常见钎料的表面张力。

表 5−1　常见钎料的表面张力

钎料	表面张力/(N/m)	钎料	表面张力/(N/m)	钎料	表面张力/(N/m)	钎料	表面张力/(N/m)
Na	0.19	Ge	0.6	Be	1.15	Ni	1.81
Sb	0.38	Ce	0.68	Cu	1.35	Fe	1.84
Bi	0.39	Nd	0.68	Ti	1.4	Co	1.87
Li	0.4	Ga	0.7	Zr	1.4	Mo	2.1
Pb	0.48	Zn	0.81	Hf	1.46	Rh	2.1
Sn	0.55	Si	0.86	Cr	1.59	Nb	2.15
Cd	0.56	Al	0.91	Pd	1.6	W	2.3
In	0.56	Ag	0.93	Mn	1.75	Ta	2.4
Mg	0.57	Au	1.13	V	1.75		

对钎料润湿性影响较大的因素包括以下四个方面：

（1）焊接时的温度。根据液体表面张力 σ 与温度 T 的关系，温度升高，液体钎料的表面张力降低，钎料与基材之间的界面张力也将降低，这些变化有助于提高钎料的润湿铺展性。但焊接温度不宜过高，否则将导致基材颗粒长大甚至出现钎料溶蚀基材的现象。另外，钎料铺展能力太强，会导致钎料不易填满缝隙。通常情况下，钎焊温度比钎料熔化温度高 30℃～80℃。

（2）基材表面氧化物。金属钎料表面一般都有氧化层，钎料熔化后容易被自身氧化层包裹，而大多数金属基材表面也都有一层氧化物，所以钎料熔化后不易在基材表面产生润湿作用，往往成球而不易铺展。通过钢针刺破熔融的钎料球并刺穿基材表面氧化物，可以促进钎料在基材氧化物与基材之间铺展。因此钎焊时，必须采用适当的措施去除基材及钎料表面的氧化层，如采用助焊剂材料。

(3) 基材表面粗糙度。当钎料与基材的相互作用较弱时（如 Sn60-Pb40 钎料与紫铜基材、Ag-Pd-Mn 钎料与不锈钢基材），粗糙的基材表面有许多微小起伏和不规则的沟槽，相当于毛细管作用，能够促进钎料在基材表面铺展；但当钎料与基材相互作用较强时，粗糙的基材表面将很快地被熔融的钎料溶解，表面粗糙度影响不大。

(4) 钎料及基材的成分。一般而言，如果钎料与基材在液态和固态下无相互作用，它们之间的润湿性就很弱，如 Fe-Bi、Fe-Ag、Fe-Pb 以及 Fe-Cd 等体系；如果二者能互相溶解或形成金属间化合物，则润湿性就很强，如 Cu-Sn 体系。通过改变钎料元素的组成（如调节 Sn-Pb 组分，添加 Zn、Si、Pd、Mn、Ni 等元素），实现钎料在不同基材上的润湿性。另外，通过添加表面活性物质，可显著改善钎料对基材的润湿性，见表5－2。

表 5－2 钎料中添加的常见表面活性物质

钎料		Cu		Ag				Cu-Ag	Cu-Zn	Sn	Al-Si
活性物质	元素	P	Ag	Cu_3P	Pd	Ba	Li	Si	Si	Ni	Sb、Ba、Bi、Br
	质量分数/%	0.04～0.08	<0.6	<0.02	1～5	1	1	<0.5	<0.5	0.1	0.1～2
基材		钢						钢、钨	钢	铜	铝

钎料填缝过程如图 5－2 所示。

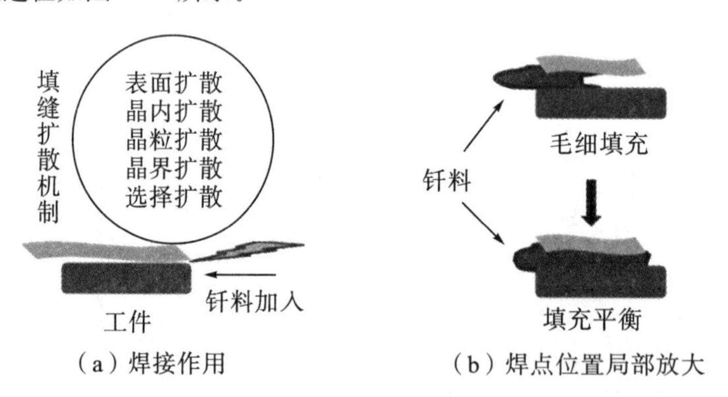

(a) 焊接作用　　(b) 焊点位置局部放大

图 5－2 钎料填缝过程

(1) 弯曲熔融面的附加压力（与表面张力成正比，与界面曲率半径成反比）。

(2) 熔态钎料的毛细填充。这是由于熔态钎料对基材浸润而产生弯曲液面所致。填缝速度与毛细间隙大小有关，该过程容易形成各种不致密的缺陷，如气泡、夹渣、夹气、未钎透等。

(3) 熔态钎料的平衡。

2. 钎料与基材之间的作用

钎料与基材之间的相互作用可以分为两类：一是固态基材向熔态钎料的溶解；二是

熔态钎料向基材的扩散。

典型的钎焊工艺如下：

（1）焊件基材表面处理。该过程包括：①清除油污，常用酒精、汽油、四氯化碳、二氧化烷等有机溶剂；②清除表面氧化物，可用物理、化学或者电化学等方法；③基材表面预镀金属，目的是改善可焊接性。

（2）装配与固定。将焊接部件之间的位置进行固定。

（3）放置钎料。除火焰钎焊和烙铁钎焊外，大多数钎焊都是将钎料预先安置在接头上，尽可能利用钎料重力和毛细作用来促进钎料填充。

（4）涂覆阻流剂。一般选用稳定的氧化物加黏合剂，如氧化铝、氧化钛或者氧化镁等。

（5）钎焊。该过程是实施焊接的关键，常见参数是钎焊温度和保温时间。钎焊温度应高于钎料液相线 30℃～80℃。对于结晶温度间隔宽的钎料，可以等于或略低于钎料液相线；而对于镍基钎料，应该高于钎料液相线 100℃以上。保温时间根据焊件大小和钎料与基材的相互作用程度而定。

（6）焊接后清洗。钎焊焊接时，因焊件材料、钎料和焊接热源等不同，焊后在焊缝和热影响区可能产生过热、脆化、淬硬或软化现象，使焊件性能下降，恶化焊接性。这就需要调整焊接条件，即焊前对焊件接口处进行预处理、预热，焊时进行适当的保温和焊后再进行热处理。以上措施可以改善焊件的焊接质量。焊接是一个局部的迅速加热和冷却的过程，焊件焊接区由于受到四周基材本体的拘束而不能自由膨胀和收缩，冷却后在焊件中便产生焊接应力和变形。重要产品焊后都需要消除焊接应力，矫正焊接变形。钎料合金的表面张力与钎料可焊性有密切关系，这是进行新型无铅多元合金钎料成分设计中需要考虑的重要因素之一。尽管在化学润湿的条件下可以通过界面反应控制润湿过程，但对于特定的基材（如 Cu），钎料液相合金表面张力的变化反映了钎料对基材润湿性的变化，钎料液相合金表面张力越小，越有利于钎料对基材的润湿性。

5.1.3　钎焊方法的分类

根据使用的热源对钎焊方法进行分类，常见的钎焊方法见表 5－3。

表 5－3　常见的钎焊方法

钎焊方法	主要特点	用途
烙铁钎焊	简单灵活，适合于微小焊接，需使用焊剂	只能用于软钎焊，焊接部件细小
波峰钎焊	常用于工业生产，效率高，但是钎料损耗大	工业生产
火焰钎焊	设备简单，操作灵活，但是控温困难，操作技术较高	小焊件
电阻钎焊	热效快，生产率高，成本较低，但是控温比较困难，容易受到焊件形状、尺寸等影响	焊接小型焊件
感应钎焊	加热快，焊接质量高，但温度不能精确控制，容易受焊件形状的限制	批量焊接小型焊件

续表5-3

钎焊方法	主要特点	用途
盐浴钎焊	加热快，能精确控制温度，但设备投入大，后期清洗严格	批量生产非密闭焊件
金属浴钎焊	加热快，能精确控制温度，但钎料消耗大，后期处理复杂	用于批量软钎焊
气相钎焊	加热均匀，能精确控制温度，焊接质量高，但是成本高	只能用于批量软钎焊
真空钎焊	变形小，控温均匀，能焊高温合金，不用焊剂，焊接质量高，但是设备费用高，钎料与焊件不能含易挥发元素	重要的焊件
保护气体炉钎焊	温场均匀，控温精确，变形小，不用焊剂，焊接质量高，但是设备投入大，加热慢，钎料与焊件不宜含大量易挥发气体	大、小焊件批量生产，多焊缝焊件

5.1.4 钎焊接头材料

钎焊接头的设计应该充分考虑强度与尺寸精度等，以便部件装配定位、钎料放置和接头间隙填充。接头设计时要保证接头盒基材具有相等承载能力，即搭接长度 L。

$$L = \alpha \frac{\sigma_b}{\sigma_r}\delta$$

式中，α 为安全常数；σ_b 为基材抗拉强度（MPa）；σ_r 为钎焊接头抗剪强度（MPa）；δ 为基材厚度。

不同接头对应的搭接长度有一定区别：对于银基、铜基、镍基等强度较高的钎料，L 通常为薄件厚度的 2～3 倍；对于铅、锡等软钎料，L 可为薄件厚度的 4～5 倍，但最好不要大于 15mm，以免钎料填充间隙困难，形成大量缺陷。

钎焊接头的形状和焊件的形状关系密切，钎焊接头的设计应该避免该处应力集中。在载荷的作用下应特别注意钎焊接头的合理性。另外，钎焊接头开孔应避免空气阻碍钎料的填充。钎焊接头与焊缝之间的间隙应合理控制，间隙太大，毛细作用减弱，钎料即使填充满间隙，也会导致钎焊接头处的致密性变差，强度下降；而间隙太小，钎料流动困难，在焊缝处形成夹渣或空隙，同样会导致强度下降。表 5-4 为常见的焊件形式与钎焊接头形式。

表 5-4 常见的焊件形式与钎焊接头形式

焊件形式	钎焊接头形式
平板	
管件	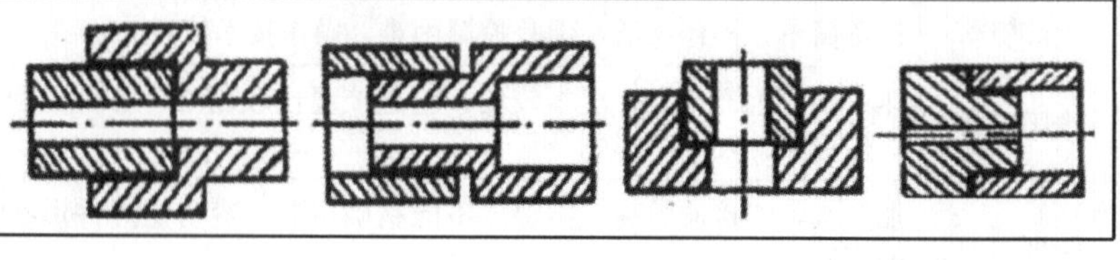

续表5－4

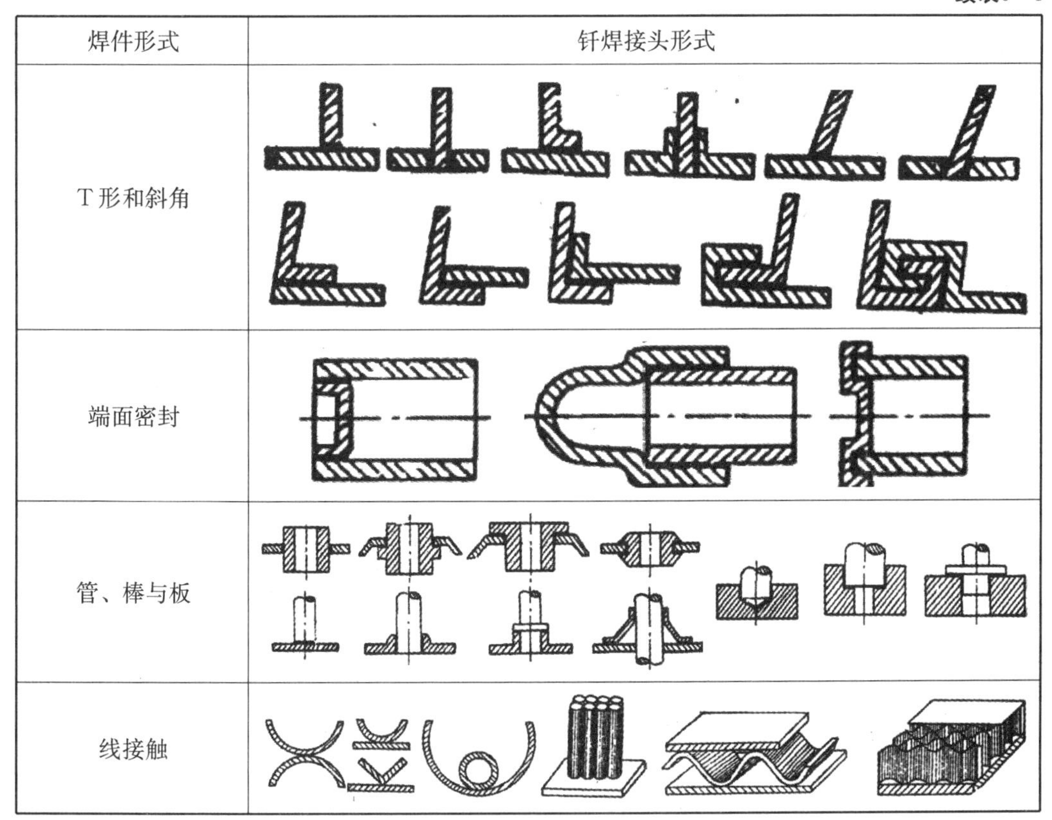

焊件形式	钎焊接头形式
T形和斜角	
端面密封	
管、棒与板	
线接触	

钎焊接头的质量检查包括：①钎焊接头缺陷。比如焊缝气孔、开裂、夹渣，钎料流失，基材开裂与被溶蚀，缝隙填充不良或不充分等。②接头检验方法。包括表面缺陷（肉眼或低倍放大镜观察）与内部缺陷（X 射线、超声波、γ 射线以及致密性检查）的检验。

5.1.5　钎焊材料

钎焊材料简称钎料，是在钎焊过程中焊接温度低于基材熔点时能被熔化且能填充焊接头的金属或合金，包含各种具有活化性能的焊剂。钎焊材料的性能及其与基材之间的作用决定了焊接的质量。对钎焊材料的基本要求是：①在焊接温度下与基材有良好的浸润作用，能均匀填充接头间隙；②与基材的物理、化学作用能够确保形成牢固的焊接；③合适的熔化温度，一般比基材熔化温度至少低 30℃；④组分稳定，焊接时元素损失小，少含或不含稀有金属、贵重金属和重金属，尽量与基材成分相同；⑤满足钎焊接头的物理、化学性能要求；⑥钎料的熔化区间温差应尽可能小，以免引起熔析及工艺失配。对钎料的要求应符合相关国家标准，现行的国家标准覆盖了钎焊涉及的各种材料与工艺要求，并包括相应的检测类标准。

钎料可以按照熔点进行分类，熔点高于 450℃的称为硬钎料，高于 950℃的称为高温钎料，而低于 450℃的称为软钎料；也可以按照材料组成或钎焊工艺进行分类。

钎料的命名以国家标准为主，而航空及冶金行业有其专门的命名规则。按照《钎料型号表示方法》(GB/T 6208—1995) 规定，钎料型号由两个部分组成：第一个部分由大写英文字母表示钎料的类型，即“S”表示软钎料 (Solder)，“B”表示硬钎料 (Braze)；第二个部分由主要合金的化学元素符号组成，第一个化学元素符号表示钎料的基本组分，其他化学元素符号按照质量分数由大到小依次排列，当质量分数相同时，按照原子序数顺序进行排列，最多标出 6 种化学元素符号。第一个部分与第二个部分之间用“-”连接。软钎料需要标出每种元素的整数质量分数，误差±1%。后面加上“V”表示真空级钎料，加上“E”表示电子行业用软钎料，加上“R”表示既可以作钎料又可以作气焊丝的铜锌合金。比如，S-Sn63Pb37E 表示电子工业用软钎料，含有质量分数为 63%的 Sn 和质量分数为 37%的 Pb。硬钎料只在第一个元素符号后标出质量分数。当还有其他内容需要标记时，依然用“-”进行连接。

铅锡合金是应用最广泛的软钎料，普通焊锡由二元锡-铅共晶合金构成。如图 5-3 所示，纯锡的熔点为 232℃，纯铅的熔点为 327.5℃，二者熔为合金，其熔融温度下降，下降程度与组分有关，常用的为 60%Sn-40%Pb。铅在钎料中的作用包括：铅能降低钎料表面和界面的能量，增加钎料在基材上的润湿性；铅的再结晶温度低于室温，且具有很好的塑性，为钎料提供了延展性；铅锡合金化后熔点降低；铅的引入能使钎料的强度由纯锡的 23.5MPa 提高到共晶成分附近，即 51.97MPa (抗拉强度) 和 39.22MPa (抗剪强度)，硬度也达到最大值；能够抑制金属锡晶须的生成并改善钎料的耐氧化性能。钎料的流动性及表面张力随着铅、锡组分的变化呈现出很大的区别。纯铅、纯锡及共晶合金都具有很好的流动性和良好的填缝性能。

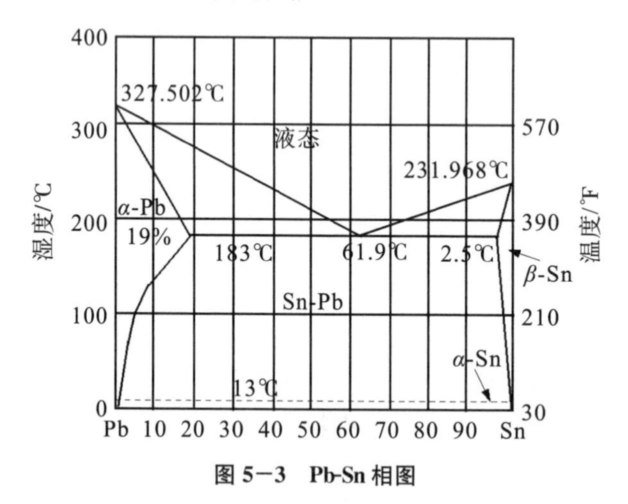

图 5-3 Pb-Sn 相图

保证焊接能够顺利进行，是由于有不同化合态的中间化合物生成，常见的中间化合物有锡-锑、铅-铋、锡-铜、锡-金、锡-铁、锡-镍、锡-银等，有中间化合物产生的焊接比较容易，而无中间化合物产生的焊接相对比较困难，这就要求对钎料和表面活性进行改进。

钎焊材料大致分为含铅钎料与无铅钎料两类。

1. 含铅钎料

锡铅银合金钎料。组分为 62%Sn∶36%Pb∶2%Ag。其特点是钎料的强度与抗热疲劳提高，在焊件表面镀银材料（陶瓷镀银基板）上使用，不易出现钎料吃掉镀银层而导致虚焊的情况。

高铅合金钎料。这类钎料具有以下特点：铅组分高（达到 90%），焊接温度高（在 180℃～300℃仍可以维持固态），常用于多步焊接（用高温钎料保持焊接点固定，再用低温钎料做第二步焊接）。常见组分为：10%Sn∶88%Pb∶2%Ag、5%Sn∶93.5%Pb∶1.5%Ag、1%Sn∶97.5%Pb∶1.5%Ag。这类钎料高温强度高，含银量较低。钎料中银含量过高将产生锡银化合物（Ag_3Sn），使脆性增加，影响焊接质量。但对于一些特殊组分，如 65%Sn∶25%Ag∶10%Sb，添加 Ag 后，钎料的强度提高，可以保证不受后续工序高低温加工的影响，尤其是封装体内的连接。

在含铅钎料中，常通过添加某些元素改善焊接性能。比如对于锡铅钎料，加入低于 3.5%的锑，可提高钎料强度，但会降低浸润能力。当锑含量超过 6%时，会产生化合物 SbSn，可以增加脆性，降低性能。另外，加入锑并减少锡，也可降低成本。通过加入 In 能浸润陶瓷，将一定量的 In、Bi、Cd 加入焊锡中，可以形成低温钎料，有利于分步焊接和低温焊接。

高锡钎料。组分为：95%Sn∶5%Sb、96.5%Sn∶3.5%Ag。这类钎料的焊接强度较高（可防止焊接材料蠕变和疲劳），但焊接温度升高，相应的成本增加。图 5－4 给出了 Pb-Sn-Ag 三元相图。

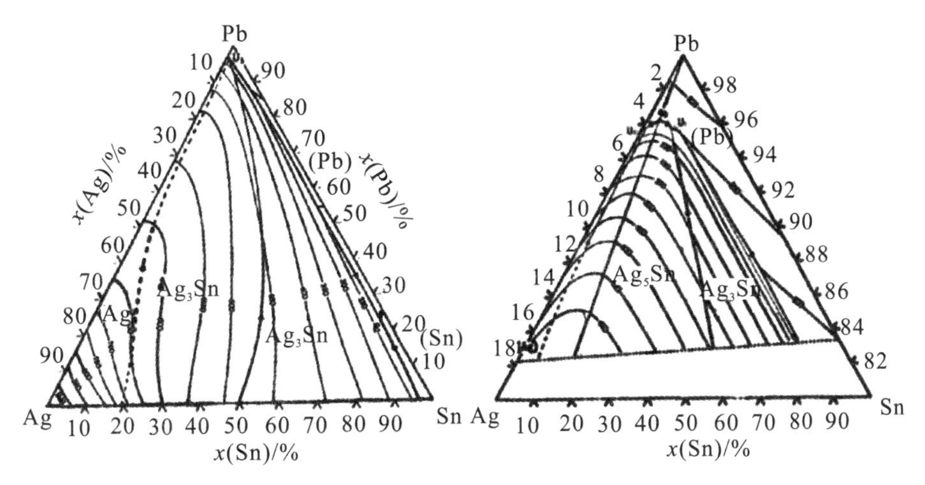

图 5－4　Pb-Sn-Ag 三元相图

2. 无铅钎料

目前国际上公认的无铅钎料的定义是：以 Sn 为基体，添加 Ag、Cu、Sb、In 等其他合金元素，Pb 的质量分数为 0.2%以下，主要用于电子组装的软钎料合金。如图 5－5、图 5－6 所示为 Sn-Ag-Cu 和 Sn-In-Zn 的三元相图。

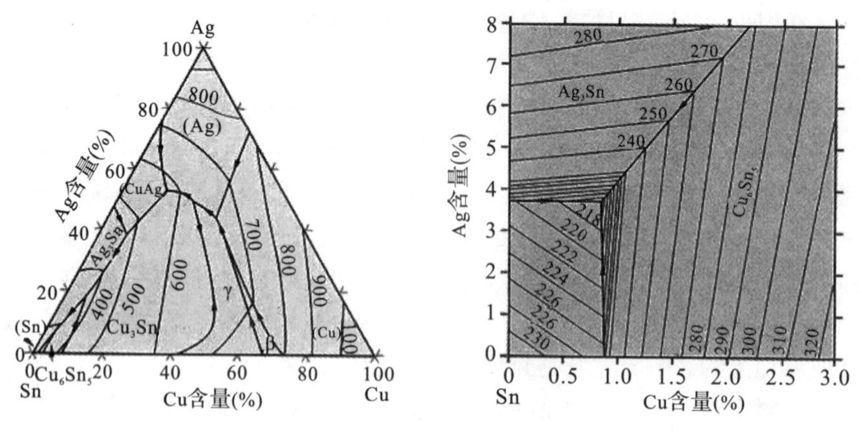

图 5－5　Sn-Ag-Cu 三元相图

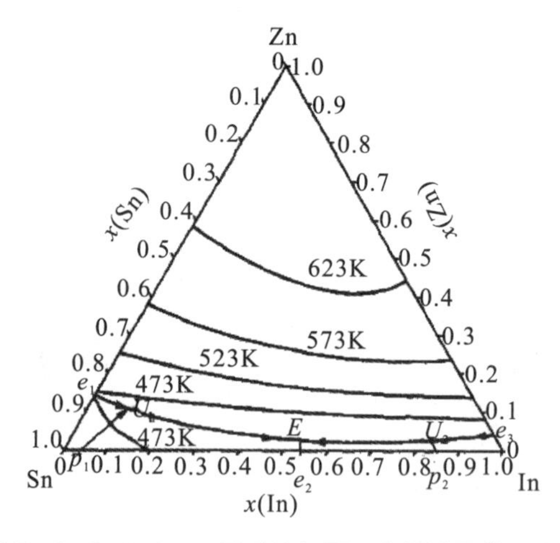

图 5－6　Sn-In-Zn 三元系液相面正交投影及等温线图

无铅钎料替代合金应该满足以下要求：

（1）全球储量足够满足市场需求。某些元素（如铟和铋）储量较小，只能作为无铅钎料中的微量添加成分。

（2）无毒性。某些在考虑范围内的替代元素，如镉、碲属于重金属，有毒性。而某些元素（如锑），如果改变毒性标准，也可认为是有毒的。

（3）能被加工成需要的所有形式，包括用于手工焊和修补的焊丝，用于钎料膏的钎料粉及用于波峰焊的钎料棒等。不是所有的合金都能被加工成所有形式，如铋的含量增加将导致合金变脆而不能拉拔成丝状。

（4）合适的物理性能。足够的力学性能，包括剪切强度、蠕变抗力、等温疲劳抗力、热机疲劳抗力、金属学组织的稳定性等。特别是电导率、热导率、热膨胀系数应尽量与传统钎料接近。

（5）与现有元件基板/引线及 PCB 材料在金属学性能上兼容。熔点要低，最好接近37％Pb-63％Sn 共晶钎料的熔点（183℃），与目前所用工艺、设备兼容。

（6）良好的润湿性。需满足回流焊和波峰焊工艺时间要求，保证优质的焊接效果。

（7）可接受的成本价格。

常见的无铅钎料有以下五种：

（1）Sn-Cu。价格最便宜，熔点最高，但力学性能最差，其二元相图如图 5－7（a）所示。

（2）Sn-Ag。力学性能良好，可焊性良好，热疲劳可靠性良好，共晶成分时熔点为 221℃，如图 5－7（b）所示。Sn-Ag 和 Sn-Ag-Cu 组合之间的差异很小，其选择主要取决于价格、供货等因素。

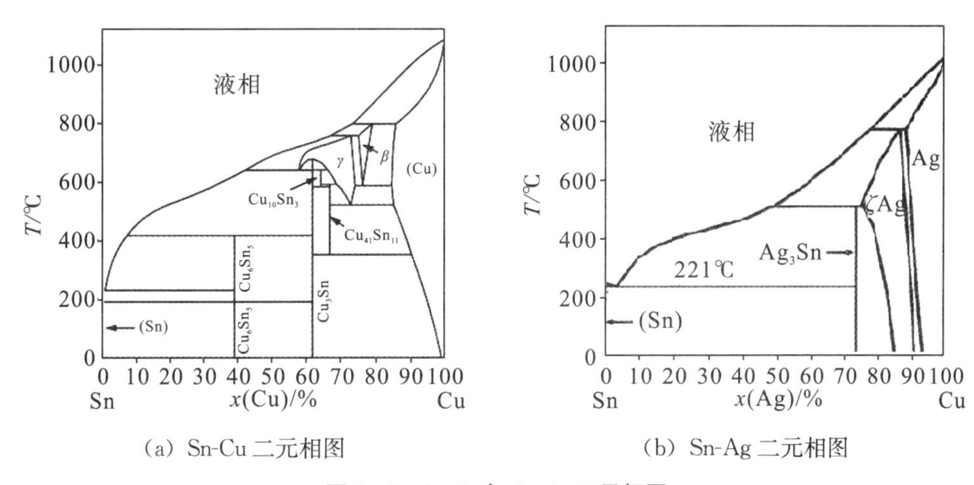

（a）Sn-Cu 二元相图　　（b）Sn-Ag 二元相图

图 5－7　Sn-Cu 与 Sn-Ag 二元相图

（3）Sn-Ag-Cu(Sb)。Sn-Ag-Cu 之间存在三元共晶，其熔点低于 Sn-Ag 共晶。目前，该三元共晶的准确成分还存在争议。与 Sn-Ag 和 Sn-Cu 相比，该组合的可靠性和可焊性更好，而且加入 0.5% Sb 后还可以进一步提高其高温可靠性。

（4）Sn-Ag-Bi(Cu)(Ge)。熔点较低，为 200℃～210℃，可靠性良好，在所有无铅钎料中可焊性最好，加入 Cu 或 Ge 可进一步提高强度。缺点是含 Bi 会使润湿角上升，进而导致缺陷增多。

（5）Sn-Zn-Bi。熔点最接近 Sn-Pb 共晶，但含 Zn 将带来如钎料膏保存期限、大量活性钎料残渣、氧化以及潜在腐蚀性等问题。

图 5－8 为目前主要的无铅钎料的市场使用情况。表 5－5 对比了各种钎料的性能。

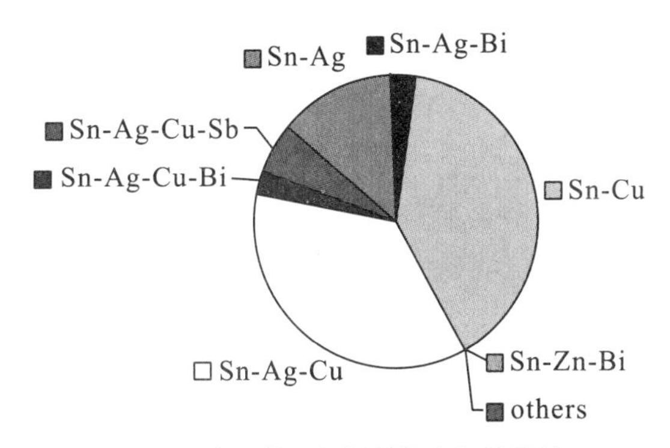

图 5－8　主要的无铅钎料的市场使用情况

表 5-5　各种钎料的性能

合金组成	熔点/℃	备注
37Pb-63Sn	183	低成本，综合性能好，当晶粒粗化，容易蠕变
0.12Ni-99.88Sn	231	
0.45Pd-99.55Sn	230	
0.5Pt-99.5Sn	228	
0.55Al-99.45Sn	228	
0.7Zn-99.3Sn	227	
3.5Ag-96.5Sn	221	高强度，抗蠕变，但是熔点较高，成本高
5Sb-95Sn	245	抗蠕变，高强度，但熔点高
9Zn-91Sn	199	强度高，资源丰富，但是润湿性差，抗腐蚀性差
10Sb-90Sn	250	
10Au-90Sn	217	
32.2Cd-67.8Sn	176	熔点合适，但有毒
43.6Tl-56.4Sn	168	熔点合适，但有毒
51In-49Sn	120	用于低温焊接
51Zn-49Sn	120	良好的润湿性，但是熔点太低，可塑性差，成本高
57Bi-43Sn	139	高迁移率，但容易变形，润湿性差，用于分步焊接
80Au-20Sn	278	耐蠕变，抗腐蚀，但熔点高、成本高，用于高可靠性封装中抗疲劳焊接

在寻找无铅钎料时，借助 Thermo-Calc、Calphad 等软件可以进行技术优化并建立数据库，从而对某些三元乃至更高元系列合金进行预测，如 Sn-Zn-In-Ag 等。

5.1.6　常用术语

1. 焊接强度

高锡合金代表高强度，对于 62%Sn：36%Pb：2%Ag 焊锡合金，在高、低温的强度俱佳。对于抗热疲劳微电子器件，保证高温下的持久强度非常重要，加入少量金属能防止锡同素异构体相变。

2. 焊剂

焊接时，基材表面或多或少会覆盖氧化膜，阻碍了液态焊料在基材上铺展。彻底去除焊料及基材表面的氧化膜对于实现良好的焊接非常关键。可以通过选择合适的焊剂达到这一目的。

焊剂的功能包括以下八个方面：

（1）焊剂的物理功能。降低焊锡与焊件表面的界面张力，使焊锡能流动并浸润焊接部位表面。

（2）焊剂的热功能。帮助熔融的焊锡将热量传递到焊件，使其表面有足够温度被浸润。

（3）焊剂的化学功能。与焊件表面锈膜（氧化物或硫化物）反应，其产物被熔融的焊锡合金取代，最终焊锡浸润到干净的焊件表面。另外，焊剂覆盖焊件表面可以防止焊件表面氧化。

（4）焊剂的腐蚀性。即焊剂或焊剂残留物对焊件的化学腐蚀，即使没有可见的腐蚀，但焊剂残留物可能含有损害焊件表面抗腐蚀隔离层的物质，尤其是应用免清洗焊接技术时。一般来说，活性越强，腐蚀性越大。

（5）焊剂的活性功能。可协助熔融焊锡浸润焊件表面。金属焊件的可焊性越差，越需要用活性强的焊剂，否则不能完全浸润。活性与腐蚀性常具有化学功能。

（6）焊剂具有一定的黏度与流动性，其融化温度与钎料融化温度匹配，并具有良好的热稳定性。

（7）焊剂无毒性，并容易被清洗。一般而言，焊剂中固体成分或不挥发成分越高，残留物越多；焊剂酸性越高，则活性越大。

（8）焊剂易于购买且价格合理。

焊剂一般由活化剂、载体以及溶剂等组成。

活化剂加入焊剂中用于去除焊件表面氧化物，多为酸或卤化物。高活性焊剂用盐酸、溴化氢酸或磷酸作活化剂；中等活性焊剂用羟酸或二羟酸作活化剂，另有用油酸或硬脂酸作活化剂。

载体用作焊剂和焊件的氧化物之间反应产物的高温溶剂，同时保护被活化剂清洁的表面免受氧化，在焊接时作为热传递媒介。固体松香焊剂中，载体为松香；水溶性有机焊剂中，载体一般是乙二醇及其表面活化剂与甘油的混合物。

溶剂用于调节黏度（波浪焊接），保证焊剂均匀涂抹在焊件表面，必须具有高挥发性，以防止焊剂在接触热焊锡波浪时造成焊锡溅射，常用酒精、甘醇乙醚、脂肪碳氢化合物等。

常见的焊剂有以下五种：

（1）松香焊剂。松香是最常见的有机软焊剂，一般以粉末状或酒精、松节油溶液的形式进行使用，被广泛地用于铜、黄铜、磷青铜、银及镉等材料的焊接。松香是天然有机酸混合物，本身具有活性，冷凝为玻璃状，具有较好的憎水性、绝缘性，室温下对金属腐蚀性弱，可溶于有机溶剂，易于皂化（用水洗流程可去除），一般松香的使用温度为 300℃以下。纯松香的活性不强，通常加入有机胺或有机卤化物等活性物质配合使用，有的甚至加入少量无机盐、酸等进一步提高活性。

（2）树脂焊剂。含有非松树松香的木松香或高油松香的焊剂，具有热稳定性好、易溶解于有机溶剂以及清洗方便等特点。

（3）水溶性有机焊剂。这类材料的残余物可以被水清洗，一般含有较高离子化有机卤化物或有机酸（腐蚀性高，危害性大）。

（4）无机焊剂。由无机盐和无机酸组成，具有化学活性强与热稳定性好的特点，能有效去除基材表面氧化物薄膜，但其残留物具有很强的腐蚀性，焊接后必须彻底清除。

常见的无机焊剂包括氧化锌水溶液、氧化锌加氯化铵溶液以及氧化锌盐酸溶液或者氧化锌加氯化铵加盐酸溶液。

(5) 免清洗焊剂。使用这类焊剂焊接后不用清洗，其残余物基本无害，所含固体物质较少，残留物常为硬性和密封性。

3. 焊锡膏

焊锡膏含有五种以上原料，主要成分为球状焊锡粉料（粒度为 5～150μm），如图 5－9所示。准确施加焊锡膏将焊接位的焊件粘住，经过软焊过程，焊锡熔化并浸润焊件，将焊件焊牢。对于在丝网印刷中使用的焊锡膏，应保证模板上的网眼尺寸和焊锡粉料尺寸之比大于 2，比如采用 0.086mm 的网眼，所使用焊锡粉料的最大尺寸为 0.043mm。焊锡膏的焊剂不能只用松香（人造树脂），因为在焊锡熔化温度下，焊剂将被焊锡取代（焊锡密度大，将出现分层），所以需要添加活化剂，包括酰胺、溴化物调和剂、各种有机酸及松香的金属脂肪酸盐。常见的焊锡粉制造方法有旋转盘雾化法、气体喷雾法、旋转多孔罐法以及喷射塔法等。旋转盘雾化法是将熔融的焊锡浇在一个旋转盘上，控制旋转盘速度，焊锡就被离心力甩离旋转盘而进入容器内，容器足够大，以防止焊锡颗粒撞在容器壁上，控制容器温度使颗粒在表面张力下恰好能形成球形，容器内离旋转盘不同的位置将获得不同粒度的锡球。气体喷雾法是将熔融的焊锡喷射到充满干燥氮气（保护气体）的容器内，通过控制熔融焊锡温度、填料速度、喷嘴形状、喷雾气压及容器大小，将焊料粉颗粒大小控制在要求尺寸内。

松香

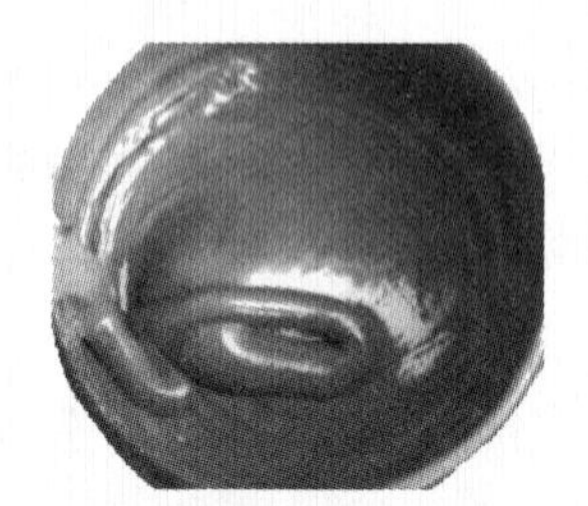

焊锡膏

图 5－9　焊锡膏

在焊锡膏的使用过程中，需要对其进行检验，检验指标包括焊锡合金成分与组成（一般说明书有说明）、金属重量比、粉末尺寸以及特定点黏度等。金属重量比检验通常是先对焊锡膏进行加热，使金属固化并清除焊剂，称量剩余物即可获得金属重量。粉末尺寸检验一般选用孔径为 38～150μm（100～400 目）的筛子筛选，通过光学显微镜观察，避免长形颗粒的存在。将焊件放入焊锡膏，观察其是否倾倒，以此进行特定点黏度的检验。对于焊锡软熔焊，一般采用焊锡膏球法检测。

5.1.7　涂抹技术

钎料在基材上涂抹的一般要求是均匀分布且厚度合适。以 PCB 焊接为例，常用的方法有：①泡沫法。将压缩空气通过焊剂槽中的多孔管，使溶剂发泡，将在槽上移动的 PCB 表面涂上一层焊剂。②波浪法。用压缩泵将焊剂通过喷嘴形成波浪，将上方移动的 PCB 涂上焊剂。③喷涂法。用压缩空气通过喷嘴将焊剂喷成雾状而到达 PCB 上，形成薄而均匀的涂层。

5.2　焊接技术

5.2.1　浸焊

浸焊是采用手动或自动的方式，将焊接面浸入熔融的焊锡池，使焊点上附着焊锡的一种同时多点焊接的方法，主要用于插装工艺以及贴装的红胶面，如图 5－10（a）所示。

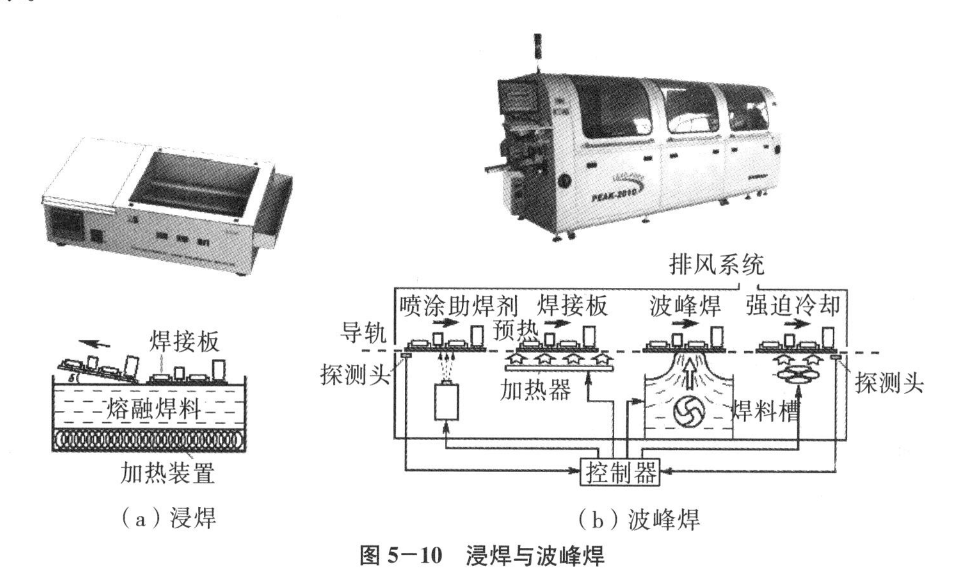

（a）浸焊　　（b）波峰焊

图 5－10　浸焊与波峰焊

5.2.2　波峰焊

波峰焊与回流焊都是封装中比较常见的电子产品焊接方式，属于封装的第二级别，不同的是，波峰焊用于焊接插装线路板，而回流焊主要用于焊接贴装线路板。波峰焊是指将熔化的软钎料（铅锡合金）经机械泵或电磁泵喷流成设计要求的焊料波峰，喷嘴的温度基本恒定，也可通过向焊料池注入氮气来形成，使预先装有元器件的印制板通过焊料波峰实现元器件焊端或引脚与印制板焊盘间机械与电气连接的软钎焊，如图 5－10（b)所示。波峰焊分为单波峰焊和双波峰焊，一般都采用双波峰组合，如紊乱波—平滑波、空心波—平滑波、Ω 波—平滑波等。

波峰焊的流程为：将元件插入相应的元件孔中→喷涂助焊剂→预热（温度为 90℃～100℃，长度为 1～1.2m）→波峰焊（220℃～240℃）→切除多余插件脚→检查。

5.2.3　回流焊

回流焊（再流焊）的目的是使表面贴装电子元器件（SMD）与 PCB 正确、可靠地焊接在一起。其原理是：当焊料、元件与PCB的温度达到焊料熔点温度以上时，焊料熔化，填充元件与PCB间的间隙，随着冷却、焊料凝固，形成焊接接头。图5-11为理想状态回流焊工艺曲线和回流焊设备入口。

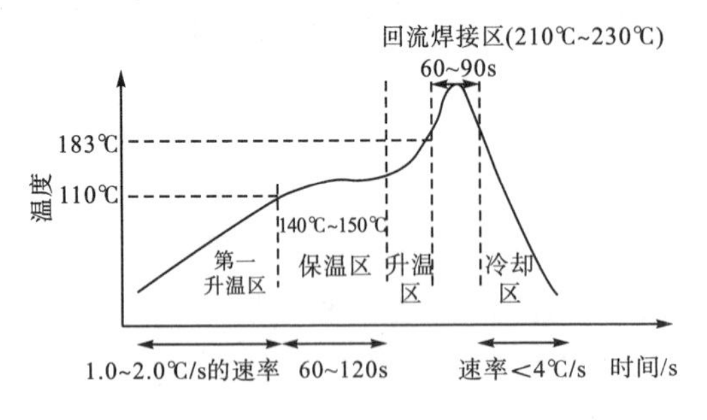

(a) 理想状态回流焊工艺曲线

(b) 回流焊设备入口

图5-11　理想状态回流焊工艺曲线及回流焊设备入口

1. 第一升温区（预热区）

第一升温区的目的是将焊锡膏、PCB及元器件的温度从室温提升到预定的预热温度，且预热温度低于焊料熔点。升温段的一个重要参数是升温速率，一般情况下，升温速率为1.0～2.0℃/s。当第一升温段结束时，温度为100℃～110℃，时间为30～90s，以60s左右为宜。

2. 保温区

保温区又称干燥渗透区，目的是让焊锡膏中的助焊剂有充足的时间来“清理”焊点，去除焊点的氧化膜，同时使PCB及元器件有充足的时间达到温度均衡，消除“温度梯度”。此阶段时间应设定为60～120s。当保温段结束时，温度为140℃～150℃。

3. 第二升温区

第二升温区的温度从150℃左右上升到183℃，这一区域既是活化剂的作用区域，又是保证PCB温度均匀一致的区域，一般持续30～45s，时间不宜过长，否则会影响焊接效果。

4. 焊接区

焊接区的目的是熔化焊料并完成PCB与元件脚良好的钎合。一般焊接区的最高温度应高于焊料熔点（183℃）30℃～40℃以上，时间为30～60s，但在215℃以上时，时间应控制在20s以内；在225℃以上时，时间应控制在10s以内。焊接段温度过高，将损坏元器件；温度过低，则会造成部分焊点润湿不充分而导致焊接不良。为避免及克服上述缺陷，选用强制热风回流焊效果较好。

5. 冷却区

冷却区的目的是使焊料凝固，形成焊接接头，并最大限度地消除焊点的内应力。冷却区的降温速率应小于4℃/s，降温至75℃即可。

回流焊过程中的注意事项有以下五点：

(1) 应依据产品特性及批量来选择用几个温区的回流焊设备。

（2）生产前必须花较长时间调整好温度曲线。

（3）焊接区之前的升温速率要尽可能小。

（4）进入焊接区后半段，升温速率要迅速提高。

（5）焊接区最高温度的时间控制要短，使 PCB 及 SMD 少受热冲击。

5.2.4　表面贴装技术

表面贴装技术简称 SMT，与之相对应的是通孔插装技术（THT）。通孔插装技术是将电子零件脚插入印制电路板的通孔，然后将焊锡填充其中进行金属化而成为一体。表面贴装技术则是将电子零件安置于印制电路板表面，然后使焊锡连接电子零件的引脚与印制电路板的焊盘并进行金属化而成为一体。显然，表面贴装技术可在印制电路板两面同时进行焊接，而通孔插装技术则不能。

表面贴装技术源于 20 世纪 60 年代美国军用电子及航空电子领域的设备制造。在早期，由于该技术尚不成熟且成本高昂，仅应用于美国波音公司与休斯飞机公司等极少数厂商。20 世纪 70 年代末，随着高密度印制电路板与大规模集成电路技术高速发展，表面贴装技术的推广与普及成为可能。用于表面贴装的元器件称为表贴元件（SMD），包括多种不同类型的封装形式，其中载带形式的元器件应用最多，如图 5－12 所示。

图 5－12　表贴元件及其在电路板上的装配

表面贴装技术具有以下四个特点：

（1）元件组装密度高、产品体积小、重量轻，贴片元件的体积和重量只有传统插装元件的 1/10 左右。采用 SMT 之后，电子产品（模块）的体积缩小 40％～60％，重量减轻 60％～80％。

（2）可靠性高，抗振能力强，焊点缺陷率低。

（3）高频特性好，减少了电磁和射频干扰。

（4）易于实现自动化，提高生产效率。节省材料、能源、设备、人力、时间等，降低成本达 30％～50％。

表面贴装技术的工艺流程为：丝印（或点胶）→贴装→固化→回流焊接→清洗→检测→返修。

1. 丝印

丝印的作用是将焊膏或贴片胶漏印在 PCB 的焊盘上，为元器件的焊接做准备。丝印所用设备为丝印机（丝网印刷机），位于 SMT 生产线的最前端，如图 5－13 所示。

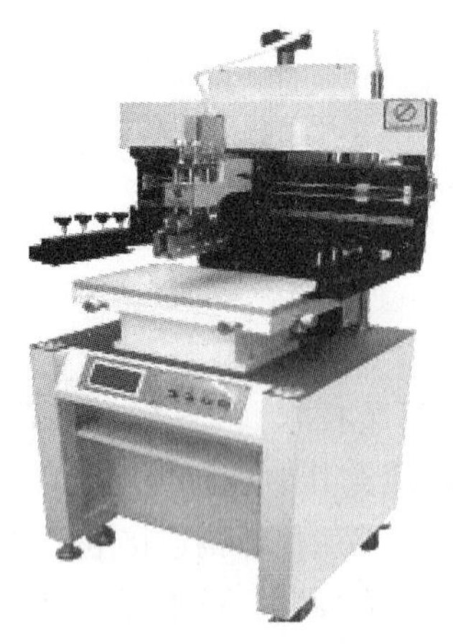

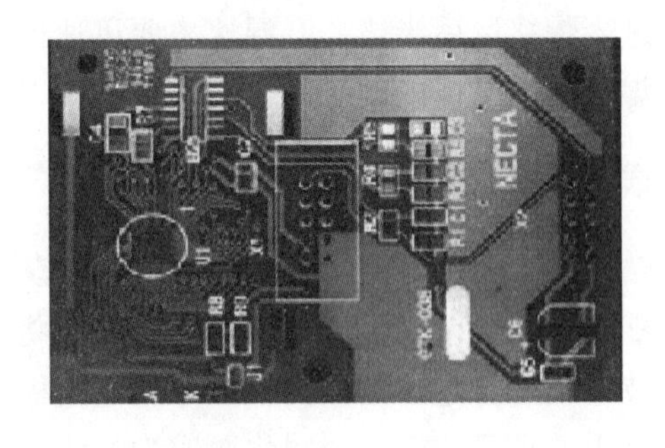

图 5－13　丝印机及印刷的基板

2. 点胶

点胶是将有一定黏度的粘胶滴在 PCB 的固定位置上，其主要作用是将元器件固定在 PCB 上。点胶所用设备为点胶机，位于 SMT 生产线的最前端或检测设备的后面，如图 5－14 所示。点胶可以与丝印互为补充。

图 5－14　点胶机及基板

3. 贴装

贴装的作用是将表贴元件准确安装在 PCB 的固定位置上。贴装所用设备为贴片机，位于 SMT 生产线中丝印机的后面，如图 5－15 所示。

图 5－15　贴片机及贴装的封装体

4. 固化

固化的作用是将贴片胶融化，从而使表贴元件与 PCB 牢固地粘结在一起。固化所用设备为固化炉，位于 SMT 生产线中贴片机的后面，如图 5－16 所示。

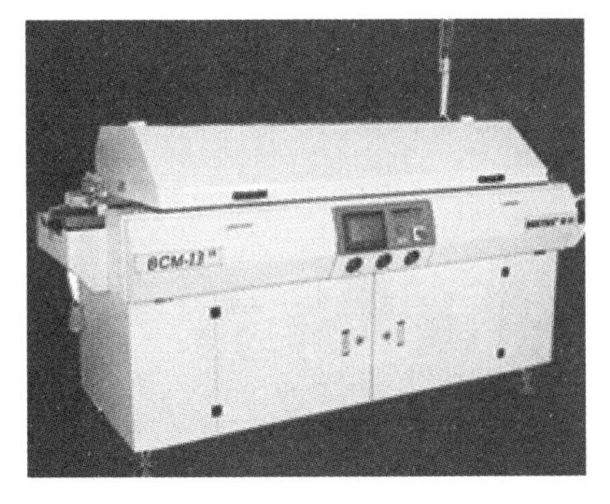

图 5－16　固化炉及固化后的基板

5. 回流焊接

回流焊接的作用是将焊膏融化，使表贴元件与 PCB 牢固地粘结在一起。回流焊接所用设备为回流焊炉，位于 SMT 生产线中贴片机的后面，如图 5－17 所示。

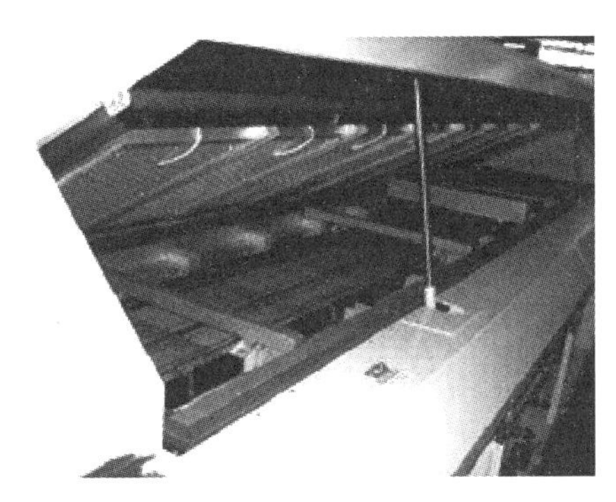

图 5－17　回流焊炉及流动的基板

6. 清洗

清洗的作用是将组装好的 PCB 上对人体有害的焊接残留物（如助焊剂等）除去。清洗所用设备为清洗机，位置不固定，可以在同一条流水线上，也可单独配置，如图 5－18所示。

图 5－18　清洗机及清洗后的基板

7. 检测

检测的作用是对组装好的 PCB 进行焊接质量和装配质量的检测。检测所用设备有放大镜、显微镜、在线测试仪（ICT）、飞针测试仪、自动光学检测（AOI）仪、X 射线检测系统和功能测试仪等。根据检测需要可以配置在生产线的合适位置，如图 5-19 所示。

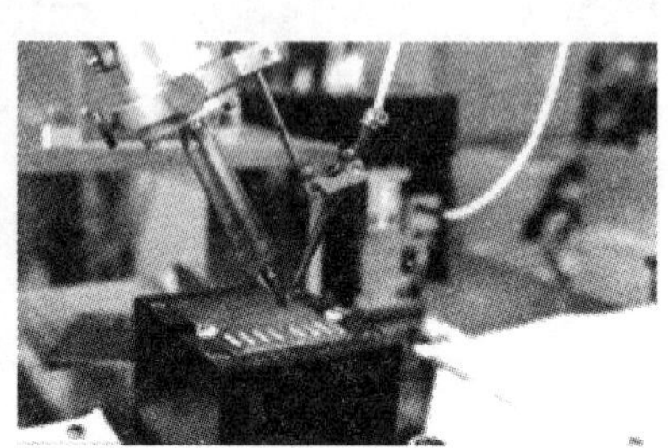

图 5-19　常用检测设备及检测中的基板

8. 返修

返修的作用是对检测出故障的 PCB 进行返工，所用工具为烙铁和返修工作站等，配置在生产线的任意位置。

5.3　密封材料

封装中用于密封的材料可以分为两类：一类是实现气密性密封的材料，如玻璃、陶瓷、金属等；另一类是非气密性密封材料，如各种粘结剂。密封对于封装体十分重要，特别是防止环境中水汽的进入，这是由于封装体中含有各种正、负离子，容易以水为载体渗透到内部各个界面，引起腐蚀，最终导致电路失效。一般而言，导致腐蚀所必需的液态水量是三个单分子层的水。由于封装体尺寸的差异，三个单分子层液态水往往包含不同量的水汽，从几十到上千 ppm 不等。严格控制封装的气密性是实现高可靠封装的前提条件。由于封装体的应用场景非常广泛，在提高气密性的同时，应对可靠性和成本进行综合考虑。

5.3.1　金属气密性封装

在分立元器件中，金属气密性封装占据主流市场。一般采用金属基材料做基座和封盖，将芯片固定在腔室内部，通过引线键合、夹具或导电银胶与引脚连接，将引脚用玻璃绝缘材料固定在基座的钻孔内。基座与封盖之间采用压焊、熔焊或钎焊的方式进行结合。为了增加内部芯片的可靠性，封装体内可以保持真空或充入惰性气体。根据导电、导热以及热膨胀系数匹配的要求，金属基座表面常含有金属片缓冲层以提高隔/散热能力并缓和应力。相关的引线材料及基座与封盖材料也可以做相应的调整，如铜主要用于高性能导热和导电的部位，但是强度不够，通常需添加铝或银进行机械强度优化。

5.3.2　陶瓷气密性封装

陶瓷气密性封装用于各种苛刻的环境。一般是将金属引脚固定在陶瓷基板上，在完成芯片贴合后，合上陶瓷封盖，以玻璃熔结或金属密封垫的方式进行密闭。

5.3.3　玻璃气密性封装

玻璃气密性封装具有良好的化学稳定性、电绝缘性和气密性，是电子器件重要的密封方式。玻璃材料可以用来固定金属基板的引线进行绝缘，通过在玻璃中熔解低价金属氧化物达到饱和，改善玻璃对金属的润湿性，并获得密封效果。在玻璃气密性封装时，需要严格控制材料的热膨胀系数的匹配，可以通过引入中间缓冲层材料进行优化，也可以通过选择热膨胀系数低于金属的玻璃材料进行压缩密封。

5.3.4　塑料密封

常见的塑料密封材料是以环氧树脂或硅树脂为主体制得的粘结剂，一般还包括相应的固化剂、催化剂、填充剂、阻燃剂、脱模剂、着色剂及其他添加物。

1. 环氧树脂胶

环氧树脂胶分为软胶和硬胶，由于环氧基的化学活性，可用多种含有活泼氢的化合物使其开环，固化交联生成网状结构，因此它是一种热固性胶，温度越高，固化越快，且单次混合量越多，固化越快，固化时有放热现象。其主体环氧树脂是分子中含有两个以上环氧基团的一类聚合物的总称，具有良好的抗水渗透性、抗化学腐蚀性及热稳定性。环氧树脂胶种类繁多、分类多样，与封装相关的有结构胶、耐高温胶、耐低温胶、导电胶、光学胶、电焊胶、粘结胶、密封胶、特种胶、被固化胶等。环氧树脂胶称为 A 胶或主胶，固化剂称为 B 胶或硬化剂。环氧树脂胶主要的材料特性包括黏度、凝胶时间、触变特性、硬度、表面张力等。一旦固化后，描述其材料特性的参数会相应地发生改变，包括电阻率、绝缘特性、吸水率、抗张强度、抗压强度、剪切强度、剥离强度、收缩率、内应力、耐化学性、阻燃特性、耐候性、介电常数、热变形温度、玻璃化温度、导热系数、伸长率、诱电率等。表 5－6 为环氧树脂封装材料（液态及固态）的物理特性参数，其主要组成及比例见表 5－7。

表 5-6　环氧树脂封装材料（液态及固态）的物理特性参数

参数		液态	固态
固化前	黏度	0.1～1Pa·s，25℃	50～500Pa·s，150℃
	工艺温度/℃	120	150
	胶化时间/min	2～10	0.5～1
固化后	相对密度	1.2～1.4	
	吸水率（95℃，1h）/%	0.4～0.7	
	玻璃化温度/℃	125～150	
	热膨胀系数 $\alpha_1/(\times10^{-6}K^{-1})$	60～80	
	热膨胀系数 $\alpha_2/(\times10^{-6}K^{-1})$	170～195	
	透过率/%	>88	

表 5-7　环氧树脂封装材料的主要组成及比例

种类	主要组成	比例
环氧树脂	双酚 A 型、双酚 F 型、脂环式等环氧树脂，环氧树脂稀释剂	45%～55%
固化剂	酚醛类、胺类、酸酐类	35%～45%
固化促进剂	磷盐类、咪唑类、三级胺类、四级金属盐类	<5%
填充剂	扩散剂、荧光粉	<25%
其他添加剂	脱模剂、着色剂、光稳定剂、消泡剂、阻燃剂、抗氧化剂等	<5%

图 5-20 为双酚 A 型聚水甘油醚环氧树脂（Diglycidyl Ether of Bisphenol A，DGEBA）的化学式。它是环氧氯丙烷与双酚 A 或多元醇的缩聚产物。双酚 A 型环氧树脂系列是最常见的环氧树脂，属于高分子量的材料，主要用于低弹性模块封胶保护，但是不适合高温、高湿的环境。通过改性，其品种仍在不断增加，性能也在不断提高。

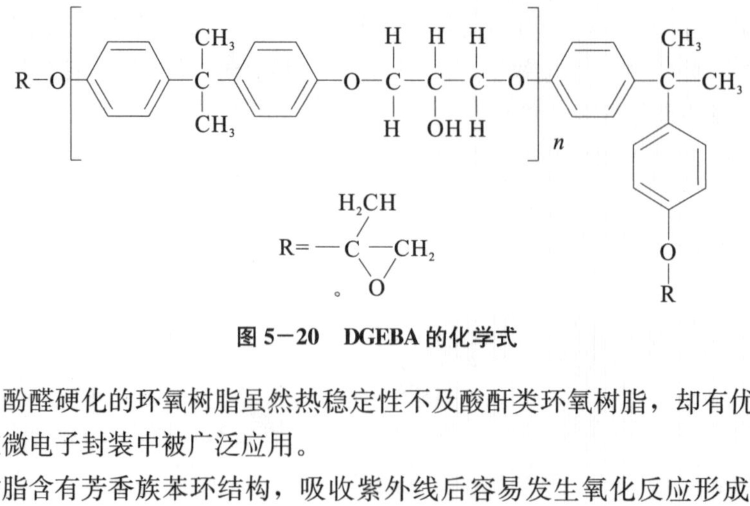

图 5-20　DGEBA 的化学式

另外，酚醛硬化的环氧树脂虽然热稳定性不及酸酐类环氧树脂，却有优良的抗水渗透性能，在微电子封装中被广泛应用。

环氧树脂含有芳香族苯环结构，吸收紫外线后容易发生氧化反应形成羰基的发色团，造成黄化。同时，环氧树脂遇热也容易发生氧化变色。

2. 硅树脂

硅树脂是具有高度交联结构的热固性聚硅氧烷，又叫作硅橡胶，兼具有机树脂及无机材料的双重特性，具有独特的物理、化学性能。该类密封材料因其优良的电气性质、良好的低温功能和稳定性以及低吸水性、低介电常数和低杂质浓度等特点，是芯片封装中重要的密封材料之一，常用于表面涂覆。聚硅氧烷聚合物分子结构和硅树脂如图 5−21 所示。

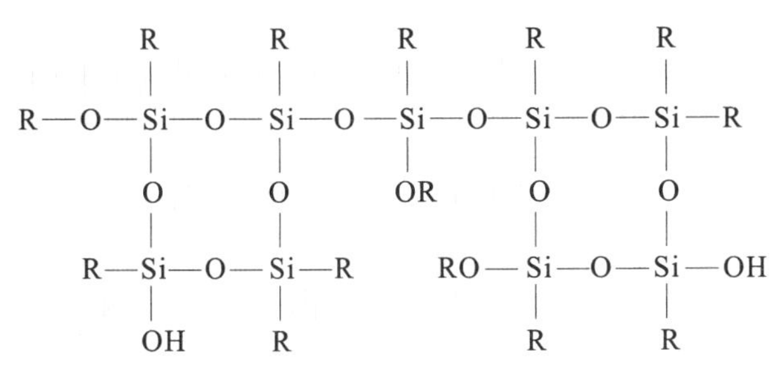

（a）聚硅氧烷聚合物分子结构

（b）硅树脂

图 5−21　聚硅氧烷聚合物分子结构和硅树脂

硅树脂耐温范围宽（−45℃～200℃），不易变质或变脆，如果加入苯基到树脂分子链上，温度范围还将拓宽。虽然其热膨胀系数较高，但具有较低的弹性模量，常涂覆在温度敏感或需要应力缓和的器件上。在电子封装中比较常见的硅树脂包括：①溶剂硅树脂体系。比如，将高分子量的硅树脂分散在甲苯（DC1-2577）中。采用浸蘸方式先将基板浸没在液体硅树脂中，保持一定时间，然后以一定速度提出，待干燥后，在 100℃以上的温度下进行固化成型。这种封装涂覆材料具有很低的热应力，操作简单，一直以来用作保护电路板的涂覆材料。②室温下硫化的硅树脂材料。在其分子主链的两端含有羟基等活性官能团，在一定条件下，发生缩合反应形成交联结构的弹性体。采用低黏度的乙烯基功能化的硅树脂为主材，通过在硅聚合物的乙基上引入交联剂，获得两种材料配合进行固化的硅树脂。这种材料具有较好的流动性，涂覆时不需要额外加入溶剂。③紫外线固化的硅树脂。在硅树脂的主链上引入可以辐照固化的功能团，可大幅减少树脂的固化时间，如采用丙烯酸盐或甲基丙烯酸脂树脂进行改造。

下面简单介绍用于发光二极管（Light Emitting Diode，LED）封装的硅树脂。图 5−22为 LED 灯的结构。用于制作 LED 发光材料常见的有 GaAs、GaN、GaP 以及 SiC 等体系，衬底一般选用高导热的材料，如 Al_2O_3（蓝宝石）、Si 等。早期的 LED 只能发红光和黄光，亮度低，无法满足照明要求。直到 1994 年，中村修二改进低温沉积氮化镓技术，提高了 LED 的亮度与寿命，成功获得了蓝光 LED。通过红、黄、蓝三原色调成白光，LED 得到了巨大的发展。LED 封装的常见方式包括灌注式封装、移送成型封装及其他方式的封装。灌注式封装具有设备便宜、不需冷藏储存运输、可靠性好且适合小批量生产等优点，但是具有操作不方便、重复性较差、产量较小且外形无法小巧化等缺点。移送成型封装以低压移送成型为例，首先将芯片/框架/基板放入成型模具中，将颗粒状固体封装材料预热到 70℃，并将塑性变形的封装材料放入成型机腔体中，加热模具到 150℃，封装材料得到一定程度的软化，通过加压使封装材料流入模具，经成型热固化几分钟后，脱模完成封装。该方法具有操作简单、产量大、精确控制及适合小型化器件封装的优点，但是具有模具及设备价格高昂、需冷藏储存运输、不适合少量生产且可靠性易受到脱模剂的影响等缺点。

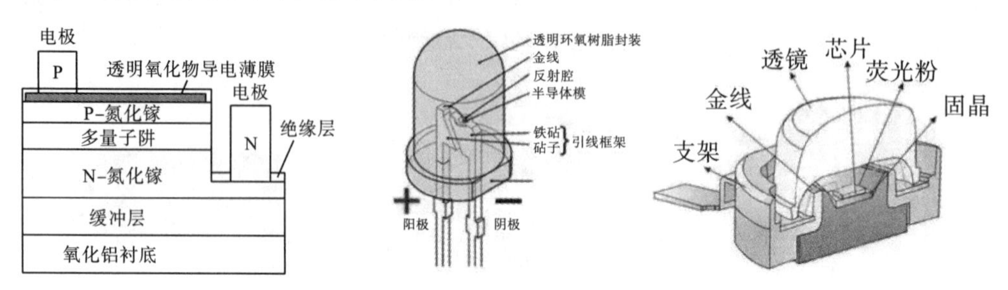

图 5-22　LED 灯的结构

为了提高 LED 灯的输出光功率，并延长产品的使用寿命，需要采用高折射率、低应力、耐紫外老化、耐热老化的封装材料，硅树脂通过改性能够满足这些使用要求。表 5-8 为常见 LED 用封装材料的折射率。

表 5-8　常见 LED 用封装材料的折射率

材料	折射率	材料	折射率
SiO_2	1.45	聚甲基丙烯酸甲酯（PMMA）	1.49
TiO_2	2.31	聚碳酸酯（PC）	1.58
ZrO	2.05	甲基戊烯（TPX）	1.47
Al_2O_3	1.77	环氧树脂	1.50～1.56
GaP	3.59	硅胶	1.4
GaAs	约 3.3	空气	1.0
GaN	2.2	玻璃	1.5
SiC	约 2.6	氟化镁	约 1.38

硅树脂的透光率与 LED 的发光强度和效率成正比，由于 GaN 的折射率为 2.2，而有机硅材料的折射率只有 1.4，为了减少折射率之差和界面反射及折射带来的损失，需要提高硅树脂的折射率。一方面，在原传统的环氧树脂分子中引入有机硅功能团，提高环氧树脂的耐温性与耐冲击性，缓和器件的热应力。比如，采用紫外线固化技术将聚有机硅氧烷和环氧树脂进行原位交联杂化，能够获得耐紫外老化及耐冲击性良好、光透过率高、热稳定性强和附着力大的环氧/聚有机硅倍半氧烷杂化膜材料，可用于 LED 封装。另一方面，可以直接进行合成，如以烷氧基硅烷为原料，进行水解、缩聚反应而获得。

以直插式小功率草帽型 LED 为例，其基本封装流程包括清洗、粘胶涂覆、固定晶片、焊线、点粉、灌注封装、固化与后固化、切脚、测试和包装。

3. EVA 材料

聚乙烯-聚醋酸乙烯酯共聚物（Ethylene Vinyl Acetate，EVA）是一种有黏性的热固性胶膜，如图 5－23 所示，常用于玻璃之间的粘结密封。

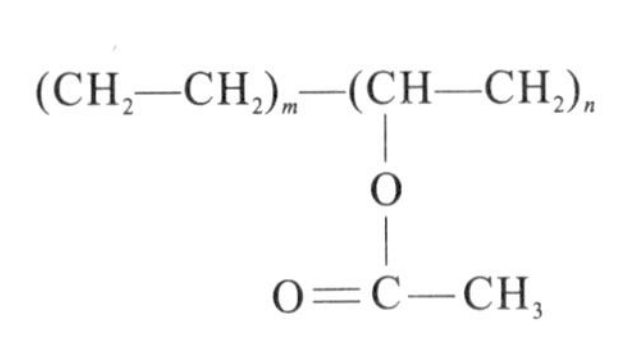

图 5－23　EVA 分子结构及实物

EVA 胶膜在绝缘性、黏着力、光学特性以及耐候性等方面优势明显，越来越广泛地应用于各种光学产品的封装中。以太阳能电池的封装为例，首先将 EVA 胶膜进行剪裁获得需要的尺寸，放置于玻璃板与电池板之间，然后整体放入专门的真空层压机内，在一定温度下固化变形，得到密封的电池组件。在层压封装过程中，EVA 的交联固化就是过氧化物（RO-OM）分解成自由基 RO 和 MO，引起 EVA 分子支链醋酸乙烯酯（VA）反应，形成三维网状结构，达到交联固化的效果。当交联度达到 60%时，EVA 将不会再发生大的热胀冷缩。因此，EVA 中的 VA 含量非常重要。

5.4　先进焊封材料与技术

5.4.1　浆料

封装中，采用厚膜技术将金属、氧化物等功能性微粒子加入有机载体，调制成浆状（Paste/Slurry），再通过印刷或涂布、浸渍、离心展层等方式成膜。厚膜法的基本工艺流程如图 5－24 所示。

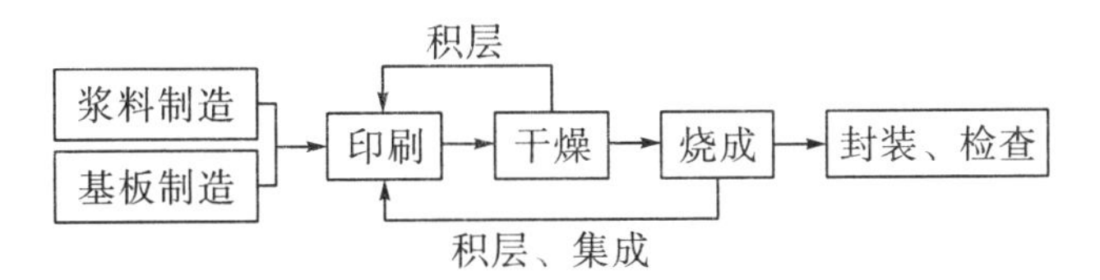

图 5－24　厚膜法的基本工艺流程

按照组成和用途的不同，浆料可以分为玻璃浆料、绝缘浆料、电阻浆料和导体浆料四种类型，见表 5－9。

表 5-9　常见浆料

种类	成分	用途
玻璃浆料	氧化物玻璃体粉末、粘结剂、有机溶剂	厚膜电阻、多层陶瓷基板的表面层、电子元器件密封
绝缘浆料	钛酸钡等氧化物粉末、粘结剂、有机溶剂	多层陶瓷基板、混合集成电路、片式多层陶瓷电容器等用介质膜以及阻挡层
电阻浆料	Ag、Pd 等金属粉末或 RuO_2 等氧化物粉末，粘结剂，有机溶剂	厚膜电阻、多层陶瓷基板、混合集成电路
导体浆料	Ag、Au、Cu 等金属粉末，粘结剂，有机溶剂	片式多层陶瓷电容器、混合集成电路、厚膜电阻以及各类基板的电极、导线、连接点

浆料典型的制造工艺为：将微粉体和添加剂均匀地分散到有机载体和溶剂中，使之均匀、稳定并具有适当的黏度特性。固体颗粒的分离过程包括掺和、浸湿、颗粒群的解体以及已分散颗粒的再凝集四个阶段。它主要受两种基本作用支配，即颗粒与环境介质的作用和在环境介质中颗粒之间的相互作用。温度和湿度对粉体原料的表面特性和有机载体的含水量、黏度等有很大影响。

分散方法多种多样，最简单的搅拌、混合适用于对分散度、均匀度要求不高的情况；三轴轧辊、球磨、纳米磨等适用于对分散效果要求高的情况。

三轴轧辊混炼机制造浆料的原理是利用高速旋转的两个相邻轧辊之间接触线处产生的剪切力和轧辊之间的积压力来粉碎团聚颗粒。

5.4.2　丝网印刷工艺

将适当的焊膏或浆料［主要成分为焊锡粉料，粒度为 5～150μm（球状）］采用丝印工艺准确施加到焊接位，将焊件粘住，经过软焊过程，焊锡熔化并浸润焊件，将焊件焊牢。在丝网上涂上乳胶，用照相法制作模样，并固定在网框上，制作出丝网印版。丝印典型的工艺过程为：用刮板将浆料涂敷于丝网印版上，浆料透过丝网印版上没有乳胶层的部分，在基板上形成相应的湿膜图样。

丝印的四大要素包括丝网印版、浆料、承印物以及支撑装置。丝网印刷工艺的原理如图 5-25 所示。

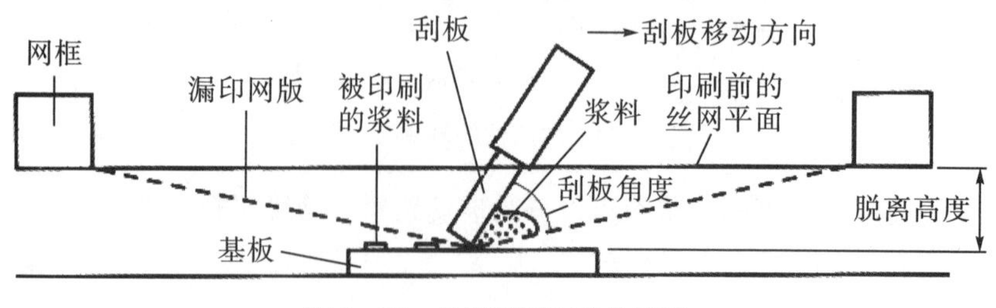

图 5-25　丝网印刷工艺的原理

丝网印刷的电子浆料是非牛顿流体，如图 5-26 所示。随着应力和剪切速度的增大，黏度按照对数规律减小（可塑性），浆料很轻易地流过丝网印版，流平并基本消除印网的痕迹。当应力解除后，黏度立刻上升，但恢复存在滞后现象（触变性），可以维持良好的印刷解析度。

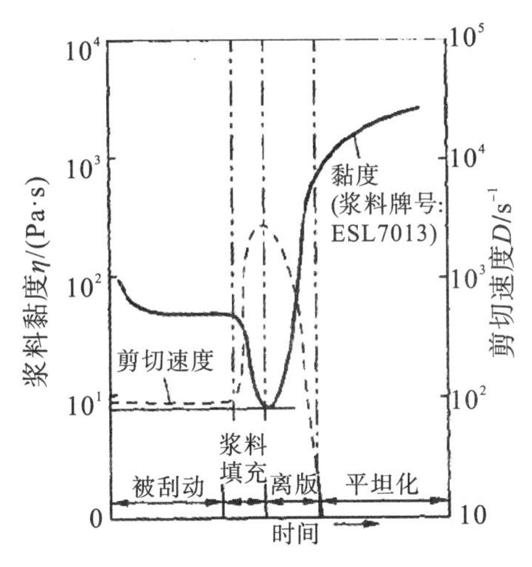

图 5－26　丝印过程中剪切速度与浆料黏度的关系

丝网印刷的工艺要点：①丝网印版与基板之间保持一定的距离。在静态情况下，若距离太远，浆料无法直接到达基板表面；若距离太近，则丝印时丝网印版始终受力覆盖在基板上，丝网印版的移动会破坏印刷模样，降低印刷质量。在动态情况下，丝网印版和基板之间保持紧密的线接触，要求丝网印版有一定的张力，在应力撤出后能恢复原状。②刮板与基板的夹角要控制好，且在刮板口长度方向上要均匀用力，等速移动。③浆料必须要有合适的黏度特性。

5.4.3　激光微焊接

导光纤将高能的激光进行长距离传输，在焊接点处进行聚焦，控制激光的能量、频率以及作用时间等参数，利用热效应实施精准焊接。激光微焊接技术可以扩大焊接的作业范围，进行非接触自动化焊接，灵活性和便利性大幅提升，具有焊接精度高、热影响区域小的特点，广泛用于轮船、航空航天、高铁等先进制造领域。

5.4.4　搅拌摩擦焊

搅拌摩擦焊是摩擦焊的一种，是利用高速旋转的圆形搅拌针伸入焊件的待焊区，充分摩擦产生大量的热，进而使局部融化，达到焊接效果。当搅拌针沿着焊接位置移动时，热软化的材料在转动摩擦力作用下由搅拌针的前部流向后部，并在针的旋转挤压下形成连续而致密的焊缝。该焊接技术除具有普通的摩擦焊接技术的特点外，还可以很方便地进行多种接头形式和不同焊接区域的焊接，如用于焊接火箭的某些部位。

其他先进焊接技术还包括电子束焊接、超声波焊接以及闪光对焊等。

【课后作业】

1. 简述焊接方式的分类。
2. 简述钎焊的基本原理。
3. 列举常见的焊接材料，包括含铅材料与无铅材料。
4. 简述助焊剂的工作原理。
5. 简述回流焊的工艺过程。
6. 简述表面贴装技术的特点。

第 6 章　常见器件封装

随着电子技术及其应用领域的迅速发展，目前所使用的电子器件种类也日益增多，学习和掌握常用元器件的制作及性能、用途以及质量判别方法，对提高电气设备的装配质量及可靠性将起到重要的保障作用。

电子电路是由电子元器件组成的。元器件是指在电子线路或电子设备中执行电子、电气、电磁及机电与光电性能的基本单元，该单元由一个或几个部分构成且一般不能被分解或破坏。元器件分为元件及器件，元件是指在工厂生产时不改变分子组成的成品，本身不产生电子，对电压、电流无控制和变换作用（开关、放大、整流、滤波、振荡及调制等）；器件是指在生产过程中，分子结构将发生变化，本身能够产生电子，对电压、电流有控制或变换的作用。电子电路中常用的元器件包括电阻器、电容器、电感器和各种半导体器件（如二极管、三极管、场效应管、集成电路等）。为了正确地选择和使用电子元器件，必须对其性能、结构及规格有一定了解。常见的各类元器件如图 6-1 所示。

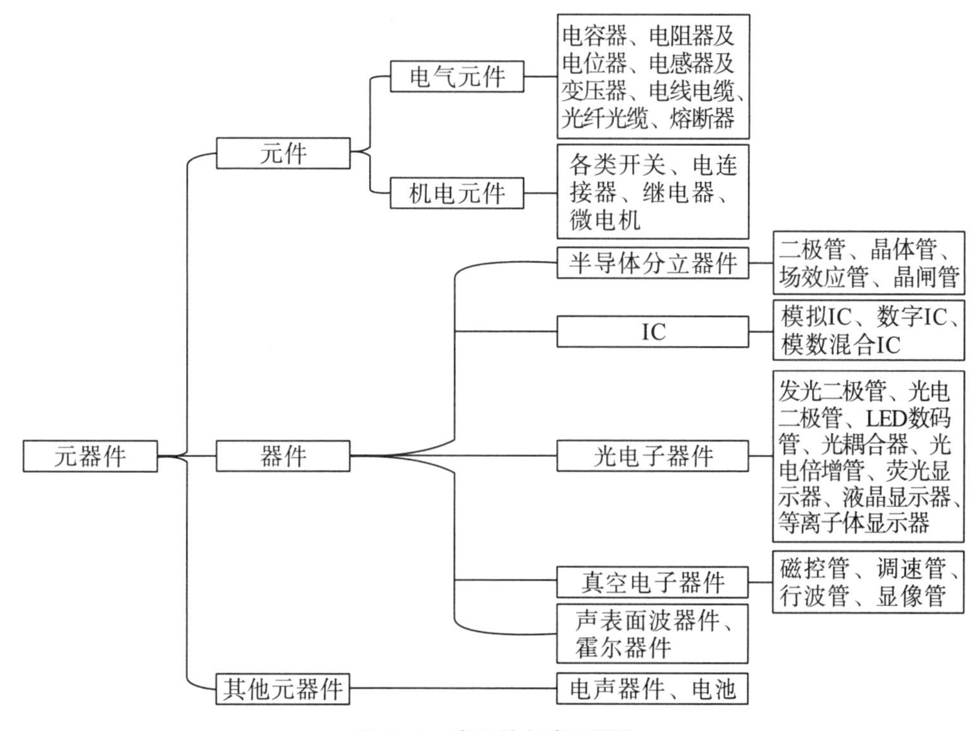

图 6-1　常见的各类元器件

6.1 电阻器

电阻器（Resistor）在日常生活中一般直接称为电阻，是电路中应用最广泛的一种元件。电阻器在电路中主要用来稳定和调节电流和电压，根据欧姆定律的原则可知，回路内的电流与电源电势成正比，而与电阻值成反比。也就是说，电阻在电路中主要起分压和限流的作用，它的质量好坏对电路工作的稳定性有极大的影响。

电阻元件的电阻值一般与温度、材料、长度和横截面积有关，衡量电阻受温度影响的物理量是温度系数，其定义为每升高 1℃时电阻值发生变化的百分数。电阻的主要物理特征是将电能转化为热能，也可以说它是一个耗能元件，电流经过它就产生内能。交流与直流信号都可以通过电阻。

6.1.1 电阻器的分类

电阻器的种类有很多，随着电子技术的发展，新型电阻器日益增多。电阻器分为固定电阻器和可变电阻器两大类。固定电阻器按引出线形式、电阻体材料、结构保护方式及用途等又可分成多个种类。

（1）按引出线形式，可分为轴向引线型电阻器、径向引线型电阻器、同向引线型电阻器及无引线型电阻器等。

（2）按电阻体材料，可分为线绕型电阻器和非线绕型电阻器。非线绕型电阻器又分为薄膜型和合成型两类。

（3）按电阻器的结构，可分为圆柱形电阻器、管形电阻器、圆盘形电阻器及平面形电阻器等。

（4）按保护方式，可分为无保护电阻器、涂漆电阻器、塑压电阻器、密封电阻器及真空密封电阻器等。

（5）按电阻器的用途，可分为通用电阻器、精密电阻器、高阻电阻器、功率型电阻器、高压电阻器及高频电阻器等。

6.1.2 电阻器的型号命名方法

根据我国有关标准的规定，我国电阻器的型号命名方法如图 6-2 所示。

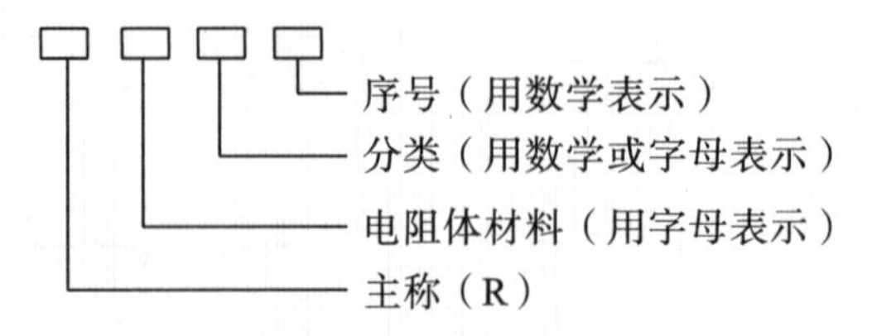

图 6-2 我国电阻器的型号命名方法

第一部分为主称，用字母 R 表示。

第二部分为电阻体材料，用字母表示，见表 6-1。

表 6-1　电阻体材料的符号与含义

符号	含义
H	合成碳膜
I	玻璃铀膜
J	金属膜
N	无机实芯
G	沉积膜
S	有机实芯
T	碳膜
X	绕线
Y	氧化膜
F	复合膜

第三部分为分类，用数字或字母表示，见表 6-2。

表 6-2　分类的符号和含义

符号	意义
1	普通
2	普通
3	超高频
4	高阻
5	高温
6	高湿
7	精密
8	高压
9	特殊
G	高功率
I	被漆
J	精密
T	可调
X	小型

第四部分为序号，用数字表示，以区别外形尺寸和性能参数。

电阻器型号举例：RJ73 型精密金属膜电阻器，如图 6-3 所示。

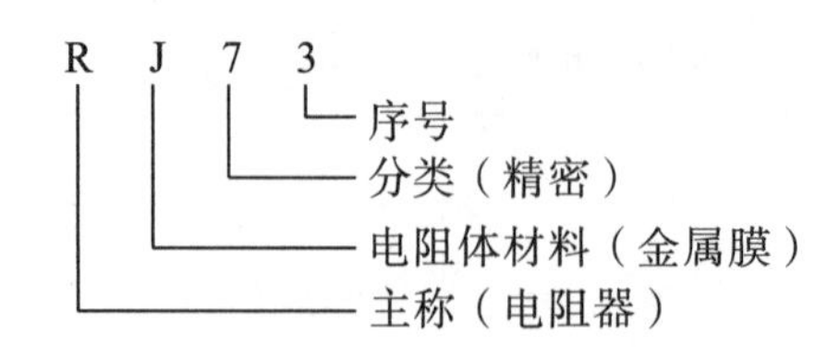

图 6-3 RJ73 型精密金属膜电阻器

电阻器的单位及换算有以下规律：

$$1k\Omega=1\times10^{3}\Omega$$

$$1M\Omega=1\times10^{3}k\Omega$$

$$1G\Omega=1\times10^{3}M\Omega=1\times10^{6}k\Omega=1\times10^{9}\Omega$$

6.1.3 电阻器的技术参数

电阻器的主要技术参数有标称阻值和额定功率。

1. 标称阻值

为了便于生产和使用，国家统一规定了一系列阻值作为电阻器（电位器）阻值的标准值，这一系列阻值叫作电阻器的标称阻值，简称为标称值，一般按 E6、E12、E24 系列标记。

电阻器的标称阻值为表 6-3 所列数值的 $10n$ 倍，其中 n 为正整数、负整数或 0。

表 6-3 电阻器的标称阻值

系列	精度等级	标称阻值
E24	Ⅰ	1.0、1.1、1.2、1.3、1.5、1.6、1.8、2.0、2.2、2.4、2.7、3.0、3.3、3.6、3.9、4.3、4.7、5.1、5.6、6.2、6.8、7.5、8.2、9.1
E12	Ⅱ	1.0、1.2、1.5、1.8、2.2、2.7、3.3、3.9、4.7、5.6、6.8、8.2
E6	Ⅲ	1.0、1.5、2.2、3.3、4.7、6.8

市场上成品电阻器的精度大多为Ⅰ、Ⅱ级，Ⅲ级很少采用。精密电阻器（电位器）的标称阻值为 E192、E96、E48 系列，其精度等级分别为 005、01 或 00、02 或 0，仅供精密仪器或特殊电子设备使用。表 6-4 为电阻器（电位器）精度等级及允许偏差。除表中规定外，精密电阻器的允许偏差可分为 ±2%、±1%、±0.5%、±0.2%、±0.1%、±0.05%、±0.02%及±0.01%等。

表 6-4 电阻器（电位器）精度等级及允许偏差

精度等级	005	01 或 00	02 或 0	Ⅰ	Ⅱ	Ⅲ
允许偏差	±0.5%	±1%	±2%	±5%	±10%	±20%

2. 额定功率

电阻器的额定功率通常是指在正常气候条件（如温度、大气压等）下，电阻器长时间连续工作允许消耗的最大功率。

6.1.4　电阻器的标记方法

1. 直标法

直标法就是将电阻器的类别、标称阻值、允许偏差以及额定功率直接标注在电阻器的外表面上，如图 6－4 所示。

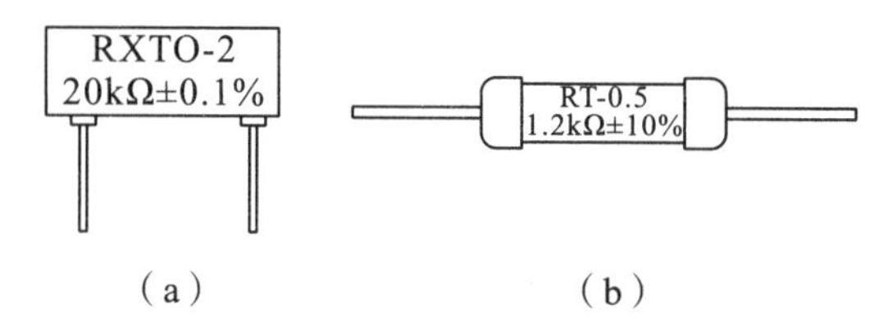

图 6－4　直标法

图 6－4（a）表示标称值为 20kΩ、允许偏差为±0.1%、额定功率为 2W 的线绕可调电阻器；图 6－4（b）则表示标称值为 1.2kΩ、允许偏差为±10%、额定功率为 0.5W 的碳膜电阻器。

2. 色标法

色标法是指采用不同颜色的色带或色点标印在电阻器的表面上，来表示电阻值的大小以及允许偏差。小型化的电阻器都采用这种标注方法，各种颜色对应的有效数字、乘数及允许误差见表 6－5。

表 6－5　各种颜色对应的有效数字、乘数及允许误差

颜色	银	金	黑	棕	红	橙	黄	绿	蓝	紫	灰	白	无
有效数字			0	1	2	3	4	5	6	7	7	9	
乘数	10^{-2}	10^{-1}	10^0	10^1	10^2	10^3	10^4	10^5	10^6	10^7	10^7	10^9	
允许误差/%	±10	±5		±1	±2			±0.5	±0.2	±0.1			±20

色环电阻有三环电阻、四环电阻、五环电阻等。

五环电阻的前三环是有效数字；第四环是乘数；最后一环是允许误差，多为 1%（棕）。

例如：

棕绿黑红棕

$150\times10^2=15\text{k}\Omega$，误差为 1%。注意：表示误差的色环稍宽。

四环电阻的前两环是有效数字，后两环与五环电阻一样。

三环电阻实际是四环电阻的特例，最后一环为无色，表示误差为±20%。

6.1.5　电位器

电位器是常用的可调电子元件，它由可变电阻器发展而来，在电子设备中有非常广

泛的应用。

电位器的类型有很多，从形状上分，有圆柱形、长方体形等；从材料上分，有碳膜、合成膜、金属玻璃釉、有机导电体和合金电阻丝等；从结构上分，有直滑式、旋转式、带紧缩装置式、带开关式、单联式、多联式、多圈式、微调式和无接触式等。电路中进行一般调节时，常采用价格低廉的碳膜电位器，而在精确调节时，宜采用多圈电位器或精密电位器。电位器的型号命名方法与电阻器相同，主体符号为 W。电位器的符号如图 6－5 所示。

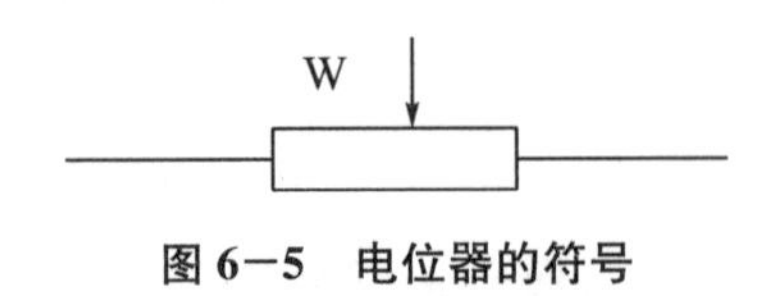

图 6－5 电位器的符号

电位器的规格标志一般采用直标法，即用字母和阿拉伯数字直接标注在电位器上，内容有电位器的型号、类别、标称阻值和额定功率。有时电位器还将其输出特性的代号（Z 表示指数、D 表示对数、X 表示线性）标注出来。

6.1.6 电阻器的使用常识

电阻器接入电路时，其引出线的长度以 7～15mm 为宜，不能过长或过短，也不能从根部打弯，否则容易折断。电阻器在存放和使用过程中要保持漆膜的完整性，不允许用锉、刮电阻膜的方法来改变电阻器的阻值。这是由于漆膜脱落后，电阻器的防潮性能变坏，无法保证正常工作。厚膜法是制作电阻器常用的方法。封装后的电阻是最可靠的元件之一，其电阻值漂移失效主要由短路、开路、机械损伤、连接损坏、绝缘击穿、焊点老化等造成。

6.2 电容器

6.2.1 电容器的定义

电容器是由两个彼此绝缘、相互靠近的导体与中间一层不导电的绝缘介质构成的，两个导体构成电容器的两极，并分别用导线引出，是一种储能元件。电容器也是最常用、最基本的电子元器件之一，在电路中用于调谐、振荡、隔直、滤波、耦合、旁路等。电容用符号 C 表示，单位为 F、μF、pF。电容器有贴片式和插接式两种。电容器的电路符号如图 6－6 所示。

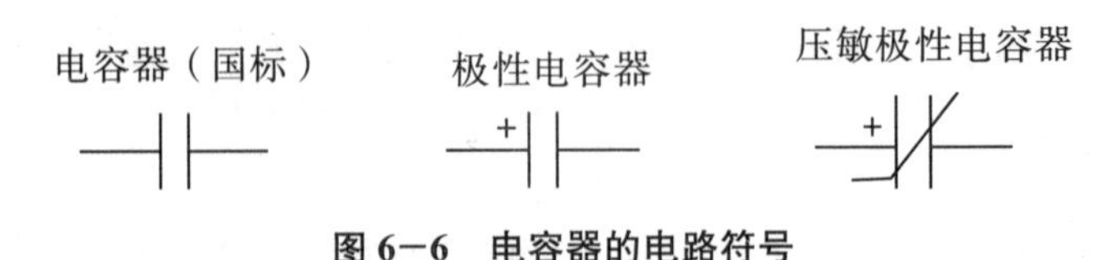

图 6－6 电容器的电路符号

6.2.2 电容器的基本作用

电容器具有充、放电和“通交流，隔直流；通高频，阻低频”的基本功能。在充电期间，电容器上的电荷按指数增长，电路中有一按指数衰减的充电电流；放电期间，电容器上的电荷按指数减少，电路中有一按指数衰减的放电电流。在充、放电过程中，电容器两端的电压不发生突变。

6.2.3 电容器的分类

电容器通常有固定电容器、可变电容器和微调电容器三类。根据电介质的不同，固定电容器又分为云母电容器、有机膜电容器、电解电容器等。

(1) 云母电容器。具有稳定性高、精度高的特点，广泛用于无线电设备中。

(2) 有机膜电容器。常用作旁路、耦合和滤波电容，但其高频特性稍差。

(3) 电解电容器。一种具有极性的电容器，在电路中主要起到级间耦合、旁路和滤波等作用。电解电容器应注意极性，正极接到直流的高电位，还应考虑使用时的温度。其中，贴片电容器有标识的一侧为正极；插件电容器引脚长的一侧为正极，距灰色部分近的一侧为负极。

电容器的结构如图 6-7 所示。

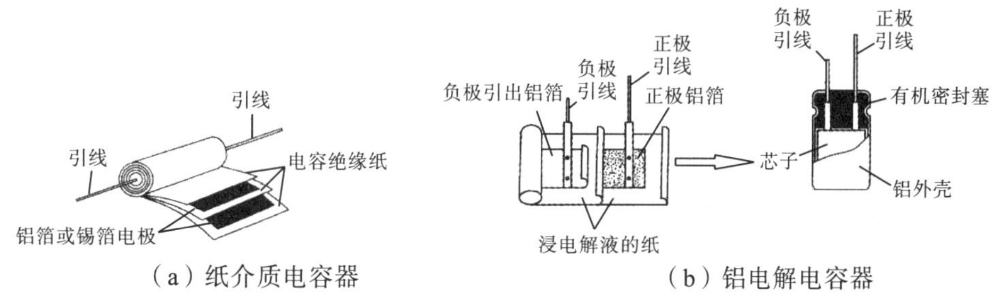

(a) 纸介质电容器　　(b) 铝电解电容器

图 6-7 电容器的结构

6.2.4 电容器的主要参数

电容器最主要的技术参数有三项：容量、耐压值和容抗。

(1) 容量。由公式 $C=\varepsilon S/4\pi kd$ 可知，电容器的容量取决于它的几何结构和电介质种类。极板的有效作用面积越大，极板间距离越小，电介质的介电常数越大，则电容器的容量也越大。

(2) 耐压值。指在规定的温度范围内，电容器能够长期可靠工作的最高电压。电容器的额定工作电压一般直接标在电容器表面。

(3) 容抗。将电容器接入交流电路中时，虽然交流电能够通过电容器，但电容器极板上已有的电荷对定向移动的电荷具有阻碍作用，这就是容抗，用字母 X_c 表示，$X_c=1/(\omega C)=1/(2\pi fC)$。

6.2.5 参数标注

(1) 直接标注。将主要参数直接标注在电容器表面，如无单位则为 pF。注意：单位左边的数字是整数，右边是小数，如 5n1，表示 5.1nF=5100pF。

(2) 数码表示。用三位数码表示容量，单位是 pF，前两位是有效数字，第三位是 0 的个数。如 473，表示 47000pF=47nF=0.047μF。

(3) 色标法。与色环电阻表示法类似。

6.2.6 电容器的使用常识

大多数电解电容器外表面的一侧都有显著的标记，其所对应的管脚为负极。当单个电容器的耐压值满足不了要求时，可将多个电容器串联以提高耐压性。当容量不足时，可将多个电容器并联以增大容量。图 6-8 是常见电容器。

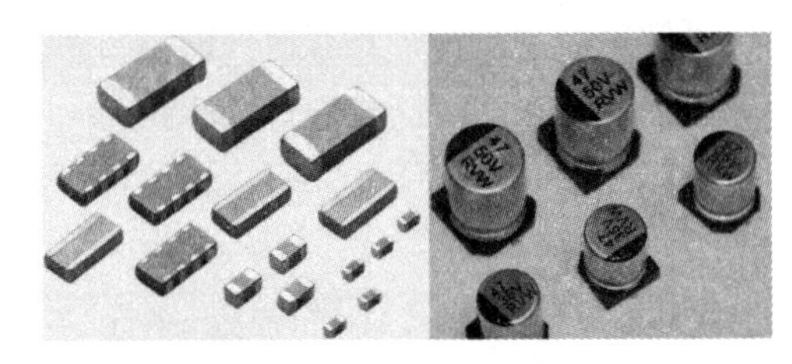

图 6-8　常见电容器

6.3 电感器

6.3.1 电感器的定义

电感器（Inductor）是一种利用自感作用进行能量传输的元器件，它能够把电能转化为磁能存储起来，习惯上简称为电感。电感有筛选信号、过滤噪声、稳定电流及抑制电磁波干扰等重要作用。电感器的符号为 L，基本单位是亨（H），常用单位为毫亨（mH）。常见电感器的电路符号如图 6-9 所示。

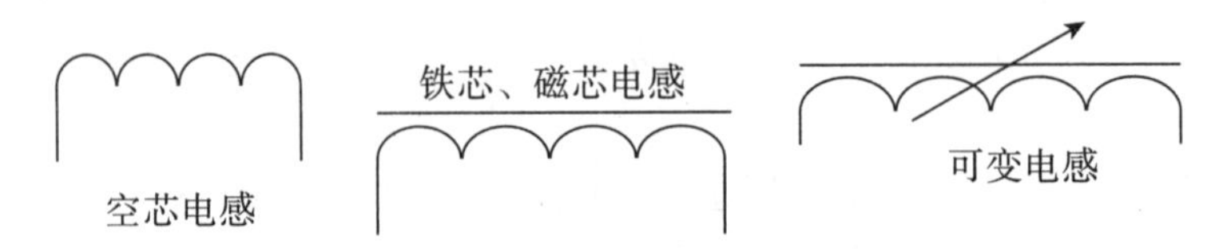

图 6-9　常见电感器的电路符号

电感通常可分为固定电感、可变电感、微调电感三类，根据其结构还可以分为空芯电感、铁芯电感和磁芯电感。它经常和电容器一起工作，构成 LC 滤波器、LC 振荡器等，在电路中具有耦合、滤波、阻流、补偿、调谐等作用。另外，人们还利用电感的特性制造了阻流圈、变压器、继电器等。

收音机上就有不少电感线圈，一般采用漆包线绕成空芯线圈或在骨架磁芯、铁芯上绕制而成，还有天线线圈（用漆包线在磁棒上绕制而成）、中频变压器（俗称中周）、输入和输出变压器等。

电感器实物及电感器的结构如图 6－10、图 6－11 所示。

图 6－10　电感器实物

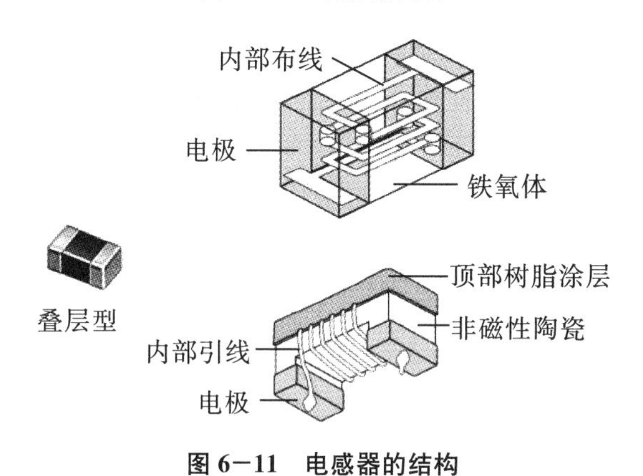

图 6－11　电感器的结构

6.3.2　电感器的分类

1. 自感器

当线圈中有电流通过时，线圈的周围就会产生磁场。当线圈中电流发生变化时，其周围的磁场也产生相应的变化，此变化的磁场可使线圈自身产生感应电动势（感生电动势）（电动势用以表示有源元件理想电源的端电压），这就是自感。

用导线绕制而成，具有一定匝数，能产生一定自感量或互感量的电子元件，常称为电感线圈。为增大电感值、提高品质因数、缩小体积，常加入铁磁物质制成铁芯或磁芯。电感器的基本参数有电感量、品质因数、固有电容量、稳定性、通过的电流和使用频率等。由单一线圈组成的电感器称为自感器，它的自感量又称为自感系数。

2. 互感器

两个电感线圈相互靠近时，一个电感线圈的磁场变化将影响另一个电感线圈，这种影响就是互感。互感的大小取决于电感线圈的自感与两个电感线圈耦合的程度，利用此原理制成的元件叫作互感器。

6.3.3 电感器在电路中的作用

电感器在电路中的基本作用是滤波、振荡、延迟、陷波等。在电子线路中，电感线圈对交流有限流作用，它与电阻器或电容器能组成高通或低通滤波器、移相电路及谐振电路等；作为变压器可以进行交流耦合、变压、变流和阻抗变换等。

由感抗 $X_L=2\pi fL$ 可知，电感量越大，频率越高，感抗就越大。电感器两端电压的大小与电感量成正比，还与电流变化速度 $\Delta i/\Delta t$ 成正比。

电感器是一个储能元件，它以磁的形式储存电能，储存的电能大小可用 $W_L=\frac{1}{2}LI^2$ 表示，线圈电感量越大，流过线圈的电流越大，储存的电能也就越多。

6.3.4 电感器的特性

电感器的特性与电容器正好相反，它具有阻止交流电通过而让直流电通过的特性。直流信号通过线圈时的电阻就是导线本身的电阻，压降很小；当交流信号通过线圈时，线圈两端将会产生自感电动势，自感电动势的方向与外加电压的方向相反，阻碍交流信号的通过，形成“通直流、阻交流”的特性，频率越高，线圈阻抗越大。

6.3.5 电感器的主要参数

1. 电感量

电感量（L）也称作自感系数，是表示电感元件自感应能力的一种物理量。当通过一个线圈的磁通发生变化时，线圈中便会产生电势，这是电磁感应现象，所产生的电势称为感应电势，电势大小正比于磁通变化的速度和线圈匝数。当线圈中通过变化的电流时，线圈产生的磁通也会发生相应的变化，磁通扫过线圈，线圈两端便产生感应电势，这便是自感应现象。自感电势的方向总是阻止电流变化，如线圈具有惯性，这种电磁惯性的大小就用电感量来表示。电感量的大小与线圈匝数、尺寸和导磁材料有关。采用硅钢片或铁氧体作线圈铁芯，可用较小的匝数得到较大的电感量。电感量的基本单位为 H（亨），实际使用较多的单位为 mH（毫亨）和 μH（微亨），三者的换算关系为 $1\mu H=10^{-6}H$，$1mH=10^{-3}H$。

2. 感抗

感抗（X_L）在电感元件参数表上一般查不到，但它与电感量、电感元件的分类、品质因数（Q）等参数密切相关，在电路分析时常用到。由于电感线圈的自感电势总是阻止线圈中的电流变化，故线圈对交流电有阻力作用，阻力大小就用感抗来表示。X_L 与线圈电感量和交流电频率（f）成正比，计算公式为 X_L（Ω）$=2\pi f$（Hz）L（H）。不难看出，线圈通过低频电流时 X_L 小，通过直流电流时 X_L 为零，仅线圈的直流电阻起阻力作用，因电阻一般很小，所以近似短路。通过高频电流时 X_L 大，若 L 也大，则近似开路。线圈的这种特性正好与电容相反，所以利用电感和电容就可以组成各种高频、中频和低频滤波器，以及调谐回路、选频回路和阻流圈电路等。

3. 品质因数

品质因数（Q）是表示电感线圈品质的参数，也称作 Q 值或优值。线圈在一定频率的交流电压下工作时，其感抗和等效损耗电阻之比即为 Q 值，表达式为 $Q=2\pi fL/R$。由此可见，线圈的感抗越大，损耗电阻越小，Q 值就越高。值得注意的是，损耗电阻在频率较低时可基本上视为以线圈直流电阻为主；当频率较高时，因线圈骨架和浸渍物的介质损耗、铁芯及屏蔽罩损耗、导线高频趋肤效应损耗等影响较明显。电阻包括各种损耗在内的等效损耗电阻，不能仅计算直流电阻。

Q 值大都为几十至几百。Q 值越高，电路的损耗越小，效率越高，但 Q 值提高到一定程度后便会受到各种因素限制，而且许多电路对线圈 Q 值也没有很高的要求，所以 Q 值的实际大小应视电路要求而定。

4. 直流电阻

直流电阻即电感线圈自身的直流电阻，可用万用表或欧姆表直接测得。

5. 额定电流

额定电流通常是指允许长时间通过电感元件的直流电流值。在选用电感元件时，若电路中的电流大于额定电流，就需改用符合额定电流要求的其他型号的电感器。

6. 分布电容

线圈的匝与匝、线圈与屏蔽罩、线圈与底版之间存在的电容称为分布电容。分布电容的存在使线圈的 Q 值减小，稳定性变差，因而线圈的分布电容越小越好。采用分段绕法可减少分布电容。

7. 允许误差

电感量的实际值与标称值之差除以标称值所得的百分数为允许误差。

电感元件的识别十分容易，固定电感器一般都将电感量和型号标在其表面。有一些电感器只标注型号或电感量中的一种，还有一些电感元件只标注型号及商标等，通过查阅产品手册或相关资料可知其他参数。

6.3.6　电感器在使用过程中的注意事项

1. 电感器使用的场合

在电感器的使用中，需特别注意潮湿与干燥、温度高与低、高频与低频等环境条件。另外，还需确定电感器表现的是感性还是阻抗特性。

2. 电感器的频率特性

在低频时，电感器一般呈现电感特性，即只起蓄能、滤高频的特性。

但在高频时，电感器的阻抗特性表现得很明显，有耗能发热、感性效应降低等现象。不同电感器的高频特性不一样。

设计电感器时，要考虑电感器承受的最大电流及相应的发热情况。使用磁环时，对照上面的磁环部分，找出对应的 L 值和对应材料的使用范围。注意导线［漆包线（常用）、纱包或裸导线］的选取，要找出最适合的线径。

6.4　二极管

6.4.1　二极管

二极管是由一个PN结加上相应的电极引线及管壳封装而成的。由P区引出的电极称为阳极，N区引出的电极称为阴极。因为PN结的单向导电性，二极管导通时的电流方向是由阳极通过管内部流向阴极。二极管的种类有很多，按材料分，最常用的有硅管和锗管两种；按结构分，有点接触型、面接触型和硅平面型三种；按用途分，有普通二极管、整流二极管、稳压二极管等多种。常用的二极管符号、结构和外形如图6－12所示。

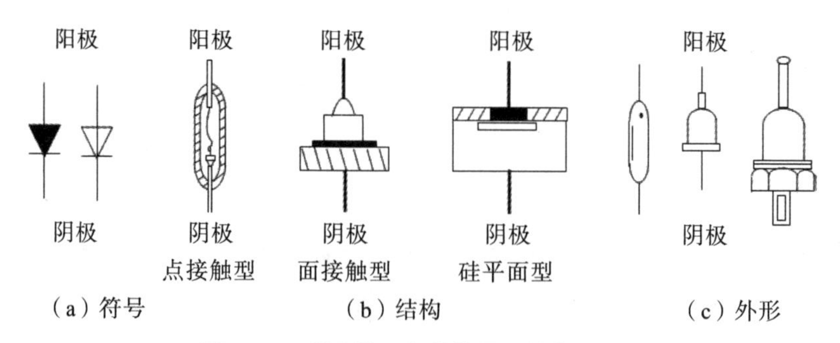

图6－12　常用的二极管符号、结构和外形

6.4.2　二极管的伏安特性

二极管的电流与电压的关系为$I=f(U)$，称为二极管的伏安特性。二极管的伏安特性曲线如图6－13所示。二极管的核心是一个PN结，具有单向导电性，其实际伏安特性与理论伏安特性略有区别。由图6－13可见，二极管的伏安特性曲线是非线性的，可分为三个部分：正向特性、反向特性和反向击穿特性。

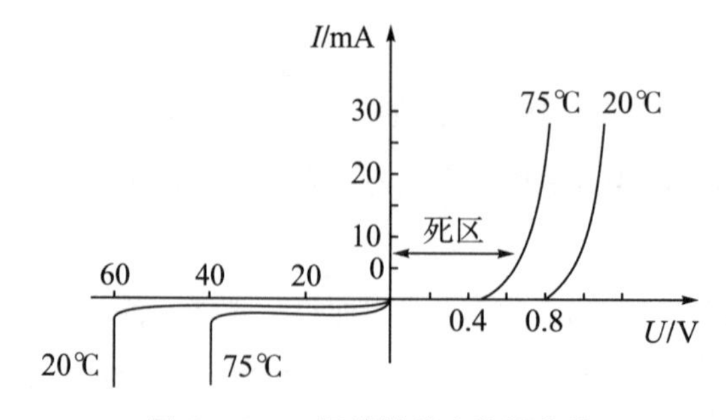

图6－13　二极管的伏安特性曲线

1. 正向特性

当外加正向电压很低时，二极管内多数载流子的扩散运动没有形成，故正向电流几乎为零。当正向电压超过一定数值时，才有明显的正向电流，这个电压值称为死区电压，通常硅管的死区电压约为0.5V，锗管的死区电压约为0.2V；当正向电压大于死区电压后，正向电流迅速增长，曲线接近直线上升。在伏安特性这一部分，当电流迅速增加时，二极管的正向压降变化很小，硅管的正向压降为0.6～0.7V，锗管的正向压降为0.2～0.3V。二极管的伏安特性对温度很敏感，温度升高时，正向特性曲线向左移，如图6-13所示，这说明，对应同样大小的正向电流，正向压降随温度升高而减小。研究表明，温度每升高1℃，正向压降减小2mV。

2. 反向特性

二极管加上反向电压时，形成很小的反向电流，且在一定温度下数值基本维持不变。当反向电压在一定范围内增大时，反向电流的大小基本恒定，与反向电压的大小无关，故称为反向饱和电流。一般小功率锗管的反向电流可达几十微安，而小功率硅管的反向电流要小得多，一般在0.1μA以下。当温度升高时，少数载流子数目增加，使反向电流增大，特性曲线下移。研究表明，温度每升高10℃，反向电流近似增大一倍。

3. 反向击穿特性

当二极管的外加反向电压大于一定数值（反向击穿电压）时，反向电流会急剧增加，这种现象称为二极管反向击穿。反向击穿电压一般在几十伏以上。

6.4.3 二极管的主要参数

二极管的特性除用伏安特性曲线表示外，其他参数同样能反映出二极管的电性能。器件的参数是正确选择和使用器件的依据，各种器件的参数由厂家产品手册给出。由于制造工艺的不同，使同一型号二极管的参数也存在一定分散性。因此，产品手册常给出某个参数的范围。半导体二极管的主要参数主要有以下四个。

1. 最大整流电流

最大整流电流（I_{DM}）是指二极管长期工作时，允许通过的最大正向平均电流。在使用时，若电流超过这个数值，将使PN结过热而烧坏二极管。

2. 反向工作峰值电压

反向工作峰值电压（V_{RM}）是指管子不被击穿所允许的最大反向电压。一般这个参数是二极管反向击穿电压的一半，若反向电压超过这个数值，管子将会有被击穿的危险。

3. 反向峰值电流

反向峰值电流（I_{RM}）是指二极管加反向工作峰值电压时的反向电流值，I_{RM}越小，二极管的单向导电性越好。I_{RM}受温度影响很大，使用时要特别注意。硅管的反向电流较小，一般在几微安以下，锗管的反向电流较大，为硅管的几十到几百倍。

4. 最高工作频率

二极管在外加高频交流电压时，由于PN结的电容效应，单向导电作用退化。最高工作频率（f_M）是指二极管单向导电作用开始明显退化时的交流信号频率。

6.4.4 稳压管稳压电路

经过整流和滤波后的电压往往会随交流电源的波动和负载的变化而变化。电压的不稳定有时会产生测量和计算的误差，引起控制装置工作不稳定，甚至根本无法正常工作。特别是精密电子测量仪器、自动控制、计算装置及晶闸管的触发电路等都要求有很稳定的直流电源供电。最简单的直流稳压电源是采用稳压管来稳定电压的。

图 6－14 是一种稳压管稳压电路，经过桥式整流电路和电容滤波器滤波得到直流电压 U_i，再经过限流电阻 R 和稳压管 D_Z 组成的稳压电路接到负载电阻 R_L 上。这样，负载上得到的就是一个比较稳定的电压。

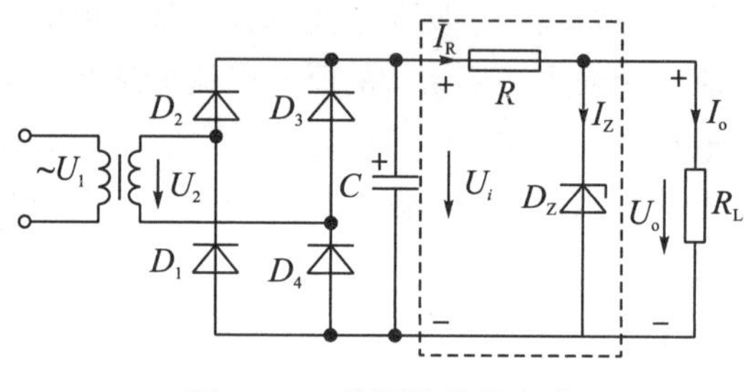

图 6－14 稳压管稳压电路

6.4.5 二极管的封装形式

二极管有玻璃封装、金属封装和塑料封装三种形式，分别如图 6－15、图 6－16、图 6－17 所示，包括 DO-15、DO-35、DO-41、DO-27、SOD-323、SOD-523、SOD-723、SOT-23、SOT-323、SOT-523 等常见的封装类型。

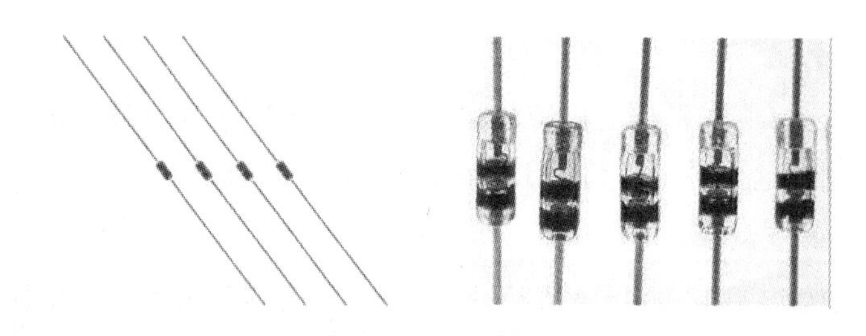

图 6－15 玻璃封装

图 6－16 金属封装

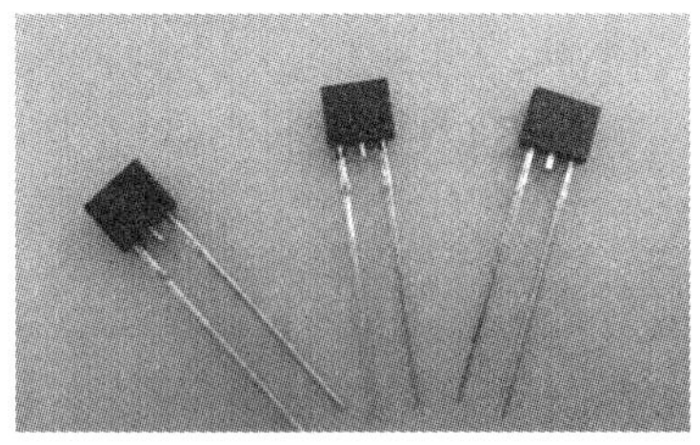
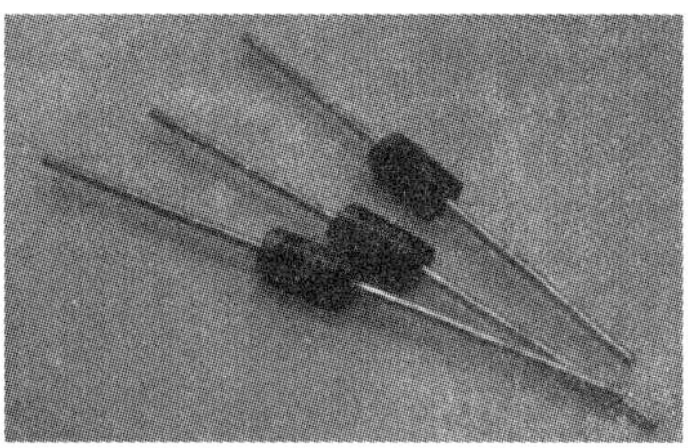

图 6-17　塑料封装

6.5　三极管

6.5.1　三极管的结构和类型

三极管是半导体基本元器件之一，具有电流放大作用，是电子电路的核心元件。三极管是在一块半导体基片上制作两个相距很近的 PN 结，两个 PN 结把半导体分成三部分，中间部分是基区，两侧部分是发射区和集电区，排列方式有 PNP 和 NPN 两种。如图 6-18 所示，从三个区引出相应的电极，分别为基极 B、发射极 E 和集电极 C。

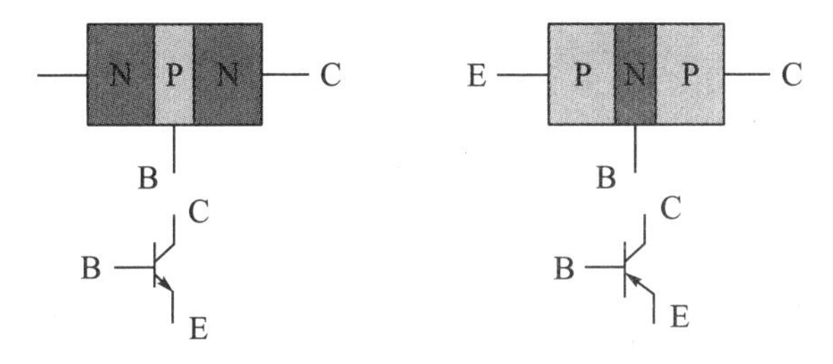

图 6-18　NPN 和 PNP 的结构及符号

发射区和基区之间的 PN 结叫作发射极，集电区和基区之间的 PN 结叫作集电极。基区很薄，而发射区较厚，杂质浓度大，PNP 型三极管发射区“发射”的是空穴，其移动方向与电流方向一致，故发射极箭头向里；NPN 型三极管发射区“发射”的是自由电子，其移动方向与电流方向相反，故发射极箭头向外。硅晶体三极管和锗晶体三极管都有 PNP 型和 NPN 型两种类型。

6.5.2　三极管的工作状态

1. 截止状态

当加在三极管发射结的电压小于 PN 结的导通电压时，基极电流、集电极电流和发射极电流都为零，这时三极管失去了电流放大作用，集电极和发射极之间相当于开关的断开状态，此时三极管处于截止状态。

2. 放大状态

当加在三极管发射结的电压大于 PN 结的导通电压，并处于某一恰当的值时，三极管的发射结正向偏置，集电结反向偏置，这时基极电流对集电极电流起着控制作用，使三极管具有电流放大作用，其电流放大倍数 $\beta=\Delta I_c/\Delta I_b$，此时三极管处于放大状态。

3. 饱和导通状态

当加在三极管发射结的电压大于 PN 结的导通电压，并当基极电流增大到一定程度时，集电极电流不再随着基极电流的增大而增大，而是处于某一定值附近基本不变，这时三极管失去电流放大作用，集电极与发射极之间的电压很小，集电极和发射极之间相当于开关的导通状态。此时三极管的这种状态称为饱和导通状态。

根据三极管工作时各个电极的电位高低，就能判断三极管的工作状态。电子维修人员在维修过程中只需拿多用电表测量三极管各脚的电压，就可判断三极管的工作情况和工作状态。三极管的工作状态如图 6－19 所示。

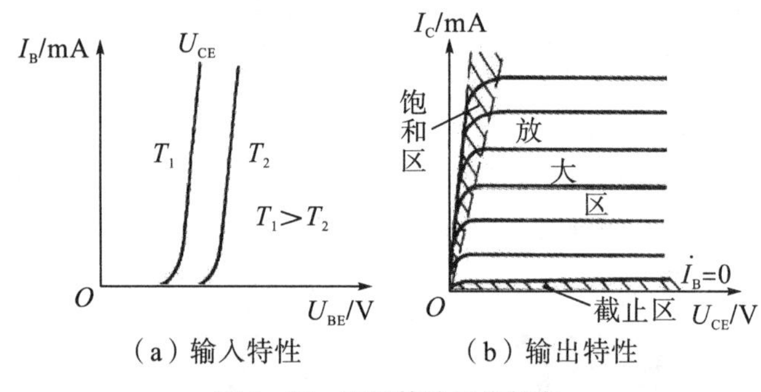

图 6－19　三极管的工作状态

6.5.3　三极管的封装形式和管脚识别

常用三极管（图 6－20）的封装形式有金属封装和塑料封装两大类，引脚的排列方式具有一定的规律。对于小功率金属封装三极管，按图 6－21 放置，三个引脚位于等腰三角形的顶点，从左向右依次为 E、B、C；对于中小功率塑料三极管，其平面朝向自己，三个引脚朝下放置，则从左到右依次为 E、B、C。

图 6－20　三极管

目前，国内的晶体三极管有许多种类型，管脚的排列也不尽相同，在使用中不确定三极管的管脚排列方式时，必须进行测量以确定各管脚正确的位置，或查找晶体管使用手册，明确三极管的特性及相应的技术参数和资料。

晶体三极管具有电流放大作用，其实质是三极管能以基极电流微小的变化量来控制集电极电流较大的变化量。这是三极管最基本、最重要的特性。我们将 $\Delta I_C/\Delta I_B$的比值称为晶体三极管的电流放大倍数，用符号“β”表示。电流放大倍数对于某一个三极管来说是一个定值，但随着三极管连续工作时间的增长，基极电流也会有一定的变化。

从材料方面划分，三极管的封装形式主要有金属封装、陶瓷封装和塑料封装；从结构方面划分，三极管的封装形式为 TO×××，×××表示三极管的外形。装配方式有通孔插装（通孔式）、表面安装（贴片式）和直接安装；引脚形状有长引线直插、短引线或无引线贴装等。常用三极管的封装形式有 TO-92、TO-126、TO-3、TO-220TO 等。

1. 金属封装

（1）B 型。B 型分为 B-1、B-2、B-3、B-4、B-5、B-6 共 6 种规格，主要用于 1W 及以下高频小功率晶体管。其中 B-1、B-3 最为常用。引脚排列：管底面对自己，由键合点起，按顺时针方向依次为 E、B、C、D（接地极）。其封装外形如图 6－21（a）所示。

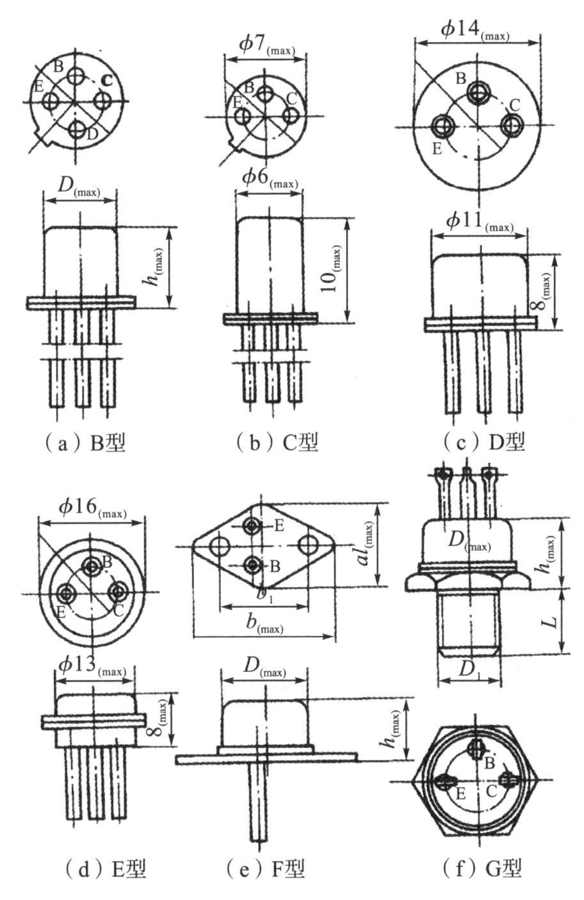

图 6－21　三极管封装外形

（2）C 型。引脚排列与 B 型相同，主要用于小功率晶体管。其封装外形如图 6－21（b）所示。

（3）D 型。外形结构与 B 型相同。引脚排列：管底面对自己，等腰三角形的底面朝下，按顺时针方向依次为 E、B、C。其封装外形如图 6－21（c）所示。

（4）E 型。引脚排列与 D 型相同，其封装外形如图 6－21（d）所示。

（5）F 型。F 型分为 F-0、F-1、F-2、F-3、F-4 共 5 种规格，各规格外形相同但尺寸不同，主要用于低频大功率管封装，使用最多的是 F-2。引脚排列：管底面对自己，小等腰三角形的底面朝下，左为 E，右为 B，两固定孔为 C。其封装外形如图 6−21（e)所示。

（6）G 型。G 型分为 G-1～G-6 共 6 种规格，主要用于低频大功率晶体管封装，使用最多的是 G-3 和 G-4。其中，G-1、G-2 为圆形引出线，G-3～G-6 为扁形引出线。引脚排列：管底面对自己，等腰三角形的底面朝下，按顺时针方向依次为 E、B、C。其封装外形如图 6−21（f）所示。

2. 塑料封装

对于塑料封装，三引脚的 TO-220 是基本形式，由此扩大，有 TO-3P、TO-247、TO-264 等；由此缩小，有 TO-126、TO-202 等，并各自延伸出全绝缘封装以及更多引脚封装和 SMD 形式。其目的也很明确，在保证耗散功率的前提下缩小封装成本。对于高频开关器件，还要减小引线电感和电容，DirectFET 封装就是典型的例子。很多封装仅从外部形状来看很相似，这时就需要注意其实际外形尺寸以及底板是否绝缘等。有些封装不只一个名称，因为封装原本没有统一的国际标准，更多的是约定俗成，后来，一些行业协会参与名称的确认以便于交流。如常见的以 SC 开头的封装名称大多由日本电子和信息技术产业协会（JEITA）统一确定，对于常见的 TO-220AB，JEITA 命名为 SC-46。部分功率三极管的塑料封装外形如图 6−22 所示。

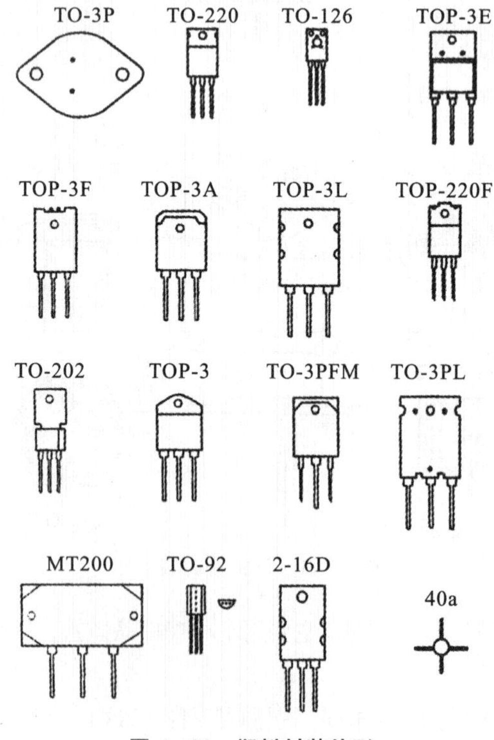

图 6−22 塑料封装外形

6.6　场效应管

场效应晶体管（Field Effect Transistor，FET）简称场效应管，是利用控制输入回路的电场效应来控制输出回路电流的一种半导体器件。由于它仅靠半导体中的多数载流子导电，又称单极型晶体管。它属于电压控制型半导体器件，具有输入电阻高（10^7～$10^{15}\Omega$）、噪声小、功耗低、动态范围大、易于集成、没有二次击穿现象、安全工作区域宽等优点，现已成为双极型晶体管和功率晶体管的强大竞争者。场效应管的结构与符号如图 6−23 所示。

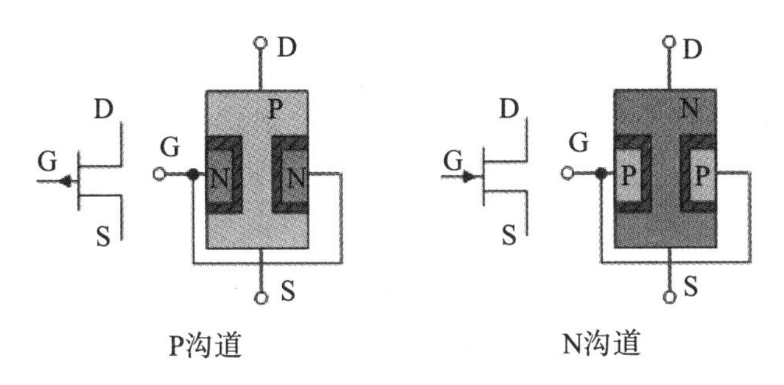

图 6−23　场效应管的结构与符号

6.6.1　场效应管的特点

与双极型晶体管相比，场效应管具有如下特点：

（1）场效应管是电压控制器件，它通过 V_{GS}（栅源电压）来控制 I_D（漏极电流）。

（2）场效应管的控制输入端电流极小，因此它的输入电阻（10^7～$10^{12}\Omega$）很大。

（3）它是利用多数载流子导电，因此它的温度稳定性较好。

（4）它组成的放大电路的电压放大系数要小于三极管组成的放大电路的电压放大系数。

（5）场效应管的抗辐射能力强。

（6）由于它不存在杂乱运动的电子扩散，不会引起散粒噪声，所以噪声低。

6.6.2　场效应管的工作原理

场效应管的工作原理就是漏极—源极间流经沟道的 I_D，用于栅极与沟道间的 PN 结形成的反偏栅极电压控制。更正确地说，I_D流经通路的宽度，即沟道截面积，由 PN 结反偏的变化和产生耗尽层扩展的变化而进行控制。在 $V_{GS}=0$ 的非饱和区域，由于过渡层的扩展不太大，根据漏极—源极间所加 V_{DS}的电场情况，源极区域的某些电子将被漏极拉去，即从漏极到源极有电流 I_D流过。从栅极向漏极扩展的过渡层将沟道的一部分构成堵塞型，此时 I_D饱和，这种状态称为夹断。这意味着过渡层将沟道的一部分阻挡，并不是电流被切断。

由于在过渡层没有电子、空穴的自由移动，在理想状态下几乎具有绝缘特性，通常电流也难以流动。此时漏极—源极间的电场，实际上位于两个过渡层接触的漏极与栅极下部附近，漂移电场将拉动高速电子通过过渡层。因漂移电场的强度几乎不变，于是产生 I_D的饱和现象。其次，V_{GS}向负的方向变化，让 $V_{GS}=V_{GS}$（off），此时过渡层大致成为覆盖全区域的状态。而且 V_{DS}的电场大部分加到过渡层上，将电子拉向漂移方向的电场，只在靠近源极的很短部分，才使得电流不能流通。

6.6.3 场效应管的分类

场效应管主要有两种类型：结型场效应管（Junction FET，JFET）和金属-氧化物半导体场效应管（Metal-Oxide Semiconductor FET，MOS-FET），又称绝缘栅型场效应管或 MOS 场效应管。绝缘栅型场效应管又分为 N 沟道耗尽型、N 沟道增强型以及 P 沟道耗尽型、P 沟道增强型四大类。

按照沟道材料型和绝缘栅型，可分为 N 沟道和 P 沟道两种；按照导电方式，可分为耗尽型与增强型。结型场效应管均为耗尽型，绝缘栅型场效应管既有耗尽型又有增强型。当栅压为零时，有较大漏极电流的场效应管称为耗尽型场效应管；当栅压为零，漏极电流也为零，必须再加一定的栅压才有漏极电流的场效应管称为增强型场效应管。

1. 结型场效应管

结型场效应管有两种结构形式，分别是 N 沟道结型场效应管和 P 沟道结型场效应管。结型场效应管具有三个电极：栅极、漏极、源极。电路符号中栅极的箭头可理解为两个 PN 结的正向导电方向。

以 N 沟道结型场效应管为例，结型场效应管的工作原理是：由于 PN 结中的载流子已经耗尽，故 PN 结基本不导电，形成所谓的耗尽区。当漏极电源电压一定时，如果栅极负偏压绝对值越大，PN 结交界面所形成的耗尽区就越厚，则漏、源极之间导电的沟道越窄，漏极电流 I_D 就越小；反之，如果栅极负偏压绝对值较小，则沟道变宽，I_D 变大，所以用栅极电压可以控制漏极电流的变化。

2. 绝缘栅型场效应管

绝缘栅型场效应管有两种结构形式，分别是 N 沟道型 MOS 场效应管和 P 沟道型 MOS 场效应管。无论是哪种类型，又分为增强型和耗尽型两种。

以 N 沟道增强型 MOS 场效应管为例，绝缘栅型场效应管的工作原理是：利用 V_{GS} 来控制感应电荷，通过改变由这些感应电荷形成的导电沟道的状况，达到控制漏极电流的目的。在制造 MOS 场效应管时，通过特定工艺使绝缘层中出现大量正离子，可以在交界面的另一侧感应出较多的负电荷，这些负电荷把高浓度掺杂的 N 区接通，形成了导电沟道，这样即使在 $V_{GS}=0$ 时也有较大的漏极电流。当栅极电压改变时，沟道内被感应的电荷量发生改变，导电沟道的宽窄随之发生变化，因此，漏极电流随着栅极电压的变化而变化。

6.6.4 场效应管的作用

场效应管主要有以下三个方面的作用：

（1）场效应管可应用于放大。由于场效应管放大器的输入阻抗很高，因此耦合电容可以容量较小，不必使用电解电容器。

（2）场效应管有很高的输入阻抗，非常适合作阻抗变换。常用于多级放大器的输入级作阻抗变换。

（3）场效应管可以用作可变电阻、恒流源以及电子开关。

6.6.5　场效应管的封装形式

以安装在PCB上的方式进行区分，场效应管的封装形式有插入式（Through Hole）和表面贴装式两大类。插入式是将场效应管的管脚穿过PCB的安装孔焊接在PCB上。表面贴装式则是将场效应管的管脚及散热面焊接在PCB表面的焊盘上。

常见的插入式场效应管封装有双列直插式封装（DIP）、晶体管外壳型（TO）封装、针栅阵列（PGA）封装等，如图6－24所示。

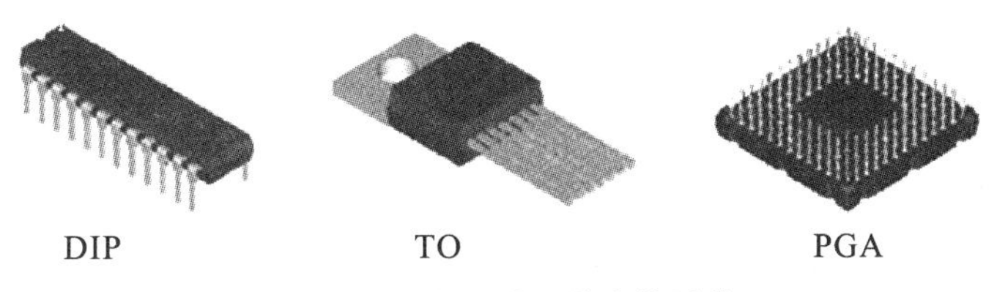

图6－24　插入式场效应管封装

典型的表面贴装式场效应管封装有晶体管外形封装（D-PAK）、小外形晶体管封装（SOT）、小外形封装（SOP）、四边扁平封装（QFP）和塑料无引线芯片载体（PLCC）等，如图6－25所示。

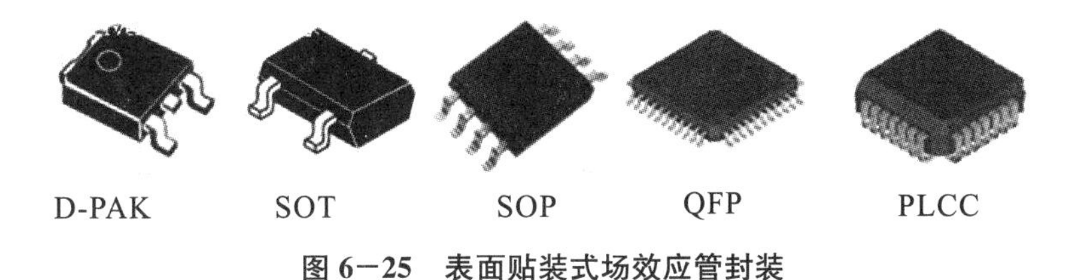

图6－25　表面贴装式场效应管封装

【课后作业】

1. 简述稳压二极管的工作原理。
2. 简述电感器的工作原理及分类。

第7章　系统级封装技术

集成电路（Integrated Circuit，IC）是通过特定的制作工艺，把电路中所需的晶体管、电感、电阻、电容等有源器件和无源元件，按照设计的电路布局，集成在半导体晶片上并进行封装，成为能够执行特定电路或系统功能的微型结构。

随着电子产品向小型化、网络化和多媒体化方向发展，对集成电路提出了相应的功能需求：单位体积信息量提高（高密度化）以及单位时间处理速度提高（高速化）。为实现上述功能，除了提高芯片设计和制造技术，集成电路封装也朝着更小体积、更轻重量、更高可靠性、更多引脚数量、更密引脚间距、更强环境适应性等方向发展。每隔一段时间，集成电路行业巨擘纷纷发布最新的集成电路技术的进展，包含半导体新材料的应用、先进的芯片制造技术以及最新的封装结构。封装结构的推陈出新依赖于集成电路设计的进步以及组装、微互连工艺的发展。这些工艺的进步正逐步打破传统的芯片封装（0级封装）和元器件/模块封装（1级封装）工艺平台之间的壁垒，使得0级封装和1级封装的界限划分愈发模糊。

根据国际集成电路技术发展线路图的预测，未来集成电路技术发展将集中在延续摩尔（More Moore）和超越摩尔（More than Moore）两个方向。

从芯片设计的角度出发，继续遵循摩尔定律，缩小晶体管特征尺寸，提升电路性能，降低功耗，即延续摩尔。目标是将系统所需的组件功能高度集成到一块芯片上，形成系统级芯片（System on Chip，SoC）。产品类型有CPU、存储器件、逻辑器件等，这些产品约占整个集成电路市场的50%。如今，台积电的7nm FinFET（鳍式场效应晶体管）芯片已经进入商用，iPhone X手机的A12芯片正是采用台积电的7nm工艺，而5nm芯片也在紧张研制中，台积电的下一目标是3nm芯片。在延续摩尔定律的路径中，化合物半导体和二维半导体等新材料和异质集成等新制作工艺将大显身手。

从产品应用角度出发，不是一味地关注芯片本身的性能和功耗，而要实现整个终端电子产品的轻薄短小、多功能、低功耗，即超越摩尔。通过连排或堆叠封装的方式，将多个不同功能的芯片与无源元件，以及如MEMS（微电子机械系统）或光学器件等封装在一起，成为具有一定系统功能的整体，称为微系统，这项技术称为系统级封装（System in Package，SiP）技术。产品类型有模拟和射频器件、电源管理器件等，大约占市场的50%。在超越摩尔定律路径中，封装工艺的发展和新型封装结构的发明是推动系统级封装技术发展的动力。

系统级封装不是简单地将芯片互连并封装在一起，它的目标是实现微系统的高密度和高速率，研究重点是实现合理的系统架构设计和互连。它的封装对象既可以是功能单一的芯片粒（Chiplet），也可以是具有特定功能的芯片组（Chipset）。系统级封装技术可以将先进制程的信号处理芯片与传统制程的存储芯片集成，也可以将硅基的控制芯片与氮化镓功率芯片集成，是实现异构集成的主要途径。相较于传统的模块封装技术，系统级封装技术具有诸多优势，见表 7－1。

表 7－1　SiP 的优势

优势	备注
封装效率高	在同一封装体内集成多个芯片，大大减小封装体积，提高封装效率，两芯片封装可使面积比增加到 170%，三芯片封装可使面积比增加到 250%
物理尺寸小	厚度减少，可实现五层堆叠芯片（厚度只有 1.0mm），三叠层芯片封装重量可减轻 35%
系统功耗低、性能提高	堆叠封装可缩短元器件的连接线路，减少传输损耗，提升性能
兼容性好	将不同工艺、材料制作的芯片集成封装为一个系统
研发周期短、成本低	与 SoC 相比，无须版图级布局布线，减少了设计、验证和调试的复杂度，可节省系统设计时间和生产费用
可靠性高	良好的抗机械和抗化学腐蚀能力
应用广泛	不仅可以处理数字信号系统，而且可应用于光通信、传感器和 MEMS 微系统等领域

苹果公司 Apple Watch 的核心处理模块 S1 是系统级封装的典型应用。S1 处理模块集成了 24 颗芯片和 78 颗无源元件，平面尺寸为（26×28）mm^2，集成了博通的 WiFi 芯片、意法半导体的陀螺仪、三星 28nm 工艺的 CPU/GPU 应用处理芯片等多种芯片，是一个功能强大的微系统，如图 7－1 所示。

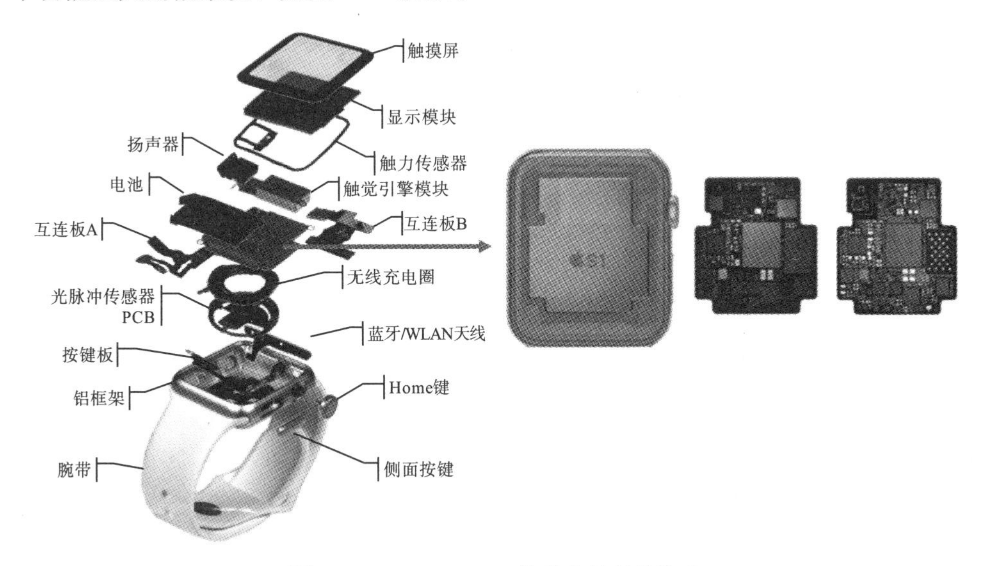

图 7－1　Apple Watch 的核心处理模块 S1

7.1 封装形式

SiP 技术对芯片粒或芯片组进行合理布局并组装，按照布局排列方式可分为平面式 2D 封装和立体式 3D 封装结构。相对于 2D 封装，采用堆叠型立体式的 3D 封装可以通过在竖直方向上增加芯片粒或芯片组的数量，进一步增强 SiP 技术的功能整合能力。SiP 内部互连工艺可以是引线键合或芯片倒装，也可两者兼有。

除 2D 封装与 3D 封装外，还可以采用多功能基板整合组装的方式，即将功能单元埋于基板内，以达到提升组装密度的目的。不同的芯片排列方式与不同的互连技术组合，使 SiP 的封装形态花样繁多，可依照产品使用需求进行定制化设计。SiP 的典型结构和工艺见表 7−2。

表 7−2　SiP 的典型结构和工艺

封装结构	工艺路径			
2D封装	引线键合	倒装焊接		
3D封装	引线键合	引线键合+倒装焊接	堆叠封装/堆叠组装	
元器件内埋	多层陶瓷	内埋元件（多层板）	无源元件集成（IPD）	
先进的芯片级封装	芯片内埋	硅通孔	集成扇出	3D扇出

7.2 工艺技术

SiP 的技术要素包括芯片、封装基板和组装工艺。封装基板可以是 PCB、有机高密度板（BT 板）、多层陶瓷板（低温共烧陶瓷、高温共烧陶瓷以及中温共烧陶瓷）、硅转接板（Si Interposer）和玻璃转接板等。组装工艺包括传统的引线键合、芯片倒装焊接和表面贴装技术。另外，芯片微凸点制备（Bumping）、硅转接板（Si Interposer）技术、玻璃通孔（Through Glass Via）制备技术和扇出（Fan Out）封装技术等，常被称作 SiP 的先进封装技术。本章详细介绍硅转接板技术和扇出封装技术。

7.2.1 硅转接板技术

一种实现三维堆叠的方法是将有源芯片放置于硅转接板上，通过转接板内部的金属通孔实现芯片与封装体的互连，这种金属通孔称为硅通孔（Through Silicon Via，TSV）。在硅转接板表面，芯片平行放置，并通过再分布层（Re-Distribution Layer，RDL）进行互连。2.5D 硅转接板技术的结构如图 7－2 所示。

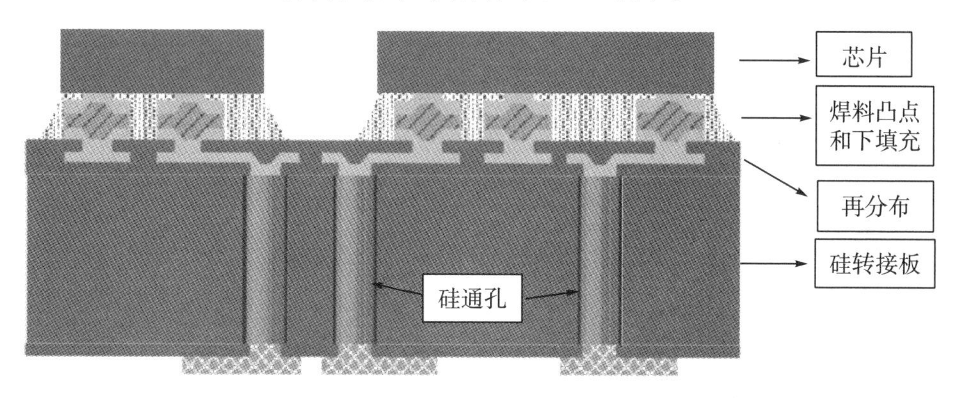

图 7－2 2.5D 硅转接板技术的结构

使用硅转接板技术进行的立体堆叠封装通常称为 2.5D 封装。相较于平面封装，通过 RDL 和 TSV 可以将电信号在竖直方向上直接输送至转接板背面，但是由于硅转接板技术通常只在表面进行芯片组装，背面作为引出端，而不是实现竖直方向的芯片直接互连，因此其是介于 2D 封装与 3D 封装之间的封装形式。

图 7－3 为典型的 2.5D 硅转接板技术步骤。首先在表面钝化的硅片上制作 TSV，此时的 TSV 为单端金属暴露的盲孔，然后在表面制作再分布层。

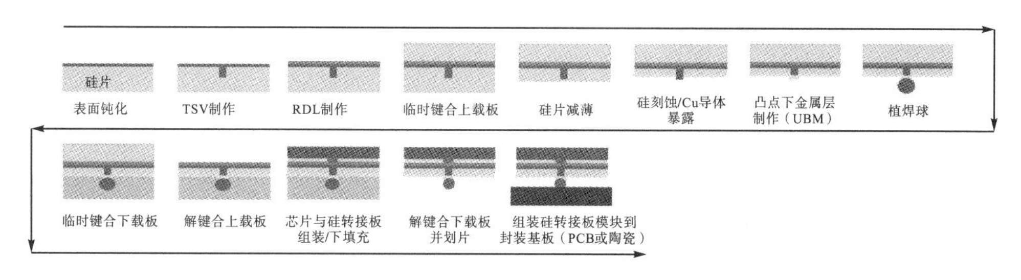

图 7－3 典型的 2.5D 硅转接板技术步骤

再分布层（或再布线层）的作用是对电路图形进行重新排布。通常在芯片端口数密集，需要拉大间距，或者不同芯片的相同电性能定义的引脚需要互连短接时应用。制作完成的再分布层由金属布线层、金属通孔和介质层构成，其剖面结构如图 7－4 所示。再分布层的制备工艺属于半导体后道工艺。金属布线层通过真空溅射金属薄膜，再进行光刻制作。介质层制作通常选择光敏性的介质胶，如聚酰亚胺（Polyimide，PI）或苯并环丁烯（BCB），通过光刻和高温固化，暴露出需要上、下互连的金属区域。金属通孔则是在介质胶光刻时留出通孔，之后淀积金属种子层，再进行电镀填充。目前常见的再分布层有 1P2M、2P3M（P 为 Polyimide，M 为 Metal）等。再分布层的层数越多，越容易出现膜层界面结合力差和层间套刻精度差的问题。

图 7-4　再分布层的剖面结构

再分布层制作完成后，这块带有硅通孔和再分布层的硅晶圆被临时键合(Temporary Bonding)到上载板上。上载板在接下来的工艺中起到物理支撑晶圆和方便设备夹持的作用。接着进行硅晶圆的背面减薄、硅刻蚀和低温钝化工艺，目的是暴露 TSV 底端的金属铜，此时 TSV 成为贯穿硅片的通孔。上述工艺完成后，在暴露的金属铜处进行金属沉积 UBM，UBM 层应可焊并能阻挡焊料向 TSV 的扩散，常见的有镍 UBM、金 UBM 等（参见第 4 章相关内容）。在制备完成的 UBM 处放置焊球，常见的焊球材料有锡铅、锡银铜等。最后，将硅转接板临时键合在下载板上，并移除上载板。下载板会在之后的工艺中对硅转接板起物理支撑和保护作用。

进行组装的芯片晶圆正面需要制作可供焊接的微凸点或者顶部有焊料帽的铜柱。可以将芯片晶圆与硅转接板晶圆进行晶圆级的倒装焊接，或者使用不同的单颗芯片，分别放置并倒装焊接在硅转接板晶圆的对应位置。

倒装焊接完成后，将硅转接板的下载板进行解键合。并对 TSV 硅晶圆进行划片，成为独立的 TSV 硅转接板单元。

7.2.1.1　TSV 技术

TSV 技术是硅转接板制作过程中的关键工艺，也是最终实现三维系统级封装的重要途径。电信号经由硅转接板内部的 TSV 直接传输至背面，最大限度地降低了传输距离，减少了传输损耗，也避免了引线互连的寄生效应。

TSV 技术可以利用现有的半导体工艺设备，与 CMOS 流水线相结合，建立一套成本可控的工艺流程。

TSV 硅转接板和典型堆叠结构如图 7-5 所示。

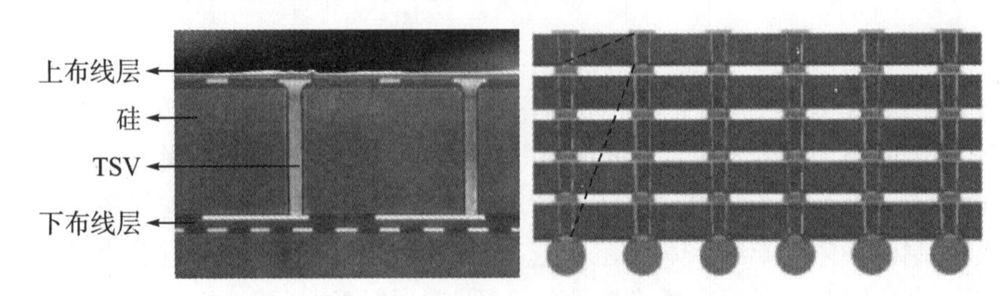

图 7-5　TSV 硅转接板和典型堆叠结构

1. TSV 硅转接板制备工艺

考虑 TSV 硅转接板与 CMOS 工艺的兼容，根据 TSV 技术所处工艺时段的不同，可以分为先通孔、中通孔和后通孔三个制备方案，如图 7−6 所示。

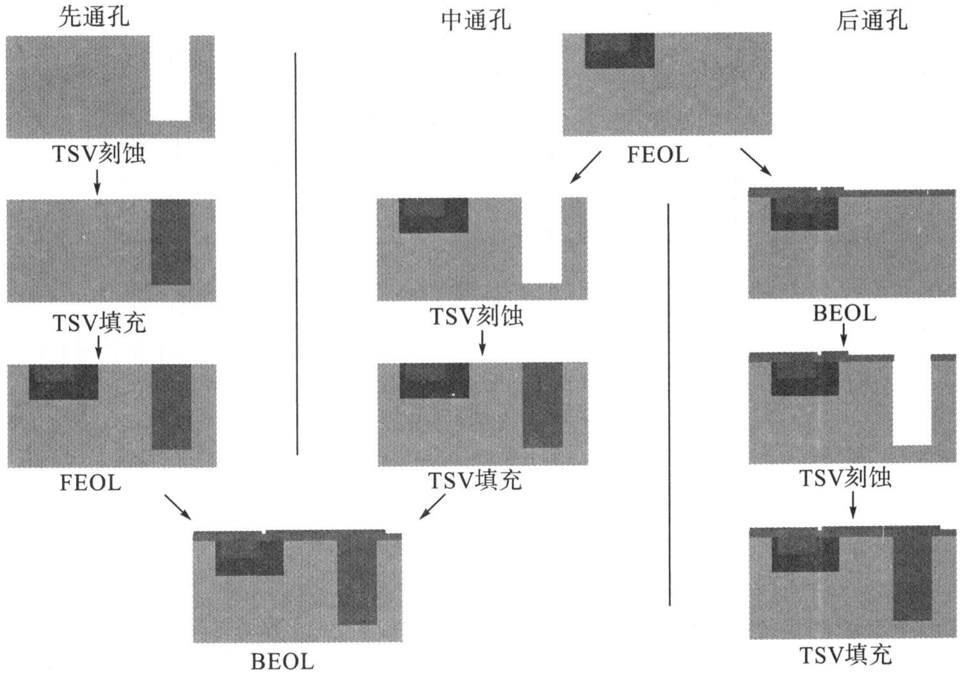

图 7−6　TSV 先通孔、中通孔和后通孔制备方案的对比

在先通孔工艺流程中，TSV 是在前道工艺（Front End of Line，FEOL）加工。在后通孔工艺流程中，TSV 是在后道工艺（Back End of Line，BEOL）加工。而在中通孔工艺流程中，TSV 是在完成 FEOL 和金属前介质层沉积以后进行加工。主流的加工技术是中通孔和后通孔技术。其中，晶圆代工厂采用中通孔技术制造存储器和逻辑芯片，利用 TSV 将两端结构连接，实现晶圆级的器件集成；而半导体封装测试厂和 MEMS 代工厂多采用低成本的后通孔技术。

具体到硅通孔的制备工艺，其工艺流程主要包括光刻、硅刻蚀、孔壁介质层沉积、种子层生长、电镀填孔和表面化学机械抛光（Chemical Mechanical Polish，CMP）等。首先使用光刻技术在硅晶圆上定义出 TSV 的位置，用深硅刻蚀工艺加工出盲孔。然后在盲孔处依次沉积介质层、扩散阻挡层和种子层，此处的难点在于使孔壁和孔底均能沉积出厚度可控的连续膜层。在目前的主流工艺中，介质层多采用化学气相沉积生长二氧化硅的工艺进行制作；接着采用电镀工艺，在盲孔内填充金属铜；最后对晶圆进行化学机械抛光，获得一个致密、粗糙度小的表面，为之后的植球工艺做准备。如图 7−7 所示。

TSV 工艺流程完成后，金属孔仍为盲孔。TSV 应具有层间信号互连作用，还需进行金属孔两端导通。所以在 TSV 硅晶圆表面完成布线层制作后，将 TSV 硅晶圆与载片（图 7−3 中的上载板）临时键合，结合研磨和 CMP 工艺将其减薄至所需厚度，暴露出 TSV 下端金属，使 TSV 贯穿整个晶圆。

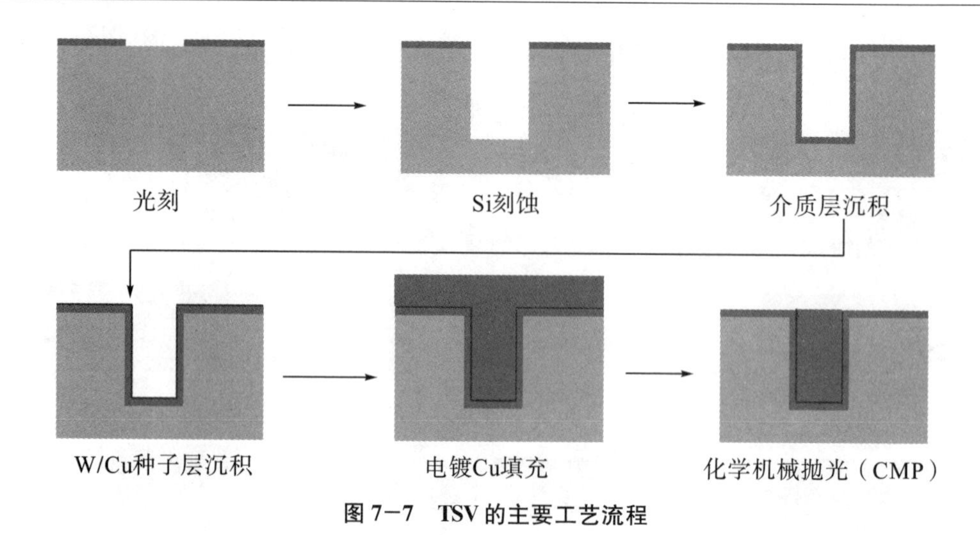

图 7－7　TSV 的主要工艺流程

2. TSV 的新结构和新材料

随着芯片小型化和模块集成度的提高，TSV 将向着更大深宽比和更小孔径方向发展。目前，TSV 的深宽比已达到 10∶1。通孔节距的减小和密度的提高，使得通孔间信号串扰、延迟和损耗等问题成为其在高性能系统级封装应用中需要解决的问题。研究人员从以下三个方面进行了技术开发：

（1）碳纳米管填充 TSV。

传统的 TSV 使用电镀工艺填充金属铜，也有采用金属钨或多晶硅进行填充。填充材料的选择需要考虑热膨胀系数匹配、离子迁移和材料电阻率等因素。

有学者研究使用单壁碳纳米管（Carbon Nano Tube，CNT）作为通孔填充材料，单壁碳纳米管具有独特的电学、热学和机械特性，可用于实现高性能的 TSV 信号互连。根据滚转角和直径的不同，碳纳米管可表现为金属型或者半导体型。与金属铜（导电能力为 10^6 A/cm^2）相比，碳纳米管具有更为优良的导电能力（导电能力为 10^9 A/cm^2），且在传输高频信号时无趋肤效应。另外，碳纳米管具有良好的热稳定性，可在高温环境下稳定工作，而铜在高温下长期工作容易出现铜离子迁移的问题，影响器件可靠性。采用 CNT 进行填充，可以避免离子迁移效应，且在 TSV 金属填充前，不必制作扩散阻挡层，简化了工艺流程。

对于相同尺寸的硅通孔，采用碳纳米管填充比采用铜填充的电感和电容降低了一个数量级以上，使其在传输高频信号时的插入损耗和反射损耗降低。但是，碳纳米管填充结构间隙较多，导致其导通电阻相应会增大一个数量级。因此，在高频应用时，碳纳米管填充可以大幅提升传输性能；而在低频应用时，铜填充仍然具有优势。

（2）聚合物介质层。

TSV 最常用的介质层材料为 SiO_2，厚度典型值为 100nm～1μm。为了实现优良的绝缘特性，TSV 侧壁介质层越厚越好。但是增加 SiO_2 层的厚度，将同时增加结构的内部应力。在应力影响区域内不能放置有源器件，这将大幅降低晶圆表面的利用率。

有学者提出使用绝缘的弹性聚合物材料作为 TSV 的介质层，当它的杨氏模量比

TSV 结构中的其他材料都低时，可以吸收因热膨胀系数失配产生的内应力。

欧洲微电子研究中心提出使用 SU-8 胶、苯并环丁烯（BCB）或其他聚合物填充，并使用聚对二甲苯（Parylene）喷涂，制造获得聚合物介质层。此方法可适用于小深宽比且大孔径的 TSV 结构。具体流程为：先将硅晶圆与金属载片临时键合并进行晶圆背面减薄，然后在晶圆上刻蚀出环形深槽，并使用聚合物进行填充，通过光刻晶圆表面的聚合物使之图形化，并去除环形聚合物中心的硅柱。之后，沉积钨/铜种子层和扩散阻挡层，然后再进行光刻工艺制作出表面铜互连线，通过电镀铜的方式填满中心深孔。最后去除表面的光刻胶以及种子层残余，可获得厚达 5μm 的聚合物绝缘介质层。此工艺方案主要取决于聚合物自身的深槽填充能力。

（3）空气间隙 TSV 结构。

在聚合物绝缘介质层研究的基础上，有学者开始尝试用介电常数接近 1 的空气间隙作为绝缘介质，也就是通过制作有空隙的 TSV 结构来达到空气作绝缘介质的目的。空隙的存在也可缓解应力，TSV 截面结构和空气间隙 TSV 结构分别如图 7－8、图 7－9 所示。

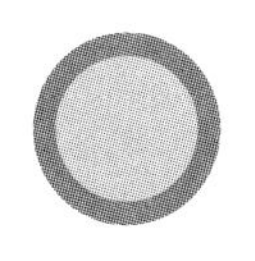

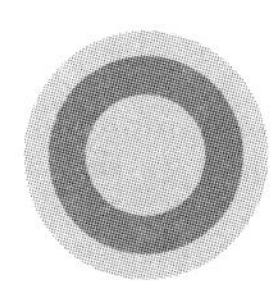

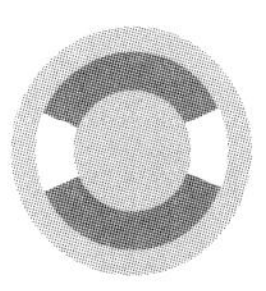

传统圆柱形TSV　　同轴TSV　　空气间隙同轴TSV

图 7－8　TSV 截面结构

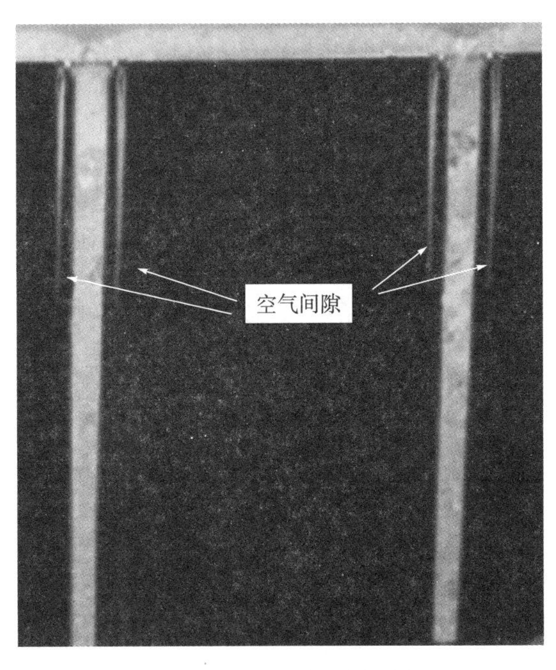

图 7－9　空气间隙 TSV 结构

中国科学院电子学研究所首先提出了一种空气间隙同轴 TSV 结构。为了改善高频信号传输特性，采用同轴 TSV 结构，可以降低硅转接板造成的信号损耗，减少信号串扰，并提供良好的阻抗匹配。而采用扇状空气间隙同轴 TSV 结构，还可以进一步提升射频传输性能。射频信号电学仿真实验显示，空气间隙同轴 TSV 结构的插入损耗和反射损耗更小；空气间隙越大，插入损耗越小；空气间隙区间越多，射频性能越优。

但是复杂的结构将带来制作工艺的挑战。意法半导体、佐治亚理工学院先后利用聚合物旋涂自封口技术，采用聚合物填充再释放以及 SiO_2 非保形沉积的方法实现空气间隙结构的制造。欧洲微电子研究中心和清华大学也分别发表了两种不同工艺路径制造的空气间隙同轴 TSV 结构。欧洲微电子研究中心利用 SiO_2 非保形覆盖工艺的夹断效应，在不增加工艺复杂度的条件下实现了空气间隙的制造。但是，由于 SiO_2 非保形沉积工艺需要形成自封闭深槽，空气间隙的尺寸受到限制。而空气间隙侧壁上 SiO_2 的生长会进一步缩小空气间隙的宽度，影响空气间隙对结构应力的缓释效果。同时，空气间隙的深度明显低于 TSV 深度，因此，该空气间隙结构对于改善 TSV 的信号寄生效应的作用有限。

7.2.1.2 TSV 硅转接板技术的应用

与传统的 2D 封装技术相比，基于 TSV 硅转接板的 2.5D 封装技术使转接板上的多个芯片通过再分布层直接实现互连，并与组装基板通过硅通孔进行电气互连，大大缩短了传输距离，降低了信号延迟与损耗，其相对带宽可达传统封装技术的 8～50 倍。硅转接板表面的再分布层可以制作微小线宽/线间距的互连线，布线密度大大提高，能满足高集成度的芯片封装需求。硅转接板与芯片均采用硅作为基础材料，二者间的热膨胀系数一致，芯片所承受的热应力大幅降低，可靠性得以提高。

TSV 硅转接板技术可以应用于芯片堆叠，如 DRAM 存储器堆叠封装；也可应用于异质集成，将不同制程或材料的器件堆叠形成功能完备的微系统，如处理器、存储器、控制器、RF 器件、MEMS 器件、光学器件和传感器等。

IBM 采用 Face-to-Back 方法对基于 SOI CMOS 工艺的晶圆进行垂直堆叠，使用了氧化物熔融键合（Oxide Fusion Bonding）技术。IBM 还提出了硅支撑载片（Silicon Carrier）技术，进而提出硅基封装的理念，用于系统级封装。

韩国三星电子采用 TSV 技术制作出存储容量为 8Gb 的 DDR3 动态随机存储器。在主芯片上垂直堆叠了 3 个从芯片，每个芯片间使用约 300 个硅通孔实现互连。与 2D 封装相比，三维集成后，静态功耗降低 50%，动态功耗降低 25%，I/O 端口传输速率从 1066Mbps 提高到 1600Mbps。

台积电开发出直径为 300mm 的圆片的 TSV 三维堆叠技术，并评估了半导体芯片三维堆叠集成对器件性能和可靠性的影响。台积电计划采用 28nm 或更先进的工艺量产三维堆叠芯片，通过研发设计技术、测试技术和提升热机械强度来实现三维堆叠芯片量产。

部分半导体企业的典型 TSV 技术见表 7－3。

表 7-3　部分半导体企业的典型 TSV 技术

企业名称	典型 TSV 技术	示意图
IBM	1. TSV 直径为 0.25μm，深宽比为 6∶1 2. Face-to-Back 方式基于 SOI 进行垂直堆叠 3. Oxide Fusion Bonding 技术实现晶圆级堆叠	
韩国三星电子	1. 主芯片上垂直堆叠 3 个从芯片 2. 实现了 8Gbps 的 DDR3 动态随机存储	
MIT	1. Face-to-Face 方式基于 FD-SOI 工艺实现三维堆叠 2. 直接氧化物键合工艺实现晶圆级键合	
Tezzaron	1. Via Middle 方式实现垂直互连 2. 薄芯片厚度可达 5μm，SiO_2 介质层厚度为 8.4μm 3. 晶圆之间通过 Cu—Cu 直接键合实现垂直互连	
台积电	1. 三维堆叠结构包含 TSV、再分布层、微凸点和芯片/晶圆键合工艺 2. 可对直径为 300mm 的圆片进行 TSV 三维堆叠	
Xilinx	1. 一款基于 TSV 垂直互连技术的 FPGA 芯片 2. 片间互连端口数超过 10000 3. 互连延时仅有标准 I/O 端口的 1/5	

在国内，TSV 硅转接板技术主要集中在一些芯片封装测试企业和进行半导体技术研发的科研院所。华进半导体封装先导技术研发中心（以下简称“华进半导体”）针对一款高性能 CPU 芯片进行了 TSV 转接板的设计与制作，完成了芯片与转接板的微组装。其硅通孔直径为 20μm，深宽比为 6∶1。使用的微组装工艺首先将背面带有微凸点的 TSV 硅转接板与有机基板通过热压键合进行互连。再将芯片倒装焊接在 TSV 硅转接板正面，最后进行助焊剂的清洗及两层焊球的底部填充和固化。硅转接板的正面和背面都可制作再分布层，可制作正面 3 层再分布布线层、背面 2 层再分布布线层，大大提高了集成度。另外，天水华天、江阴长电和中国电子科技集团公司下属的相关研究所等国内企事业单位，都在致力于 TSV 硅转接板技术的研发应用。华进半导体的 TSV 硅转接板的 SiP 设计和制作如图 7-10 所示。

图 7-10 华进半导体的 TSV 硅转接板的 SiP 设计和制作

7.2.2 扇出封装技术

随着芯片引出端密度的增大，承载芯片的基板表面的布线密度已经难以与芯片端口密度直接匹配，需要先对芯片引出端进行再分布，将端口密度扩展至与基板布线密度相匹配。这种封装结构的特点是芯片尺寸与封装尺寸之比小于或远小于 1，封装体内部布线如同风扇的扇叶一般向外延展。扇出封装技术的另外一个特点是封装体内无载板，再分布层做在包裹芯片的塑封料上，与芯片引出端 PAD 直接相连，因此，扇出封装通常较为扁平。扇出封装剖视图（芯片倒置）和扇出封装分步结构分别如图 7-11、图 7-12 所示。

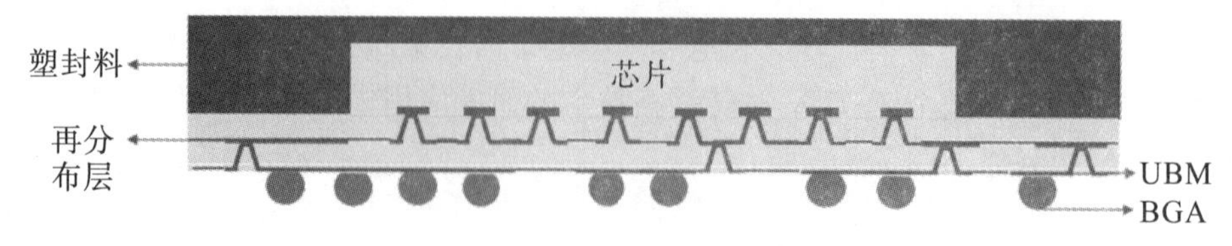

图 7-11 扇出封装剖视图（芯片倒置）

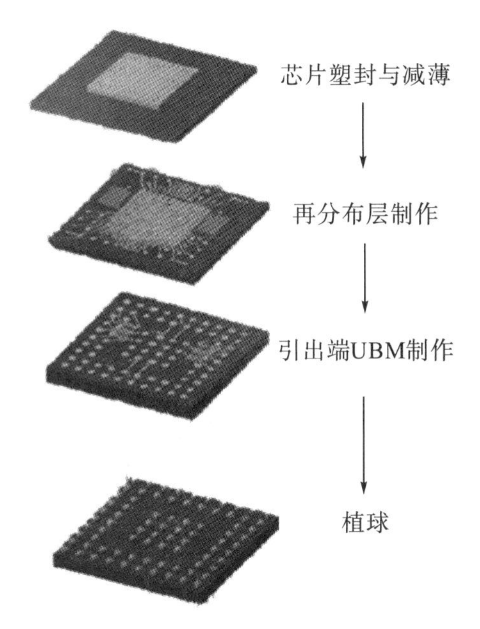

图 7－12　扇出封装分步结构

扇出封装与扇入（Fan In）封装对应。传统的晶圆级封装多采用扇入封装，适用于引脚数量较少的芯片。而扇出封装适用于引脚密度高的芯片。扇入封装、芯片尺寸封装、扇出封装的芯片面积与输出端面积对比如图 7－13 所示。

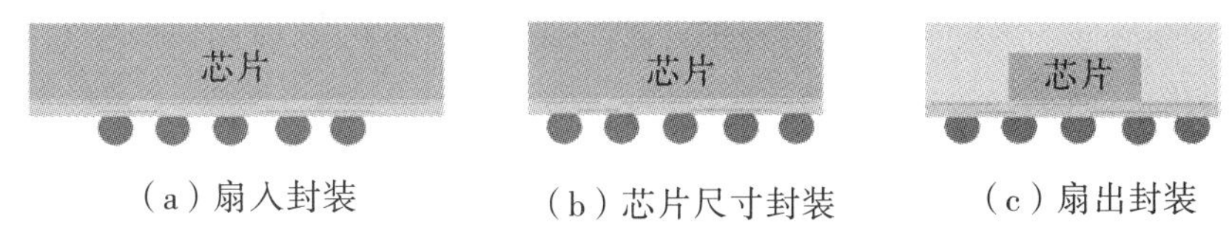

图 7－13　扇入封装、芯片尺寸封装、扇出封装的芯片面积与输出端面积对比

除对高引脚密度的芯片进行引脚密度扩展外，扇出封装的另一重要应用是进行多芯片集成封装。集成扇出封装的对象为多个功能不同、尺寸不同的元器件，通过晶圆重构和再分布层制作，实现微系统功能。

7.2.2.1　扇出封装的分类

无论是单芯片扇出封装，还是多芯片集成扇出封装，通常都需要经历晶圆重构，主要的扇出封装工艺步骤也是在重构晶圆上进行的，因此也称为扇出型晶圆级封装（Fan Out Wafer Level Package，FOWLP），其典型工艺流程如图 7－14 所示。

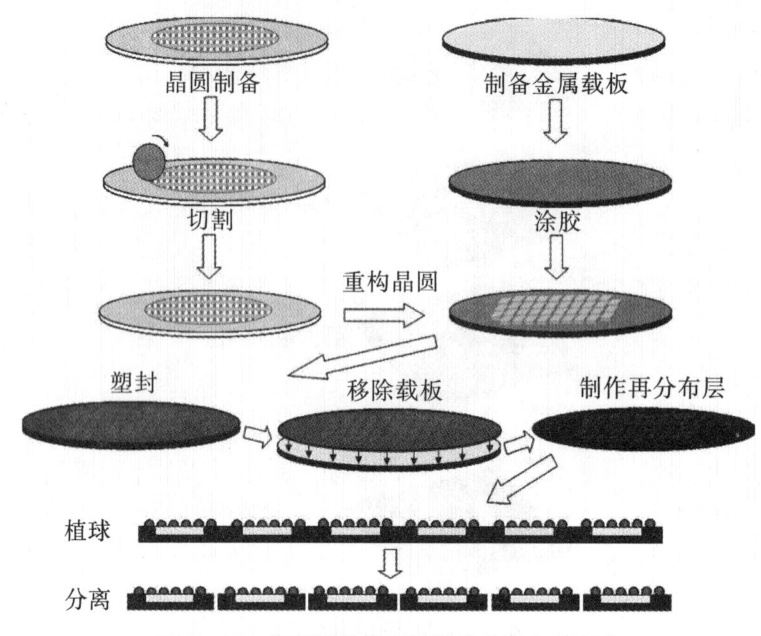

图 7-14　扇出型晶圆级封装的典型工艺流程

（1）晶圆制备及切割：将晶圆粘贴在胶膜上，切割成独立芯片。

（2）制备金属载板：对金属载板表面进行清洗。

（3）层压粘合：在载板表面均匀涂敷粘结胶，通过施加压力激活粘结胶。

（4）重构晶圆：将芯片从晶圆上取出并贴装在金属载板上。

（5）塑封：使用环氧塑封料对贴有金属载板的重构晶圆进行塑封包裹，并进行打磨和减薄。

（6）移除载板：将重构晶圆与金属载板解键合。

（7）制作再分布层：制备再分布层图形和实心孔，并进行凸点下金属化制作。

（8）植球：在 UBM 上植入呈阵列排布的微球（植球）（BGA）。

（9）分离：将已成型的塑封体切割。

金属载片/芯片放置、塑封、再分布层制作、植球完成后的示意图如图 7-15 所示。

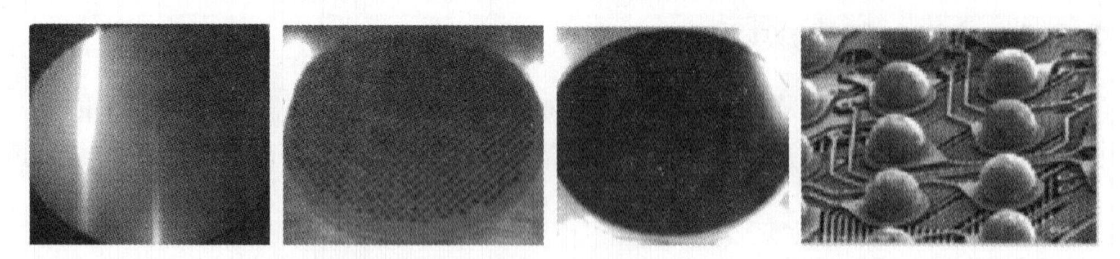

图 7-15　金属载片/芯片放置、塑封、再分布层制作、植球完成后的示意图

晶圆重构之后，按照芯片放置方向和再分布层制备顺序，又可分为三种制备流程：芯片先装/面朝下（Chip-first/face-down）、芯片后装（Chip-last 或 RDL first）、芯片先装/面朝上（Chip-first/face-up）。

（1）Chip-first/face-down。

Chip-first/face-down 是最早提出的扇出封装技术。该工艺将芯片倒装放置在金属载片上，通过双面胶膜固定芯片。双面胶膜通常具有热剥离层和压力敏感层，通过负压吸附与载片粘结，在解键合时通过加热剥离载片，如图 7－16 所示。接着进行塑封料包裹，移除载片并研磨暴露出芯片金属 PAD，最后制作再分布层、UBM 和植球。Chip-first/face-down 封装工艺流程如图 7－17 所示。

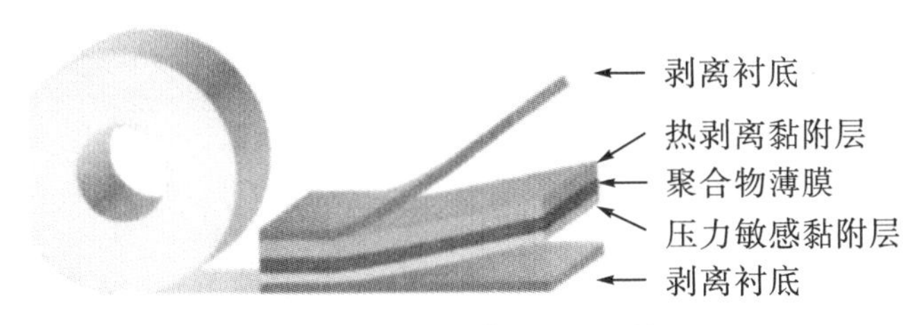

图 7－16　双面胶膜（室温下使用）

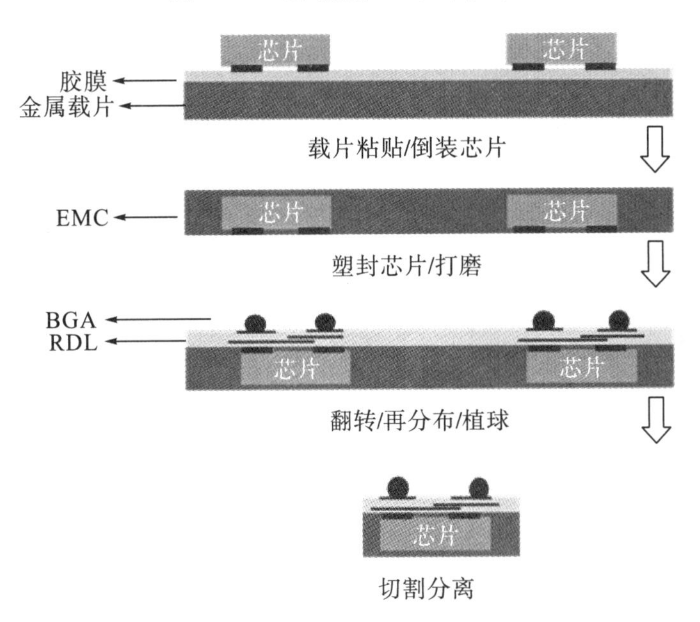

图 7－17　Chip-first/face-down 封装工艺流程

2006 年飞思卡尔的重分布芯片封装（Redistributed Chip Packaging，RCP）技术和 2007 年英飞凌科技公司提出的嵌入式晶圆级球栅阵列（embedded Wafer Level Ball Grid Array，eWLB）封装技术，都是 Chip-first/face-down 封装方式。

（2）Chip-last。

Chip-last 封装工艺首先在晶圆上形成钝化层，然后以晶圆为基板制作再分布层，再分布层的最后一层需要制作微铜柱，用以和芯片互连。再分布层制作完成后，进行芯片的倒装并塑封。接着移除晶圆载片暴露出再分布层的第一层布线，制作 UBM 并植球。Chip-last 封装工艺流程如图 7－18 所示。

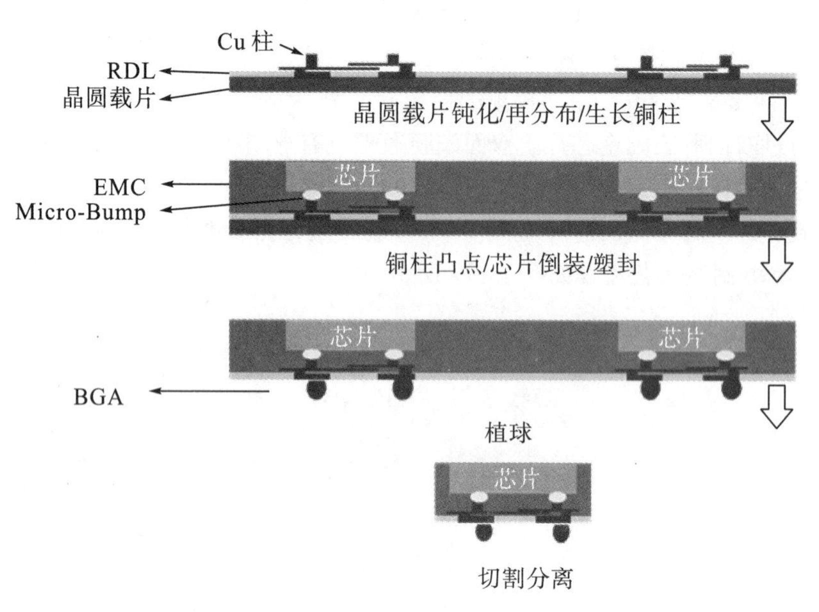

图 7—18　Chip-last 封装工艺流程

由于 Chip-first/face-down 封装工艺过程中的芯片偏移问题始终没有得到很好的解决，2012 年，Deca 科技提出 Chip-last 封装工艺。

(3) Chip-first/face-up。

随着通孔制作工艺日趋成熟，为了降低成本，2013 年，Institute of Microelectronics 提出了 Chip-first/face-up 的封装方式。

Chip-first/face-up 同样采用先装芯片的思路，不同之处是通过将芯片正装在贴有双面胶膜的金属基板上，利用塑封打磨的方式将芯片功能区露出，芯片功能面朝上并可以直接进行再分布工艺，通过再分布开口的方式放置微球。Chip-first/face-up 封装工艺流程如图7—19所示。

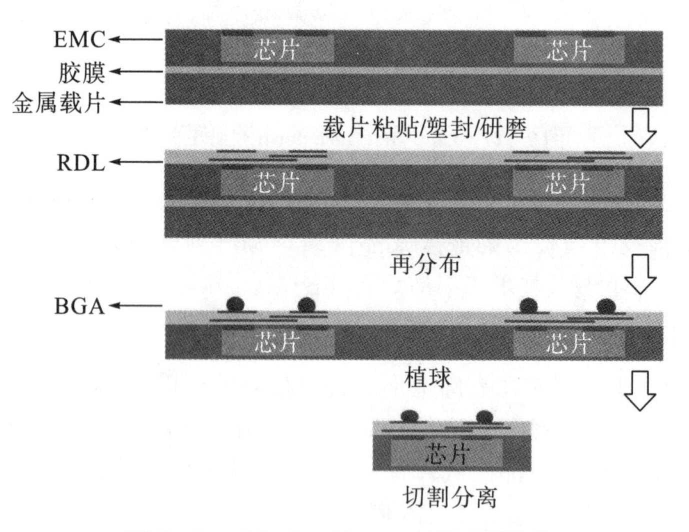

图 7—19　Chip-first/face-up 封装工艺流程

1. 集成扇出型封装

2015 年，台积电提出集成扇出型封装（Integrated Fan-Out Info）技术，该技术是通过将数量较多的芯片或无源元件集成在一个封装体内，在芯片的周围制作电路布线，实现元器件的互连。

该方案通常是以 Chip-last 封装工艺为基础，首先针对多个芯片位置进行再分布层工艺制备，然后倒装芯片和元件，纵向上可以通过在塑封料中制作通孔（Through Molding Via，TMV）的工艺方法制备塑封体背部焊盘。其封装体的背部和底部都可以植球。背部可以组装其他元器件，形成封装上再封装的立体堆叠结构。集成扇出型封装工艺流程如图 7－20 所示。

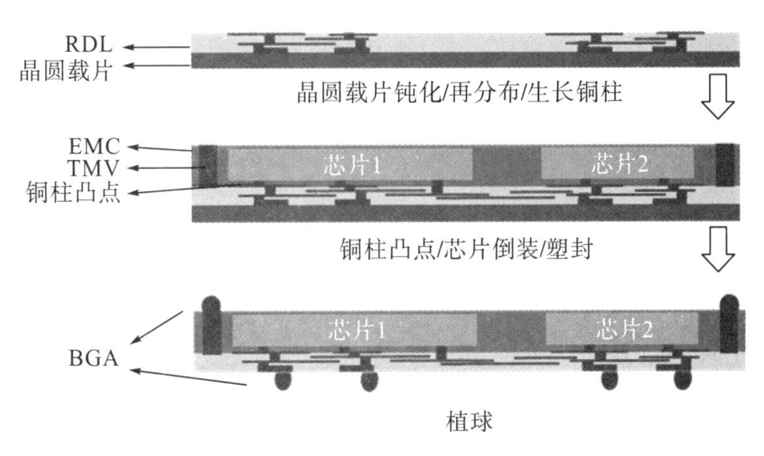

图 7－20　集成扇出型封装工艺流程

集成扇出型封装技术的封装对象是尺寸、高度、功能不同的芯片和无源元件，优势在于可以制备具有系统功能的封装体。

2. 面板级扇出封装

对于低成本高效率封装方案的不断追求，催生出面板级扇出封装（Fan Out Panel Level Package，FOPLP）。晶圆级扇出封装将芯片封装在直径为 200mm 或 300mm 的圆形晶圆内，而面板级扇出封装使用更大尺寸［(500×500)mm^2 或（600×600)mm^2］的方形面板，面板的大尺寸和高达 95％的载具使用率，使得在一个工艺周期内能封装的芯片数量大大增加，其规模经济效益远超晶圆级扇出封装。可以使用玻璃面板或印制电路板作为面板材料。更大的面板尺寸意味着封装更多的芯片，但也带来了面板翘曲及芯片移位等问题，这些问题通常比晶圆级扇出封装更显著。

三星电子、日月光等公司已经为面板级扇出封装投产。三星电子的 Galaxy Watch 智能手表的集成应用处理单元使用了该技术，集成电源管理电路、DRAM 芯片和应用处理器芯片等，甚至开发出了（800×600）mm^2 的面板。随着 5G 通信、AI 大数据等领域消费类电子市场的增长，具有成本优势的面板级扇出封装将迎来快速发展期。

面板级扇出封装关键工序（以玻璃面板为例）与面板级扇出封装的 SiP 单元如图 7－21、图 7－22 所示。

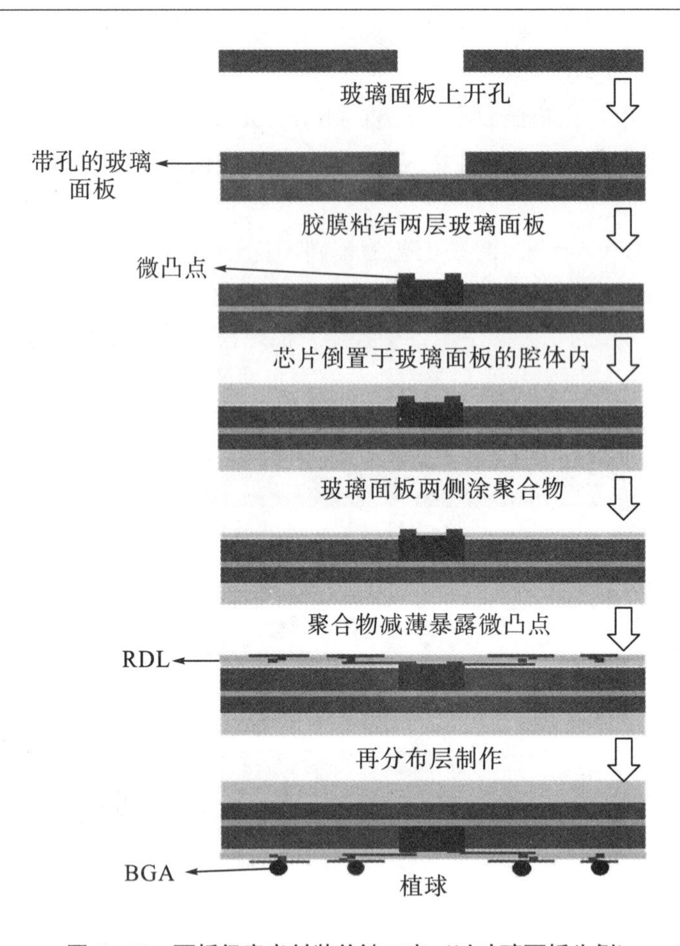

图 7－21　面板级扇出封装关键工序（以玻璃面板为例）

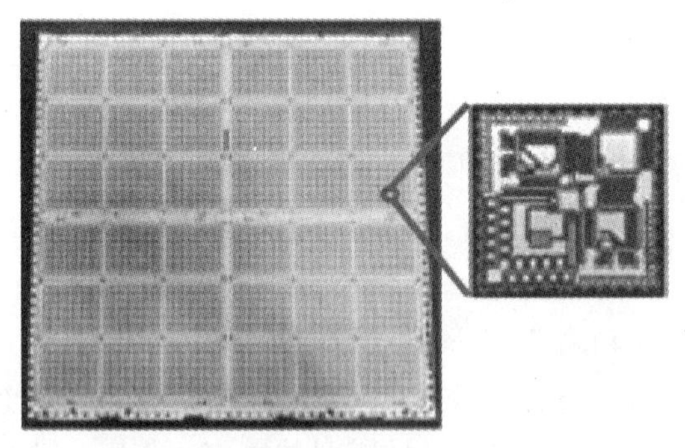

图 7－22　面板级扇出封装的 SiP 单元

（面板尺寸 508mm×508mm，SiP 单元尺寸 10mm×10mm）

7.2.2.2　相关工艺技术

1. 晶圆重构技术

晶圆重构技术是指在将晶圆进行研磨切割得到单颗芯片后，重新阵列贴装在贴有双面胶膜的载片上，形成重新排布的新圆片。

晶圆被粘贴在单面有黏性的蓝膜上，划片刀沿晶圆上的切割道切割晶圆。划片刀的切割深度需要设置，一方面要保证晶圆划透，另一方面不能割破蓝膜。然后进行翻膜，将晶圆从切割后的蓝膜上转移到另外一张完整的蓝膜上。再通过扩膜机拉大芯片间隙，通过自动贴片机将芯片从蓝膜上拾取并放置在金属载片上。

晶圆重构技术的难点在于芯片的精确定位。在贴片机内预制了设定位置和实际位置的坐标，正式贴片之前会进行位置的重复校准。但是由于贴装时芯片与胶膜间存在压力，会对芯片位置造成影响。在实际操作中需要进行多次位置校正和程序优化，以提高芯片贴装的位置精度。

2. 塑封技术

塑封的目的是通过环氧塑封料包裹芯片，对芯片和整个封装结构形成物理保护。

塑封机台上装载有待塑封产品的定制模具，将重构晶圆放置于塑封机台后，盖上顶部的模具，使得晶圆被上下模具固定。之后放置环氧塑封料，塑封料受热（约170℃）后软化，通过模具的空隙注入晶圆表面的芯片周围，冷却固化后形成对芯片的保护。

塑封料的流动性，基板、胶膜、芯片材料和环氧塑封料的热膨胀系数失配等因素，都可能造成芯片位置偏移。

3. 再分布技术

再分布技术是通过在芯片表面制作多层线路图形，对芯片的引出端口进行重新排布，将端口引出到更为宽松的区域或布置成标准的封装接口。其需要依次制作介质层和导体层，介质层中通常需要制作导通孔进行相邻导体层的互连。其工艺流程与TSV硅转接板中再分布层制备技术流程一致。

为了提高封装结构的集成度，再分布技术的布线宽度/布线间距是技术重点，也被称为再分布技术的关键尺寸（Critical Dimension，CD）。目前，5μm/5μm及以上的封装技术仍将是主流技术。在高端领域，日月光集团正朝着1μm/1μm及以下的RDL进军。台积电也紧跟步伐，正在研发0.8μm/0.8μm和0.4μm/0.4μm的扇出技术。

4. 其他相关技术

扇出后，芯片的封装面积增大，有利于微组装操作。但有时受限于系统电路面积，需要在竖直方向上通过堆叠等方式实现3D封装。芯片之间或芯片组之间距离太近，将产生电磁干扰问题，有时需要在塑封前于芯片周围沉积金属膜层以进行电磁屏蔽。扇出封装技术相较于硅转接板技术，具有更低的研制门槛和更高的灵活性。基于扇出封装技术衍生出了种类繁多的扇出封装结构，如图7-23所示。

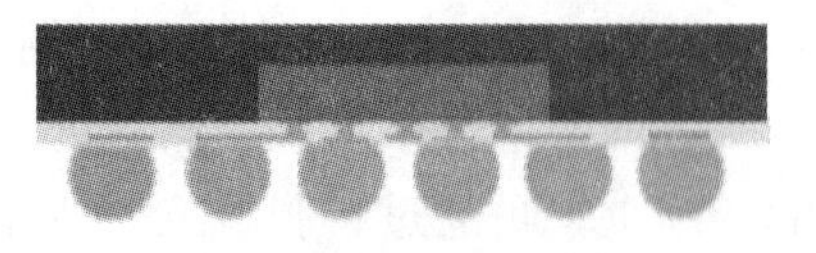

(a) 单芯片晶圆级扇出
(Single Chip FOWLP)

(b) 单芯片+无源元件扇出
(Single Chip with Passives)

(c) 多层再布线的多芯片组件扇出
(MCM with Multiple RDL)

(d) 扇出封装上封装
(FO PoP)

(e) 扇出系统级封装
(FO SiP)

(f) 扇出封装堆叠
(FO PoP with 2 FO Packages)

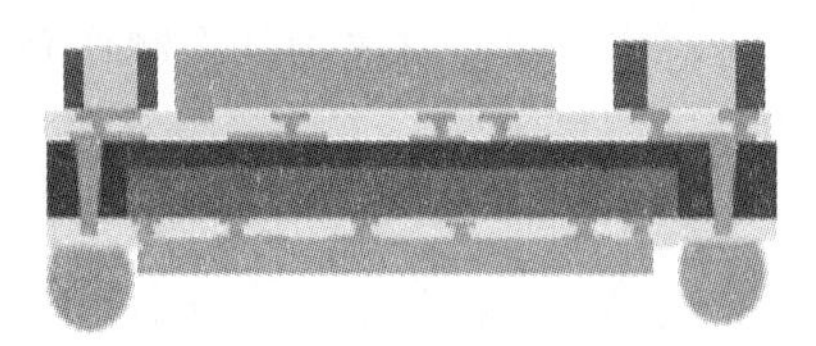

(g) 面对面堆叠的扇出系统级封装 (FO SiP+Face to Face)

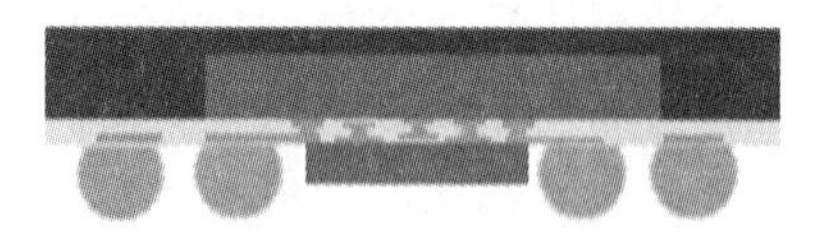

(h) 面对面堆叠的晶圆级扇出 (FOWLP+Face to Face)

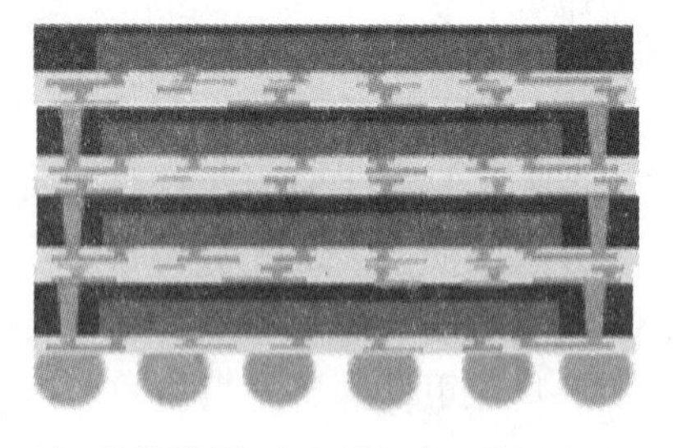

(i) 芯片堆叠 (3D PoP/Stacked Dies)

图 7—23 种类繁多的扇出封装结构

7.2.2.3 扇出封装的应用

扇出封装的核心市场是电源管理器件和射频收发器件等单芯片应用领域，并一直保持稳定增长的趋势。目前，由于 5G 通信、雷达、无人机、卫星等领域的技术更迭速度加快，对高性能的射频前端需求迅猛，射频应用已成为扇出封装最重要的发展方向。目前最先进的面向射频应用的扇出晶圆级封装技术主要集中在美国国防部高级研究计划局、德国弗劳恩霍夫研究所（Fraunhofer IZM）、新加坡微电子研究院和韩国电子研究所等研究机构。另外一部分重要市场是高密度领域，包括处理器、存储器等应用。2016 年，苹果公司将台积电开发的集成扇出封装技术应用于 iPhone 7 系列手机的 A10 处理器，封装业界掀起一股研究系统级扇出封装技术的浪潮。该应用通过集成扇出技术将 4 个 CPU 核心、6 个 GPU 核心、2 组 SRAM 缓存和 SDRAM 内存控制器等封装在 $125mm^2$ 区域内。如图 7－24 所示，其结构中采用了封装上封装（Package on Package，PoP）的方式，不同芯片之间通过再分布层和垂直通孔进行互连。此结构集成了约 33 亿个晶体管，体现出扇出封装在高密度集成应用中的巨大优势。

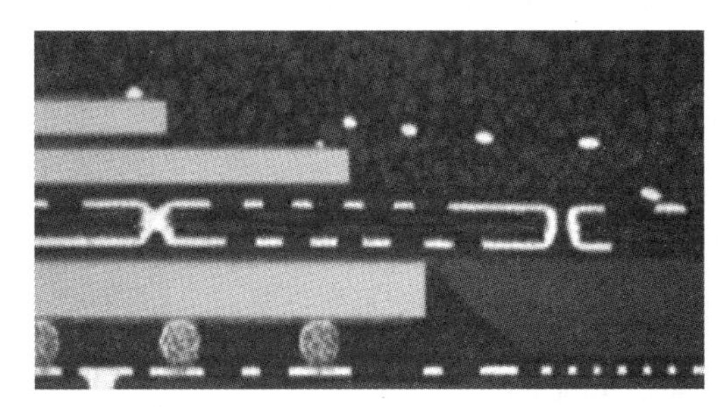

图 7－24　苹果公司 iPhone 7 的 A10 处理器及其剖面图

天水华天提出了嵌入硅基板的扇出型 3D 封装（embedded Silicon Fan-Out，eSiFO）结构，其主要是将功能芯片埋入硅基板上的凹坑内，在芯片与硅基板的间隙处填充聚合物，起到固定与支撑作用，芯片通过再分布层与硅基板的 TSV 和硅基板表面焊盘等进行电气互连，实现 3D 封装。结构上充分利用了 TSV 硅转接板的垂直互连优势。eSiFO 封装流程、两面引出的 eSiFO 封装结构和 eSiFO 样品如图 7－25～图 7－27 所示。

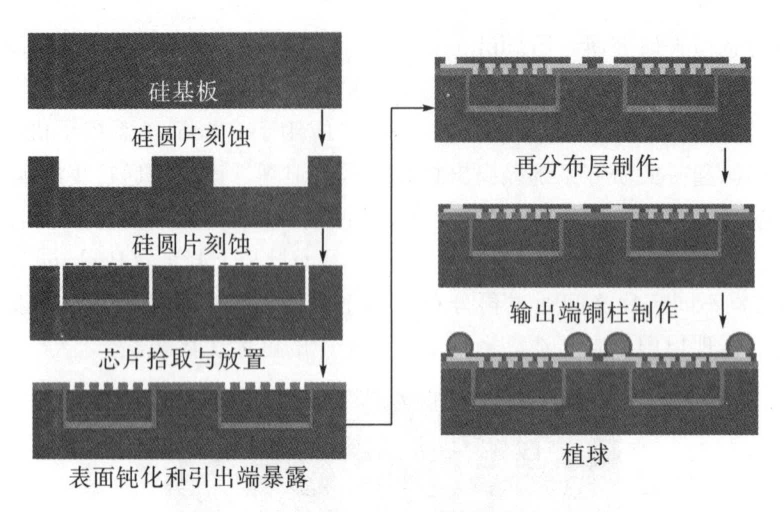

图 7－25　eSiFO 封装流程

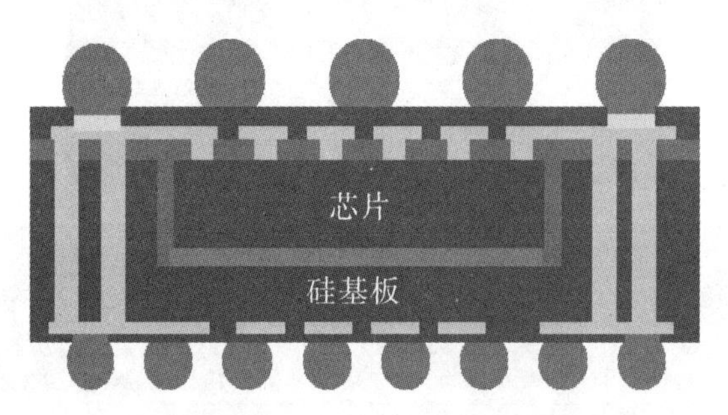

图 7－26　两面引出的 eSiFO 封装结构

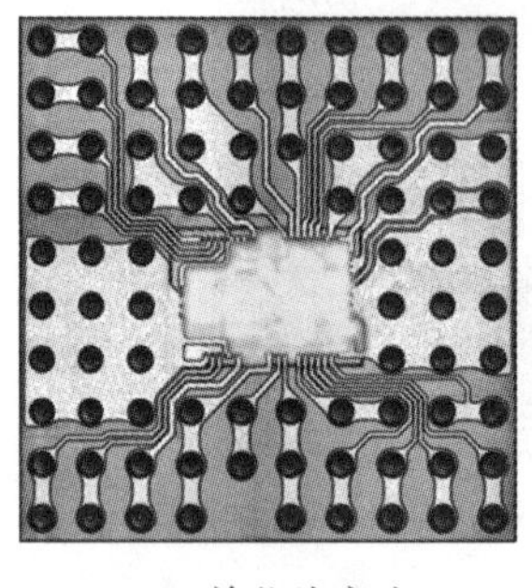

（a）单芯片扇出

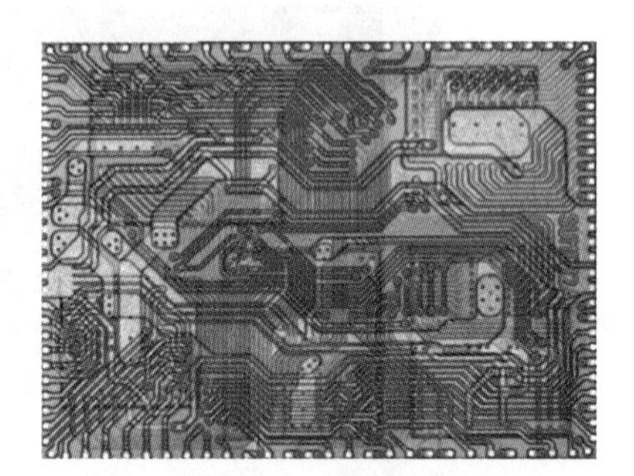

（b）5 芯片集成扇出

图 7－27　eSiFO 样品

利用硅作为基底而不再使用环氧塑封料，大大提高了封装的机械强度，由于硅衬底与硅基芯片具有相同的热膨胀系数，因此其热失配应力小、芯片翘曲小、可靠性高。

7.3　应用领域

系统级封装在军工电子、无线通信、医疗电子和超级计算机等领域的应用前景巨大。随着无线通信和移动通信技术的迅猛发展，特别是 5G 时代的到来，市场对通信模块的小型化、轻量化、高性能和低成本的需求日益增长。系统级封装可以整合现有的芯片核心资源和半导体生产工艺，降低成本，并且在减小模块体积的同时，解决信号串扰以及异质异构集成等问题。除前文提到的智能手机中的多核处理器系统级封装外，其他如触控模块、指纹识别模块和射频功放模块、微波天线模块等都可以使用系统级封装技术，实现小型化。华硕 ZenFone 4 Pro 智能手机中的微波组件系统级封装如图 7－28 所示。

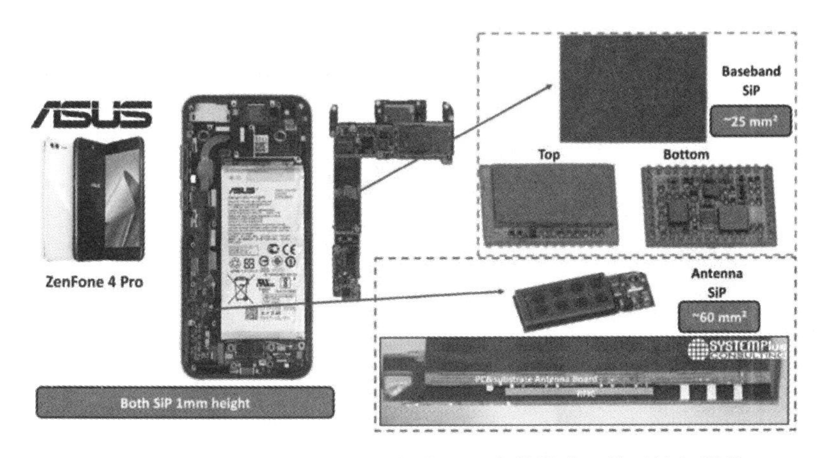

图 7－28　华硕 ZenFone 4 Pro 智能手机中的微波组件系统级封装

电力推动了现代文明的进步，大到工业生产设施，小到穿戴式智能设备，都离不开电源。特别是笔记本电脑、智能导航、手机和智能穿戴设备等消费类电子，对电源容量和续航能力的要求越来越高。进行有效的电源管理是提高设备电源续航能力、缩小装载体积的关键。通过系统级封装技术，将多个 DC/DC 转换器、功率场效应晶体管和阻容元件紧凑地集成在一个模块中，可以提升系统功能、提高散热效率和运行可靠性。DC/DC 稳压器系统级封装如图 7－29 所示。

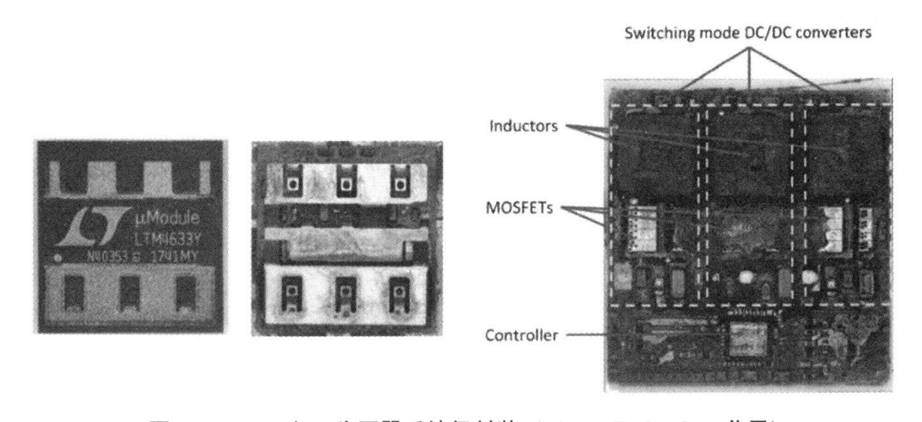

图 7－29　DC/DC 稳压器系统级封装（Linear Technology 公司）

医疗电子尤其需要可靠性和小尺寸两种特点相结合，并兼具功能性和长寿命等特点。在该领域的典型应用为可植入式电子医疗器件和移动医疗监测设备，如胶囊式内窥镜、手持式心率监测仪、血糖检测仪等。胶囊式内窥镜自身就是一个集成电路模块，通常由光学镜头、图像处理芯片、射频信号发射器、天线和电池等组成。其中，图像处理芯片属于数字芯片，射频信号发射器为模拟芯片。将这些器件集中封装在一个 SiP 内，可以完美地解决性能和小型化的需求。而移动监测设备通常面向家庭应用，其需求同消费类电子产品类似，需要更加便携化、智能化。通过系统级封装技术将处理芯片和各类传感器集成，实现小体积、多功能的特点。移动医疗设备中的系统级封装模块和医用电子胶囊如图 7-30、图 7-31 所示。

图 7-30 移动医疗设备中的系统级封装模块（安森美半导体公司）

图 7-31 医用电子胶囊

在计算机领域中，由于 CPU 和 GPU 等核心芯片的 I/O 端口数目越来越多，端口引脚间距越来越密，使用系统级封装技术可以通过高密度布线和内部互连，实现芯片引出端的再分布，降低系统布线的复杂度，并减少信号损失。Intel、TI、Nepes 等公司均在大力发展最先进的系统级封装技术，以实现信息处理、信息存储等模块的小型化封装。近年来，随着芯片国产化的呼声越来越高，尤其是军工领域要求自主可控，多款国产数字信号处理器（DSP）芯片面世，如魂芯、华睿、银河飞腾等。为了处理海量数据，常常将多个 DSP 芯片与存储芯片、时钟芯片等通过系统级封装的方式，形成一个模块，实现信号处理系统的小型化。计算机中的系统级封装模块如图 7-32 所示。

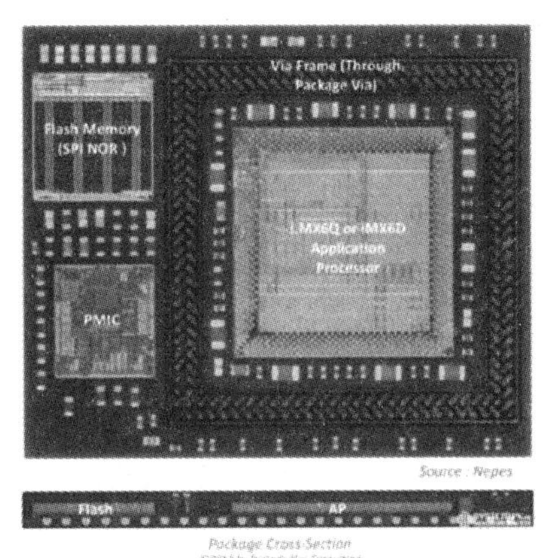

图 7－32 计算机中的系统级封装模块（Nepes 公司）

军事电子产品具有高性能、小型化、多品种和小批量等特点，为了顺应军事电子产品的需求，系统级封装技术应用产品涉及卫星、运载火箭、飞机、导弹以及雷达等军事装备。

由多个小卫星组成的星座系统，可以在作战时提供实时信息服务，也可以作为反卫星武器。国外研发出重量只有 60kg 的微小卫星，成功验证了制导/控制系统、实时通信系统和微推进技术的可靠性，如图 7－33 所示。

图 7－33 微小卫星

微型无人机成本低、携带与操作方便，能为小型部队及单兵提供即时战场情报，还能以“蜂群”方式出动，干扰敌方雷达系统。由于目标过多，敌方很难对它们进行拦截。比如“PD-100 黑黄蜂-2”微型无人机仅有手掌大小，重 18g，相当于 3～4 张打印纸的重量，完全可以实现手持发射、自主飞行、自动导航与自动着陆等功能，如图 7－34所示。

图 7-34　“PD-100 黑黄蜂-2”微型无人机

国外某军用 0.5～18GHz 便携式侦察接收机，集成 30 多个 MCM 组件，超过 50 颗芯片，其体积不足半个文具盒，总重量约为 500g，通过配备一台笔记本电脑即可执行情报侦察任务。

我国系统级封装技术起步较晚，相关工作始于 20 世纪 90 年代。经过多年布局和技术开发，在芯片设计、多芯片组装工艺、芯片倒装焊接技术、再分布技术、2.5D 和 3D 系统级封装等领域有所突破。国内一些民营企业，如苏州晶方半导体科技股份有限公司、华进半导体、天水华天、江阴长电、通富微电子股份有限公司等，已经具有先进的系统级封装能力。国内相关科研企事业单位，结合国家重大需求，以重点项目为牵引，凭借自身在集成电路封装领域的技术积累，大力研发微系统集成技术。

【课后作业】

1. 简述系统级封装的优势。
2. 简述 TSV 硅转接板的典型制备工艺。
3. 简述扇出封装技术的几种工艺路径。
4. 列举几项系统级封装的应用。

第 8 章　封装可靠性分析

在电子技术日新月异的发展潮流下，集成电路正向超大规模、超高速、高密度、高精度、大功率、多功能的方向迅速发展，对集成电路的封装也提出了越来越高的要求。同时，集成电路封装技术的进步又极大地促进了集成电路水平的提高，深刻地影响着其前进的步伐。在电子元器件因设计、制造工艺等原因导致的诸多问题中，与封装技术相关的失效占一半。因此，对电子元器件及其封装技术进行可靠性研究有着深远的意义。

近年来，以球栅阵列封装、小外形封装、芯片尺寸封装、3D 封装等技术为代表的高密度封装快速发展。相对于四边扁平封装等传统封装技术，高密度封装有着巨大优势。例如，1.27mm 间距的 BGA 在边长 25mm 的面积上可容纳 350 个 I/O 端口，远高于传统封装；CSP 封装的焊球间距小于 1mm，有利于缩小整个芯片体积。同时，电子产品的设计师也在推动产品朝着尺寸减小、复杂性增加、成本降低的方向发展。为了达到这些要求，电子封装技术必须能够提供高密度的输出引脚。引脚间隔减小，PCB 面积和体积占有比率将减小，从而更加有效地降低成本。随着电子工业领域制造技术的不断发展，现代电子工业产品发生不良现象的原因也更加复杂。从可靠性观点来说，封装主要保护电子元器件不受周围环境影响，保持封装内部不受沾污及机械损伤，并提供良好的电接触和散热作用。由于封装涉及多学科、多领域，因此，引起电子器件失效的机理也比较多，如机械、热学、辐射、电学等。电子元器件在储存和使用过程中，有可能遭遇高温、潮湿、盐雾、酸性腐蚀的环境侵扰，在这样的条件下，封装能否提供良好的电路保护功能决定了电路系统是否能保证性能不发生显著恶化甚至功能丧失。因此，优秀的封装技术是热学性能、电性能、良好密封性、机械性能以及芯片尺寸的最优组合，为使产品实现最终目的而必须保证高稳定性和低成本。

稳定性分析往往从失效分析开始。通常需要详细地了解失效模式、失效机理以及失效原因三个方面的内容。失效模式（Failure Mode）是指器件失效的形式及现象，如连接开路、漏电流过大等；失效机理（Failure Mechanism）是指导致失效的本质原因，如连接线的电迁移、氧化层被击穿等；失效原因（Root Cause）是指失效机理产生的起因，如设计、封装参数设置不当等。

可靠性分析（失效分析）是一系列科学而逻辑性强的分析解决问题的过程。一般遵循以下原则：先非破坏性分析、再破坏性分析、好坏样品对比性电学分析以及精准单元分析。其过程包括电性表征、非破坏性分析、失效定位及物理分析。常用的破坏性开封技术包括手动开封、自动开封、热机械开封、等离子体刻蚀开封和激光辅助开封。在可靠性分析前，归一化的封装标准非常关键。对于目前的高密度封装，可靠性分析的成本占据整个产品成本的三分之一，可靠性研究的重点主要集中在对测试方法的集成研究。根据可能的失效模式，首先确立试验标准，建立加速寿命试验方程并确定加速因子；其次研究评价过程和结论的适用性与延伸范围，进行可靠性设计和模拟可靠性评价；最后建立可靠性分析及模拟与典型生产工艺之间的联系。

8.1 封装标准

由于发展不平衡，标准不同，工艺也有差异，导致现在封装面临一系列问题。为了加速封装产业的发展，推动微电子产业的进步，对封装相关问题必须进行讨论并统一标准。目前普遍认为建立标准化封装工艺是有效发展封装技术的重要途径。标准化封装工艺的核心是开发一种或多种适应性较广泛、稳定，成品率和可靠性较高的工艺流程或模块，并制定相应的封装设计和工艺规范。

国际电工委员会（IEC）是世界上成立最早的国际性电工标准化机构，负责电气工程和电子工程领域中的国际标准化工作。IEC出版包括国际标准在内的各种出版物，并希望各成员在本国条件允许的情况下，在本国的标准化工作中使用这些标准。IEC标准已涉及世界市场中50%的产品。联合电子器件工程理事会（美国）（JEDEC）是微电子产业的标准领导机构，在过去50余年的时间里，JEDEC制定的标准被全行业接受和采纳。JEDEC的标准制定程序使生产商与供应商齐聚一堂，通过50个委员会和分委员会来完成制定标准的使命，以满足多样化的产业发展与技术需要。JEDEC的主要功能包括术语、定义、产品特征描述，操作测试方法、生产支持功能，产品质量与可靠性、机械外形，以及固态储存器、DRAM、闪存卡及模块和射频识别（RFID）标签等的确定与标准化。国际半导体产业协会（Semiconductor Equipment and Materials International，SEMI）是国际半导体、显示器、MEMS等相关行业的全球性代表，主要为半导体制程设备提供一套实用的环保、安全和卫生准则，适用于所有芯片制造、量测、组装和测试的设备。SEMI国际标准计划协助保障了自由市场，降低了半导体制造成本，促进了封装技术产业的发展。

中国集成电路封装外形尺寸是根据国际电工委员会第191号标准制定的，同时参考了联合电子器件工程理事会及半导体设备和材料国际组织的有关标准。根据中国集成电路技术和生产情况，已有13类半导体集成电路封装外形尺寸及14类膜集成电路和混合集成电路封装外形尺寸列入国家标准。随着技术的发展和生产的需要，将逐步增加新的内容和项目，以便不断补充和完善。只有确立标准，使材料供应商、电路板制造商以及设备供应商都有章可循，才有可能将制造成本降到最低。

近几年新型封装技术层出不穷，如SOP、CSP、3D封装等，大量创新电子封装技术的出现也对微电子封装的标准化工作提出了一系列要求。目前，封装标准大致可分为四类：统一的名词术语标准、外形尺寸标准、测试方法标准、考核鉴定标准。

8.1.1 名词术语

目前，封装的名词术语太多，如果每个团队都有自己的名称与标准，相互交流时，就有可能产生理解上的偏差。比如 CSP，有人称为 μBGA 或 mBGA，也有人写成 Chip Size Package，还有人写成 Chip Scale Package。对此国内翻译则有芯片尺寸封装、芯片大小封装、芯片级封装、芯片规模封装等。对于 CSP 本身的定义，有人认为是封装面积不大于芯片面积的 1.5 倍，有人认为是芯片面积不小于封装所占 PCB 面积的 80%，也有人认为是封装边长不大于相应芯片边长的 1.2 倍（即封装面积不大于芯片面积 1.44 倍），还有人是以焊点节距不大于 0.8mm 来区分 BGA 和 CSP。对于 MCM 的定义，美国某军标认为是安装有不少于两个各含 10 万个结以上芯片的高级混合集成电路，而有机构则认为是包封有两个以上 IC 裸芯片的芯片装载方式。因此，封装的名词术语亟待统一。

8.1.2 外形尺寸

随着封装技术的发展以及应用场景的多样化，单一形式的封装体越来越少。仅陶瓷 BGA 封装涉及的外形尺寸就有上百种。目前各级封装加工的自动化程度高、速度快，比如引线键合的速度已达到每秒 14 线。由于产业分工日益专业化，如果封装的关键外形尺寸不统一，工艺就容易出问题，一旦失控，将导致大量的废品或使生产效率下降。所以要发展封装工艺，封装的外形尺寸必须统一，封装产业才能可靠、高速地运转。

8.1.3 测试方法

在 JEDEC 和 SEMI 的封装标准中，都有一系列有关封装的测试标准，如机械尺寸测试，引线电阻、电容、电感、热阻的测试等。图 8-1 为半导体封装测试工艺的一般流程。

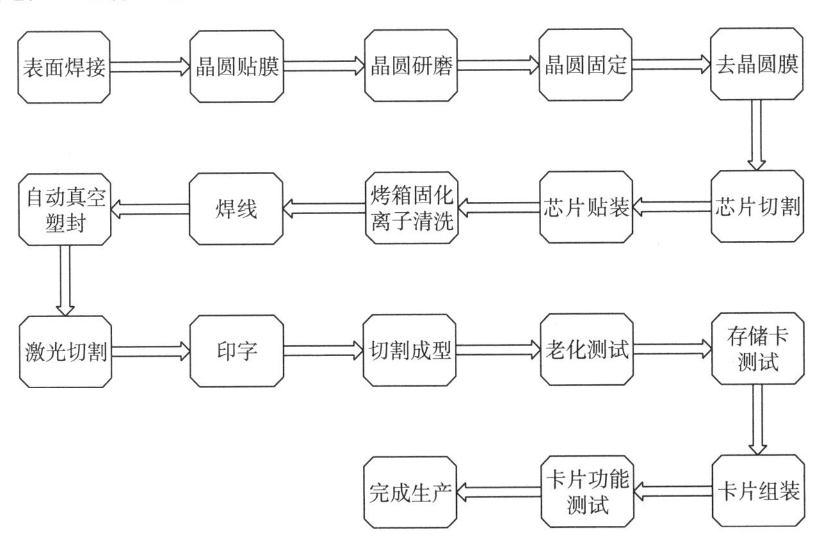

图 8-1　半导体封装测试工艺的一般流程

主要的测试工艺包括以下五个方面：

(1) 老化测试 (Burn-in Test)：对于新推出的产品，需在更加严峻的条件下进行老化测试，以确保其可靠性，直到此技术及终端产品完全成熟。

(2) 存储卡测试 (Memory Test)：分别在高温和低温的环境中测试芯片记忆模块。

(3) 卡片组装 (Card Assembly)：部分产品需作外壳组装，以制成最终产品。此记忆卡外壳组装工程就是将构装好且内存测试正常的芯片组装在塑料壳内，完成封盖、转换开关嵌入、激光印字和商标粘贴。

(4) 卡片功能测试 (Card Test)：所有卡片需通过最后一道成卡电性功能测试，才算完成整个记忆卡封装工程。

(5) 完成生产 (Finish Good)：只有卡片外观检验合格的产品才可经由产品包装后出货，至此完成完整的生产流程。

8.1.4 考核鉴定

由于封装器件的材料组成、结构模块以及应用场景千差万别，目前还没有统一的性能考核标准。例如温度循环，有的做－65℃～125℃，300 次循环；有的做－65℃～150℃，600 次循环；有的做 125℃高温储存；有的做 150℃高温储存；有的做－65℃低温储存。再如，对于微波功率管用金属陶瓷外壳的热冲击与温度循环的温度变化范围和循环次数，国内至今没有一个明确的标准。另外，金属框架封装分层的失效标准也呈现出多样化，主要有以下五个方面：

(1) 在芯片的有源区域没有分层。

(2) 在任何芯片托板的接地区域，金丝球焊表面或芯片上引线的器件的分层不大于 10%。

(3) 沿着起隔离作用的聚合膜跨越任何金属界面的分层不大于 10%。

(4) 在高热特性封装中，通过芯片粘结区域或需要电接触到芯片背面的器件，分层/开裂不大于 10%。

(5) 没有分层超过其整体长度的表面破裂界面（一个表面破裂界面包括引线脚、tie bars、散热器、热芯块等）。

由于封装种类繁多、体系复杂，为了加速封装产业的发展，开发出新型封装材料，优化封装形式日益重要，同时，统一四大标准更是当务之急。

8.2 材料稳定性

依据使用的封装材料来划分，电子封装可分为金属封装、陶瓷封装和塑料封装。其中，金属封装和陶瓷封装为气密性封装，主要用于航天、航空及军事领域；而作为非气密性封装的塑料封装，被广泛用于民用领域。电子封装材料用于承载电子元器件及其连接线路，并具有良好的电绝缘性。理想的电子封装材料必须满足以下五点基本要求：

(1) 高热导率，低介电常数，低介电损耗及较好的高频、高功率性能。

(2) 热膨胀系数与 Si 或 GaAs 芯片匹配，避免芯片的热应力损坏。

（3）有足够的强度、硬度，对芯片起到支撑和保护的作用。

（4）成本尽可能低，满足大规模商业化应用的要求。

（5）密度尽可能小（主要指航空航天和移动通信设备），并具有电磁屏蔽和射频屏蔽的特性。

从封装结构来看，电子封装材料主要包括基板、布线、层间介质和焊封材料。基板一般分为刚性板和柔性板，柔性电路板具有轻、薄、可挠曲等特点。布线要求具有较低的电阻率和良好的焊接性，层间介质分为有机（聚合物）和无机（SiO_2、Si_3N_4和玻璃）两种，起保护电路、隔离绝缘和防止信号失真等作用。电子封装材料的研究重点经历了金属、陶瓷、塑料、复合材料的变化。微电子和半导体器件对封装材料的要求越来越高，加速了先进金属基复合材料的发展。

8.2.1　金属基封装材料分析

金属封装是将分立器件或集成电路置于一个金属容器中，用镍作封盖，并镀上金属，是半导体器件封装的最初形式，适合于 I/O 引脚数较少的封装。在散热方面，很多封装也都采用金属作为散热片或热沉。金属材料多数作为壳体、底座和引线使用。金属基封装材料由基体和增强相两个部分组成，基体一般为金属（如铝、铜、镁）及其合金，增强相主要为碳（如碳纤维、金刚石、碳纳米管）、陶瓷（如碳化硅、氮化铝）及金属（钨、钼）等。

由于芯片和基板材料都比较固定，如芯片材料一般是 Si、GaAs，陶瓷基板材料一般是 Al_2O_3、BeO、AlN，它们的热膨胀系数为 $(3\sim7)\times10^{-6}K^{-1}$。而金属材料作为芯片和基板的支撑和保护，要求其具备以下特征：①需有与芯片和基板相匹配的热膨胀系数；②高热导率；③加工性能好，易于批量生产。金属基封装材料较早应用在电子封装中，因其热导率和强度较高、加工性能较好，至今仍在研究、开发和推广。但是，由于传统金属基封装材料具有热膨胀系数不匹配、密度大等缺点，妨碍了其被广泛应用，其物化特性参见前面章节相关说明。

Al 的热导率高、密度低、成本低、易加工，应用最广泛。但由于 Al 的热膨胀系数与 Si 或 GaAs 的差异较大，器件常因较大的热应力而失效，Cu 也是如此。W、Mo 的热膨胀系数与 Si 相近，热导率较高，故常用于半导体 Si 片的支撑材料。但 W、Mo 与 Si 的浸润性差、焊接性不高，需要在其表面涂覆 Ag 基合金或 Ni，这不仅增加了工艺，提高了成本，还降低了可靠性。另外，由于 W、Mo、Cu 的密度较大，将增加电路板的重量及支撑材料的用量，且 W、Mo 的成本高，不宜大量使用。

由于传统金属基封装材料已不能满足要求，新型金属基封装材料需要具有合适的热膨胀系数、密度小、强度高以及导热性能好等特性。金属基复合材料有很多种，但主要作为封装材料的有铜基复合材料和铝基复合材料。目前的研究重点为 Si-Al 合金、SiC-Al 合金、Au-Al 合金、Cu-C 纤维封装材料等。

1. Si-Al 合金及 SiC-Al 合金

近年来，利用喷射成形技术制备出 Si 的质量分数为 70% 的 Si-Al 合金，其热膨胀系数为(6～8)×$10^{-6}K^{-1}$，热导率大于100W/(m·K)，密度为2.4～2.5g/cm^3。喷射成形的Si-Al合金的综合性能满足先进电子封装要求的材料体系，具有均匀、各向同性，以及很好的机加工、镀覆和焊接等特性，可用于微波线路、光电转换器和集成线路等封装领域，应用前景广阔。其性能特点有：①均匀性好、各向同性、低热膨胀系数、低密度、高热导率；②加工性能和封装工艺性能良好；③环境友好，易于循环使用。研究发现，提高Si含量，可降低热膨胀系数和合金密度，增加气孔率，降低热导率和抗弯强度。当Si含量相同时，Si颗粒较大的合金的热导率和热膨胀系数较高，Si颗粒较小的合金的抗弯强度较高。Si-Al合金的密度比纯Al小，是Cu-W合金的1/6，其CTE随温度的变化不大，－50℃～300℃CTE的变化不超过10%，使得它与Al_2O_3和GaAs的热膨胀系数匹配。Si-Al合金的弹性模量超过110GPa，具有非常高的比刚度，因此其热加工稳定性优良。在加工和使用过程中，Si-Al合金仍保持高度平整。Si-Al合金广泛用于军事、通信、航空、航天等领域所需的新型封装或散热技术。

SiC-Al合金中SiC含量的变化对合金导热率的影响不大，比如含有70% SiC的SiC-Al合金材料的热导率仍高达170W/(m·K)，而CTE约为7×$10^{-6}K^{-1}$，可获得良好的热膨胀系数匹配，使得与芯片或基板的结合处应力最小，同时提供了比可伐合金高10倍的导热能力，因而不需要使用散热片。由于Al和SiC的密度都很小，因此SiC-Al合金材料的密度很小，70% SiC的SiC-Al合金材料的密度仅为2.79g/cm^3。这些优异性能使它成为气密封装的理想材料，特别适合于空间应用。

Al与SiO_2或Si的热膨胀系数不匹配将引入热应力，导致Al金属化层的结构发生变化。在器件进行热循环或脉冲功率老化后，有时会发现Al膜表面变得十分粗糙、发黑、起皱或出现小丘、晶须或空洞，这种现象就是Al表面的再结构化。由于Al膜的热膨胀系数比Si和SiO_2大，当芯片温度偏高时，膜表面受到张应力。这种应力一方面加速了Al原子的扩散蠕变，从而产生小丘或空洞；另一方面，也可能因热疲劳使Al表面发生塑性变形而变得粗糙不平。前者在高温、少循环条件下（如合金、烧结、热压等工艺过程中）容易出现，后者在低温、多循环条件下（如在脉冲功率条件下长期工作）更为显著。Al金属再结构化使Al膜薄层电阻加大，Al膜表面温度和电流密度的不均匀性增强，从而加速了电迁移现象的形成和发展，严重时会导致电极开路或极间短路。

2. Au-Al合金

Au-Al合金系统既包括金丝与芯片上铝金属之间的内键合点，又包括铝丝与引线框架焊区的外键合点。由于Au、Al两种金属的化学势不同，经高温储存或长期使用后，它们之间会产生一系列金属间化合物。在经历较高温度或较剧烈的温度变化之后，这些金属间化合物将在界面处产生裂缝，使得键合机械强度下降、键合结构变脆、接触电阻增大或时通时断。同时，Au在Al中的扩散速度很快，在界面处容易产生小空洞，发生“柯肯德尔效应”。在高温储存时，小孔洞逐渐聚集到裂缝处，使之扩大以致在键合边缘区形成黑色的环形孔，从而导致键合点脱开，造成开路失效。

3. Cu-C纤维封装材料

Cu-C复合材料沿C纤维长度方向的CTE为－0.5×$10^{-6}K^{-1}$，热导率为600～

750W/(m·K)；垂直于 C 纤维长度方向的 CTE 为 $8\times10^{-6}K^{-1}$，热导率为 51～59W/(m·K)，比沿 C 纤维长度方向的热导率至少低一个数量级。在用作封装底座或散热片时，这种复合材料把热量带到下一级的效果并不十分显著，但在散热方面是极为有效的。这与纤维本身的各向异性有关，其纤维取向以及纤维体积分数都会影响复合材料的性能。当 C 纤维的体积分数为 13.8%、17.9%、23.2%时，对应的热导率分别为 248.5W/(m·K)、193.2W/(m·K)、157.4W/(m·K)，CTE 分别为 $13.9\times10^{-6}K^{-1}$、$12\times10^{-6}K^{-1}$、$10.8\times10^{-6}K^{-1}$。此外，以 C 纤维组成的三维网络多孔体为预制体，采用氩气辅助压力熔渗 Cu 的方法可制备热性能各向同性的 Cu-C 纤维封装材料，其中 Cu-72%C（体积分数）的热膨胀系数为 $(4\sim6.5)\times10^{-6}K^{-1}$，热导率大于 260W/(m·K)。Cu 与 C 的润湿性差，固态和液态时的溶解度小，且不发生化学反应。因此，Cu-C 纤维封装材料的界面结合是以机械结合为主的物理结合，界面结合较弱，其横向剪切强度仅为 30MPa。所以，Cu-C 纤维封装材料的制备需要首先解决两组元之间的相溶性问题，以实现界面的良好结合。此外，高质量的 C 纤维价格昂贵，而且 Cu-C 纤维封装材料还存在热膨胀滞后的问题。

8.2.2　陶瓷基及塑料基材料分析

详见第 2 章相关内容。

8.3　封装可靠性

产品或系统的可靠性即产品可靠度的性能，具体体现在使用产品时是否容易产生失效、产品使用寿命是否合理等方面。如图 8－2 所示，统计学上的曲线很清晰地描述了生产厂商对产品可靠性的控制，也同步描述了客户对可靠性的需求。由于其图形很像一个浴盆，通常称为浴盆曲线。浴盆曲线是封装产品在运行寿命内失效发展的规律，表现出失效率变化的三个阶段。

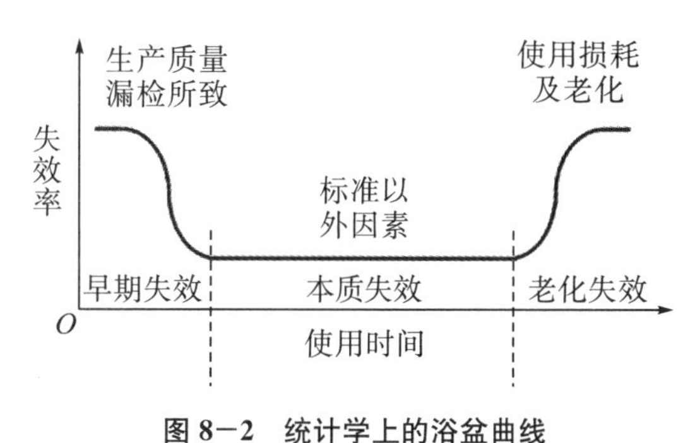

图 8－2　统计学上的浴盆曲线

第一阶段为初始故障期，也称为早期失效。是指新产品（或大修好的产品）的安装调试过程至移交生产试用阶段。由于设计、制造中的缺陷，加工质量以及操作工人尚未全部熟练掌握技术等因素影响，致使这一阶段产品失效较多，问题充分暴露。随着调试、排除故障的进行，产品使用逐渐正常，故障发生率逐步下降。

第二阶段是偶发故障期，也称为本质失效。这时产品已进入正常使用阶段，失效明显减少。在这一阶段所发生的失效，一般是由于产品维护不当、使用不当、工作条件（负荷、温度、环境等）劣化等，或者是由材料缺陷、控制失灵、结构不合理等设计、制造上存在的问题所致。

第三阶段是劣化故障期，也称为老化失效。随着使用时间延长，产品各功能单元因腐蚀、疲劳、材料老化等现象逐渐加剧而失效，致使产品故障增多、效能下降，排除故障所需时间和难度都逐渐增加，维修费用上升。这时应采取不同形式的检修或技术改造，才能恢复其使用效能。如果继续使用，就可能造成事故。

以上三个阶段对应失效的三种基本类型，即初始故障期为失效递减型，偶发故障期为失效恒定型，劣化故障期为失效递增型。基于失效研究的可靠性分析包括三个方面：设计可靠性、制造可靠性以及封装可靠性。常见影响器件可靠性的失效模式见表8－1。

表8－1　常见影响器件可靠性的失效模式

关键部件	失效模式	备注
金属互连层	电迁移（Electro Migration，EM）	电子在导线中流动时，与导线中晶格原子相互作用，使得金属原子移动而形成空位，空位通过扩散凝聚成核，在导线中出现空洞，最终导致金属线断裂；主要受动量传递与扩散效应的影响；可以通过改善导线均匀性减少梯度的发生，确保金属晶格大且一致，选用品质优良的金属薄膜，以及提高覆盖层与金属层的结合等手段来改善电迁移
	应力迁移（Stress Migration，SM）	封装体放置于一定温度下并保持一定时间，即使不施加电流，由于机械应力造成扩散，仍可以观察到金属导线出现空洞，甚至完全断开
	低K时间相关的介电层击穿（Low K Time Dependent Dielectric Breakdown，Low，KTDDB）	低K材料具有比SiO_2更弱的击穿强度，当在一定温度下经受随时间变化的电压偏置时，其绝缘特性被破坏，导致漏电流增加，降低器件可靠性
栅极氧化层	经时介电层击穿（Time Dependent Dielectric Breakdown，TDDB）	晶体管栅极氧化层在偏压条件下，漏电流逐渐增加，最终出现击穿现象，氧化层失去绝缘功能，这与氧化层的缺陷和厚度有关
晶体管	热载流子注入（Hot Carrier Injection，HCI）	器件工作一段时间后，其载流子具有高于晶格热能的能量，形成热载流子，导致其电学性能逐渐衰减，如阈值电压漂移、跨导降低、饱和电流减小、漏电流增加等。电子比空穴轻，容易获得较高的动能，其注入SiO_2需要克服的$Si\text{-}SiO_2$势垒高度为3.2eV，比空穴克服的势垒高度4.9eV低，一般而言，HCI效应在NMOS中比在PMOS中大得多
	负偏压温度不稳定性（Negative Bias Temperature Instability，NBTI）	PMOS在栅极负偏压及较高温度下工作时，其器件参数呈现不稳定性

续表8－1

关键部件	失效模式	备注
制造过程	等离子体诱导损伤（Plasma Induced Damage，PID）	生产过程中，由于离子刻蚀导致一部分离子在阴极电场加速下轰击刻蚀面，对表面载流子分布及晶格结构造成损伤

电子产品的失效都是电气上的，但引起失效的因素可能是热力、机械、电气、化学或其组合因素。表 8－2 为塑料封装器件在制造过程中常见的缺陷及原因。

表 8－2　塑料封装器件在制造过程中常见的缺陷及原因

部位	缺陷	原因
芯片	破裂	切割、晶圆成型时的应力、非均匀贴装、键合装置影响、键合产生应力、测试时过电应力
	腐蚀	针孔和分层、钝化层开裂、储存不当、污染
	金属化变形	后固化过程产生残余应力、不恰当的芯片尺寸与塑封体厚度比
芯片钝化层	针孔及空洞	沉积工艺、钝化层的黏度—固化特性
	分层	污染
引线框架	偏移	塑封料黏度及流动性、设计不合理、变形
	镀层针孔	沉积工艺、污染、毛边及储存
	引线变形	成型不合格
	框架毛边	刻蚀精度、剪裁
	引线开裂	冲裁、金属箔缺陷、剪裁不规范
	润湿不良	焊接温度过高、污染、毛边
键合丝	变形	塑封料黏度及流动性、塑封料中空洞及填充物、金线几何尺寸不规范、金线偏移、延时封装曲线
	焊盘缩孔	键合位置不规范、金属厚度不足、金属材料不纯
	剥离、切变或者断裂	键合工艺、污染
塑封料	异物	筛选不规范、成型工艺不完善
	内部空洞	运输过程残留空气、模具排气不充分、塑封料黏度或湿度太大
	粘结不牢及分层	污染或残留空洞
	破裂	内部空洞、吸潮、焊接前烘烤不充分、操作不规范
	固化不完全	后固化加热时间不够、两种及以上塑封料配比不规范以及搅拌不充分
	不均匀	成型时基板倾斜以及刮刀压力变化导致塑封料厚度不均匀、塑封料流动时由于填充物的聚合导致不均匀、灌封混合不充分
	非正常标记	黏度太高、非正常固化以及表面污染

续表8－2

部位	缺陷	原因
封装体	共面性差、翘曲或弯曲	芯片偏移、芯片尺寸、芯片贴装空洞或分层、模压应力过大、焊料印刷及放置精度、印刷清晰度和精确度
其他缺陷	焊膏熔化不充分	焊接温度低、时间短、温场分布不均匀、大热容量单元吸热或热传导不均匀、红外炉焊接时各区域颜色差异、焊膏质量
	湿润不良	焊接部位被污染、焊料被氧化
	焊点过高	焊料过多、焊盘氧化或污染、焊接区温度分布不均匀
	短路	焊料过多、焊料黏度太低、触变性不好、印刷质量差、贴片位置偏移、焊料爬升、焊接区间距太小
	虚焊	焊区加工精度不够带出焊料、焊料转移性差、焊接速度过快
	元器件裂纹及端子镀层剥落	本身质量问题、贴片力度过大、焊接预热时间和温度不够、焊接温度过高或时间过长而冷却速度太快、端子镀层质量差、出现金属蚀刻现象（脱帽）
	焊锡裂纹	焊接温度高但冷却速度快
	微缺陷	借助光学或电学显微手段才能发现的焊接晶粒间界、内部应力及裂纹

封装体的失效机理分为两个部分：过应力与磨损（图 8－3）。过应力失效常常是瞬时、灾难性的，主要由热、电气、辐射及机械等因素引起。磨损失效是长期的，常常先表现为性能退化，然后是性能失效，主要由热、电气、辐射、机械及化学等因素引起。其中失效时间是关键参数。

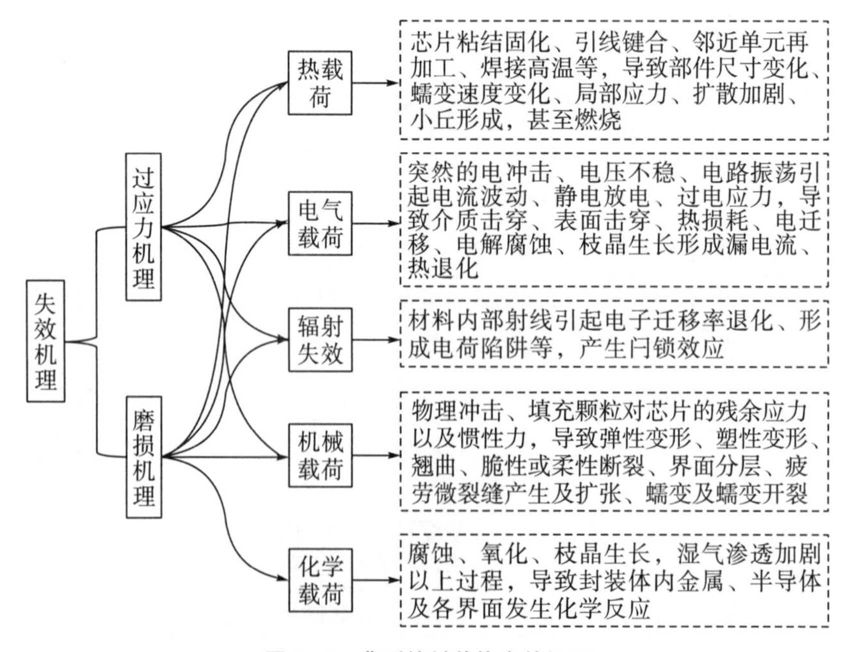

图 8－3　典型的封装体失效机理

8.3.1 热学

电子器件在制造和使用过程中，往往要承受多次大幅度热载荷（如焊接、环境温度、功率发热等引起的热载荷变化），温度的变化将使构成器件的不同材料间产生与其热膨胀系数相对应的热胀冷缩，材料之间的 CTE 失配，就会在器件内引起附加应力。比如，铜的 CTE 与硅的 CTE 相差很大，如果将硅片直接烧结在铜底座上，就会因热不匹配产生应力，进而导致烧结出现空洞或裂纹，失去保护作用。对芯片造成破坏的机械应力强度约为 $10kg/mm^2$（伸张应力）或 $50kg/mm^2$（压缩应力），当封装或钝化膜热胀冷缩导致在芯片上施加的应力超过这个限度时，芯片就会开裂，使器件失效。如果施加在芯片上的应力还未达到破坏的程度，由于压电效应，也会导致器件性能变化。图 8-4 给出了常见的热应力失效。

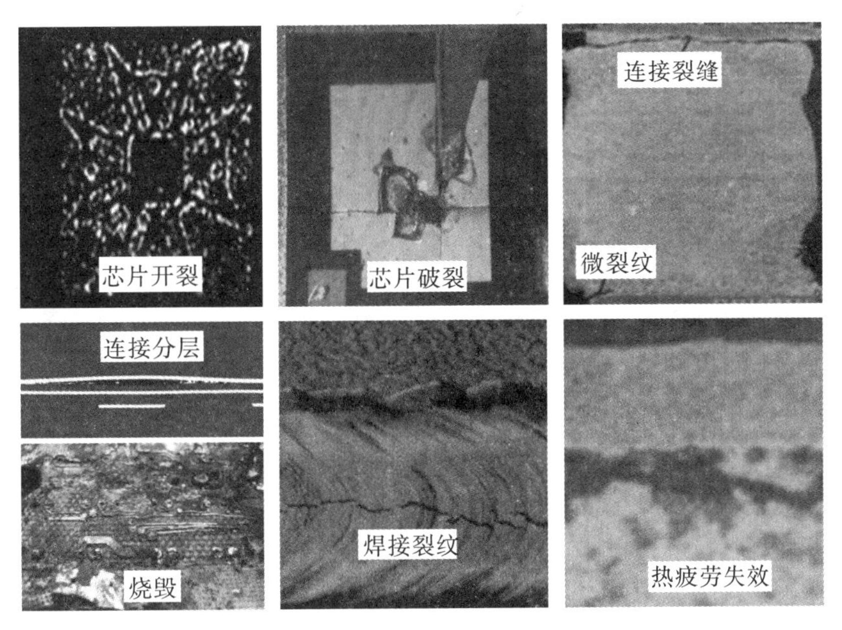

图 8-4　常见的热应力失效

对于非气密性的塑料封装，焊接时滞留在基板上的潮气膨胀，会大大增加芯片与基板之间的热应力强度，更容易造成芯片裂纹。仅仅由于吸潮，封装并不能开裂，但是在较高温度下，塑料封装树脂的弯曲强度变得极其脆弱，焊接温度下的弯曲强度仅是室温下的 10%～30%。在封装前器件的储存过程中，如果环境湿度过大，使芯片基座与树脂界面存有水分，则焊接时的高温会引起水分的激烈汽化，造成基座下水汽的体积膨胀，对树脂的压力剧增。

功率器件脉冲工作产生的热循环会在具有不同热膨胀系数的材料之间产生周期性的切向应力。这种应力的反复作用导致界面处材料的“疲劳”和界面结合的损伤，使器件特性恶化，最终造成器件失效。键合引线可因热疲劳而开路，当功率器件处于脉冲工作状态时，导通瞬间，键合引线因受到热膨胀而伸长，关断期间，键合引线则因芯片温度降低而收缩，这种形变因功率循环而反复进行，会使得键合引线因“疲劳”而出现裂纹。随着裂纹的扩展和延伸，最终导致断线失效，这种失效常常出现在引线的根部附近。当芯片表面涂有保护胶时，因胶与键合引线的热膨胀系数不同而产生热应力，会加速引线的热疲劳失效。同样的原因，连接芯片与基座的焊料层也会出现这种热疲劳失效，程度稍轻的会使热阻增加，焊料因氧化而变质，程度重的则会在焊接层出现裂纹，造成半通半断状态，如图 8-4 所示。

脆性疲劳是一种超应力失效机理，它发生在脆性材料中，如陶瓷玻璃和硅。当器件中的诱发应力超过材料疲劳强度时，脆性断裂将无征兆地发生。脆性材料几乎没有抵抗塑性变形的能力，特别是表面的微裂纹会大大降低材料的断裂强度。对于硅片，断裂经常发生在早已存在的划痕或裂痕处，当硅片经受热处理或切割操作时，裂痕会在硅晶片表面出现。所以在选择材料及加工技术时，应尽量使脆性材料产生较小的应力，并可以通过抛光脆性材料来除掉表面的微裂纹和缺陷，进而提高它的可靠性。

蠕变是一个在负荷条件下与时间有关的变形过程。它是一个热活化过程，即对于一个给定的应力水平，变形的速率随着温度的升高而急剧增加。负荷施加的时间越长，变形就会越大，最终导致产品失效。蠕变可以发生在任何高于或低于屈服强度的应力水平。通过使用熔点较高的材料，减少机械应力以及器件预期寿命等方式，可以减少蠕变引起的失效。

8.3.2 机械振动

目前，国内电子产品以通孔插装（THT）和表面贴装（SMT）的混合组装方式为主要的封装形式。由于封装组件与焊盘间只有焊点或引线，当发生振动时，封装组件与电路板之间的应力完全由焊点或引线来吸收，时间长了焊点就易失效。据统计，在引起电子设备失效的环境因素中，振动约占 27%。由于冲击、振动（如汽车发动机）等机械运动引起填充料颗粒在硅芯片上产生应力，导致材料和结构产生相应的弹性变形、塑性变形、弯曲、脆性或柔性断裂、界面分层等，从而影响电子产品的可靠性。

由振动诱发的产品失效机理分为三种：①振动使产品原来具有的微小缺陷和损伤经多次交变应力作用而扩大，造成材料的电气、机械性能发生变化甚至破坏产品的结构。设备在某一激振频率下产生振幅很大的共振，最终因振动加速度超过设备所能承受的极限加速度而破坏产品，或者由于冲击所产生的冲击力超过封装体的强度极限而导致破坏。②产品在振动应力反复作用下，造成产品的部分结构、引线松动或磨损甚至脱落。③产品性能低劣或失效。振动应力作用于产品时，一方面，改变了产品中各元器件、部件之间的相对关系，使产品结合部的相对位置发生变化，导致产品失效；另一方面，振动时产生干扰信号，如果干扰电流和电压波动太大，将严重影响电路的工作点或工作状态，使产品性能劣化或混乱。

通过模态分析，可以得到多阶固有频率和多阶振型等模态参量。基于固有频率分析，能使电子组件更好地避免共振。基于模态振型，能找到电子组件的薄弱环节，从而进行优化改进，提高产品的可靠性。由于器件的焊点都在封装体内部，导致对焊点缺陷的检测以及失效试验分析都比较困难，而有限元分析法能够简化这类问题。通过施加边界条件，提取模态分析计算参数，能够得到模态分析的前四阶固有频率和振型。分析固有频率，可以得到固有频率成分较多且低于一般振动实验的频率。针对发现的问题，在布线和焊封等方面进行修改。例如，有一些印制电路板的一阶固有频率偏低，可以从材料特性、管脚尺寸、安装方式和元器件布局等方面进行设计改进，通过有限元分析软件模拟改进前后的固有频率和振型，从而提高固有频率，有效地防止共振的发生。目前，国内对电子封装抗振可靠性研究相对较少，如何精准、全面地分析振动可靠性将是研究的重点。

8.3.3　电气化学

由于潮湿环境的潮气进入电子器件内部，引起锈蚀、氧化、离子表面生长等，从而影响电子产品封装的可靠性。另外，如电化学反应、材料的扩散效应以及枝蔓晶体的生长等化学过程，都会使通道导线以及互连接断裂，从而导致电失效。并且温度的升高、电压的升高以及应力的增加都会加速化学反应，使得封装失效进一步恶化。

电迁移现象是指集成电路工作时金属线内部有电流通过，在电流的作用下，金属离子产生物质运输的现象，进而导致金属线的某些部位出现空洞而发生断路，另外一些部位由于有晶须生长或出现小丘而造成短路，如图 8−5 所示。当芯片的集成度越来越高，对应的金属互连线变得更细、更窄、更薄，电迁移现象也就越来越严重。在块状金属中，电流密度较低，其电迁移现象只在接近材料熔点的高温时发生；薄膜材料则不然，淀积在硅衬底上的铝薄条，截面积很小，电流密度很高，所以在较低的温度下就能发生电迁移现象。在一定温度下，金属薄膜中存在一定的空位浓度，金属离子通过空位而运动，自扩散只是随机引起原子的重新排列，只有在受到外力时才可产生定向运动。一根很短的铝线发生电迁移后，会在引线阴极端形成一个大空洞，而在阳极端出现堆积。

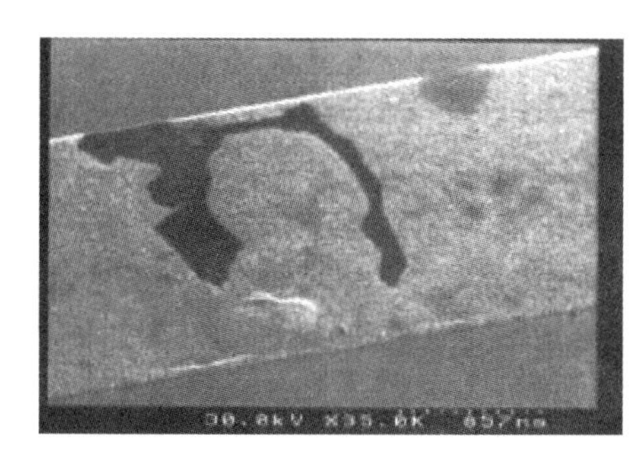

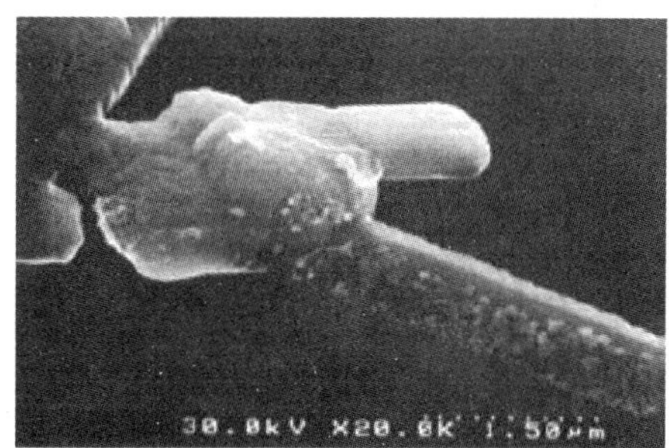

图 8−5　电迁移引起的空洞和小丘

电迁移的失效模式主要有短路和断路两种。短路的主要成因有以下三点：①电迁移产生的晶须使相邻的两个铝条间短路，这在相邻铝条间距小的超高频器件、大规模集成电路中容易发生；②集成电路中铝条经电迁移后与有源区短接，多层布线上下层铝条经电迁移后形成晶须而短接；③晶须与器件内引线短接而造成短路。短路严重影响了电子产品的寿命。断路的主要成因有以下三点：①在正常工作温度下，铝条承受的电流过大，特别是在铝条划伤后，电流密度更大，使铝条断开；②压焊点处，因接触面积小、电流密度过大而失效；③氧化层台阶处，因电迁移而断裂。另外，电子流沿着铝条温度增加的方向流动时，会出现铝原子亏空，从而形成宏观上的间隙。

在引线键合和焊接点处的互连接中，金属间的扩散是造成失效的主要成因。在引线键合以及焊锡重熔过程中，往往会产生不同的中间金属层，它们是连接过程中的副产品，这些中间金属层往往对一个良好的互连接是必要的，但是太多的中间金属层形成会导致局部变脆，并降低金属的强度。例如，铜和锡之间发生扩散，在铜片和锡焊料的界面上形成铜锡化合物，在热循环测试过程中，固态的铜锡化合物层的长大，会引起局部的材料变脆以及产生更复杂的微结构。

金丝、硅铝丝都因其自身优良的导电性、高耐蚀性、良好的柔韧性以及高破断力而成为键合丝的首选。目前，封装体内部的大部分导体层都是含金层，相关资料和研究结果表明，Au-Al 存在明显的可靠性问题。金与铝在长期工作中尤其在一定的温度和湿度作用下，会生成 $AuAl_2$、AuAl、Au_5Al_2、Au_2Al 等金属化合物，使焊点出现“紫斑”“白斑”。此外，硅铝丝在高温高压下易发生晶界腐蚀，影响键合性能。因此，为了使微波组件具有高可靠性，一般建议采用金丝焊接。如果芯片电极（焊盘）是铝电极，则采用硅铝丝键合较好。

如果微电子器件在没有进行充氮、除湿和选择气密性材料的条件下就进行封装，特别是在湿热的环境下，电化学腐蚀、电偶腐蚀和缝隙腐蚀等极易发生。导电胶等粘结剂及大气中普遍存在的 Cl、S 等会加快金属化腐蚀的速度。

$$Al+4Cl^- \longrightarrow Al(Cl)_4{}^- +3e^-$$

$$2Al(Cl)_4{}^- +6H_2O \longrightarrow 2Al(OH)_3 +6H^+ +8Cl^-$$

以上化学反应会导致铝焊盘上生成枝晶结构，引起可焊性下降、可靠性降低等问题。

静电放电是指两个不同的物体间由于电势的不同而引起的静电荷转移。它可能通过直接接触或电场的诱导发生。最常见的现象是两绝缘体间的摩擦产生摩擦静电效应。在两个相接触的物体突然分离时也可以产生静电电流。静电放电可高达 2000～3000V，相比之下，MOS 器件的击穿电压只有 5V。如果这样的静电通过电路，而静电电流又不能通过适当的保护措施将其分散或减弱，就会使器件内部半导体结点上的温度提高到熔点以上，这样的高温将造成结点或互连导线的损害，导致器件失效。随着半导体制造技术的日益发展，互连导线的宽度与间距越来越小，集成电路的集成密度越来越高，导致器件的耐静电击穿电压也越来越低。因此，在半导体器件的研制生产过程中必须重视静电的影响，并采取静电防护措施。同时，应根据实际情况建立 EPA（静电防护工作区）和检测系统，并在洁净间［温度（23±2)℃，相对湿度 50％±5％RH］进行装配、调试，从而全面保障产品的可靠性。

基于以上失效分析，常见的可靠性分析手段及失效分析手段如图 8-6 所示。

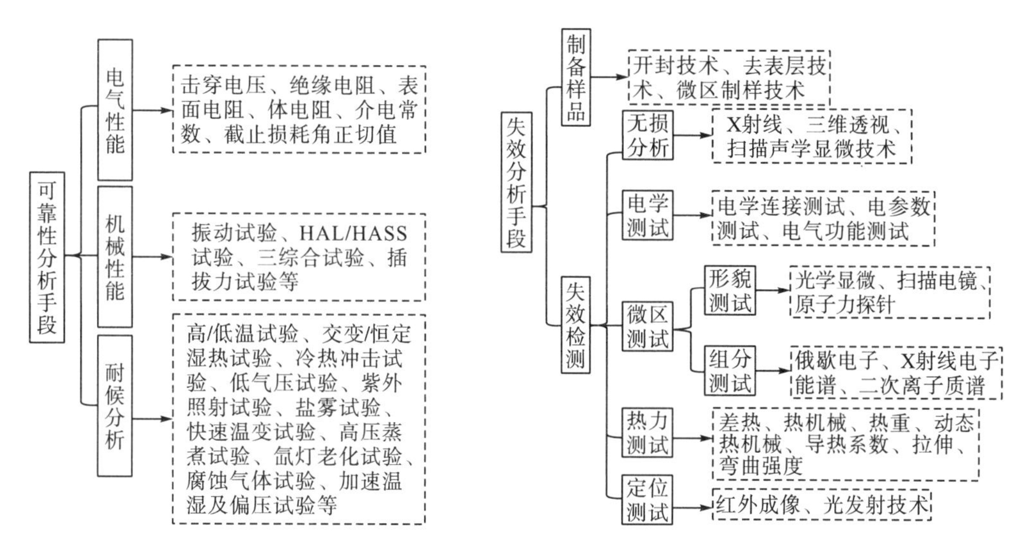

图 8-6　常见的可靠性分析手段及失效分析手段

8.4　封装测试

伴随着我国集成电路产业的发展，封装测试业逐渐演变为一个独立的行业，并保持稳定增长的趋势。可靠性试验一般是在产品的研究开发阶段和大规模生产阶段进行的。在研究开发阶段，可靠性试验主要用于评价设计质量、材料和工艺质量。在大规模生产阶段，可靠性试验的目的是保证产品质量和完善定期考核管理。由于阶段不同，其目的和内容也不完全相同。一般封装厂的可靠性测试项目有六项，分别为预处理测试（Preconditioning Test，Precon Test）、温度循环测试（Temperature Cycling Test，TCT）、高温储存测试（High Temperature Storage Test，HTST）、温度和湿度测试（Temperature&Humidity Test，T&H Test）、高压蒸煮测试（Pressure Cooker Test，PCT）、高加速应力测试（High Accelerated Temperature/Humidity Stress Test，HAST）。各个测试项都有一定的目的、针对性和具体方法，但就测试项目而言，基本上都与温度、湿度、压强等环境因素有关，偶尔需要加上偏压等影响因素以制造恶劣环境来达到检测产品可靠性的目的。常用的测试标准包括 IEC、UL、MIL、JEDEC、GJB、IPC、GB/T 等。目前，把测定、验证、评价、分析等为提高产品可靠性而进行的试验统称为可靠性试验。可靠性试验是开展产品可靠性工作的重要环节。

可靠性试验所要达到的目的，可归纳为以下三点：①通过试验来确定电子元器件的可靠性特性值。试验在设计、材料、工艺阶段暴露出的问题和有关数据，对设计者、生产者和使用者都是非常有用的。②通过可靠性鉴定试验，可以全面考核电子元器件是否已达到预定的可靠性指标。这是设计定型电子元器件新品必须进行的步骤。③通过各种可靠性试验，了解产品在不同的工作环境下的失效规律，建立失效模式，明确失效机理，以便采取有效措施，提高产品质量。不同应用场景下封装产品的环境温度参数见表 8-3。

表 8-3　不同应用场景下封装产品的环境温度参数

产品类型	生产温度条件/℃	工作温度条件/℃	应用场景					
			最低温度/℃	最高温度/℃	周期温度*/℃	年循环次数/年	湿度	振动
消费类产品	25～215	−40～85	0	60	35	365	低	低
电脑等	25～260	−40～85	15	60	20	365	高	低
通信产品	25～260	−40～85	−40	85	35	365	高	中
民用飞机	25～260	−55～125	−55	95	20	>1000	高	高
汽车发动机部位	25～215	−55～125	−55	125	100	不等	高	高
其他飞行器	25～260	−40～70	−65	125	100	不等	低	高

注：* 周期温度不是封装体经历的最低温度和最高温度的差值，一般远小于季节和地域差异性导致的温度极值的差。

各个测试项目大都采用抽样的方法，即随机抽查一定数量产品的可靠性试验结果来判定生产线是否通过可靠性试验，并完成可靠性监测统计，以确定试验监测的潜在失效机理。可靠性试验包括非破坏性测试与破坏性测试。比如，通过激光闪射法进行非接触式和非破坏性测试，以获得封装体电学连接性能及整个模块的导热性能。又如，通过切片分析等破坏性测试，掌握封装体内部及焊接状况，发现裂纹、空洞、不润湿、层间分离或开裂、金属间化合物、焊接质量（虚焊、孔洞、桥接以及漏焊等）以及键合点等部位的质量情况，并进行如图 8−6 所示的微区测试。

8.4.1　预处理测试

从集成电路芯片封装完成后到实际再组装，产品还要经历很长一段过程，如包装、运输等，这些过程都有可能损伤产品，所以需要先模拟这个过程，测试产品可靠性，这就是预处理测试。

预处理测试有一定的测试流程。测试前，先检查电路性能，并用超声波检测电子器件的内部结构，确定没有问题后开始在各种恶劣环境下的测试。先测试在一定温度条件下模拟运输过程中的温度、湿度变化，再模拟水分子干燥过程；然后在恒温条件下定时放置一段时间，再模拟焊锡过程检查封装的电气特性和内部结构。整个过程既有类似 TS 测试，又有类似温度和湿度测试。在这些过程中，可能出现一系列因为封装问题而导致的电路失效，只有在顺利通过了预处理测试之后，才可以保证产品合格并送达最终用户端，这也是预处理测试放在第一个测试位置的原因。

8.4.2　温度循环测试

温度循环测试用于测试电子器件在一定时间内对极端温度的耐久性。温度通常在停留一段时间后，以恒定斜率在某平均值上下变化。温度循环测试把电子器件暴露在机械应力下，对相关芯片与封装材料之间因热膨胀系数差异产生的失效模式进行加速试验。不同温度的停留时间对试验结果十分重要，这关系到应力减轻的过程。

温度循环测试由一个温度控制环境试验箱和加热设备以及低温冷却设备组成。快速实验中，最重要的试验箱由一个热气腔和一个冷气腔组成，腔内分别填充热空气和冷空气，两腔之间有一个阀门，是待测品往返两腔的通道。封装体做温度循环试验时有四个重要的参数，分别为最高温度、最低温度、循环次数和在某温度点停留的时间。比如，可将封装后的芯片放置在 150℃ 的热炉中 15min，再通过阀门放入 −65℃ 的冷炉中 15min，再放入热炉，如此反复 1000 次，以检测芯片是否通过温度循环测试。温度循环测试的主要目的是测试封装体热胀冷缩的耐久性。在整个封装体中有多种材料，且材料之间都有相应的接合面。当封装体所处环境的温度剧烈变化时，封装体内各种材料都会有热胀冷缩效应，根据材料膨胀系数不同，则其热胀冷缩的程度也将有所不同，原来紧密接合的材料界面就会出现问题。温度循环测试能有效地检验贴片、键合、内涂料和封装工艺等存在的潜在缺陷。在实际使用电子产品过程中，这种温度急剧变化的环境条件是可能遇到的。例如，在严寒的冬天，电子产品从室内移到室外工作时，或从室外移到室内工作时，就会遇到温度的大幅变化。再如，飞机从机场起飞迅速升空，或从高空降落地面，机载电子设备将会遇到温度的大幅变化。因此，电子元器件必须具有承受这种温度迅速变化的能力。图 8−7（a）为某电子元器件在 −40℃～85℃ 的温度循环曲线。

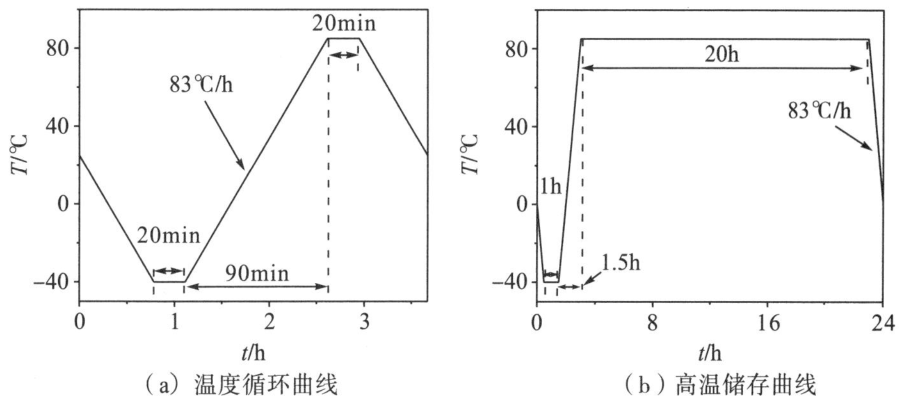

（a）温度循环曲线　　（b）高温储存曲线

图 8−7　典型的温度循环曲线和高温储存曲线

8.4.3　高温储存测试

高温储存测试是把封装产品长时间放置在高温氮气中，测试其电路通断情况，以检测封装体长时间暴露在高温环境下的耐久性。高温储存测试的重点是：在高温条件下，半导体内物质的活性增强，会有物质间的扩散，导致电气连接不良的现象发生；另外，高温下机械性能较弱的物质也更容易损坏，从而加速电子元器件的老化。

有严重缺陷的电子元器件处于非平衡态，由非平衡态向平衡态过渡的过程是诱发有严重缺陷产品失效的过程，也是促使产品从非稳定态向稳定态转变的过程。一般情况下，这种过渡过程是物理变化，其速率遵循阿伦尼乌斯公式，随温度成指数增加。高温储存测试的目的是缩短这种变化的时间。电子元器件在高温环境中，其冷却条件恶劣，散热困难，器件的电参数发生显著变化或其绝缘性能下降。在高温条件下，封装体内部的杂质将加速反应，促使沾污严重的产品加速退化。此外，高温条件下的试验对封装体内部缺陷、硅氧化层和铝膜中的缺陷以及不良的贴片和键合工艺等也有一定的检验效果。

按照有关标准，对于不同的电子元器件，最高温度以及升温时间有明显的区别。例如，《半导体集成电路总技术条件》规定：一类产品的试验温度为（125±3）℃，二类产品的试验温度为（82±2）℃，恒温时间为30min。在这些条件下测量电参数，应符合产品标准的规定。又如，微电路温度范围应为75℃～400℃，试验时间为24h以上。试验前后，被试样品要在标准试验环境［温度（25±10）℃、气压86～106kPa］中放置一定时间。多数情况下，要求试验后在规定时间内完成终点测试。图8-7（b）为某产品在85℃下20h的高温储存曲线。

8.4.4 温度和湿度测试

电子元器件的温度和湿度测试是为了确定电子元器件在高温、高湿条件下工作或储存的适应能力。对于半导体封装器件，温度和湿度测试可以作为一项检漏试验用于检查半导体封装器件的密封性。器件处于恒定湿热条件下，水汽以扩散、热运动、吸附作用、毛细现象等方式进入器件内部，进入量和温度、绝对湿度以及时间有关：温度越高，水分子的活动能越大，水分子越容易进入器件内部；绝对湿度越大，水分子含量就越多，水分子渗入器件内部的可能性也就增大。高温和高湿的同时作用，会加速金属配件的腐蚀和绝缘材料的老化。对于半导体封装器件，渗透的水汽会参与内部的一些化学物理反应，破坏芯片内部的稳定性，引起电参数的变化，甚至会把器件变成电解电池，从而加速其腐蚀失效机理。

温度和湿度测试是在一个能保持稳定的温度和湿度的腔体中进行的。一般电子元器件的温度和湿度测试条件是：温度为（40±2）℃，相对湿度为（93±3）%。试验时间因产品的使用场合以及材料性能的不同而不同，按有关标准规定，实验时间等级分别为48h、96h、144h、240h、504h以及1344h。某些产品则采用在一定时间内，保持温度为85℃、相对湿度为85%的条件进行测试。试验结束时，根据测定封装体电路的通断特性来判断产品是否具有优良的耐高温、高湿性特性。

8.4.5 高压蒸煮测试

高压蒸煮测试是对封装体抵抗潮湿、高压环境能力的测试。高压蒸煮测试与温度和湿度测试相似，只是增加了环境压强以缩短测试时间。高压蒸煮测试属于破坏性试验，试验条件包括120℃的高温、100%的相对湿度以及2个大气压条件，最短试验时间为96h。测试的失效机理包括金属化腐蚀、潮湿进入和分层。进行高压蒸煮试验时，试验箱内的离子污染物可能引起器件失效，但是外来污染物引起的失效不代表器件的失效。

封装技术正向着轻、薄、短、小和多功能化的方向发展，薄的封装体减弱了器件抵抗吸湿及防水汽渗透的能力，因此，对湿气敏感的可靠性试验会面临更大的挑战。尤其对于多层芯片尺寸封装，在狭窄的空间和有限的厚度要求下，高压蒸煮测试的可靠性对产品量产非常重要。

8.4.6 高加速应力试验

高加速应力试验是在湿度环境中测试电子元器件的非气密性性能，主要采用高温（通常为 130℃以上）、高相对湿度（约 85%）、高大气压条件（至少是 3 个大气压）来加速潮气通过封装体，从而测试材料或芯片引线周围的密封性能。当潮气到达器件表面时，电势能可把器件变成电解电池，从而加速腐蚀失效机理。试验时要测试有关金属化腐蚀、材料界面处分层、焊线失效和绝缘电阻下降等多项失效机理。在 130℃以上高温下进行的高加速应力试验，对其结果的评价要特别注意，这类试验可能会加速器件在正常操作过程中不会出现的失效现象。

高加速应力试验通过使用步进应力方法，在不断提高的应力作用下激发设计和工艺环节的缺陷，并加以改进，提高产品耐应力和耐破坏极限，从而得到现场故障率极低、可靠的产品。高加速应力试验不仅需要施加应力，还需要连续进行检测以找出故障，并进行故障定位，对缺陷进行分析进而采取措施，因此，试验过程实际上是产品设计人员、试验工程师、故障分析人员和管理人员联合作业的过程，各种技术和管理人员必须密切配合，才能使试验高效地进行，并取得理想的结果。

机械、环境的试验有很多种，除以上基本的性能测试外，还有振动试验、机械冲击试验、盐雾试验、离心加速试验以及放射性同位素细检漏试验等不同的器件性能试验。一个好的封装要有良好的可靠性，必须有较强的耐湿、耐热、耐高温能力。器件的可靠性研究验证工作包括可靠性试验及分析，其目的一方面是评价、鉴定集成电路器件的可靠性水平，为整机可靠性设计提供参考数据；另一方面是要提高产品自身的可靠性。另外，进行产品失效分析还可以帮助确定哪种筛选以及筛选条件对提高产品的使用可靠性有效。

8.5 性能表征

进行封装的可靠性分析，除上述器件稳定性分析外，对封装材料的性能分析也非常重要。在进行测试表征之前，可以采用 ANSYS 及 FloTHERM 等有限元分析软件，对封装体局部单元进行仿真，通过迭代获得该单元在高效散热条件下的最优布局，从而快速降低最高温度，优化封装体的综合温度分布。然后进行三维多温场仿真，获得多元功能区组装后整体的温度分布与传热效率，以实现芯片布局与封装结构的优化，如图 8-8 所示。

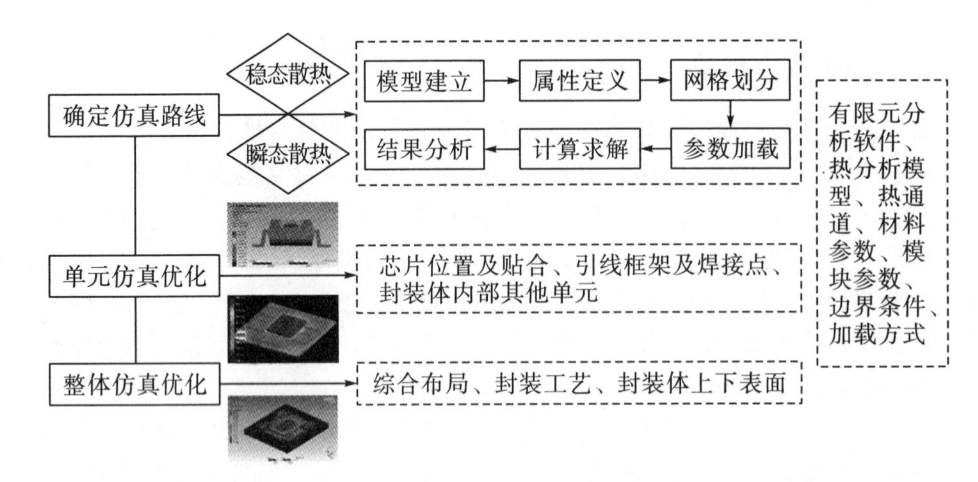

图 8−8 封装体仿真设计

封装材料的性能分为工艺性能、湿—热机械性能、电学性能及化学性能。工艺性能包括黏度及流动性、凝胶化时间、固化及后期再固化时间、温度、热硬化、剪切速度等。湿—热机械性能包括材料的热膨胀系数、玻璃化温度、弯曲模量与强度、伸长性、气密性及热导率。电学性能包括电阻率、介电常数、损耗因子及击穿强度。化学性能包括各种杂质及可燃性。相应的，现代各种测试技术用来进行材料与器件性能的分析，如光学显微技术、扫描声学显微技术、X 射线技术、X 射线荧光光谱技术、电子显微技术、原子力显微技术、红外显微技术等。

8.6 可靠性挑战

目前，各种 MEMS、生物 MEMS、生物电子器件、纳米电子器件、有机发光二极管、有机光伏器件及光电子器件均开始采用有机封装。塑料封装将应用在极端高温（约 220℃）及低温环境中。从封装材料到封装技术，都面临着新的挑战，见表 8−4。

表 8−4 封装材料和封装技术面临的挑战

封装材料	面临的挑战	封装技术	面临的挑战
键合引线	16μm 窄间距无变形的引线，用于 Cu 焊盘，可减少金属间化合物的阻挡层金属（绝缘引线）	晶圆级芯片尺寸封装	多引脚小间距、焊点可靠及易清洗、晶圆减薄及可加工、大尺寸芯片热膨胀系数匹配
填充料	支持多端子（100）大芯片、减少低 K 芯片上应力、与无铅焊料回流温度兼容	多焊盘/高功率密度的小芯片	全新的装配与封装技术、新的焊料/更高电流密度能力的 UBM 以及更高工作温度
界面材料	热传导匹配、高黏附性、用于薄型的高模量材料	薄芯片封装	薄芯片的晶圆级加工技术、基板材料影响、新的工艺流程、可靠性及可测性、电学与光学集成

续表8－4

封装材料	面临的挑战	封装技术	面临的挑战
模塑料	用于小外形多芯片封装、与低 K 晶圆结构兼容、高温无铅应用中高气密性、可用于混合键合及无底部填充料的倒装工艺、与无卤模塑料中电荷储存有关的栅极漏电、减少金属离子污染和炭黑在微连接中引起的短路以及提升组装成品率	芯片与基板间小间距	低成本高密度布线、改善阻抗控制能力、改善高温下平整度与翘曲率、提升气密性、提高通孔密度、提高镀层可靠性、玻璃化温度与无铅焊接工艺兼容（包括 260℃返修温度）
无铅倒装芯片材料	高电流密度的焊料和 UBM，避免电迁移	3D 封装	热管理、设计与模拟仿真工具、晶圆间键合、通孔结构与通孔填充工艺、硅通孔单一化、单个晶圆/芯片测试、无凸点内部互连结构
低压力芯片贴装材料	高结温（>200℃）、高热导率和高电导率下热膨胀系数失配所需的缓和要求	柔性系统封装	保形低成本有机基板、小而薄的芯片装配、低成本工艺
刚性基板内嵌无源器件	低介电损耗、低成本下 CTE 更低及 T_g 更高、高 K 材料、高可靠性及高稳定性电阻厚膜材料、应用于传感和 MEMS 的铁磁体	嵌入式器件	低成本无源器件 R、L、C，有源器件，晶圆级器件
环境友好材料	性能及工艺与传统材料兼容、适应环保要求、柔性以适应 CTE 失配	电路芯片、无源器件和基板集成的系统级设计能力	复杂系统性能、可靠性和成本最优化、复杂标准统一、凸点中集成嵌入无源器件
芯片粘结膜材	工艺稳定要求、厚度要求、内嵌引线、膜与单个芯片尺寸一致性好	新兴器件类型	有机器件封装的要求不明确、生物界面需要新的界面类型
硅通孔材料	低成本通孔填充材料及工艺、薄晶圆载体材料及其附属材料匹配		
高频特性	10GHz 以上频率应用		

随着芯片与集成工艺水平的提高，在器件工作频率较高时，封装的影响也变得重要。由于热膨胀系数失配引起的可靠性问题也影响着封装的性能，因此，电子封装设计方法以及相关生产、测试技术的研究，已成为封装科学与技术工程的一个新的领域。

8.7　鉴定与质量保证

电子产品需要进行“鉴定”，以确定封装体是否满足或超过规定的质量和可靠性的要求，包括自身功能和性能的检验以及在相关应用场景的验证，鉴定一般在加速应力水平下进行。主要的形式有面向封装设计可靠的虚拟鉴定、面向封装定型的产品鉴定以及面向大生产的量产鉴定，其目的是评价产品的质量，获得封装体及结构的完整信息，预估产品的寿命，评价封装材料、工艺及设计的效能，以此识别和剔除有缺陷的产品。失效物理（Physics-of-Failure，PoF）促进了鉴定过程对封装失效机理的理解。包含鉴定方法的来源、合理的假设、不确定性的来源、结果限制、失效模式及机理、置信水平、使用寿命、环境因素、封装内部材料/布局/形状/结构、部件质量及界面特性、可靠性数据及经验等。法国国家电信研究中心（CNET）、美国国防部可靠性分析中心（RAC）、美国汽车工程师学会（SAE）、美国军用标准（MIL）、美国无线电公司（RCA）、中华人民共和国国家标准（GB/T）等提供了相关手册与方法。鉴定过程中应做到以下六点：①根据设计目标和应用要求确定特定鉴定过程的目标，如 1000 只电子器件失效数不超过 10 只，等效于 1%失效或 99%可靠；②明确电子封装在制作、组装、运输、存储及使用环境的潜在失效模式与机理，并确定加速因子与模型；③明确对温度、湿度、污染物及热机械力等应用环境下的耐受极限；④根据明确的失效机理选择鉴定所需的应力类型与水平；⑤结合鉴定实验和已有失效数据，评估产品的质量和可靠性；⑥分析鉴定数据，以合理评价封装体的质量及可靠性。通过对某批次产品 100%地施加电学和环境应力可以确认并剔除相关缺陷，筛选出质量一致的产品。筛选过程包括两种缺陷：一种是固有或引入的显著缺陷，可以通过非应力方式进行检测，如目测和性能测试；另一种是不能通过直接的检测发现的潜在缺陷，可以通过应力加速产品早期失效来发现。随着封装技术的改进和制造水平的进步，产品的质量稳定性、重复性与一致性获得长足提升，筛选已非质量保证的必备手段。一般来说，只有出现新技术和新工艺以及可能出现较多缺陷时，才需要进行应力筛选，往往非应力筛选和对工艺过程的筛选更重要。目前，基于大数据和云计算的统计过程控制以及对器件进行系列评估，是获得更好产品质量的保证。

8.8 散热控制

8.8.1 必要性

微电子器件正朝着高度集成、高电流、小尺寸、小电压波动方向发展，必然要求有优良的散热性能。通过将器件与低温的固体、液体或者气体接触，促使热量从器件散发，达到冷却的目的。散热的目标是避免微电子器件功能丧失，避免突然和彻底地失去功能以及整个系统由于过热而烧毁。针对不同部位及结构采取的散热方式差别很大：①对于第一级封装进行散热，目标是将芯片所散的热传递到封装表面，然后再通过电路板散热。降低芯片与封装外壳之间的热阻，是降低芯片温度的有效办法。可以在芯片贴合处添加高导热材料，或者安装金属散热片，同时引入高导热性能的模塑材料与导热插件来改善芯片散热性能。②对于塑料 DIP 散热，可以加入石英粉来增强材料导热性能，用高导热合金替代低导热合金做引脚线框，引入封装内部热分散结构，如铝金属热分散结构等。③对于 I/O 端子数超过 64 的封装，如 PGA 封装，可以采用陶瓷进行散热。

④选择基板材料时，尽量采用高导热陶瓷材料，如采用氮化铝、碳化硅、氧化铍代替氧化铝，尽量降低芯片与封装表面的距离，使散热路径缩短。⑤在封装体外部增加散热装置来降低对流散热阻力，其形式多样，可以是自然风，也可以是风扇等（图8－9）。⑥对于大功率器件，可采用排热管道散热，也可直接将器件浸在液体介质中，或通过高速吹风来冷却，同时，使用高导热金属板可以进一步改善电路板散热能力，尤其是通过埋藏散热管可以明显提高散热水平。⑦其他形式的封装，除以上方式外，还可以采用热交换器及液体泵等。

图8－9　常见的散热装置

8.8.2　传热基础

热的传递有三种方式，分别是传导、对流和辐射。在固体和静止的液体以及静态的空气媒介中，热传导是通过分子间的能量交换来实现的，其表达式为热传导傅里叶方程：

$$q=-kA\frac{\mathrm{d}T}{\mathrm{d}x}$$

式中，q 为热流；k 为热导率；A 为传导横截面积；导数部分为在传导方向上温度的变化梯度。具有稳定传热长度 L 的介质两端的温差为 $\Delta T=qL/kA$。定义热的欧姆定律为 $R_{\mathrm{th}}=\Delta T/q=L/Ka$，热阻 R_{th} 具有和电阻相似的表达关系，同样具有串联和并联的形式，即串联总热阻 $R_{\mathrm{th}}=R_1+R_2+R_3+\cdots+R_n$ 以及并联总热阻 $R_{\mathrm{th}}{}^{-1}=R_1{}^{-1}+R_2{}^{-1}+R_3{}^{-1}+\cdots+R_n{}^{-1}$。

由固体向流动的流体传热称为对流传热，包括以下两种机制：由临近的静止分子向固体表面的热交换，与热传导一样，以及由于流体流通而将热量从固体表面带走。而热辐射通过真空或其他对红外光线透明的媒介进行传热，是电磁波或光子能量的辐射与吸收的结果。

8.8.3　散热方式

常见的散热方式有以下几种：

（1）自然通风。基本原理是热空气上升，冷空气下降。自然通风热传导与通道关系密切，相对狭长的通道，流体速度最高，热传导速率最大。常用于单一印制电路板的散热。

（2）强制对流。基本原理是冷的流体在两个热的平行板间流动，会导致沿着板表面的流体动力和温度边界层的形成。在边界层流体区域中，流体的速度和温度转变成板壁的速度（零）和温度，在离平板较远的地方，边界层逐渐消失，变成对流传热。一般发生层流，很少出现混合与涡流的现象。常用于多功能且发热量大的封装体。

（3）散热器。基本原理是热流从高温向低温传导。根据热传导定律：热阻与传热系数和传热表面积成反比，散热器一般具有以下特点：表面积大，基本为矩形，基底部分厚度大于尾部厚度，形状有片状和针状，散热片间距很小，通过铝薄片整体弯曲后直接焊接以降低键合热阻。

（4）热通道。埋藏在电路板中的金属传热通道将降低热流阻。比如引入厚的铜金属层，可以降低 PCB 热阻，有利于将热传输到 PCB 边缘。$K_z=k_m\alpha_m+k_i(1-\alpha_m)$，其中 k_m 和 k_i 分别是金属和树脂板的热导率，α_m 为金属板截面积所占总面积的比例。

（5）热管道。基本原理是利用相变及蒸发扩散过程来传导热量，如图 8－10 所示。热管道是一种长距离传导大热量的导热器件，可用在没有运动部件及恒定温度的地方。热管道可以提供一个热阻非常低的路径。铜管加入流体形成的热管道的热导率高达 $100000W\cdot m^{-1}\cdot K^{-1}$，是普通铜管的 250 倍。以水为流体，直径为 0.6cm、长为 15cm 的水平循环热管道可以传导热量 300W，而热端到冷端只有 2℃～3℃的温差。

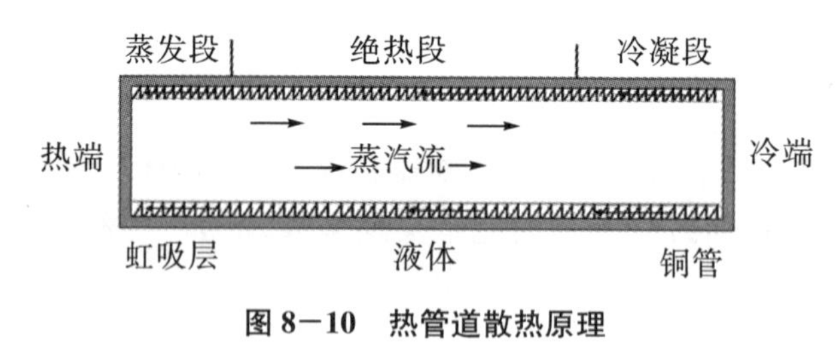

图 8－10　热管道散热原理

热管道多为柱状，也可做成圆角形、S 形、螺旋形甚至薄平板形，直接放在 PCB 背后。热管道的工作部分以气体为介质，重量很轻（几克）。但电子元件和热管道间的界面热阻将是阻碍热管道工作效率的关键。可以在冷凝段安装散热片，增加传热面积，降低传热阻力，改善元器件与环境之间的传热途径。由于热管道寿命较短（几个月），发展和制造可靠的热管道非常重要。

（6）沉浸冷却。直接将电子元器件沉浸在低沸点的介质液体中，通过介质蒸发→冷凝→回流，达到降低电子器件工作温度的目的。

（7）热电冷却。基本原理是当电子从 PN 结的 P 型半导体转移到 N 型半导体时，其能量态将会升高，因而吸收热量，导致周围温度降低，当电子移到 N 区时，释放出热量，热量与电流大小成正比。热电制冷器（Thermo Electric Cooler，TEC）就是一个固态热泵，其基于 1834 年法国科学家珀尔贴发现的热电制冷和致热现象（Peltier effect，珀尔贴效应）而设计。热电冷却可以并联使用，也可以串联使用，还可与其他散热方式结合进行综合设计。主要材料包括碲化铋及其合金、碲化铅及其合金以及硅锗合金。

（8）其他先进散热技术。目前市面上出现了热柱散热、相变抑制散热、合成喷射式散热、液态金属散热以及离子风散热等技术。

8.8.4　散热设计

电阻的存在使得器件温度上升，一旦超过使用温度，半导体结构功能将恶化，甚至被击穿烧毁。另外，过热将使封装体破裂、熔化甚至燃烧。对电子封装体进行散热冷却非常必要。封装散热设计主要考虑以下几个方面：改善芯片导热性；提供 PN 结到芯片外的热通道；增加芯片贴装到基板的导热性；改善封装的热分布；减少芯片封装到基板的热阻；提高器件散热能力；等等。可以采用 FloTHERM、Icepak、FloEFD、CFX、Fluent 等热仿真软件进行设计。

【课后习题】

1. 简述封装测试的基本工艺流程。
2. 简述失效的三个阶段及其特点。
3. 简述常见的影响器件可靠性的失效模式。
4. 简述塑料封装器件在制造过程中常见的缺陷及原因。
5. 简述未来封装体面临的可靠性挑战。
6. 简述封装冷却的常用方法。

参考文献

[1] 阿德比利，派克. 电子封装技术与可靠性 [M]. 中国电子学会电子制造与封装技术分会，《电子封装技术丛书》编辑委员会，译. 北京：化学工业出版社，2012.

[2] 白平平，刘大春，孔令鑫，等. Ag-Pb-Sn 三维相图的绘制方法 [J]. 稀有金属，2013，37 (6)：931−936.

[3] 曹育文，马莒生，唐祥云，等. Cu-Ni-Si 系引线框架用铜合金成分设计 [J]. 中国有色金属学报，1999，9 (4)：724−727.

[4] 程诗叙. 印制电路板与集成电路组件的模态分析及振动可靠性研究 [D]. 成都：电子科技大学，2005.

[5] 春洋. 印制电路板有限元分析及其优化设计 [D]. 长沙：国防科技大学，2005.

[6] 崔永丽，张仲华，江利，等. 聚酰亚胺的性能及应用 [J]. 塑料科技，2005 (3)：50−53.

[7] 范莉，刘平，贾淑果，等. 铜基引线框架材料研究进展 [J]. 材料开发与应用，2008，23 (4)：101−106.

[8] 方洪渊，冯吉才. 材料连接过程中的界面行为 [M]. 哈尔滨：哈尔滨工业大学出版社，2005.

[9] 冯亚林，张蜀平. 集成电路的现状及其发展趋势 [J]. 微电子学，2006 (2)：173−176.

[10] 傅岳鹏，谭凯，田民波. 电子封装技术的最新进展 [J]. 半导体技术，2009，32 (2)：113−118.

[11] 高岭，赵东亮. 系统级封装用陶瓷基板材料研究进展和发展趋势 [J]. 真空电子技术，2016 (5)：11−14.

[12] 光刻技术工艺流程 [EB/OL]. [2016−09−21]. https://www.xianjichina.com/news/details_13581.html.

[13] 哈珀. 电子封装材料与工艺 [M]. 中国电子学会电子封装专业委员会，电子封装技术丛书编辑委员会，译. 北京：化学工业出版社，2006.

[14] 郝洪顺，付鹏，巩丽，等. 电子封装陶瓷基片材料研究现状 [J]. 陶瓷，2007 (5)：24−27.

[15] 何鹏，林铁松，杭春进. 电子封装技术的研究进展 [J]. 焊接，2010 (1)：25−29.

[16] 胡永芳，孙毅鹏. 3D-MCM 高集成微波模块的热设计研究和应用 [J]. 电子机械工

程，2019，35（2）：25－29.
[17] 黄翠. 高性能硅通孔（TSV）三维互连研究［D］. 北京：清华大学，2015.
[18] HAL G. 电子封装的密封性［M］. 刘晓晖，王夏莲，李宏，等译. 北京：电子工业出版社，2011.
[19] 极紫外光刻技术［OB/OL］.［2018－09－21］. https://www.yiqi.com/citiao/detail_783.html.
[20] 贾松良. 微电子封装的发展及封装标准［J］. 信息技术与标准化，2003（3）：35－37.
[21] 今中佳彦. 多层低温共烧陶瓷技术［M］. 詹欣祥，周济，译. 北京：科学出版社，2010.
[22] 扩散工艺［EB/OL］.［2020－04－02］. https://wenku.baidu.com/view/d8031402ecfdc8d376eeaeaad1f34693daef100c.html.
[23] KEN G. MEMS/MOEMS 封装技术——概念、设计、材料及工艺［M］. 中国电子学会电子封装专委会，电子封装技术丛书编辑委员会，译. 北京：化学工业出版社，2008.
[24] 李骏. 扇出型晶圆级封装芯片偏移问题的研究［D］. 镇江：江苏科技大学，2018.
[25] 李可为. 集成电路芯片封装技术［M］. 北京：电子工业出版社，2007.
[26] 李仁. 半导体 IC 清洗技术［J］. 半导体技术，2003，28（9）：44－47.
[27] 刘恩科，朱秉升，罗晋升. 半导体物理学［M］. 北京：电子工业出版社，2011.
[28] 刘培生，杨龙龙，卢颖，等. 倒装芯片封装技术的发展［J］. 电子元件与材料，2014，3（2）：1－5.
[29] 刘如熹. 白色发光二极管制作技术：由芯片至封装［M］. 北京：化学工业出版社，2014.
[30] 刘晓昱，陈燕宁，李建强，等. 适用于高密度封装的失效分析技术及其应用［J］. 半导体技术，2018，43（4）：310－315.
[31] 龙孟，甘卫平，周健，等. 导电银浆低温固化薄膜的制备与导电性能［J］. 粉末冶金材料科学与工程，2017，22（4）：481－485.
[32] 卢静. 集成电路芯片制造实用技术［M］. 北京：机械工业出版社，2011.
[33] 罗荣峰. 面向扇出型圆片级封装的内嵌硅转接板技术基础研究［D］. 厦门：厦门大学，2018.
[34] 孟祥忠. 微电子技术概论［M］. 北京：机械工业出版社，2009.
[35] 乔芝郁，谢允安，曹战民，等. 无铅锡基钎料合金设计和合金相图及其计算［J］. 中国有色金属学报，2004，14（11）：1789－1796.
[36] 邱碧秀. 微系统封装原理与技术［M］. 北京：电子工业出版社，2006.
[37] 汤涛，张旭，许仲梓. 电子封装材料的研究现状及趋势［J］. 南京工业大学学报（自然科学版），2010，32（4）：105－110.
[38] 田民波. 电子封装工程［M］. 北京：清华大学出版社，2003.
[39] 田民波. 图解芯片技术［M］. 北京：化学工业出版社，2019.

[40] 田文超. 电子封装、微机电与微系统 [M]. 西安：西安电子科技大学出版社，2012.

[41] 童震松，沈卓身. 金属封装材料的现状及发展 [J]. 电子与封装，2005 (3)：6−15.

[42] 王慧. 微合金化对 Sn-9Zn 无铅钎料钎焊性能影响及浸润机理研究 [D]. 南京：南京航空航天大学，2010.

[43] 王亚力. 简谈半导体集成电路封装的历程 [J]. 电子元器件应用，2002 (7)：45.

[44] 现代 CMOS 工艺基本流程 [EB/OL]. [2011−03−11]. https://wenku.baidu.com/view/b43aa4d084254b35eefd3433.html? re=view.

[45] 徐丹. 基于集成电路芯片封装问题的探讨 [J]. 科技信息，2011 (25)：102.

[46] 杨邦朝，王文生. 薄膜物理与技术 [M]. 成都：电子科技大学出版社，2003.

[47] 杨平. 微电子设备与器件封装加固技术 [M]. 北京：国防工业出版社，2005.

[48] 杨士勇. 挠性封装基板及其关键材料 [C] // 中国电子材料行业协会覆铜板材料分会. 第七届中国覆铜板市场・技术研讨会暨 2006 年行业年会文集. 无锡：第七届中国覆铜板市场・技术研讨会暨 2006 年行业年会，2006：165−169.

[49] 一文看懂 SiP 封装技术 [EB/OL]. [2017−12−15]. http://www.elecfans.com/d/604219.html.

[50] 尹立孟，冼健威，姚宗湘，等. 三种高 Sn 无铅钎料的表面张力和润湿性能研究 [J]. 电子元件与材料，2010，29 (11)：35−42.

[51] 俞生生. 半导体封装测试设备自动化系统的设计与实现 [D]. 上海：上海交通大学，2013.

[52] 曾小亮，孙蓉，于淑会，等. 电子封装基板材料研究进展及发展趋势 [J]. 集成技术，2014，3 (6)：76−83.

[53] 张汝京. 纳米集成电路制造工艺 [M]. 北京：清华大学出版社，2017.

[54] 张文杰，朱朋莉，赵涛，等. 倒装芯片封装技术概论 [J]. 集成技术，2014，3 (6)：85−90.

[55] 周良知. 微电子器件封装：封装材料与封装技术 [M]. 北京：化学工业出版社，2006.

[56] 周晓阳. 先进封装技术综述 [J]. 集成电路应用，2018，35 (6)：1−7.

[57] 邹僖. 钎焊 [M]. 北京：机械工业出版社，1988.

[58] 邹勇明. 集成电路芯片封装形式的研究 [J]. 科技传播，2010 (23)：136，138.

[59] 2019 年中国集成电路封装行业市场现状及未来发展格局分析 [EB/OL]. [2019−07−11]. https://www.sohu.com/a/326072336_100270403.

[60] AMAGAI M. Characterization of chip scale packaging materials [J]. Microelectronics Reliability，1999，39 (9)：1365−1377.

[61] CHAN Y C，YANG D. Failure mechanisms of solder interconnects under current stressing in advanced electronic packages [J]. Progress in Materials Science，2010，55 (5)：428−475.

[62] CHIEN C W, LEE S L, LIN J C, et al. Effects of Si size and volume fraction on properties of Al/Si pcomposites [J]. Materials Letters, 2002 (52): 334−341.

[63] FRIEDMAN J S, GIRDHAR A, GELFAND R M, et al. Cascaded spintronic logic with low-dimensional carbon [J]. Nature Communications, 2017 (8): 15635.

[64] GARROU P. Wafer level chip scale packaging (WL-CSP): an overview [J]. IEEE Transactions on Advanced Packaging, 2000, 23 (2): 198−205.

[65] HEINRICH W. The flip-chip approach for millimeter-wave packaging [J]. IEEE Microwave Magazine, 2005, 6 (3): 36−45.

[66] HO C E, CHEN W T, KAO C R. Interactions between solder and metallization during long-term aging of advanced microelectronic packages [J]. Journal of Electronic Materials, 2001, 30 (4): 379−85.

[67] HO P S, WANG G, DING M, et al. Reliability issues for flip-chip packages [J]. Microelectronics Reliability, 2004, 44 (5): 719−737.

[68] ISLAM M N, SHARIF A, CHAN Y C. Effect of volume in interfacial reaction between eutectic Sn-3. 5% Ag-0. 5% Cu solder and Cu metallization in microelectronic packaging [J]. Journal of Electronic Materials, 2005, 34 (2): 143−149.

[69] KO C T, YANG H, LAU J H, et al. Chip-first fan-out panel-level packaging for heterogeneous integration [J]. IEEE Transactions on Components, Packaging and Manufacturing Technology, 2018, 8 (9): 1561−1572.

[70] KRONGELB S, ROMANKIW L T, TORNELLO J A. Electrochemical process for advanced package fabrication [J]. IBM Journal of Research and Development, 1998, 42 (5): 575−585.

[71] LAU J H, LI M, YANG L, et al. Warpage measurements and characterizations of fan-out wafer-level packaging with large chips and multiple redistributed layers [J]. IEEE Transactions on Components, Packaging and Manufacturing Technology, 2018, 8 (10): 1729−1737.

[72] LEE W W, NGUYEN L T, SELVADURAY G S. Solder joint fatigue models: Review and applicability to chip scale packages [J]. Microelectronics Reliability, 2000, 40 (2): 231−244.

[73] LI Y, WONG C P. Recent advances of conductive adhesives as a lead-free alternative in electronic packaging: Materials, processing, reliability and applications [J]. Materials Science and Engineering R: Reports, 2006, 51 (1−3): 1−35.

[74] LING W, GU A, LIANG G, et al. New composites with high thermal conductivity and low dielectric constant for microelectronic packaging [J]. Polymer Composites, 2010, 31 (2): 307−313.

[75] LIU C, QUN Z, GUOZHOAG W, et al. The effects of underfill and its material

models on thermomechanical behaviors of a flip chip package [J]. IEEE Transactions on Advanced Packaging, 2001, 24 (1): 17—24.

[76] MUSTAFA M, SUHLING J C, LALL P. Experimental determination of fatigue behavior of lead free solder joints in microelectronic packaging subjected to isothermal aging [J]. Microelectronics Reliability, 2016, 56: 136—47.

[77] ONUMA Y, MIURA M. Rapidly curable epoxy-episulfide resin compositions and their manufacture: 20007759 [P]. 2000—06—11.

[78] PRIYABADINI S, STERKEN T, VAN HOOREBEKE L, et al. 3-D stacking of ultrathin chip packages: an innovative packaging and interconnection technology [J]. IEEE Transactions on Components, Packaging and Manufacturing Technology, 2013, 3 (7): 1114—1122.

[79] SHARIF A, CHAN Y C, ISLAM R A. Effect of volume in interfacial reaction between eutectic Sn-Pb solder and Cu metallization in microelectronic packaging [J]. Materials Science and Engineering B: Solid-State Materials for Advanced Technology, 2004, 106 (2): 120—125.

[80] SHI L, CHEN L, ZHANG D W, et al. Improvement of thermo-mechanical reliability of wafer-level chip scale packaging [J]. Journal of Electronic Packaging, Transactions of the ASME, 2018, 140 (1): 1—4.

[81] SHIH M, HUANG C Y, CHEN T H, et al. Electrical, thermal, and mechanical characterization of eWLB, fully molded fan-out package, and fan-out chip last package [J]. IEEE Transactions on Components, Packaging and Manufacturing Technology, 2019, 9 (9): 1765—1775.

[82] SIOW, KIM S. Are sintered silver joints ready for use as interconnect material in microelectronic packaging? [J]. Journal of Electronic Materials, 2014, 43 (4): 947—961.

[83] TEH L K, ANTO E, WONG C C, et al. Development and reliability of non-conductive adhesive flip-chip packages [J]. Thin Solid Films, 2004 (462—463): 446—453.

[84] WAN J W, ZHANG W J, BERGSTROM D J. Recent advances in modeling the underfill process in flip-chip packaging [J]. Microelectronics Journal, 2007, 38 (1): 67—75.

[85] WANG Y, ZHANG G, MA J. Research of LTCC/Cu, Ag multilayer substrate in microelectronic packaging [J]. Materials Science and Engineering B: Solid-State Materials for Advanced Technology, 2002, 94 (1): 48—53.

[86] YIM M J, LI Y, MOON K S, et al. Review of recent advances in electrically conductive adhesive materials and technologies in electronic packaging [J]. Journal of Adhesion Science and Technology, 2008, 22 (14): 1593—1630.